高职高专建筑及工程管理类专业系列规划教材

建筑材料

主　编　孙晓丽　李永怀

副主编　姜　波　贾小盼

西安交通大学出版社
XI'AN JIAOTONG UNIVERSITY PRESS

内容提要

本教材是结合高等职业教育建筑材料的课程标准编写的。本教材根据高等职业教育课程建设与课程改革的要求，以工学结合为切入点，突出职业能力的培养，同时针对建筑工程技术领域的材料员的岗位任职要求，参照材料员的职业资格标准，强调课程体系的建设和课程内容及教学方法与手段的改革，加大了试验及实训项目的比例，以便更好地突出高职教育教材的特点。

本教材共十四章，内容主要包括建筑材料的基本性质、块体材料、无机胶凝材料、建筑骨料、砂浆与混凝土、建筑钢材、沥青材料、绝热材料和吸声材料、膜材、饰面石板材、矿物质装饰板、建筑陶瓷、建筑玻璃、建筑金属装饰材料。

本教材适用于高职高专院校的建筑类专业，包括建筑工程技术、建筑设计技术、建筑工程管理、工程造价、工程监理、房地产经营与估价等专业的课程教学，同时也适用于成人高校、继续教育学院以及二级职业技术学院的建筑类专业的课程教学，还可以作为相关从业人员的培训教材，以及相关技术人员的参考书。

前　言

随着我国国民经济的飞速发展，建筑业的发展规模不断扩大，对生产建设和管理第一线的高科技人才的需求越来越多；而且随着建筑新材料、新技术、新工艺的不断涌现，“建筑材料”课程所涵盖的内容越来越多，涉及面越来越广。为了满足这些需要和适应高职高专人才培养模式和课程建设的改革要求，我们编写了本教材。

本教材引入了当前最新的建筑材料技术知识，并渗透了现代建筑材料与建筑工程技术的基础理论、材料性质与建筑施工技术相结合的内容，从而引导学生扩大知识面、了解新型建筑材料的发展动向。本教材内容主要分为 14 章，分别是建筑材料的基本性质，建筑块料，无机胶凝材料，建筑骨料，砂浆、混凝土及制品，建筑钢材，防水材料，吸声材料和绝热材料，膜材，饰面石板材，矿物质装饰板，建筑陶瓷，建筑玻璃，金属装饰材料。书后相应附有 13 个建筑材料试验。

本教材在内容和体系框架方面做了精心编排，采用了最新标准和规范，突出了绿色建材的应用，力求做到理论知识与生产实践相结合，以“应用为主、理论够用”为标准，突出能力本位原则，根据实践能力的培养要求对知识进行了整合。本书以适应社会生产实际需要为宗旨，以理论知识适度、强调技术应用和实际动手能力为目标，力求教材内容实用、精练、突出重点，注重与建设工程现行施工规范、建材标准紧密结合。为了方便教学和复习，每章前后均分别有“本章学习要求”和“思考与练习”；对于品种繁多的材料，如水泥、墙体材料和防水材料等章节内容中还列有品种、性能、使用范围对比表，以便读者总结和查阅。本教材注意内容深度和广度之间的适当平衡，在介绍建筑材料基本性质的基础上，广泛介绍了国内目前房屋建筑中常见的各种建筑材料以及目前有关的新材料、新技术，以开阔学生的思路并有助于学生在工作实践中合理选用建筑材料。

本教材由石家庄城市职业学院孙晓丽、陕西能源职业技术学院李永怀担任主编，石家庄铁路职业技术学院姜波、石家庄城市职业学院贾小盼、武威职业学院的孙润元担任副主编。编写成员及具体分工如下：绪论和第 1 章由石家庄城市职业学院孙晓丽编写；第 2 章和试验六由石家庄城市职业学院马军霞编写；第 3 章和试验二、试验七由石家庄铁路职业技术学院李子成编写；第 4 章由陕西能源职业技术学院李永怀编写；第 5 章和试验四、试验五由石家庄铁路职业技术学院姜波编写；第 6 章和试验九由石家庄城市职业学院贾小盼编写；第 7 章和试验八由陕西交通职业技术学院孟琳编写；第 8 章由石家庄城市职业学院曹江英编写；第 9 章和试验一由武威职业学院孙润元、商洛职业技术学院田锟编写；第 10 章和试验十、试验十一由石家庄城市职业学院张茜编写；第 11 章由沧州职业技术学院亓文斌编写；第 12 章和试验十二由咸阳职业技术学院陈婷编写；第 13 章和试验三、试验十三由石家庄城市职业学院于丽英编写；第 14 章由石家庄铁路职业技术学院张爱菊编写。本书由孙晓丽最后统稿、定稿。

本教材在编写过程中，参考和借鉴了许多国内同类教材和文献资料，在此特向有关作者表示衷心的感谢。

由于编写时间紧迫，编写水平有限，书中难免有不足和差错，恳请广大读者批评指正。

编　者

2011 年 10 日

目　录

绪　论

本章学习要求

1. 明确课程的性质、目的和任务
2. 了解建筑材料的定义及其对建筑业发展的作用
3. 熟悉建材产品及其应用的技术标准
4. 了解建筑材料的发展历史及概况

0.1　建筑材料课程的性质、目的和任务

建筑材料课程是建筑工程类专业的专业基础课，是一门必修课，具有实践性强、突出动手能力培养的特点，通过本课程的学习，学生可以掌握常用建筑材料的基本性质、工程应用以及相关的检验、检测技能，以便在今后的工作实践中能够正确合理地选用建筑材料。本课程为学生以后学习建筑设计、建筑施工、工程造价、结构设计等专业课程提供了有关建筑材料的基本知识，并为学生今后从事建筑工程专业的实际工作打下坚实的基础。

本课程的任务是使学生掌握各种材料性质间的相互关系，熟悉材料组成对结构性质的影响和有关建筑材料应用的基本知识和必要的基本理论，并掌握主要建筑材料试验的基本方法，具备根据工程需要合理选择建筑材料的能力、对混凝土配合比的设计和应用能力、掌握新型建筑材料的使用能力。

0.2　建筑材料的定义及其在建筑工程中的作用

0.2.1　建筑材料的定义

建筑材料是指所有建筑工程中所使用的各种材料和制品的总称，是构成建筑物构筑物、实体的材料。如水泥、砂子、石灰、砖石、钢材、塑料等。

0.2.2　建筑材料在建筑工程中的作用

(1)建筑材料是建筑工程的物质基础，也是建筑物质量安全的重要保证。建筑材料质量的好坏直接影响到建筑工程的安全性、适用性、坚固性和耐久性，建筑工程技术人员只有全面掌握建筑材料的有关知识，才能避免在建筑材料的生产、运输、使用和检验过程中出现失误，从而确保工程质量。

(2)建筑材料的正确与合理使用直接影响到建筑工程的造价和投资。建筑材料费用占总投资的50%～60%。在实际工程中，建筑材料的选择、使用及管理，对工程成本影响很大。掌握建筑材料的基本知识与技能，可以正确使用材料，充分利用材料的各种性能，显著降低工程成本，提高经济效益。

(3)建筑材料的发展能赋予建筑物以时代的特性和风格。建筑材料发展的时期不同，其建筑物的组成及风格肯定也不同，从古至今，建筑物的风格及样式无一不显现出时代特色。如西方古典建筑的石材廊柱、中国古代建筑的亭台楼阁、秦砖汉瓦、现代建筑的高楼大厦等。

(4)建筑材料既制约又推动工程技术的发展与革新。建筑设计理论的不断进步和施工技术的革新不但受到建材发展的制约，同时也受到其发展的推动，如大跨度预应力结构(跨海大桥)、

空间网架结构、节能环保型新材料的问世,都与新材料的发明和应用有关系。

建筑材料是建筑施工、监理等工作的基础,是决定建筑工程结构设计形式和施工方法的主要因素。建筑工程中许多技术问题的突破,往往依赖于建筑材料问题的解决,材料性能的改进、材料应用技术的进步都会直接促进建筑工程技术的进步。

0.3 建筑材料的分类

建筑工程中所使用的各种材料,统称为建筑工程材料。建筑材料的来源非常广泛,为便于区分和应用,工程中常从不同角度对其分类。

0.3.1 按材料用途分类

(1)建筑工程材料。建筑工程材料是指土木工程所使用的建筑材料。它主要包括砖、瓦、灰、砂、石、钢材、水泥、混凝土等。

(2)建筑装饰工程材料。建筑装饰工程材料是指建筑装饰工程所使用的材料。按使用位置不同,建筑装饰工程材料又可分为外墙装饰材料、内墙装饰材料、地面装饰材料、吊顶与屋面装饰材料等。它主要包括板材(如石膏板、玻璃、陶瓷、金属板、人造板、塑料板等)和稀料(油漆、涂料等)。

(3)水暖气工程材料。水暖气工程材料是指给排水(含消防)、供热(含通风、空调)、供燃气等配套工程所需要的管件和和器材。

(4)电气工程材料。电气工程材料是指供电、电信及楼宇控制等配套工程所需的灯具、光源、电线电缆、配电箱开关、PLC 控制器等。

0.3.2 按材料的组成成分分类

(1)有机材料。有机材料是指以有机物构成的材料。有机材料主要包括天然有机材料(如木材等)、人工合成有机材料(如塑料等)。

(2)无机材料。无机材料是指以无机物构成的材料。无机材料主要包括金属材料(如钢材等)、非金属材料(如水泥等)。

(3)复合材料。复合材料是指有机—无机复合材料(如玻璃钢)、金属—非金属复合材料(如钢纤维混凝土)。复合材料得以发展及大量被应用,其原因在于它能够克服单一材料的弱点,发挥复合后材料的综合优点,满足了当代建筑工程对材料的要求。

0.4 建筑材料的发展概况

0.4.1 古代建筑材料取之于自然

古代建筑多以材料的生产和使用方面取得的巨大成绩而扬名。两千多年前的古罗马建筑,所使用的大部分材料是天然石材,我国古代的万里长城,所使用的主要材料是黏土砖和石块,北京故宫则使用了木材、汉白玉、琉璃瓦和青砖,由于受当时生产水平的限制,古代建筑材料的发展水平很低。

0.4.2 近代建筑材料的发展有了质的变化

自从有了钢铁、水泥、混凝土等主体结构材料,根据建筑物的使用要求和功能,出现了许多具有代表性的建筑物。如 1989 年的埃菲尔铁塔,就是钢材构筑物的代表作;20 世纪 70 年代世界最高的加拿大多伦多 CN 电视塔,采用的是高强混凝土的塔身;目前世界上第一高的建筑物则是阿联酋的迪拜大厦,属于钢筋混凝土结构,总高度 288 米。

0.4.3 现代建筑物的形式更加丰富多彩，要求新型建筑材料的产生更加适应建筑工程技术的发展

近几十年来，随着科学技术的进步和建筑工程技术的发展，高分子有机材料、新型金属材料、多种复合材料的产生，使建筑物的外观发生了根本性变化，对建筑材料的发展提出了更高的要求。因此，今后一段时间内，建筑材料将向以下几个方向发展，即轻质高强、节约能源、利用废渣、多功能化、智能化、绿色化、再生化。特别是绿色建材生产过程无毒、无污染、无辐射性，是有利于环境保护与人体健康的建材。绿色建材不仅不会造成环境污染，而且能够节约资源和能源，更重要的是，绿色建材有益于人们的身心健康，也就是说，绿色建材满足了可持续发展的要求，达到了发展与环境保护的统一、当前利益与长远利益的结合，因而，提高绿色建材在各种建筑中的使用率是工业与民用建筑可持续发展的必然选择。

0.5 建筑材料的技术标准

0.5.1 标准的等级

根据标准的适用领域和有效范围，我国将建筑材料的技术标准分为四个等级：国家标准、行业标准、地方标准和企业标准。

(1)国家标准。国家标准是由国家标准化主管机构批准、发布，是全国范围内统一的标准。国家标准由各专业标准化技术委员会或国务院有关主管部门提出草案，报国家标准化主管部门或由其委托的部门审批、发布。

(2)行业标准。行业标准由行业标准化主管部门或行业标准化组织批准、发布，在某行业内执行的统一标准。

(3)地方标准。地方标准是指由省、自治区、直辖市标准化主管部门发布，在当地范围内统一执行的标准。制定和实施地方标准，是由于各地具有不同的特色和条件，如自然和生态环境、资源情况、科学技术和生产水平、地方产品特色以及民族和地方习俗等。

(4)企业标准。企业标准是由企业批准发布的标准，主要用作组织生产的依据，企业标准仅适用于本企业。当有同一产品的高一级标准时，企业标准技术指标应高于高一级标准(如国家标准)的相应技术指标。

0.5.2 标准的代号和编号

(1)国家标准的代号、编号。国家标准的代号由汉语拼音大写字母构成。国家标准的编号由国家标准的代号、标准发布顺序号和标准发布年代号组成。强制性国家标准的代号为GB，如GB50010—2002《混凝土结构设计规范》；推荐性国家标准代号为GB/T，具有非强制性，例如《GB/T50080—2002普通混凝土拌合物性能试验标准》；GBJ是建设类国家标准，一般由建设部颁布，也是强制性标准，例如《GBJ118—88民用建筑隔声设计规范》。

(2)行业标准的代号、编号。国务院各有关行政主管部门提出各自所管理的行业标准范围的申请报告，由国务院标准化行政管理部门审查确定，并公布该行业的行业标准代号。JC为国家建材行业标准代号，如《JC/T1081—2008装饰石材露天矿山技术规范》；JGJ为建筑行业标准代号，如《JGJ70—90建筑砂浆基本性能实验方法》。行业标准的编号组成形式同国家标准一致。

(3)地方标准的代号、编号。地方标准的代号由“DB”加上省、自治区、直辖市行政区划代码的前两位数字组成(推荐性标准加“T”)，如《DBJ/T01-50—2002外墙保温施工技术规范》。

(4)企业标准的代号、编号。企业标准的代号“Q”为分子，分母为企业代号，可用汉语拼音大

写字母或阿拉伯数字或者两者兼用所组成。

0.6 建筑材料课程的学习方法

0.6.1 建筑材料课程理论部分的学习方法

在建筑材料课程的理论学习方面，可以根据专业的需要，在教师的指导下有选择地学习，并抓住重点，以掌握常用建筑材料的组成、结构、性能和用途为宗旨，找出它们之间的内在联系，并及时发现总结规律；还要了解各种材料的型号、规格、选择及应用、贮运和管理等方面的知识，通过对比，找出共性；并注意理论联系实际，多到施工工地实习，到装饰材料市场参观学习，通过对比了解它们的共性和特性。

0.6.2 建筑材料课程试验课的学习方法

建筑材料在订货或使用前，必须经试验合格后方可使用；现场配制的材料，必须经标准试验合格，才能进行配制和使用。材料在使用过程中，还要按规定进行抽样试验。在工程验收中，实验报告是鉴定工程质量的重要依据。材料的试验、检验是一项必不可少的经常性的工作，因此要求专业技术人员必须掌握。

建筑材料是一门实践性很强的课程，本课程中的试验课就是让学生验证所学有关材料的基本理论及基本性质，并掌握试验鉴定、检验和评定材料质量的方法。通过试验，既可加深学生对理论知识的理解，培养学生严谨的科学态度和实事求是的工作作风；又可以培养学生的实践技能，掌握材料基本性能的试验、检验和质量评定方法，为以后从事建筑设计、施工监理，以及概预算工作打下坚实的基础。

思考与练习

1.《建筑材料》课程的性质、目的和任务是什么？

2.建筑材料在建筑工程中有哪些作用？

3.建筑材料的分类有哪些？

4.建筑材料的技术标准有哪些？

第1章　建筑材料的基本性质

本章学习要求

1. 了解建筑材料基本性质在建筑工程中的重要意义
2. 掌握材料的组成、结构、特点以及与材料性质的关系
3 重点掌握建筑材料的物理性质、与水有关的性质及其与热有关的性质、表现方法
4. 了解建筑材料的力学性质及耐久性的概念

建筑材料在建筑工程中所起的作用，从根本上讲就是其基本性质的具体表现。如梁板柱及承重墙体主要承受荷载；屋面、墙体除保温隔热以外还要承受风霜雨雪等荷载；基础不仅要承受上部建筑物所传递的全部荷载，还要受到地下水的侵袭并经受冰冻的考验。因此，要求根据建筑物的不同部位，建筑材料必须具有相应的性质。为了保证建筑物的耐久性，要求我们在建筑工程的设计与施工中，必须掌握建筑材料的基本性质，以便正确选择和合理使用建筑材料。

1.1　材料的组成与结构

1.1.1　材料的组成

材料的组成分为化学组成和矿物组成及相组成。

1. 化学组成

化学组成是指构成材料的化学元素及化合物的种类和数量，以所含各种元素的百分数(%)表示。如水泥的化学组成：CaO：62%～67%，SiO_2：20%～24%，Al_2O_3：4%～7%，MgO：小于5%，Fe_2O_3：2.5%～6.0%。根据化学组成可大致地判断出材料的一些性质，如耐久性、化学稳定性等。材料的化学组成不同，其物理化学性质也会不同。

2. 矿物组成

将无机非金属材料中具有特定的晶体结构、特定的物理力学性能的组成结构称为矿物。矿物组成是指构成材料的矿物的种类和数量。材料中各种元素组成不同的化合物，以化合物的百分含量(%)来表示。例如水泥熟料的矿物组成为：$3CaO\cdot SiO_2$：37%～60%，$2CaO\cdot SiO_2$：15%～37%，$3CaO\cdot Al_2O_3$：7%～15%，$4CaO\cdot Al_2O\cdot Fe_2O_3$：10%～18%。若其中硅酸三钙($3CaO\cdot SiO_2$)含量高，则水泥硬化速度较快，强度较高。

3. 相组成

材料中具有相同物理、化学性质的均匀部分称为相。自然界中的物质可分为气相、液相和固相。建筑材料大多数是多相固体。凡由两相或两相以上物质组成的材料称为复合材料。例如，混凝土可认为是骨料颗粒(骨料相)分散在水泥浆基体(基相)中所组成的两相复合材料。

1.1.2　材料的结构

1. 宏观结构

建筑材料的宏观结构是指用肉眼或放大镜能够分辨的粗大组织。

(1)按其孔隙特征可分为以下几种类型：

①致密结构。该结构完全没有或基本没有孔隙，如钢铁、有色金属、致密天然石材、玻璃、玻璃钢、塑料等。

②多孔结构。该种结构具有较多的孔隙，孔隙直径较大，如加气混凝土、泡沫混凝土、泡沫塑料等。

③微孔结构。该种结构具有众多直径微小的孔隙，如石膏制品、烧结砖制品等。

(2)按存在状态或构造特征分为以下几种类型：

①堆聚结构。如水泥混凝土、砂浆、沥青混合料等。

②纤维结构。如木材、玻璃钢、岩棉等。

③层状结构。如胶合板、纸面石膏板等。

④散粒结构。如混凝土骨料、膨胀珍珠岩等。

2. 细观结构

细观结构(原称亚微观结构)是指用光学显微镜所能观察到的材料结构。如对天然岩石可分为矿物、晶体颗粒、非晶体组织；对钢铁可分为铁素体、渗碳体、珠光体。

3. 微观结构

微观结构是指原子分子层次的结构。可用电子显微镜或 X 射线来分析研究该层次上的结构特征。微观结构的尺寸范围在 10^{-6}～10^{-10} m。在微观结构层次上，材料可分为晶体、玻璃体、胶体。

1.2 材料的基本物理性质

1.2.1 与质量有关的性质

1. 密度

密度是指材料在绝对密实状态下单位体积的质量。按下列公式计算：

$$\rho = \frac{m}{V} \tag{1.1}$$

式中：ρ ——材料的密度(g/cm^3)；

m ——材料的质量(g)；

V ——材料在绝对密实状态下的体积(cm^3)。

材料在绝对密实状态下的体积是指不包含材料内部孔隙的固体物质本身的体积。因为材料在自然状态下并非绝对密实，所以绝对密实体积一般难以直接测定，只有钢材、玻璃等材料可近似地直接测定。在测定有孔隙的材料密度时，可以把材料磨成细粉或采用排液置换法测量其体积。所谓材料的质量是指材料所含物质的多少，在建筑工程实际中常以重量多少来衡量质量的大小。但质量与重量的概念是有本质区别的。

2. 表观密度

表观密度是指材料在自然状态下单位体积的质量。按下列公式计算：

$$\rho_0 = \frac{m}{V_0} \tag{1.2}$$

式中：ρ_0 ——材料的表观密度(g/cm^3 或 kg/m^3)；

m ——材料的质量(g 或 kg)；

V_0 ——材料在自然状态下的体积，或称表观体积(cm^3 或 m^3)。

材料的表观体积是指整体材料(包括内部孔隙)的外观体积。外形规则材料的表观体积，可直接以尺度量后计算求得；外形不规则材料的表观体积，必须用排水法或排油法测定，采用排水法时应先将材料表面涂蜡。

材料的表观密度除与材料的密度有关外，还与材料内部孔隙的体积有关，材料的孔隙率越大，则材料的表观密度越小。当材料孔隙体积内含有水分时，其重量和体积均有所变化，故测定表观密度时必须注明其含水情况。因此表观密度指的是材料在气干状态(长期在空气中干燥)下的表观密度。干表观密度是指材料在烘干状态下的表观密度。

3. 堆积密度

堆积密度是指散粒状或粉状材料在自然堆积堆积状态下单位体积的质量。按下列公式计算：

$$\rho'_0 = \frac{m}{V'_0} \tag{1.3}$$

式中：ρ'_0 ——材料的堆积密度(kg/m^3)；

m ——材料的质量(kg)；

V'_0 ——材料的堆积体积(m^3)。

材料的堆积体积是指散粒状材料在堆积状态下的总体外观体积。散粒状堆积材料的堆积体积，既包括了材料颗粒内部的孔隙，又包括了颗粒间的空隙。除了颗粒孔隙的多少及其含水多少外，颗粒间空隙的大小也会影响堆积体积的大小。因此，材料的堆积密度与散粒状材料在自然堆积时颗粒间空隙、颗粒内部结构、含水状态、颗粒间被压实的程度有关。

根据其堆积状态不同，同一材料表现的体积大小可能不同，松散堆积下的体积较大，密实堆积状态下的体积较小。材料的堆积体积，常以材料填充容器的容积大小来测量。

常用建筑材料的密度、表观密度、堆积密度见表1-1。

表1-1 常用建筑材料的密度、表观密度、堆积密度

材料名称	密度(g/m^3)	表观密度(kg/m^3)	堆积密度(kg/m^3)	材料名称	密 度(g/cm^3)	表观密度(kg/m^3)	堆积密度(kg/m^3)
钢材	7.85	7800～7850		碎石	2.48～2.76	2300～2700	1400～1700
红松木	1.55～1.60	400～600		普通玻璃	2.45～2.55	2450～2550	
水泥	2.8～3.1		1600～1800	铝合金	2.7～2.9	2700～2900	
砂	2.5～2.6		1500～1700				

4. 密实度与孔隙率

(1)密实度。密实度是指材料的固体物质的体积占总体积的比例，反映材料体积内被固体物质所充填的程度，即反映了材料的致密程度。密实度(D)的计算公式为：

$$D = \frac{V}{V_0} \times 100\% = \frac{\rho_0}{\rho} \times 100\% \tag{1.4}$$

材料的密实度反映了材料内部固体的含量，对于材料性质的影响正好与孔隙率的影响相反。

(2)孔隙率。孔隙率是指材料中孔隙所占整个体积百分率。孔隙率(P)的计算公式为：

$$P = \frac{V_0 - V}{V_0} \times 100\% = \left(1 - \frac{V}{V_0}\right) \times 100\% = (1 - \frac{\rho_0}{\rho}) \times 100\% = (1 - D) \times 100\% \tag{1.5}$$

孔隙率反映了材料内部孔隙的多少，它会直接影响材料的多种性质。从孔隙的特征来看，材料的孔隙可分为开口孔隙和闭口孔隙两种，二者孔隙率之和等于材料的总孔隙率。按孔径的尺寸大小，孔隙又可分为微孔、细孔及大孔三种。不同的孔隙对材料的性能影响各不相同。一般而言，孔隙率较小且连通孔较少的材料，其吸水性较小，强度较高，抗冻性和抗渗性较好。工程中对需要保温隔热的建筑物或部位，要求其所用材料的孔隙率要较大。相反，对要求高强或不透水的建筑物或部位，则其所用的材料孔隙率应较小。

5. 填充率与空隙率

对于松散颗粒状态的材料，如砂、石子等，可用填充率和空隙率表示互相填充的疏松致密的程度。

(1)填充率。填充率是指散粒状材料在其堆积体积中，被颗粒实体体积填充的程度。填充率(D')的计算公式为：

$$D' = \frac{V_0}{V'_0} \times 100\% = \frac{\rho'_0}{\rho_0} \times 100\% \tag{1.6}$$

式中：D' ——散粒状材料在堆积状态下的填充率(%)。

(2)空隙率。空隙率是指散粒材料的堆积体积内，颗粒之间的空隙体积所占的比例。空隙率(P')的计算公式为：

$$\begin{aligned} P' &= \frac{V'_0 - V_0}{V'_0} \times 100\% \\ &= \left(1 - \frac{V_0}{V'_0}\right) \times 100\% \\ &= \left(1 - \frac{\rho'_0}{\rho_0}\right) \times 100\% \\ &= (1 - D') \times 100\% \end{aligned} \tag{1.7}$$

式中：P' ——散粒状材料在堆积状态下的空隙率(%)。

空隙率的大小反映了散粒状材料的颗粒互相填充的密实程度。空隙率可作为控制混凝土骨料级配与计算含砂率的依据。

6. 压实度

材料的压实度是指散粒状材料被压实的程度。即散粒状材料经压实后的干堆积密度 ρ' 值与该材料经充分压实后的干堆积密度 ρ'_m 值的比率百分数。压实度(K_y)的计算公式为：

$$K_y = \frac{\rho'}{\rho'_m} \times 100\% \tag{1.8}$$

式中：K_y ——散粒状材料的压实度(%)；

ρ' ——散粒状材料经压实后的实测干堆积密度(kg/m^3)；

ρ'_m ——散粒状材料经充分压实后的最大干堆积密度(kg/m^3)。

散粒状材料的堆积密度是可变的，ρ' 的大小与材料被压实的程度有很大关系，当散粒状材料经充分压实后，其堆积密度值达到最大干密度 ρ'_m，相应的空隙率 P' 值已达到最小值，此时的堆积体最为稳定。因此，散粒状材料压实后的压实度 K_y 值愈大，其构成的结构物就愈稳定。

1.2.2 与水有关的性质

1. 亲水性与憎水性

材料与水接触，首先遇到的问题就是材料是否能被水润湿。润湿是水被材料表面吸附的过程。材料中，有些能被水润湿，而有些则不能被水润湿，前者为亲水性，后者为憎水性。

材料亲水性或憎水性，通常以润湿角的大小划分，当材料与水接触时，在材料、水、空气三相的交点处，沿水滴表面的切线和水与材料的接触面所形成的夹角 θ，称为润湿角，如图 1－1 所示。润湿角 θ 愈小，表明材料越易被水润湿。当润湿边角 θ 为零，表示该材料完全被水浸润。当材料的润湿角 $\theta \leqslant 90°$ 时，为亲水性材料；当材料的润湿角 $\theta > 90°$ 时，为憎水性材料。这一概念也可应用到其他液体对固体材料的浸润情况，相应地称为亲液性材料或憎液性材料。

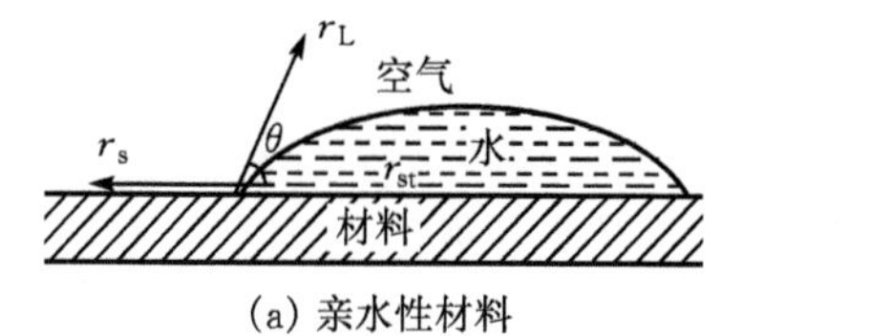

(a) 亲水性材料

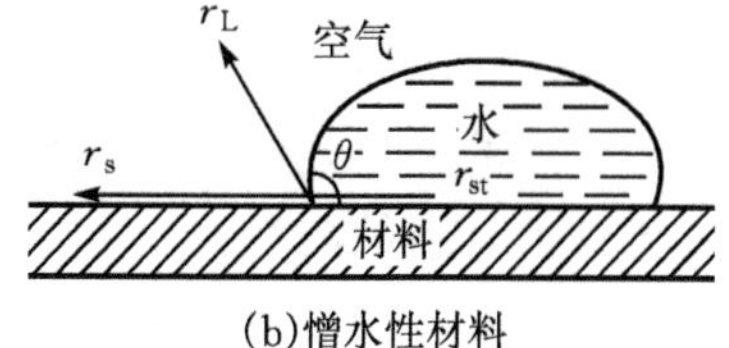

(b)憎水性材料

图 1-1 材料润湿示意图

2. 吸水性与吸湿性

(1)吸水性。材料在水中吸收水分的能力，称为材料的吸水性，并以吸水率表示该能力。材料吸水率的表达方式有质量吸水率和体积吸水率两种。

①质量吸水率。质量吸水率是指材料在吸水饱和时，所吸水量占材料干质量的百分率。质量吸水率（W_m）的计算公式为：

$$W_m = \frac{m_b - m}{m} \times 100\% \tag{1.9}$$

式中：W_m ——材料的体积吸水率(%)；

m_b ——材料吸水饱和状态下的质量(g 或 kg)；

m ——材料在干燥状态下的质量(g 或 kg)。

②体积吸水率。体积吸水率是指材料在吸水饱和时，吸水体积占材料自然体积的百分率。体积吸水率（W_v）的计算公式为：

$$W_v = \frac{m_b - m}{V_0} \times \frac{1}{\rho_w} \times 100\% \tag{1.10}$$

式中：W_v ——材料的体积吸水率(%)；

m_b ——材料吸水饱和状态下的质量(g)；

m ——材料在干燥状态下的质量(g)；

V_0 ——材料在自然状态下的体积(cm^3)；

ρ_w ——水的密度(g/cm^3)。

材料的质量吸水率与体积吸水率之间的关系为：

$$W_v = W_m \rho_0 \tag{1.11}$$

式中：ρ_0 ——材料在干燥状态下的体积密度(g/cm^3)。

材料的吸水性与材料的孔隙率和孔隙特征有关。对于细微连通孔隙，孔隙率愈大，则吸水率愈大，闭口孔隙水分不能进去，而开口大孔虽然水分易进入，但不能存留，只能润湿孔壁，所以吸水率仍然较小。各种材料的吸水率不相同，差异很大，如花岗石的吸水率只有 0. 5%～0. 7%，混凝土的吸水率为 2%～3%，勃土砖的吸水率达 8%～20%，而木材的吸水率可超过 100%。

(2)吸湿性。吸湿性是指材料在空气中能吸收水分的性质，这种性质和材料的化学组成与结构有关。

吸湿性的大小用含水率表示。含水率就是用材料含水质量与材料干燥时质量的百分比来表示。含水率（W_h）的计算公式为：

$$W_h = \frac{m_s - m_g}{m_g} \times 100\% \tag{1.12}$$

式中：W_h ——材料的含水率(%)；

m_s ——材料在吸湿状态下的质量(g 或 kg)；

m_g ——材料在绝对干燥状态下的质量(g 或 kg)。

材料的吸湿性随空气的湿度和环境温度的变化而改变，当空气湿度较大且温度较低时，材料的含水率就大，反之则小。材料中所含水分与空气的湿度相平衡时的含水率，称为平衡含水率。

具有微小开口孔隙的材料，吸湿性特别强。如木材及某些绝热材料，在潮湿空气中能吸收很多水分。这是由于这类材料的内表面积大，吸附水的能力强所致。

材料的吸水性和吸湿性均会对材料的性能产生不利影响。材料吸水后会导致其自身质量增大，绝热性降低，强度和耐久性将产生不同程度的下降。吸水性与吸湿性相似，都属于物理性质。

3. 耐水性

耐水性是指材料长期在饱和水作用下而不受破坏，其强度也不显著降低的性质。对于结构材料，耐水性主要指强度变化，对装饰材料则主要指颜色、光泽、外形等的变化，以及是否起泡、起层等，即材料不同，耐水性的表示方法也不同。

结构材料的耐水性用软化系数 K_R 表示。结构材料软化系数是指材料在吸水饱和状态下的抗压强度与材料在干燥状态下的抗压强度之比。软化系数 K_R 的计算公式为：

$$K_R = \frac{f_b}{f_g} \tag{1.13}$$

式中：K_R ——材料的软化系数；

f_b ——材料吸水饱和状态下的抗压强度(MPa)；

f_g ——材料干燥状态下的抗压强度(MPa)。

在设计长期处于水中或潮湿环境中的重要结构时，必须选用 $K_R > 0.85$ 的建筑材料。对用于受潮较轻或次要结构的材料，其 K_R 不宜小于 0.75。

4. 抗渗性

抗渗性是指材料抵抗压力水渗透的性质。材料的抗渗性用渗透系数 K 表示。渗透系数 K 的计算公式为：

$$K = \frac{Qd}{AtH} \tag{1.14}$$

式中：K ——材料的渗透系数(cm/h)；

Q ——渗水量(cm^3)；

d ——试件厚度(cm)；

A ——渗水面积(cm^2)；

t ——渗水时间(h)；

H ——静水压力水头(cm)。

材料的渗透系数 K 值越大，表示材料的渗透的水越多，则其抗渗能力越弱。工程中一些材料的防水能力就是以渗透系数表示的。

材料的抗渗性也可用抗渗等级表示。抗渗等级是以规定的试件，在标准试验方法下所能承受的最大水压力来确定，以符号“Pn”表示，如 P4、P6、P8 等分别表示材料能承受 0.4MPa、0.6MPa、0.8MPa 的水压而不渗水。材料的抗渗性与其孔隙率和孔隙特征有关。

抗渗性是决定材料耐久性的重要因素。在设计地下建筑、压力管道、容器等结构时，均要求其所用材料具有一定的抗渗性能。抗渗性也是检验防水材料质量的重要指标。所以，材料的抗渗等级愈高，其抗渗性愈强。

材料的抗渗性与其亲水性、孔隙率、孔的特征、裂缝等缺陷有关。材料内部的开口孔、连通孔是渗水的主要通道，故这种孔隙愈多，其抗渗性较差；封闭孔隙且孔隙率小的材料，其抗渗性好。因此，工程中一般采用对材料进行憎水处理、减少孔隙率、改善孔特征(减少开口孔和连通孔)、防止产生裂缝及其他缺陷等方法以增强材料的抗渗性。

5. 抗冻性

材料的抗冻性是指材料在水饱和状态下，能经受多次冻融循环作用而不破坏，也不严重降低强度的性质。

材料的抗冻性用抗冻等级表示。用符号"Fn"表示，其中 n 即为最大冻融循环次数，如 F25、F50 等。

材料抗冻等级的选择，是根据结构物的种类、使用条件、气候条件等来决定的。例如烧结普通砖、陶瓷面砖等墙体材料，一般要求其抗冻等级为 F15、F25；用于桥梁和道路的混凝土应为 F50、F100 或 F200，而水工混凝土要求高达 F500。

材料受冻融破坏主要是因其孔隙中的水结冰所致(水结冰时体积增大约 9%)。材料的抗冻性取决于其孔隙率、孔隙特征及充水程度。材料的变形能力大、强度高、软化系数大时，其抗冻性较高。一般认为软化系数小于 0.80 的材料，其抗冻性较差。

抗冻性良好的材料，对于抵抗大气温度变化、干湿交替等风化作用的能力较强。所以，抗冻性常作为考查材料耐久性的一项指标。

材料的抗冻性主要与其孔隙率、吸水性及抵抗胀裂的强度有关，工程中常从这些方面考虑，以便改善材料的抗冻性。

1.2.3 与热有关的性质

1. 导热性

当材料两侧存在温度差时，热量将由温度高的一侧向温度低的一侧传递，材料的这种传导热量的能力，称为导热性。材料导热能力的大小可用导热系数 λ 表示。导热系数的计算公式为：

$$\lambda = \frac{Q\delta}{At(T_2 - T_1)} \tag{1.15}$$

式中：λ ——材料导热系数[W/(m·K)]；

Q ——传导的热量(J)；

δ ——材料厚度(m)；

A ——材料的传热面积(m^2)；

t ——传热的时间(s)；

T_2-T_1 ——材料两侧的温度差(K)。

材料的导热系数大，则导热性强；反之，绝热性能强。建筑材料的导热系数差别很大，工程上通常把 $\lambda<0.23$ W/(m·K)的材料作为保温隔热材料。

材料导热系数的大小与材料的组成、含水率、孔隙率、孔隙尺寸及孔的特征等有关，与材料的表观密度有较大的相关性。当材料的表观密度小、孔隙率大、闭口孔多、孔分布均匀、孔尺寸小、含水率小时导热性差，绝热性好。通常所说的材料导热系数是指干燥状态下的导热系数，材料一旦吸水或受潮，导热系数会显著增大，绝热性变差。

2. 热容量与比热

热容量是指材料受热时吸收热量或冷却时放出热量的能力。热容量 (Q) 的计算公式为：

$$Q = cm(T_2 - T_1) \tag{1.16}$$

式中：Q ——材料的热容量(J)；

c ——材料的比热[J/(g·K)]；

m ——材料的质量(g)；

$T_2 - T_1$ ——材料受热或冷却前后的温度差(K)。

比热的物理意义是指 1g 重量的材料，在温度升高或降低 1 K 时所吸收或放出的热量，其公式为：

$$c = \frac{Q}{m(T_2 - T_1)} \tag{1.17}$$

比热是反映材料的吸热或放热能力的大小，不同的材料比热不同，即使是同一种材料，由于所处物态不同，比热也不同，例如水的比热为 4.19，而结冰后比热则是 2.05。

材料的比热，对保持建筑物内部温度稳定有很大意义，比热大的材料，能在热流变动或采暖设备供热不均匀时，缓和室内的温度波动。

材料的导热系数和热容量是设计建筑物围护结构（墙体、屋盖）进行热工计算时的重要参数，设计时应选用导热系数较小而热容量较大的土木工程筑材料，有利于保持建筑物室内温度的稳定性。同时，导热系数也是工业窑炉热工计算和确定冷藏绝热层厚度的重要数据。我们希望冬季保暖、夏季隔热，即在室内外存在温差的条件下，尽量减小热量通过墙体、屋顶等部位的传递，同时将热量存储在材料之中，以保证室内温度稳定。在选材时，要选用导热系数小而热容量或比热大的材料。

3. 温度变形性

材料的温度变形是指温度升高或降低时材料的体积变化。这种变化表现在单向尺寸时，为线膨胀或线收缩，温度变形性一般用线膨胀系数 α 表示。材料的单向线膨胀量或线收缩量计算公式为：

$$\Delta L = (t_2 - t_1)\alpha L \tag{1.18}$$

式中：ΔL ——线膨胀或线收缩量（mm 或 cm）；

$t_2 - t_1$ ——材料升（降）温前后的温度差（K）；

α ——材料在常温下的平均线膨胀系数（1/K）；

L ——材料原来的长度（mm 或 cm）。

在建筑工程中，多数建筑材料都有温度升高时体积膨胀、温度下降时体积收缩（水除外）的物理性质。由于温度变化使材料发生单向尺寸的变形，对结构和工程质量影响很大，因此，研究其平均线膨胀系数具有重要意义。材料的线膨胀系数与材料的组成和机构有关，工程上常选择合适的材料来满足其对温度变形的要求。例如，钢筋和混凝土的线膨胀系数基本相同，才能形成新型复合材料钢筋混凝土。几种常见建筑材料的热工参数见表 1-2。

表 1-2　几种常见建筑材料的热工参数

材料名称	导热系数[W/(m·K)]	比热容[J/(g·K)]	线膨胀系数（$\times10^{-6}$/K）	材料名称	导热系数[W/(m·K)]	比热容[J/(g·K)]	线膨胀系数（$\times10^{-6}$/K）
钢材	58	0.48	10～12	水	0.58	4.187	—
普通混凝土	1.28～1.51	0.48～1.0	5.8～15	花岗岩	2.91～3.08	0.716～0.787	5.5～8.5
木材	0.17～0.35	2.51	—				

4. 耐燃性与耐火性

（1）耐燃性。材料对火焰和高温度抵抗能力称为材料的耐燃性，是影响建筑物防火、建筑结构耐火等级的重要因素。因此，根据耐燃性可把建筑材料分为四类：

①第一类，非燃烧材料。非燃烧材料是指在空气中受到火烧或高温高热作用不起火、不碳化、不微燃的材料，如钢铁、砖、石等。用非燃材料制作的构件称非燃烧体。钢铁、铝、玻璃等材料受到火烧或高热作用会发生变形、熔融，所以虽然是非燃烧材料，但不是耐火的材料。

②第二类，难燃材料。难燃材料是指在空气中受到火烧或高温高热作用时难起火、难微燃、

难碳化，当火源移走后，已有的燃烧或微燃立即停止的材料，如经过防火处理的木材和刨花板。

③第三类，可燃材料。可燃材料是指在空气中受到火烧或高温高热作用时立即起火或微燃，且火源移走后仍继续燃烧的材料，如木材。用这种材料制作的构件称为燃烧体，使用时应作防燃处理。

④第四类，易燃材料。易燃材料是指在空气中受到火烧或高温作用时立即起火，并迅速燃烧，且离开火源后仍继续迅速燃烧的材料，如油漆、纤维织物等。

材料在燃烧时放出的烟气和毒气对人体的危害极大，远远超过火灾本身。因此，建筑内部装修时，应尽量避免使用燃烧时放出大量浓烟和有毒气体的装饰材料。

(2)耐火性。耐火性是指建筑材料或结构在一定时间内满足标准耐火试验中规定的稳定性、完事性、隔热性和其他预期功能的能力。

钢铁、铝、玻璃等材料受到火烧或高热作用会发生变形、熔融，它们是非燃烧材料，但不是耐火的材料。建筑材料或构件的耐火极限通常用时间来表示，木结构墙体、地板和屋面都采用传统的木框架，木桁架和I型木龙骨，设计时，其耐火阻燃高达2个小时，符合非易燃建材防火安全的等级。钢筋在大火中强度减弱迅速坍塌，而重木的耐火能力要比钢筋强得多。在许多方面，大型木材耐火能力相当于钢筋混凝土。木头的传热能力比钢筋小400倍，比混凝土小8.5倍。

1.3 材料的基本力学性质

材料的力学性质是指材料在外力作用下的表现或抵抗外力的能力。

1.3.1 材料的强度

1. 强度

材料的强度是指材料承受外力而不被破坏(不可恢复的变形也属被破坏)的能力。根据所受外力的作用形式不同，材料的强度主要分为抗压强度(材料承受压力的能力)、抗拉强度(材料承受拉力的能力)、抗弯强度(材料对致弯外力的承受能力)、抗剪强度(材料承受剪力切力的能力)。

2. 抗拉(压、剪)强度

材料承受荷载(拉力、压力、剪力)作用直到破坏时，单位面积上所承受的拉力(压力、剪力)称为抗拉(压、剪)强度。材料的这些强度是通过静力试验来测定的，故总称为静力强度。材料的静力强度是通过标准试件的破坏试验而测得。材料的抗拉、抗压、抗剪强度按下式计算：

$$f=\frac{F}{A} \tag{1.19}$$

式中：f ——抗拉、抗压、抗剪强度(N/mm^2)；

F ——材料受拉、压、剪破坏时的最大荷载(N)；

A ——材料受力面积(mm^2)。

3. 抗弯(折)强度

材料的抗弯(折)强度与材料的受力情况有关，对于矩形截面试件，两端支撑，中间作用一集中荷载时，其抗弯(折)强度按下式计算：

$$f_m=\frac{3FL}{2bh^2} \tag{1.20}$$

式中：f_m ——材料的抗弯(折)强度(N/mm^2)；

F ——受弯时的破坏荷载(N)；

L ——两支点间距(mm)；

b、h ——材料截面宽度、高度(mm)。

狭义的强度问题指各种断裂和塑性变形过大的问题。广义的强度问题包括强度、刚度和稳定性问题。

材料的强度与其组成及结构有关。相同种类的材料，其组成、结构特征、孔隙率、试件形状、尺寸、表面状态、含水率、温度及试验时的加荷速度等对材料的强度都有影响。

对于以强度为主要指标的材料，通常按材料强度值的高低划分成若干等级，称为强度等级（如混凝土、砂浆等用强度等级来表示）。

1.3.2 材料的弹性与塑性

1. 弹性

材料在外力作用下产生变形，外力消除后并能完全恢复到原来形状和大小的性质称为弹性。这种可以完全恢复的变形称为弹性变形。

2. 弹性模量

材料在外力作用下产生应力和应变（即变形）。

弹性变形的大小与其所受外力的大小成正比，其比例系数对某种理想的弹性材料来说为常数，这个常数被称为该材料的弹性模量，并以符号 E 表示，其计算公式为：

$$E = \frac{\sigma}{\varepsilon} \tag{1.21}$$

式中：E ——材料的弹性模量（MP_a）；

σ ——材料所受的应力（MP_a）；

ε ——在应力 σ 作用下的应变。

弹性模量 E 是反映材料抵抗变形能力的指标，E 值愈大，表明材料的刚度愈强，材料愈不易变形。

3. 塑性

材料在外力作用下产生非破坏性变形，外力消除后不能完全恢复到原来形状和大小的性质称为塑性。这种不可恢复的变形称为塑性变形。

工程实际中，理想的弹性材料或塑性材料很少见，大多数材料的力学变形既有弹性变形，也有塑性变形。有的材料在所受外力不大的情况下，表现为弹性变形，当外力超过一定限度时，又表现为以塑性变形为主，如钢材。也有的材料在受外力作用下，弹性变形与塑性变形同时产生，如混凝土。总之，弹性材料或塑性材料的主要区别就是看材料受外力后其变形能否恢复。

当应力超过材料的弹性极限，则产生的变形在外力去除后不能全部恢复，而残留一部分变形，材料不能恢复到原来的形状，这种残留的变形是不可逆的塑性变形。

1.3.3 材料的脆性与韧性

1. 脆性

材料在外力作用下（如拉伸、冲击等）仅产生很小的变形即断裂破坏的性质称为脆性。具有这种性质的材料为脆性材料。脆性材料破坏以脆断为主，其抗压能力强，抗拉能力较差。

脆性材料抵抗冲击荷载或振动荷载作用的能力很差。其抗压强度远大于抗拉强度，可高达数倍甚至数十倍。所以脆性材料不能承受振动和冲击荷载，也不宜用作受拉构件。

工程中常用的脆性材料有天然石材、普通混凝土、砂浆、普通砖、玻璃及陶瓷等。

2. 韧性

材料在冲击或振动荷载作用下，能吸收较大的能量，产生一定的变形而不破坏，这种性质称为韧性。具有这种性质的材料为韧性材料，如建筑钢材、木材等属于韧性较好的材料。材料的韧性值用冲击韧性指标 α_K 表示。冲击韧性指标系指用带缺口的试件做冲击破坏试验时，断口处单位面积所吸收的功。其计算公式为：

$$\alpha_K = \frac{A_x}{A} \tag{1.22}$$

式中：α_K——材料的冲击韧性指标(J/mm^2)；

A_K——试件破坏时所消耗的功(J)；

A——试件受力净截面积(mm)。

在建筑工程中，对于要求承受冲击荷载和有抗震要求的结构，如吊车梁、桥等结构构件。

1.3.4 材料的硬度与耐磨性

1. 硬度

硬度是指材料表面抵抗其他物质刻画、腐蚀、切削或压入表面的能力。工程中用于表示材料硬度的指标有多种，对金属、木材等材料以压入法检测其硬度。如洛氏硬度是以金刚石圆锥或圆球的压痕深度计算求得；布氏硬度以压痕直径计算求得。天然矿物材料的硬度常用摩氏硬度表示，它是以两种矿物相互对刻的方法确定矿物的相对硬度，由软到硬依次分别为滑石、石膏、方解石、萤石、磷灰石、正长石、石英、黄玉、刚玉、金刚石。混凝土等材料的硬度常用肖氏硬度检测，即以重锤下落回弹高度计算求得。

为保持建筑物性能和外观，对建筑材料的使用有一定硬度要求，如预应力钢筋混凝土锚具、外墙柱面及地面装饰灯都要求具有一定硬度。

2. 耐磨性

材料的耐磨性是指材料表面抵抗磨损的能力。材料的耐磨性可用磨损率 B 表示，其试验计算公式为：

$$B = \frac{m_1 - m_2}{A} \tag{1.23}$$

式中：B——材料的磨损率(g/cm^2)；

$m_1 - m_2$——材料磨损前后的质量损失(g)；

A——材料试件受磨面积(cm^2)。

材料的磨损率 B 值越低，该材料的耐磨性越好，反之，越差。材料的耐磨性与材料的强度、硬度、密实度、内部结构、组成、孔隙率、孔的特征、表面缺陷等有关。一般来说，强度较高且密实的材料，其硬度较大，耐磨性较好。

1.4 材料的化学性质和耐久性

1.4.1 化学性质

材料的化学性质是指材料在生产、施工或使用过程中发生化学反应，使材料内部组成和结构发生变化的性质。化学组成是指构成材料的化学元素及化合物的种类及数量。材料的化学组成决定着材料的化学稳定性、大气稳定性、耐水性、耐火性等性质。当材料与外界自然环境以及各类物质相接触时，它们之间必须要按化学变化规律发生作用。例如石膏、石灰和石灰石的主要化学成分分别为 $CaSO_4$、CaO 和 $CaCO_3$，这些化学成分就决定了石膏、石灰易溶于水而耐水性差，而石灰石较稳定；木材主要由 C、H、O 形成的纤维素和木质素组成，故遇到火焰时易燃烧；石油沥青是由 C—H 化合物及其衍生物组成，故在大气作用下易老化等。又如材料受到酸、碱、盐等物质的作用而被侵蚀，钢材的锈蚀等也都属化学作用。

建筑材料的各种性质都与其化学组成及化学结构有关，大多数材料是利用其化学性质进行生产、施工和使用的。材料在生产过程中，是利用化学反应生产原材料的，如钢筋、水泥的生产。材料在施工过程中，利用化学反应使其方便施工或达到材料的基本性能，如钢筋的化学除锈、水泥的水化硬化、石灰成品的碳化等。材料在使用过程中，受到各种酸、碱、盐及其水溶液、各种腐蚀性气体的化学腐蚀作用和氧化作用，使材料的组成或结构在使用中发生变化，出现逐渐变质并影响其使用功能，甚至造成工程的结构破坏，如金属的氧化腐蚀，水泥、混凝土的酸腐蚀，沥青等有机材料的老化等。这些问题均迫使人们利用化学性质改善材料性能，如材料表面油漆，配置耐酸混凝土、高强混凝土等。

材料的化学性质范畴很广，就其在建筑工程中的应用来说，主要关心其使用中的化学变化和稳定性。材料的化学稳定性是指材料在工程环境中，其化学组成和结构能否保持稳定的性质。建筑材料所处的部位、周围环境、使用功能要求和作用的不同，对材料的化学性质的要求也就不同。为保证材料良好的化学稳定性，许多材料标准都对某些成分和组成结构进行了限制规定。

1.4.2 耐久性

(1)耐久性的含义。材料的耐久性是指材料在使用过程中，抵抗各种自然因素及其他有害物质长期作用，能长久保持其原有性质的能力。耐久性越好，材料的使用寿命越长。

耐久性是衡量材料在长期使用条件下的安全性能的一项综合指标，包括抗冻性、抗风化性、抗老化性、耐化学腐蚀性等。材料在使用过程中，会与周围环境和各种自然因素发生作用，这些作用包括物理、化学和生物的作用。

①物理作用。物流作用一般是指干湿变化、温度变化、冻融循环等。这些作用会使材料发生体积变化或引起内部裂纹的扩展，而使材料逐渐破坏，如混凝土、岩石、外装修材料的热胀冷缩等。

②化学作用。化学作用包括酸、碱、盐等物质的水溶液及有害气体的侵蚀作用。这些侵蚀作用会使材料逐渐变质而破坏，如水泥石的腐蚀、钢筋的锈蚀、混凝土在海水中的腐蚀、石膏在水中的溶解作用等。

③生物作用。生物作用是指菌类、昆虫等的侵害作用，包括使材料因虫蛀、腐朽而破坏，如木材的腐蚀等。

因而，材料的耐久性实际上是衡量材料在上述多种作用下，能长久保持原有性质而保证安全正常使用的性质。实际工程中，材料往往受多种破坏因素的同时作用，材料性质不同，其耐久性的内容各不相同。金属材料往往受和电化学作用引起腐蚀、破坏，其耐久性指标主要是耐蚀性；无机非金属材料(如石材、砖、混凝土等)常因化学作用，溶解、冻融、风蚀、温差、摩擦等因素的综合作用，其耐久性指标更多地包括抗冻性、抗风化性、抗渗性、耐磨性等方面的要求；有机材料常由生物作用，光、热电作用而引起破坏，其耐久性包括抗老化性、耐蚀性指标。研究材料耐久性，可以保证建筑物的安全性、经济性和使用寿命。

(2)提高材料的耐久性的措施。首先应根据工程的重要性、所处的环境合理选择材料，增强自身对外界作用的抵抗能力，如提高材料的密实度等；或采取保护措施，使主体材料与腐蚀环境相隔离。同时针对材料所受周围环境和各种自然因素的破坏作用，采取相应的措施，降低环境温度、排除侵蚀性物质等；也可以在表面增加保护层如抹灰、刷涂料等设法减轻大气或周围介质对材料的破坏作用，提高材料的耐久性。

思考与练习

1.材料的表观密度与堆积密度有哪些区别？

2.材料的孔隙率与空隙率有什么区别？它们对材料的性能有何影响？

3.材料的亲水性和憎水性的含义是什么？

4.材料的吸水性、吸湿性、耐水性、抗渗性和抗冻性指的是什么？各以什么指标表示？

5.某混凝土试块质量为 10kg，体积为 150mm×150mm×150mm，质量吸水率为 3%，试求该混凝土试块的表观密度及体积吸水率。

6.红砖干燥时表观密度为 1 900kg/m^3，密度为 2.51g/cm^3，质量吸水率为 6%，试求该转的孔隙率和体积吸水率。

7.什么是导热系数和热容量系数？它们各表示材料的什么物理性质？

8.根据耐燃性可把建筑材料分为几类？

9.弹性变形与塑性变形有什么区别？

10.脆性材料与韧性材料各有什么特点？使用时需注意哪些问题？

第2章　建筑块料

本章学习要求

1. 了解岩石的形成与分类
2. 掌握天然石材的技术性质及应用
3. 掌握烧结普通砖的技术性能
4. 重点掌握砌块的分类、技术性能及应用

2.1　建筑石材

在土建工程中，石材用途较广，且可就地取材，也是用量较大的一种建筑材料。但石材开采对环境保护不利，近年来对天然石材抽查检测表明，天然石材中(如花岗石等)有的含放射性物质超标，对人身健康有害，必须引起重视。因此，用于室内外的饰面石材应经检测，使用上应符合国家标准所规定的要求。为减轻建筑物的自重和保护环境，在居室装修中要多用人造石材，以取代天然石材。

2.1.1　岩石的形成与分类

地球大约在46亿年以前形成，在这漫长的地质历史过程中，组成地壳的物质处在不断的运动和变化之中，地壳的表面形态及其内部构造也在不断地进行着改造和演变。

岩石是在地质作用下产生的，由一种或多种矿物按一定的规律组成的自然集合体。岩石是构成地壳的基本部分，按其成因分为三大类，即岩浆岩、沉积岩和变质岩。

岩浆岩是由岩浆直接冷却凝结形成的，是由地壳内部上升的岩浆侵入地壳或喷出地表冷却凝结而成，又称火成岩。岩浆主要来源于地幔上部的软流层，那里温度高达1 300℃，压力约数千个大气压，使岩浆具有极大的活动性和能量。

沉积岩是在地表和地表下不太深的地方形成的地质体。它是在地表或接近地表常温常压条件下，由风化作用、生物作用和某些火山作用产生的物质经搬运、沉积和固结成岩等一系列地质作用形成的。沉积岩来自于岩石和有机物的碎片，叫做沉积物，在百万年期间积聚成堆。这些紧密的岩石比岩浆岩更易弯曲，如沙、盐、黏土、砂岩、炭和石灰石等。

变质岩是原来已经存在的岩石，由于受到地下深处温度、压力作用或化学环境的变化而形成称为变质岩。建筑中常用的变质岩有大理岩、石英岩、片麻岩等。

三大类岩石具有不同的形成条件和环境，而岩石形成所需的环境条件又会随着地质作用进行不断地发生变化。沉积岩和岩浆岩可以通过变质作用形成变质岩。在地表常温、常压条件下，岩浆岩和变质岩又可以通过母岩的风化、侵蚀、搬运和一系列的沉积作用而形成沉积岩。变质岩和沉积岩当进入地下深处后，在高温高压条件下又会发生熔融形成岩浆，经结晶作用而变成岩浆岩。因此，在地球的岩石圈内，三大岩类处于不断演化的过程中。

2.1.2　天然石材的技术性质

建筑石材分为天然石材和人工石材。天然石材指从天然岩石中采得的毛石，或经加工制成的石块、石板及其定型制品等。

1. 表观密度

天然石材根据表观密度大小可分为：轻质石材，其表观密度≤1 800kg/m^3；重质石材，其表

观密度＞1 800kg/m³。

表观密度的大小常间接反映石材的致密程度与孔隙多少。在通常情况下，同种石材的表观密度愈大，则抗压强度愈高，吸水率愈小，耐久性好，导热性好。

2. 吸水性

根据吸水性，天然石材可分为低、中、高吸水性岩石。吸水率低于 1.5%的岩石称为低吸水性岩石，介于 1.5%～3.0%的称为中吸水性岩石，吸水率高于 3.0%的称为高吸水性岩石。

岩浆岩以及许多变质岩，它们的孔隙率都很小，故而吸水率也很小，例如花岗岩的吸水率通常小于 0.5%。沉积岩由于形成条件、密实程度与胶结情况有所不同，因而孔隙率与孔隙特征的变动很大，这导致石材吸水率的波动也很大，例如致密的石灰岩，它的吸水率可小于 1%，而多孔的贝壳石灰岩吸水率可高达 15%。

石材的吸水性对其强度与耐水性有很大影响。石材吸水后，会降低颗粒之间的黏结力，从而使强度降低。有些岩石还容易被水溶蚀，因此，吸水性强与易溶的岩石，其耐水性较差。

3. 耐水性

石材的耐水性用软化系数表示。岩石中含有较多的黏土或易溶物质时，软化系数则较小，其耐水性较差。根据软化系数大小，可将石材分为高、中、低三个等级。软化系数大于 0.90 时为高耐水性石材，软化系数在 0.75～0.90 之间的为中耐水性石材，软化系数在 0.60～0.75 之间为低耐水性石材，软化系数小于 0.60 的石材，则不允许用于重要建筑物中。

4. 抗冻性

石材的抗冻性，是指其抵抗冻融破坏的能力。其值是根据石材在吸水饱和状态下按规范要求所能经受的冻融循环次数表示。能经受的冻融循环次数越多，则抗冻性越好。石材抗冻性与吸水性有密切的关系，吸水率大的石材其抗冻性也差。一般吸水率小于 0.5%的石材被认为是抗冻性好的石材。

试件在规定的冻融循环次数内无(穿过试件两棱角的)贯穿裂纹，质量损失不超过 5%，强度降低不大于 25%的石材方为合格。

5. 强度

(1)强度等级。石材强度等级是以边长为 70mm 的立方体试件在浸水饱和状态下的抗压极限强度表示，以 MPa 为单位，用符号 MU 表示。如 MU40 的石材，其试件的抗压极限强度为 40MPa。当采用边长分别为 200mm、150mm、100mm 或 50mm 的非标准立方体试件时，其抗压极限强度应分别乘以 1.43、1.28、1.14 或 0.86 的换算系数。

(2)标号与强度等级。采用边长为 200mm 的立方体试件所测得的抗压极限强度是石材标号，换算为边长 70mm 立方体试件的抗压极限强度(可用乘以换算系数 1.43 的方法求得此值)则是石材的强度等级。因此可近似认为：石材标号×1.43＝强度等级。如采用边长为 200mm 的立方体试件测得石材抗压极限强度为 200kgf/cm²(即 20MPa)，则该石材标号为 200 号，其强度等级需换算为边长为 70mm 的立方体试件的抗压极限强度，即 20×1.43＝28.6 (MPa)，强度等级为 MU28.6。在实际工作中选择石材的最低强度时，可近似认为 200 号相当于 MU30，400 号相当于 MU60；若将 300 号以 MU30 替代，其石材强度显然不足。

根据边长 70mm 立方体试件的抗压强度，砌筑石材的强度等级分为：MU10、MU15、MU20、MU30、MU40、MU50、MU60、MU80、MU100 共九个等级。

6. 耐磨性

耐磨性是石材抵抗摩擦、边缘剪切以及撞击等复杂作用的性质。石材的耐磨性包括耐磨损与耐磨耗两方面。凡是用于可能遭受磨损作用的场所，例如台阶、人行道、地面、楼梯踏步等和可能遭受磨耗作用的场所,例如道路路面的碎石等,均应采用具有高耐磨性的石材。

7. 放射性

石材是自然形成的,由于自然形成,石材存在放射性是一个不可否认的事实。石材的放射性一般可分为外照射和内照射两种,外照射主要是由于铀、镭等元素放射出 γ 射线,对人体的伤害较大;内照射是由于镭在放射过程中衰减后变成一种叫氡的气体,这种气体对人体的呼吸系统和消化系统有伤害,但必须达到一定浓度才有危害性。

国家对石材有严格的适用分类标准,共分为四类,即 A、B、C 和大于 C 类。A 类适用于任何地方;B 类除室内以外,任何地方均可适用;C 类适用于建筑和室外环境、墙面、道路等;大于 C 类仅适用于地坝、海塘、桥墩等使用。

石材中有放射性的物质主要是氡,但氡气比空气重,一般沉在地面上,如果在通风的条件下,氡气将会被稀释,氡气浓度不足,就不会对人体构成伤害。大理石是一种无放射性的绿色建材,它是家庭装饰中最理想的石材。

放射性是无处不在的,人体自身就是一个放射源,所以不要对石材的放射性"谈虎色变"。装修中使用的花岗岩、大理石、瓷砖等都具有放射性。很多人认为石材颜色越深,其放射性越高,其实这是一种误解,在石材中,红色、绿色和花斑系列等花岗岩类放射性活度偏高(如杜鹃红、印度红等)。大理石类、绝大多数的板石类、暗色系列(包括黑色、蓝色和暗色中的棕色)和灰色系列的花岗岩类,放射性活度较低(如蒙古黑、西班牙米黄等)。我国对石材放射性分为 A、B、C 三类标准,只要符合 A 类标准的就可以放心地在居室内使用。

2.1.3 建筑砌筑石材

1. 毛石

毛石是不成形的石料,处于开采以后的自然状态。它是岩石经爆破后所得形状不规则的石块,有圆形的,有片状的,也有不成任何形状的。圆形的毛石一般在河中常见,片状的一般在采石场较常见,不成形的一般在山区较常见。

按其表面的平整程度分为乱毛石和平毛石两类。形状不规则的称为乱毛石。有两个大致平行面的称为平毛石。建筑用毛石,一般要求石块中部厚度不小于 200mm,长度为 300~400mm,质量约为 20~30kg,其强度不宜小于 10MPa,软化系数不应小于 0.75。毛石常用于砌筑基础、勒脚、墙身、堤坝、挡土墙等,也可配制片石混凝土等。

2. 料石

料石指的是按规定要求经凿琢加工而成的形状规则的石块,是用毛料加工成较为规则的,具有一定规格的六面体石材。按料石表面加工的平整程度可分为以下四种:毛料石、粗料石、半细料石和细料石。料石常用致密的砂岩、石灰岩、花岗岩等开采凿制,至少应有一个面的边角整齐,以便相互合缝。料石常用于砌筑墙身、地坪、踏步、拱和纪念碑等;形状复杂的料石制品可用于柱头、柱基、窗台板、栏杆和其他装饰面等。

3. 散粒石材

散粒石材包括碎石、卵石、石渣。

2.1.4 石材的选用原则

在建筑设计和施工中,应根据适用性和经济性等原则选用石材。

1. 适用性

适用性主要考虑石材的技术性能是否能满足使用要求。可根据石材在建筑物中的用途和部位及所处环境,选定其主要技术性质能满足要求的岩石。

2. 经济性

天然石材的密度大，运输不便、运费高，应综合考虑地方资源，尽可能做到就地取材。难于开采和加工的石料，将使材料成本提高，选材时应加以注意。

3. 安全性

由于天然石材是构成地壳的基本物质，因此可能存在含有放射性的物质。石材中的放射性物质主要是指镭、钍等放射性元素，在衰变中会产生对人体有害的物质。

2.2 烧结普通砖的生产与技术要求

凡是由黏土、工业废料或其他地方资源为主要原料，以不同的工艺制成的，在建筑物中用于承重墙和非承重墙的砖统称为砌墙砖。砖是一种常用的砌筑材料，具有原材料易得、生产工艺简便、物理力学性能优异、耐久性较好和产品价格低廉等众多优点，在我国的墙体材料中扮演着重要的角色。

砌墙砖按砖的孔洞率、孔的尺寸大小和数量可分为普通砖和空心砖两大类。

普通砖是没有孔洞或孔洞率(砖面上孔洞总面积占砖面积的百分率)小于 15%的砖；而孔洞率大于或等于 15%的砖称为空心砖，其中孔的尺寸小而数量多的砖又称为多孔砖。按照其生产工艺砌墙砖分为烧结砖和非烧结砖。烧结砖是经焙烧而制成的砖，常结合主要原料命名，如烧结普通黏土砖(符号为 N)、烧结页岩砖(Y)、烧结煤矸石砖(M)、烧结粉煤灰砖等(F)等；非烧结砖是通过非烧结工艺制成的，如碳化砖、蒸养砖等。

2.2.1 烧结普通砖

1. 含义

烧结普通砖是以黏土、页岩、煤矸石、粉煤灰为主要原料，经成型焙烧而成的用于砌筑的直角六面体小型块材。以黏土为主要原料，经配料、制坯、干燥、焙烧而成的烧结普通砖，简称为烧结普通黏土砖。

2. 烧结普通砖的生产工艺

烧结普通砖的工艺流程：15%尾矿沙＋60%粉煤灰＋25%红胶泥土→粉碎→搅拌→陈化→成型→烘干窑→烘干→烧结→出窑→成品。其主要装备：挖掘机、对滚机、搅拌机、真空砖机、切坯机。

生产烧结普通黏土砖需要经过采土、配料调制、制坯、干燥和焙烧等一系列工艺过程，其中焙烧是制砖的主要环节。黏土坯体在焙烧过程中将发生一系列物理、化学变化，最后在温度达到 900℃～1 100℃时，已分解的黏土矿物之间发生化合反应，生成新的结晶硅酸盐矿物。与此同时，黏土中易熔成分开始熔化，形成液相熔融物，流入不熔的黏土颗粒之间的空隙中，并将其黏结，使坯体孔隙率下降，体积有所收缩并变得密实，这个过程称为“烧结”。因此，烧结普通黏土砖是以不熔的黏土颗粒为骨架，以液相熔融物为胶结材料填充孔隙并将其黏结在一起形成的多孔结构的块体材料。

2.2.2 欠火砖和过火砖

烧结普通砖的形成是砖坯经高温焙烧，使部分物质熔融，冷凝后将未经熔融的颗粒黏结在一起成为整体。

1. 欠火砖

当焙烧温度不足时，熔融物太少，难以充满砖体内部，黏结不牢，这种砖称为欠火砖。因此，欠火砖的特点是砖色浅、敲击时音哑、孔隙率大、强度低、吸水率大、耐久性差。

2. 过火砖

当焙烧温度过高时，砖内熔融物过多，造成高温下的砖体变软，此时砖在点支撑下易产生弯曲变形，这种砖为过火砖。过火砖的特点是砖色深、音清脆、孔隙率小，强度高、吸水率小、耐久性强，但砖易变形，外观往往不合格，且导热系数大。

因此，掌握所用原料黏土的合适的烧结温度是关键的一环。

2.2.3 内燃砖

为节省能源，近年来我国还开发了内燃烧砖法，即将煤渣、粉煤灰等可燃性工业废渣以适量比例掺入制坯黏土原料中作为内燃料，焙烧时可以少投煤或者不投煤，当砖焙烧到一定温度时，坯体内的燃料在坯体内燃烧而瓷结成砖，这样的烧砖方法叫内燃烧砖。内燃砖比外燃砖节省了大量外投煤，节约黏土原料 5%～10%，强度提高 20%左右，砖的表观密度减小，隔音保温性能增强，导热系数降低，并且变废为宝，减少污染，同时还可大量利用工业废渣。

2.2.4 红砖和青砖

建筑物的墙体有的是用青砖砌成的，有的则是用红砖砌成的。其实红砖和青砖都是用泥土制成的，只是制作方法不同而已。为什么同样的砖坯能烧成红砖，也能烧成青砖呢？这是由于利用焙烧窑内的不同过程可制得不同颜色的烧结黏土砖。

红砖和青砖在坯子上是一样的，码窑时也完全一样，就是在点火烧起来后工艺上有点不一样。烧三四天就停火出来的是红砖，烧六七天再停火，并且在烧火过程中，不断有人挑水上窑顶，向窑中熊熊烈火中的砖坯不断浇水洒水的，烧出来的就是青色的砖。

坯体颜色是由坯体原料中铁、钛氧化物的含量决定的，含量越高烧成后呈现的颜色越深，它仅仅决定了坯体的颜色，不会影响到砖的质量。

(1)氧化气氛，红砖。当砖窑中焙烧时为氧化气氛，则制得红砖。在工业生产中就是根据上面的原理，一般用大火将砖坯里外烧透，然后熄火，使窑和砖自然冷却。此时，窑中空气流通，氧气充足，形成了一个良好的氧化气氛，使砖坯中的铁元素被氧化成三氧化二铁。由于三氧化二铁是红色的，所以砖也就会呈红色。

(2)还原气氛，青砖。若烘烧完全后向窑内添加大量的煤炭后封窑约 1 天后，从窑顶向下慢慢浇水 7 天，水蒸气和窑内高温的炭发生化学反应，密闭的煅烧窑内会产生大量的还原气体——氢气和一氧化碳，它们把红色高价氧化铁三氧化二铁又逐渐还原成为青灰色的低价氧化铁氧化亚铁，而制得青砖。

据有关专家的研究，青砖在抗氧化、水化、大气侵蚀等方面性能明显优于红砖，青砖较红砖结实，耐碱性能好、耐久性强，是我国古代宫廷建筑的主要墙体材料，但成本较高。中国古代的“秦砖汉瓦”，能历经上千年仍保存完好，可见青砖性能优良。但是因为青砖的烧成工艺复杂，能耗高，产量小，成本高，难以实现自动化和机械化生产，价格较红砖贵。所以挤砖机械等大规模工业化制砖设备问世后，红砖得到了突飞猛进的发展，而青砖除个别仿古建筑仍使用外，已基本退出历史舞台。

2.2.5 烧结普通砖的技术要求

《烧结普通砖》GB/T5101—2003 规定，普通黏土砖的技术要求包括尺寸偏差、外观质量、强度等级和耐久性等方面。根据尺寸偏差和外观质量(见表 2 - 1)分为优等品、一等品和合格品三个等级。

1. 尺寸规格及偏差

烧结普通砖的外形为矩形体，长 240mm ，宽 115mm ，厚 53mm。其中 240mm×115mm 的面称为大面，240mm×53mm 的面称为条面，115mm×53mm 的面称为顶面。这样，4 个砖长、8 个砖宽、16 个砖厚，加砂浆缝的厚度都恰好为 1m。1 立方米砖砌体需用砖 512 块。

试验方法：检验样品数为 20 块，按 GB/T2542 规定的检验方法进行。其中每一尺寸测量不足 0.5mm 按 0.5mm 计，每一方向尺寸以两个测量值的算术平均值表示。样本平均偏差是 20 块试样同一方向 40 个测量尺寸的算术平均值减去其公称尺寸的差值。样本极差是抽检的 20 块试样中同一方向 40 个测量尺寸中最大测量值与最小测量值之差值。烧结普通砖的尺寸偏差应符合表 2－1 相应等级规定。

表 2－1 烧结普通砖尺寸允许偏差(mm)

<table>
<tr><th colspan="3" rowspan="2">项 目</th><th colspan="3">指标</th></tr>
<tr><th>优等品</th><th>一等品</th><th>合格品</th></tr>
<tr><td rowspan="6">尺寸允许偏差（mm）</td><td rowspan="2">长度（240）</td><td>样本平均偏差</td><td>±2.0</td><td>±2.5</td><td>±3.0</td></tr>
<tr><td>样本极差≤</td><td>8</td><td>8</td><td>8</td></tr>
<tr><td rowspan="2">宽度（115）</td><td>样本平均偏差</td><td>±1.5</td><td>±2.0</td><td>±2.5</td></tr>
<tr><td>样本极差≤</td><td>6</td><td>6</td><td>7</td></tr>
<tr><td rowspan="2">高度（53）</td><td>样本平均偏差</td><td>±1.5</td><td>±1.6</td><td>±2.0</td></tr>
<tr><td>样本极差≤</td><td>4</td><td>5</td><td>6</td></tr>
</table>

2. 外观质量

按 GB/T2542 规定的检验方法进行。颜色的检验：抽试样 20 块，装饰面朝上随机分两排并列，在自然光下距离试样 2m 处目测。

外观质量采用 JC/T466 二次抽样方案，根据表 2－2 规定的质量指标，检查出其中不合格品数 D1，按下列规则判定：

表 2－2 烧结普通砖外观质量 单位：mm

<table>
<tr><th colspan="2">项 目</th><th>优等品</th><th>一等品</th><th>合格品</th></tr>
<tr><td colspan="2">两条面高度差不大于</td><td>2</td><td>3</td><td>5</td></tr>
<tr><td colspan="2">弯曲不大于</td><td>2</td><td>3</td><td>5</td></tr>
<tr><td colspan="2">杂质凸出高度不大于</td><td>2</td><td>3</td><td>5</td></tr>
<tr><td colspan="2">缺棱掉角的三个破坏尺寸不得同时大于</td><td>15</td><td>20</td><td>30</td></tr>
<tr><td rowspan="2">裂纹长度不大于</td><td>(1)大面上宽度方向及其延伸至条面的长度</td><td>70</td><td>70</td><td>110</td></tr>
<tr><td>(2)大面上长度方向及其延伸至顶面上水平裂纹的长度</td><td>100</td><td>100</td><td>150</td></tr>
<tr><td colspan="2">完整面不得少于</td><td>一条面和一顶面</td><td>一条面和一顶面</td><td>—</td></tr>
<tr><td colspan="2">颜色</td><td>基本一致</td><td>—</td><td>—</td></tr>
</table>

(1)D1≤7 时，外观质量合格。

(2)D1≥11 时，外观质量不合格。

(3)D1 >7，且 D1<11 时，需再次从该产品批中抽样 50 块检验，检查出不合格品数 D2，按下列规则判定。

(4)(D1 + D2)≤18 时，外观质量合格。

(5)(D1 + D2)≥19 时，外观质量不合格。

3. 强度

验收检验砖样的抽取应在供方堆场上，由供需双方人员会同进行。强度等级实验抽取砖样 10 块。普通黏土砖的强度等级根据 10 块砖的抗压强度平均值、标准值或最小值划分，共分为 MU30、MU25、MU20、MU15、MU10 五个等级，其具体要求如表 2－3 所示。

表 2－3 普通黏土砖的强度等级(MPa)

强度等级	抗压强度平均值 $f\geq$	变异系数 $\delta\leq0.21$ 强度标准值 $f_k\geq$	变异系数 >0.21 单块最小抗压强度值 $f_{min}\geq$
MU30	30.0	22.0	25.0
MU25	25.0	18.0	22.0
MU20	20.0	14.0	16.0
MU15	15.0	10.0	12.0
MU10	10.0	6.5	7.5

4. 抗风化性能

抗风化性能是指砖在长期受到风、雨、冻融等综合条件下，抵抗破坏的能力。通常以其抗冻性、吸水率及饱和系数(此处的饱和系数是指砖在常温下浸水 24h 后的吸水率与 5h 沸煮吸水率之比)等指标来判别。

自然条件不同，对烧结普通砖的风化作用的程度也不同。其中，我国的黑龙江省、吉林省、辽宁省、内蒙古自治区、新疆维吾尔自治区、宁夏回族自治区、甘肃省、青海省、陕西省、山西省、河北省、北京市、天津市属于严重风化区，其他省区属于非严重风化区。严重风化区中的前五个省区用砖必须进行冻融试验(经 15 次冻融试验后每块砖样不允许出现裂纹、分层、掉皮、缺棱、掉角等冻坏现象，质量损失不得大于 2%)。严重风化区的其他省区及非严重风化区用烧结普通砖的抗风化性能符合表 2－4 的规定时，可不做抗冻性试验，否则必须进行抗冻性试验。

表 2－4 烧结普通砖的抗风化性能

<table>
<tr><td rowspan="3">性能
砖种类</td><td colspan="4">严重风化区</td><td colspan="4">非严重风化区</td></tr>
<tr><td colspan="2">5h 沸煮吸水率(%)≤</td><td colspan="2">饱和系数≤</td><td colspan="2">5h 沸煮吸水率(%)≤</td><td colspan="2">饱和系数≤</td></tr>
<tr><td>平均值</td><td>单块最大值</td><td>平均值</td><td>单块最大值</td><td>平均值</td><td>单块最大值</td><td>平均值</td><td>单块最大值</td></tr>
<tr><td>粘土砖</td><td>21</td><td>23</td><td rowspan="2">0.85</td><td rowspan="2">0.87</td><td>23</td><td>25</td><td rowspan="2">0.88</td><td rowspan="2">0.90</td></tr>
<tr><td>粉煤灰砖</td><td>23</td><td>25</td><td>30</td><td>32</td></tr>
<tr><td>页岩砖</td><td>16</td><td>18</td><td rowspan="2">0.74</td><td rowspan="2">0.77</td><td>18</td><td>20</td><td rowspan="2">0.78</td><td rowspan="2">0.80</td></tr>
<tr><td>煤矸石砖</td><td>19</td><td>21</td><td>21</td><td>23</td></tr>
</table>

注：粉煤灰砖其粉煤灰掺入量(体积比)小于 50%时，抗风化性能按粘土砖规定。

5. 泛霜与石灰爆裂

泛霜是砖在使用中的一种析盐现象。砖内过量的可溶盐受潮吸水溶解后，随水分蒸发向砖表面迁移，并在过饱和下结晶析出，使砖表面呈白色附着物，或产生膨胀，使砖面与砂浆抹面层剥离。对于优等砖，不允许出现泛霜，合格砖不得严重泛霜。石灰爆裂是指砖坯体中夹杂着石灰块，由于石灰吸潮熟化而产生膨胀出现爆裂现象。对于优等品砖，不允许出现最大破坏尺寸大于2mm的爆裂区域；对于合格品砖，要求不允许出现破坏尺寸大于15mm的爆裂区域。

2.2.6 烧结普通砖的应用

烧结普通砖有隔热、隔声性能好，不结露，价格低等优点，因此可用作建筑维护结构，可砌筑柱、拱、烟囱、窑身、沟道及基础等；可与隔热材料配套使用，砌成轻体墙；可配置适当的钢筋代替钢筋混凝土柱、过梁等。

烧结普通砖优等品用于清水墙的砌筑，一等品、合格品可用于混水墙的砌筑。中等泛霜的砖不能用于潮湿部位。

清水墙是指只有结构部分，不做任何装饰的墙面，分为清水砖墙和清水混凝土墙。墙面不抹灰的墙叫清水墙，工艺要求较高。墙面抹灰的墙叫混水墙。清水砌筑砖墙，对砖的要求极高。首先砖的大小要均匀，棱角要分明，色泽要有质感。这种砖要定制，价钱是普通砖的5～10倍。其次，砌筑工艺十分讲究，灰缝要一致，阴阳角要锯砖磨边，接槎要严密和美观，门窗洞口要用拱、花等等工艺。现在工程中清水混凝土墙也很普遍了，这种墙体除了允许偏差值比普通墙体严格外，还讲究观感。清水混凝土墙对模板和混凝土的要求非常高，拆模后的墙体表面必须光滑平整、色泽一致，不允许有剔凿、修补、打磨等现象。

在施工方面，清水墙与混水墙的主要区别是要控制游丁走缝（砖按一丁一顺砌筑，上皮和下皮砖也是按一丁一顺砌筑的，如果上下皮出现了丁砖相通或砖缝相通，就为游丁走缝）。

2.3 烧结多孔砖和烧结空心砖

2.3.1 烧结多孔砖

烧结多孔砖是以黏土、页岩、粉煤灰、煤矸石等为主要原料，经焙烧制成的空洞率大于15%，而且孔洞数量多、尺寸小且为竖向孔及垂直于承压面的砖，主要用于承重墙体。

1. 规格尺寸

目前烧结多孔砖分为P型砖和M型砖两种，烧结多孔砖为直角六面体，其长、宽、高应符合表2-5所示的尺寸要求。

表2-5 烧结多孔砖规格尺寸

代 号	长度(mm)	宽度(mm)	厚度(mm)
M	190	190	90
P	240	115	90

2. 强度等级

烧结多孔砖按抗压强度划分为MU30、MU25、MU20、MU15、MU10五个强度等级，外观质量应符合表2-6，泛霜和石灰爆裂、抗风化性能的要求同烧结普通砖。强度和抗风化性能合格的砖，按尺寸偏差、外观质量、孔型及孔洞排列、泛霜和石灰爆裂分为优等品(A)、一等品(B)、合格品(C)三个等级。

表 2-6　烧结多孔砖外观质量

项 目		优等品	一等品	合格品
颜色(一条面和一顶面)		一致	基本一致	不要求
完整面不得少于		一条面和一顶面	一条面和一顶面	不要求
缺棱掉角的三个破坏尺寸不得同时大于		15mm	20mm	30mm
裂纹长度：不大于	(1)大面上深入孔壁 15mm 以上宽度方向及其延伸至条面的长度	60mm	80mm	100mm
裂纹长度：不大于	(2)大面上深入孔壁 15mm 以上长度方向及其延伸至顶面的长度	60mm	100mm	120mm
裂纹长度：不大于	(3)条顶面上的水平裂缝	80mm	100mm	120mm
裂纹长度：不大于	(4)杂质在砖面造成的凸出高度不大于	3mm	4mm	5mm

空心砖的孔型对砖承载能力有影响，空心砖受压时，孔洞的形状、布置和孔洞率是非常重要的。因为砖的垂直于孔洞方向的强度较平行的低 60%～80%，所以竖孔空心砖通常用来砌筑承重墙体。当孔洞率不超过 35%时，竖孔空心砖的砖墙强度相当于实心砖。当孔洞率在 40%～55%时，会因为内壁破坏而影响其强度。

空心砖的抗压强度大致取决于原料的性能和制造方法。竖孔空心砖，孔洞率为 25%～40%时仅对强度有轻微影响。因为虽然承载有效面积减小，但因孔洞面积较大，挤出时压力较大，砖内外壁的致密程度提高，补偿了因有效面积小造成的强度损失。

模数多孔砖墙多由两种以上型号的砖组合砌筑，提料时要加强计划性，使各模数的砖相配套。少量配砖提前用切割机切好，尽量做到施工中不砍砖，常温条件下提前 1～2 天将砖浇水湿润，砌筑时砖的含水率宜控制在 10%～15%。砂浆稠度宜控制在 70mm～90mm，并和砖的含水率优化选用，即砖的含水率为 15%时砂浆稠度取 70mm，10%时取 90mm。

3. 烧结多孔砖的应用

烧结多孔砖除和普通黏土砖一样有较高的抗压强度、耐腐蚀性及耐久性外，还具有容重轻、保温性能好等特点，用于砖混结构中的承重墙体。其中优等品可以用于墙体装饰和清水墙砌筑，一等品和合格品可用于混水墙，中等泛霜的砖不得用于潮湿部位。

2.3.2　烧结空心砖

烧结空心砖是以黏土、页岩、煤矸石等为主要原料，经焙烧制成的空洞率大于等于 35%，而且孔洞数量少、尺寸大，主要用于非承重墙和填充墙体的烧结空心砖。

使用烧结空心砖不仅可以节地省土，节约能源，同时由于烧结空心砖质轻、高强，能减轻墙体自重，降低建筑费用。在使用实心砖砌筑的单层厂房和多层厂房中，墙体的自重约占建筑物总重的一半左右，而采用烧结空心砖，能显著地减轻墙体的自重和基础的荷载，从而节省各种建筑费用。烧结空心砖的热工性能优良。烧结空心砖墙体的空洞被灰缝封闭而使洞内的空气处于静止状态时，墙体的导热系数将随容重的减小而降低。在保证热工性能不变的条件下，通常用实心砖砌筑平房和 5～6 层楼房时，墙体的厚度为 240mm 或 370mm，改用 190mm×190mm×90mm 的烧结空心砖砌筑后，墙体的厚度可以减薄 50mm，以每平方米造价计，可降低 20%左右。用烧结空心砖砌筑墙体，砌砖量少而且很少砍砖，以采用 190mm×190mm×90mm 的空心砖估算，每平方米建筑面积的砌筑用工量比用实心砖减少 28%左右。砌筑砂浆的节约也是明显的，以采用 190mm×190mm×90mm 的空心砖估算，每立方米砌体的灰缝砂浆用量比用实心砖也减少 25%左右。

1. 规格尺寸

烧结空心砖为直角六面体，其外形尺寸长度可以是 290mm、240mm、190mm，宽度为 240mm、190mm、180mm、175mm、140mm、115mm，高度为 90mm。

2. 密度及质量等级

根据体积密度不同划分为 800、900、1 100 三个级别，各级别的密度等级对应的 5 块砖密度平均值分别为小于 $800kg/m^3$、$801\sim900kg/m^3$、$901\sim1\ 000kg/m^3$、$1\ 001\sim1\ 100kg/m^3$，每个密度等级根据孔洞及其排数、尺寸偏差、外观质量、强度等级和物理性能分为优等品(A)、一等品(B)、合格品(C)三个等级。密度级别指标见表 2-7。

表 2-7 烧结空心砖密度级别

密度级别	800	900	1100
5 块砖密度平均值($kg \cdot m^3$)	≤800	801～900	901～1100

3. 强度等级

烧结空心砖按抗压强度分为 MU10.0、MU7.5、MU5.0、MU3.5、MU2.5 五个强度等级，各强度等级的强度值应符合表 2-8 的规定，低于 MU2.0 的砖为不合格品。

表 2-8 烧结空心砖强度指标

强度等级	大面抗压强度/MPa		条面抗压强度/MPa	
	5 块平均值≥	单块最小值≥	5 块平均值≥	单块最小值≥
MU5.0	5.0	3.7	3.4	2.3
MU3.0	3.0	2.2	2.2	1.4
MU2.0	2.0	1.4	1.6	0.9

4. 烧结空心砖的应用

烧结空心砖多用于矩形孔或其他孔型且平行于条面和大面。烧结空心砖的孔数少、孔径大，具有良好的保温、隔热功能，可用于多层建筑的隔断墙和填充墙。采用烧结多孔砖和烧结空心砖，可以节约燃料 10%～20%，节约黏土 25%以上，减轻墙体自重，提高工效 40%，降低造价 20%，改善墙体的热工性能，是当前墙体改革的重要途径。

2.4 墙用砌块

砌块是指砌筑用的人造石材，多为直角六面体。砌块主规格尺寸中的长度、宽度或高度，有一项或一项以上分别大于 365mm、240mm 或 115mm，但高度不大于长度或宽度的 6 倍，长度不超过高度的 3 倍。

土砌按用途可分为承重砌块和非承重砌块；按有无空洞可分为实心砌块(无孔洞或空心率小于 25%)和空心砌块(空心率大于 25%)；按产品规格可分为大型(主规格高度大于 980mm)、中型(主规格高度为 380mm～980mm)和小型(主规格高度为 115mm～380mm)砌块；按生产工艺可分为烧结砌块和蒸养蒸压砌块。

建筑砌块是我国大力推广应用的新型墙体材料之一，品种规格很多。目前应用较多的是混凝土小型空心砌块、轻骨料混凝土小型空心砌块、蒸压加气混凝土砌块、粉煤灰硅酸盐砌块和石膏砌块。

2.4.1 普通混凝土小型空心砌块

混凝土小型空心砌块主要由水泥、细骨料、粗骨料和外加剂经搅拌成型和养护制成，空心率为25%～50%，可以采用专用设备进行工业化生产，是砌块建筑的主要建筑材料之一。

混凝土小型空心砌块主要技术性能指标有：

1.形状、规格

混凝土砌块主规格尺寸为390mm×190mm×190mm，最小外壁厚不小于30mm，最小肋厚不小于25mm，空心率不小于25%。根据尺寸偏差和外观质量，将混凝土砌块分为优等品(A)、一等品(B)和合格品(C)三等。

2.强度等级

混凝土砌块的抗压强度值划分为MU3.5、MU5.0、MU7.5、MU10.0、MU15.0、MU20.0共六个等级。抗压强度试验根据GB/T419—1997进行。每组5个砌块，上下表面用水泥砂浆抹平，养护后进行抗压试验，以5个砌块的平均值和单块最小值确定砌块的强度等级。

3. 相对含水率

相对含水率指混凝土砌块出厂含水率与砌块的吸水率之比值，是控制收缩变形的重要指标。对年平均相对湿度RH大于75%的潮湿地区，相对含水率要求不大于45%；对年平均相对湿度RH在50%～75%的地区，相对含水率要求不大于40%；对年平均相对湿度RH＜50%的地区，相对含水率要求不大于35%。

混凝土的自然养护就是利用平均气温高于+5℃的自然条件，用适当的材料对混凝土表面加以覆盖并浇水，使混凝土在一定的时间内保持水泥水化作用所需要的适当温度和湿度条件。混凝土养护的目的是为硬化的混凝土提供适宜的温度和湿度，由于夏季气温较高，这时候空气干燥，混凝土中水分蒸发较快，易出现脱水现象，使已形成凝胶体的水泥颗粒不能充分水化，不能转化为稳定的结晶，缺乏足够的黏结力，水分过早地蒸发还会产生较大的收缩变形，出现干缩缝纹。所以需要覆盖浇水养护。

小砌块是由混凝土浇筑而成，不像黏土砖要经烧结而成，因而小砌块的干缩值比较大，一般在自然养护28天后，其收缩率约为0.035%(亦即0.35mm/m)，砌成后约为0.02%，其收缩应力可达0.3 MPa，大大超过砌体的抗拉强度。而且小砌块在28天以内的收缩率要比28天以后的收缩率大好几倍，当然28天以后的小砌块如遇水浸湿，再干燥，其收缩率也在0.025%以上。所以对于长墙容易出现干缩裂缝。

有的厂方为了增加产量获取利润，小砌块自然养护7～10天即出厂，出厂前砌块无防雨和排水措施，因此，相对含水率超标，上墙后干缩裂缝，这是造成墙体开裂的重要原因。为了防止砌块上墙干缩裂缝，在有条件的地方砌块养护必须保证28天才能出厂，最好养护到40天。

混凝土砌块是混凝土拌合物经浇筑、振捣、养护而成。混凝土在硬化过程中逐渐失水而干缩，砌块的干缩量因材料和成型质量而异，并随时间增长而逐渐减小。在自然条件下，成型28天后，混凝土砌块收缩趋于稳定。其干缩率为0.03%～0.035%，含水量在50%～60%左右。砌筑成砌体后，在正常使用条件下，含水量继续下降，可达10%左右，其干缩率为0.018%～0.07%。对于干缩已趋稳定的混凝土砌块，如再次被浸湿后，会再次发生干缩，通常称为第二干缩。混凝土砌块在含水饱和后的第二干缩，稳定时间比成型硬化过程的第一干缩时间要短，一般为15天左右。第二干缩的收缩率约为第一干缩的80%左右。当混凝土砌块的收缩受到约束并且收缩引起的拉应力超过了块材的抗拉强度或块材与砂浆之间的抗弯强度，则会出现收缩裂缝。收缩裂缝不是结构裂缝，但它们破坏了墙体外观。

4. 抗渗性

用于外墙面或有防渗要求的砌块，尚应满足抗渗性要求。此外，混凝土砌块的技术性质还有抗冻性、干燥收缩值、软化系数和抗碳化性能等。

普通混凝土小型砌块可用于多层建筑的内墙，一般不宜多浇水，气候炎热干燥时砌前应稍喷水湿润。用于采暖地区的一般环境时，抗冻等级达到F15；干湿交替环境时，抗冻等级达到F25。冻融试验后，质量损失不得大于2%，强度损失不得大于25%。

2.4.2 轻骨料混凝土小型空心砌块

轻骨料混凝土是指其密度小于等于1 900kg/m^3 的混凝土。生产轻骨料混凝土砌块，是砌块向轻质(大空心率)、节能、利废的又一发展途径。据目前应用情况，其骨料有人造的，如黏土陶粒，有天然的，如火山渣、浮石、煤矸石等，以及利用工业废料，如粉煤灰、炉渣、矿渣等。结合城市的具体情况，可生产粉煤灰炉渣混凝土砌块、粉煤灰陶粒混凝土砌块和煤矸石混凝土砌块等。根据国内的经验，用粉煤灰炉渣生产大空心率(可达60%)轻质混凝土砌块，粉煤灰炉渣掺量可达60%左右，块体容重为900kg/m^3，强度等级可达MU5.0以上，通过孔型合理设计，能达到370mm～490mm厚黏土砖的保温效果，节能效果比重普通混凝土砌块和黏土砖优越得多。用粉煤灰陶粒生产中轻和超轻陶粒混凝土空心砌块，块体容重为400～799kg/m^3，重量仅为黏土砖的30%～40%，抗压强度可达2.5 MPa～7.5 MPa，可作多层房屋承重保温墙体和各种建筑的非承重保温墙及隔墙。黑龙江省研制的无砂页岩陶粒混凝土空心砌块，已用于黑龙江省科协服务楼工程，砌块容重为700kg/m^3，抗压强度为3.5 MPa，300厚空心陶粒混凝砌块墙保温效果优于490厚黏土砖墙。可见采用轻骨料混凝土砌块确实具有轻质、利废、节能的综合优势，是墙体中应大力发展的新品种。

2.4.3 粉煤灰砌块

粉煤灰砌块又称粉煤灰硅酸盐砌块，是以粉煤灰、石灰、石膏和骨料(如煤渣、硬矿渣、石子、煤矸石)等为原料，加水搅拌、振动成型，再经蒸压养护而成的硅酸盐砌块。一般块体高度为380mm～940mm的混凝土中型砌块，主要规格尺寸为880mm×380mm×240mm和880mm×430mm×240mm，也可以定制其他规格。因为其填料基本上为粉煤灰，没有其他骨料，因此很轻，承载能力和同体积密度的轻骨料混凝土相近或略高。它的吸水率较大、吸水速度较慢，砌筑时应采取相应措施。粉煤灰砌块浸水饱和之后，其强度与蒸养后强度相比，一般会降低10%～15%，但将其继续浸泡，则强度不会继续降低，反而会略有增长。粉煤灰砌块不宜用于高温、潮湿、酸性环境中。粉煤灰砌块的抗冻性能良好，即使是在北方寒冷地区，也能达到质量要求。但是由于砌块体积重量较大，低技术非机械施工可能略有不便。同时，如果对原材料选择不当，产品易出现放射性超标。

2.4.4 石膏砌块

石膏砌块是以建筑石膏和水为主要原料，经搅拌、浇铸成型和干燥制成，四边均带有企口和榫槽，施工方便，是一种非常优良的非承重内隔墙材料。

1. 石膏砌块的特点

石膏砌块具有石膏建筑材料固有的特点，可概括为八个字：安全、舒适、快速、环保。

(1)“安全”主要是指耐火性好。根据国外的试验结果，二水硫酸钙中结晶水的分解速度约为每6mm厚15分钟。据此推算，80mm厚的石膏砌块分解时间需近4小时，其耐火性能优越。

(2)“舒适”是指石膏的“暖性”和“呼吸功能”。根据石膏材料体积密度的不同，石膏建材的导热系数在0.20～0.28 W/m·K之间，导热系数小，传热速度慢，人体接触时感觉“暖”。石膏建材的“呼吸功能”源于它的多孔性，这些孔隙在室内湿度大时，可将水分吸入，反之可将水分释放出来，能自动调节室内湿度，能使人感到舒适。

(3)“快速”是指石膏建材的生产速度快、施工效率高。一般建筑石膏的初终凝时间在6～30分钟之间，与水泥制品相比，其凝结硬化快，脱模周期1小时可达4～5次；如采用石膏快速煅烧工艺，其凝结时间能进一步缩短。石膏砌块的施工属干作业，砌块的四周有企口和榫槽，砌筑速度很快，墙面不需抹灰，局部找平后即可进行终饰，与传统墙面比较，工期可大大缩短。

(4)“环保”是指石膏建材节能、节材、可利废、可回收利用、卫生、不污染环境。

2. 石膏砌块的应用

与水泥胶凝材料比较，石膏胶凝材料的强度较低，耐水性较差，这就界定了它的使用范围宜以室内为主，并用于非承重部位。根据这一定位，100多年来，在建筑业方面，各国科技工作者开发了许多适宜在室内使用的石膏建筑材料，国外多以纸面石膏板和石膏砌块为主，用于非承重内隔墙、外墙的内侧与室内贴面墙、竖井墙和室内钢结构耐火包覆等。

3. 选用石膏砌块应注意的问题

(1)耐水性。石膏是一种微溶于水的物质，在可能与水接触的地方，须采取严密的防水措施。如生产砌块时，在配料中加防水剂或防水掺和料，根据可能与水接触的范围，在隔墙上做局部或全部的防水贴面或涂层；缝隙与孔洞必须用密封膏封严；除此之外，还可在砌筑隔墙之前，做一个砖或混凝土墙垫。

(2)板缝开裂。各种轻质隔墙的板缝开裂已成为通病。主要原因有材质问题、隔墙构造问题、隔墙与主体结构的连接问题等。

(3)轻质隔墙的材质。归结起来可分为两类，一类为水泥或硅酸盐基的，一类为石膏基的。前者的水化产物以胶体为主，后者为结晶体；胶体在外界温湿度变化时易产生胀缩，后者变化较小。与板材相比，砌块隔墙的砌筑缝较短，只要接缝材料选用得当，施工方法对头，石膏砌块隔墙的裂缝是完全可以解决的。

(4)隔声性。在建设部组织编制的“住宅部品非承重内隔墙技术条件”中规定：分户隔墙的空气声计权隔声量，实验室测量值不应小于50dB，现场测量值不应小于45dB。套内分室隔墙的空气声计权隔声量，实验室测量值不应小于35dB，现场测量值不应小于30dB。我国现有的非承重内隔墙难以满足分户墙的要求，需要采取必要的技术措施，如双层做法：在隔墙上加隔声层。

(5)价格。单看石膏砌块的价格，略高于其他类砌块，但它施工简便、效率高、省去抹灰，实现干法施工，性价比高。

2.4.5 蒸压加气混凝土砌块

加气混凝土砌块是可以漂在水面上的石头，有人叫浮石；中间的气孔，使得这种材料变得很轻；又称作轻质砖、轻质墙；也使得这种材料能够阻挡声音，又称作隔音砖、隔声砖；因为材料中含有大量的空气，又叫做加气砖、加气块；同时，这种材料具有良好的隔热保温性能，又称作隔热砖、节能砖；最主要的是，它是用混凝土做成的，具有很高的强度，所以它的术名叫做蒸压加气混凝土砌块。基于其具有良好特性，被广泛用作建筑物的墙体材料的蒸压加气混凝土砌块是以硅质材料（砂、粉煤灰及含硅尾矿等）和钙质材料（石灰、水泥）为主要原料，掺加发气剂（铝粉），经加水搅拌，由化学反应形成孔隙，通过浇筑成型、预养切割、蒸压养护等工艺过程制成的多孔硅酸盐制品。加气混凝土的资源利用率较高（1m^3 原材料可生产 5m^3 的产品），在为人类生存环境作出贡献的同时，也为它的生产者提供了广阔的利润空间。

2.4.6 新型墙体材料的发展

砌体材料主要用于砌筑墙体。墙体材料的改革是一个重要而难度大的问题。新型墙体材料的发展方向是大型化、轻质化、节能化、利废化、复合化、装饰化以及集约化等。

思考与练习

1. 烧结普通砖有何特点？
2. 什么是多孔砖？多孔砖有何特点？
3. 烧结普通砖的外观质量有哪些要求？
4. 如何确定烧结多孔砖和空心砖的质量等级？
5. 烧结普通砖为什么要对泛霜和石灰爆裂情况进行测定？

第3章　无机胶凝材料

本章学习要求

1. 掌握胶凝材料的定义和分类
2. 了解石灰、石膏的原料及生产，水玻璃的特性及应用
3. 掌握石灰、石膏的技术性质、应用、验收及保管等
4. 重点掌握硅酸盐水泥熟料的矿物组成、各组成矿物的特性及其与水泥性质的关系
5. 重点掌握硅酸盐水泥的主要技术性质、检测方法和试验技能
6. 了解一些专用及特性水泥的组成、性能特点及应用范围；具备根据工程特点及所处环境条件正确选择、合理使用常用水泥品种的能力
7. 能简单分析水泥石腐蚀的原因，并据此提出相应的防治措施

胶凝材料是指经过一系列物理作用、化学作用后，能将散粒材料或块状材料胶结成具有一定强度的整体材料。

胶凝材料按其化学成分可分为无机胶凝材料和有机胶凝材料。无机胶凝材料是以无机物为主要成分；有机胶凝材料是以天然或人工合成的高分子化合物为基本组成成分的一类胶凝材料，如沥青、树脂等。

无机胶凝材料按照其硬化条件可分为气硬性胶凝材料和水硬性胶凝材料。气硬性胶凝材料是指只能在空气中硬化并保持和发展其强度，一般只适用于地上或干燥环境，不宜用于潮湿环境或水中，如石膏、石灰、水玻璃和菱苦土等；水硬性胶凝材料不仅可用于干燥环境，而且能更好地在水中保持发展其强度，如各种水泥等。

本章主要介绍气硬性胶凝材料中的建筑石灰、石膏、水玻璃和水硬性胶凝材料中的水泥。

3.1　建筑石灰

石灰一般是包含不同化学组成和物理形态的生石灰、消石灰、水硬性石灰的统称。它是建筑上最早使用的胶凝材料之一，因其原料分布广泛，生产工艺简单，成本低廉，使用方便，因而得到了广泛应用。

3.1.1　石灰的生产

生产石灰的原料是以碳酸钙为主要成分的天然矿石，如石灰石、白垩、白云质石灰石等。将原料在高温下煅烧，即可得到石灰（块状生石灰），其主要成分为氧化钙。在这一反应过程中由于原料中同时含有一定量的碳酸镁，在高温下会分解为氧化镁及二氧化碳，因此生成物中也会有氧化镁存在。

石灰的生产过程就是将石灰石等矿石进行煅烧，使其分解为生石灰和二氧化碳的过程，这一反应可表示为：

$$CaCO_3 \xrightarrow{900℃\sim1\,100℃} CaO + CO_2\uparrow$$

正常温度和煅烧时间所煅烧的石灰具有多孔、颗粒细小、体积密度小与水反应速度快等特点，这种石灰称为正火石灰。而实际生产过程中由于煅烧温度过低或温度过高会产生欠火石灰或过火石灰。欠火石灰是由于温度过低或时间不足，石灰中含有未分解完的碳酸钙，它会降低石灰的利用率。过火石灰是由于煅烧温度过高，煅烧后得到的石灰结构致密、孔隙率小、体积密度大、晶粒粗大，易被玻璃物质包裹，因此它与水的化学反应速度极慢。

3.1.2 石灰的品种

通常情况下，建筑工程中所使用的石灰有生石灰（块状生石灰、粉状生石灰，其主要成分为氧化钙），目前应用最广泛的是将生石灰粉碎、筛选制成灰钙粉用于腻子等材料中。此外还有主要成分为氢氧化钙的熟石灰（消石灰）和含有过量水的熟石灰即石灰膏。

根据石灰中氧化镁含量的不同，可以将生石灰分为钙质生石灰（$MgO \leqslant 5\%$）和镁质生石灰（$MgO > 5\%$）；也可将消石灰粉分为钙质消石灰粉（$MgO < 4\%$）、镁质消石灰粉（$4\% \leqslant MgO < 24\%$）和白云石消石灰粉（$24\% \leqslant MgO < 30\%$）。

3.1.3 石灰的熟化和硬化

1. 石灰的熟化

生石灰的熟化（又称消化或消解），是指生石灰与水作用生成氢氧化钙的化学反应过程。其反应式如下：

$$CaO + H_2O = Ca(OH)_2 + 64.9kJ$$

经消化所得的氢氧化钙称为消石灰（又称熟石灰）。生石灰具有强烈的水化能力，水化时放出大量的热，同时体积膨胀1～2.5倍。一般煅烧良好、氧化钙含量高、杂质少的生石灰不但消化速度快，放热量大，而且体积膨胀也大。

过火石灰消化速度极慢。当石灰抹灰层中含有过火石灰颗粒时，由于它吸收空气中的水分继续消化，体积膨胀，致使墙面隆起、开裂，严重影响施工质量。为了消除这种危害，生石灰在使用前应提前洗灰，使灰浆在灰坑中储存（陈伏）两周以上，以使石灰得到充分消化。陈伏期间，为防止石灰碳化，应在其表面保存一定厚度的水层，以与空气隔绝。

2. 石灰的硬化

石灰浆体的硬化包含了干燥、结晶和碳化三个交错进行的过程。

干燥时，石灰浆体中多余水分蒸发或被砌体吸收而使石灰粒子紧密接触，获得一定强度。随着游离水的减少，氢氧化钙逐渐从饱和溶液中结晶出来，形成结晶结构网，使强度继续增加。

由于空气中有CO_2存在，$Ca(OH)_2$在有水的条件下与之反应生成$CaCO_3$，其反应式如下：

$$Ca(OH)_2 + CO_2 + nH_2O = CaCO_3 + (n+1)H_2O$$

新生成的碳酸钙晶体相互交叉连生或与氢氧化钙共生，构成较紧密的结晶网，使硬化浆体的强度进一步提高。显然，碳化对于强度的提高和稳定是十分有利的。但是，由于空气中的CO_2含量很低，且表面形成碳化层后，CO_2不易深入内部，还阻碍了内部水分的蒸发，故自然状态下的碳化干燥是很缓慢的。

3.1.4 石灰的现行标准与技术要求

根据现行行业标准《建筑生石灰》（JC/T479—92）规定，建筑生石灰的技术要求包括有氧化钙和氧化镁含量、未消化残渣含量（即欠火石灰、过火石灰及杂质的含量）、二氧化碳含量（欠火石灰含量)、产浆量(即1kg生石灰生成石灰膏的升数L),并由此划分为优等品、一等品、合格品,各等级的技术要求见表3-1。根据行业标准《建筑生石灰粉》(JC/T480—1992)的规定,建筑生石灰粉可分为优等品、一等品、合格品,其技术要求见表3-2。

表3-1 建筑生石灰各等级的技术指标(JC/T479—1992)

项目	钙质生石灰			镁质生石灰		
	优等品	一等品	合格品	优等品	一等品	合格品
CaO+MgO含量不小于(%)	90	85	80	85	80	75
未消化残渣含量(5mm圆孔筛余量)不大于(%)	5	10	15	5	10	15
CO_2含量不大于(%)	5	7	9	6	8	10
产浆量不小于(L/kg)	2.8	2.3	2.0	2.8	2.3	2.0

表3-2 建筑生石灰粉各等级的技术指标(JC/T480—1992)

项目		钙质生石灰粉			镁质生石灰粉		
		优等品	一等品	合格品	优等品	一等品	合格品
CaO+MgO含量不小于(%)		85	80	75	80	75	70
CO_2含量不大于(%)		7	9	11	8	10	12
细度	0.9mm筛余量(%)不大于	0.2	0.5	1.5	0.2	0.5	1.5
	0.125mm筛余量(%)不大于	7.0	12.0	18.0	7.0	12.0	18.0

根据《建筑生石灰粉》(JC/T480—1992)的规定,可将钙质消石灰粉、镁质消石灰粉和白云石消石灰粉分别分为优等品、一等品和合格品三个等级,其具体指标详见表3-3。

表3-3 建筑消石灰粉各等级的技术指标(JC/T481—1992)

项目		钙质消石灰粉			镁质消石灰粉			白云石消石灰粉		
		优等品	一等品	合格品	优等品	一等品	合格品	优等品	一等品	合格品
CaO+MgO含量不小于(%)		70	65	60	65	60	55	65	60	55
游离水(%)		0.4~2	0.4~2	0.4~2	0.4~2	0.4~2	0.4~2	0.4~2	0.4~2	0.4~2
体积安定性		合格	合格	—	合格	合格	—	合格	合格	—
细度	0.9mm筛余量(%)不大于	0	0	0.5	0	0	0.5	0	0	0.5
	0.125mm筛余量(%)不大于	3	10	15	3	10	15	3	10	15

3.1.5 石灰的特性及应用

1. 石灰的特性

(1) 可塑性和保水性好。生石灰消化为石灰浆时,能自动形成极微细的呈胶体状态的氢氧化钙,表面吸附一层厚的水膜,因此,具有良好的可塑性。在水泥砂浆中掺入石灰膏,能使其可塑性和保水性(保持浆体结构中的游离水不离析的性质)显著提高。

(2) 吸湿性强。生石灰吸湿性强,保水性好,是传统的干燥剂。

(3)凝结硬化慢,强度低。因石灰浆在空气中的碳化过程很缓慢,导致氢氧化钙和碳酸钙结晶的量少,其最终的强度也不高。通常,1∶3石灰砂浆28d的抗压强度只有0.2～0.5 MPa。

(4) 体积收缩大。石灰浆在硬化过程中,由于水分的大量蒸发,引起体积收缩,使其开裂,因此,除调成石灰乳作薄层涂刷外,不宜单独使用。工程上应用时,常在石灰中掺入砂、麻刀、纸筋等,以抵抗收缩引起的开裂和增加抗拉强度。

(5) 耐水性差。石灰水化后的成分氢氧化钙能溶于水,若长期受潮或被水浸泡,会使已硬化的石灰溃散,所以石灰不宜在潮湿的环境中使用,也不宜单独用于承重砌体的砌筑。

2. 石灰的应用

(1) 配制石灰砂浆和石灰乳涂料。用石灰膏和砂或麻刀、纸筋配制成的石灰砂浆、麻刀灰、纸筋灰等广泛用作内墙、顶棚的抹面工程。用石灰膏、水泥和砂配制成的混合砂浆通常作墙体砌筑或抹灰之用。由石灰膏稀释成的石灰乳常用作内墙和顶棚的粉刷涂料。

(2)配制灰土和三合土。灰土(石灰＋黏土)和三合土(石灰＋黏土＋砂、石或炉渣等填料)的应用,在我国有很长的历史。经夯实后的灰土或三合土广泛用作建筑物的基础、路面与地面的垫层,其强度和耐水性比石灰或黏土都高。其原因是黏土颗粒表面的少量活性氧化硅、氧化铝与石灰起反应,生成水化硅酸钙和水化铝酸钙等不溶于水的水化矿物的缘故。另外,石灰改善了黏土的可塑性,在强力夯打下其密实度提高,也是其强度和耐水性得到改善的原因之一。在灰土和三合土中,石灰的用量为灰土总质量的6%～12%。

(3)制作碳化石灰板。碳化石灰板是将磨细生石灰、纤维状填料(如玻璃纤维)或轻质骨料(如矿渣)搅拌、成型,经人工碳化而成的一种轻质板材。为了减小体积密度和提高碳化效果,多制成空心板。这种板材能锯、刨、钉,适宜作非承重内墙板、天花板等。

(4)生产硅酸盐制品。磨细生石灰或消石灰粉与砂或粒化高炉矿渣、炉渣、粉煤灰等硅质材料经配料、混合、成型,再经常压或高压蒸汽养护,就可制得密实或多孔的硅酸盐制品,如灰砂砖、粉煤灰砖及砌块、加气混凝土砌块等。

(5)配制无熟料水泥。将具有一定活性的材料(如粒化高炉矿渣、粉煤灰、煤矸石灰渣等工业废渣),按适当比例与石灰配合,经共同磨细,可得到具有水硬性的胶凝材料,即为无熟料水泥。

(6)地基加固。对于含水的软弱地基,可以将生石灰块灌入地基的桩孔捣实,利用石灰消化时体积膨胀所产生的巨大膨胀压力将土壤挤密,从而使地基土获得加固效果,俗称为石灰桩。

3. 石灰的储存与运输

鉴于石灰的性质,它必须在干燥的条件下储存和运输,且不宜久存。块状生石灰放置太久,会吸收空气中的水分消化成消石灰粉,然后再与空气中CO_2作用形成$CaCO_3$,而失去胶凝能力。所以,储存生石灰,不但要防止其受潮,而且不宜久存,最好运到后即消化成石灰浆,变储存期为陈伏期。另外,生石灰受潮消化要放出大量的热,且体积膨胀,故储存和运输生石灰时,要注意安全,并应将生石灰与易燃物分开保管,以免引起火灾。

3.2 建筑石膏

石膏是以$CaSO_4$为主要成分的气硬性胶凝材料。根据所含结晶水的不同而形成多种不同的石膏,主要有生石膏($CaSO_4 \cdot 2H_2O$)、建筑石膏($CaSO_4 \cdot \frac{1}{2}H_2O$)和无水石膏($CaSO_4 \cdot 2H_2O$)等。

我国的石膏资源极其丰富,分布很广。作为建筑材料,石膏的应用有着悠久的历史,二水石膏也是生产水泥不可缺少的原料。建筑石膏及其制品具有许多优良的性能(如质轻、耐火、隔音、绝热等),而且原料来源丰富,生产工艺简单,是一种理想的高效节能材料。

3.2.1 石膏的原料及生产

1. 石膏的原料

生产石膏胶凝材料的原料有天然二水石膏、天然无水石膏和化工石膏等。

(1)天然二水石膏的主要成分是二水硫酸钙($CaSO_4 \cdot 2H_2O$),二水石膏晶体无色透明,当含有少量杂质时,呈灰色、淡黄色或淡红色,其密度约为2.2～2.4g/cm^3,难溶于水,它是生产建筑石膏的主要原料。

(2)天然无水石膏是以无水硫酸钙为主要成分的沉积岩。天然无水石膏结晶紧密,质地较硬,仅用于生产无水石膏水泥。

(3)化工石膏是含硫酸钙的化工副产品和废渣(如磷石膏、氟石膏、硼石膏等)。使用化工石膏作为建筑石膏的原料,可扩大石膏的来源,充分利用工业废料,以达到综合利用的目的。

2. 石膏的生产

(1) 建筑石膏。将天然石膏入窑经低温煅烧后,磨细即得到建筑石膏,其反应式如下:

$$CaSO_4 \cdot 2H_2O \xrightarrow{107℃\sim170℃} CaSO_4 \cdot \frac{1}{2}H_2O + \frac{3}{2}H_2O$$

天然石膏的主要成分是二水硫酸钙,建筑石膏的成分为半水硫酸钙,由此可见建筑石膏是天然石膏脱去部分结晶水得到的β型半水石膏。建筑石膏为白色粉末,松散堆积密度为800～1000kg/m^3,密度为2500～2800kg/m^3。

(2) 高强石膏。将二水石膏置于蒸压锅内,经0.13 MPa的水蒸气(125℃)蒸压脱水,得到的晶粒比β型半水石膏粗大的产品,称为α型半水石膏,将此石膏磨细得到的白色粉末称为高强石膏。其反应式如下:

$$CaSO_4 \cdot 2H_2O \xrightarrow{125℃} CaSO_4 \cdot \frac{1}{2}H_2O + \frac{3}{2}H_2O$$

高强石膏由于晶体颗粒较粗,表面积小,拌制相同稠度时需水量比建筑石膏少(约为建筑石膏的一半左右),因此该石膏硬化后结构密实、强度高,7d可达15～40 MPa。高强石膏生产成本较高,主要用于室内高级抹灰、装饰制品和石膏板等。

3.2.2 建筑石膏的凝结与硬化

建筑石膏的凝结与硬化是在其水化的基础上进行的,也就是说,首先将建筑石膏与水拌和形成浆体,然后使水分逐渐蒸发,浆体失去可塑性,逐渐形成具有一定强度的固体。其反应式为:

$$CaSO_4 \cdot \frac{1}{2}H_2O + \frac{3}{2}H_2O \longrightarrow CaSO_4 \cdot 2H_2O$$

这一反应是建筑石膏生产的逆反应,其主要区别在于此反应是在常温下进行的。另外,由于半水石膏的溶解度高于二水石膏，所以上述可逆反应总体表现为向右进行，即表现为沉淀反应。就其物理过程来看，随着二水石膏沉淀的不断增加出现结晶，结晶体的不断生成和长大，晶体颗粒之间便产生了摩擦力和黏结力，造成浆体的塑性开始下降，这一现象称为石膏的初凝。而后，随着晶体颗粒间摩擦力和黏结力的增大，浆体的塑性很快下降，直至消失，这种现象称为石膏的终凝。整个过程称为石膏的凝结。石膏终凝后，其晶体颗粒仍在不断长大和连生，形成相互交错且孔隙率逐渐减小的结构，其强度也会不断增大，直至水分完全蒸发，形成硬化后的石膏结构，这一过程称为石膏的硬化。建筑石膏的水化、凝结及硬化是一个连续的不可分割的过程，也就是说，水化是前提，凝结和硬化是结果。

3.2.3 建筑石膏的技术要求

建筑石膏呈洁白粉末状，密度为 2.6～2.75g/cm^3，堆积密度为 800～1 100kg/m^3，属轻质材料。建筑石膏的技术要求主要有：细度、凝结时间和强度。按原材料 2h 的抗折强度，建筑石膏划分为 3.0、2.0 和 1.6 三个等级，其要求的技术指标见表 3-4。

建筑石膏易受潮吸湿，凝结硬化快，因此在运输、贮存的过程中，应注意避免受潮。石膏长期存放，强度也会降低。一般贮存三个月后，强度下降 30%左右。所以，建筑石膏贮存时间不得过长，若超过三个月，应重新检验并确定其等级。建筑石膏产品的标记顺序为：产品名称、抗折强度、标准号。例如抗折强度为 2.5 MPa 的建筑石膏记为：建筑石膏 2.5GB9776。

表 3-4 建筑石膏等级标准(GB/T9776—2008)

等级	细度(0.2mm 方孔筛余)(%)	凝结时间(min)		强度(2h)/(MPa)	
		初凝时间	终凝时间	抗压强度	抗折强度
3.0	≤10	≥3	≤30	≥3.0	≥6.0
2.0				≥2.0	≥4.0
1.6				≥1.6	≥3.0

3.2.4 建筑石膏的特性

(1)凝结硬化快。建筑石膏的初凝和终凝时间都很短，加水后 6min 即可凝结，终凝不超过 30min，在室温自然干燥条件下，约一周时间可完全硬化。为施工方便，常掺加适量的缓凝剂，如硼砂、经石灰处理过的动物胶(0.1%～0.2%)、亚硫酸盐酒精废液(加入石膏质量的 1%)、聚乙烯醇等。缓凝剂的作用在于降低半水石膏的溶解度，但会使制品的强度有所下降。

(2)硬化制品的孔隙率大，体积密度小，保温、吸声性能好。建筑石膏水化反应的理论需水量仅为其质量的 18.6%，但施工中为了保证浆体有必要的流动性，其加水量常达 60%～80%，多余水分蒸发后，将形成大量孔隙，硬化体的孔隙率可达 50%～60%。由于硬化体的多孔结构特点，而使建筑石膏制品具有体积密度小，质轻、保温隔热性能好和吸声性强等优点。

(3)具有一定的调温、调湿性。由于多孔结构的特点，石膏制品的热容量大，吸湿性强，在室内温度、湿度变化时，由于制品的“呼吸”作用，使环境温度、湿度能得到一定的调节。

(4)凝固时体积微膨胀。建筑石膏在凝结硬化时具有微膨胀性，其体积膨胀率为 0.05%～0.15%。这种特性可使成型的石膏制品表面光滑、轮廓清晰，线、角、花纹图案饱满，尺寸准确，干燥时不产生收缩裂缝。

(5)防火性好。二水石膏遇火后，结晶水蒸发，形成蒸气幕，可阻止火势蔓延。且脱水后的石膏制品因孔隙率增加而隔热性能更好，能增强临时防火效果。但建筑石膏不宜长期在65℃以上的高温部位使用，以免二水石膏缓慢脱水分解而降低强度。

(6) 耐水性、抗冻性差。石膏是气硬性胶凝材料，吸水性大，长期在潮湿环境中，其晶体粒子间的结合力会削弱，直至溶解，因此不耐水、不抗冻。使用时，应注意石膏所处环境的影响。

3.2.5 建筑石膏的应用

1. 室内抹灰及粉刷

石膏洁白细腻，用于室内抹灰、粉刷，具有良好的装饰效果。经石膏抹灰后的墙面、顶棚，还可直接涂刷涂料、粘贴壁纸等。因建筑石膏凝结快，用于抹灰、粉刷时，需加入适量缓凝剂及附加材料(如硬石膏或煅烧黏土质石膏、石灰膏等)配制成粉刷石膏，其凝结时间可控制为略大于1h，抗压和抗折强度及硬度应满足设计需要。

2. 制作石膏制品

由于石膏制品质量轻，且可锯、可刨、可钉，加工性能好，同时石膏凝结硬化快，制品可连续生产，工艺简单，能耗低，生产效率高，施工时制品拼装快，可加快施工进度等，所以，石膏制品在我国有着广阔的发展前途，是当前着重发展的新型轻质材料之一。目前，我国生产的石膏制品主要有纸面石膏板、纤维石膏板、石膏空心条板、石膏装饰板及石膏吸音板，以及各种石膏砌块等。建筑石膏配以纤维增强材料、黏结剂等，还可以制作各种石膏角线、线板、角花、雕塑艺术装饰制品等。

3.3 水玻璃

3.3.1 水玻璃的组成

水玻璃俗称泡花碱，是由不同比例的碱金属氧化物和二氧化硅结合而成的可溶于水的一种硅酸盐物质。其化学通式为 $R_2O \cdot nSiO_2$，式中的 R_2O 为碱金属氧化物；n 为 SiO_2 和 R_2O 的摩尔比值，称为水玻璃模数。根据碱金属氧化物种类的不同，水玻璃主要品种有硅酸钠水玻璃(简称钠水玻璃，$Na_2O \cdot nSiO_2$)、硅酸钾水玻璃($K_2O \cdot nSiO_2$)等。土建工程中，最常用的是钠水玻璃。

质量好的水玻璃溶液无色而透明，若在制备过程中混入不同的杂质，则会呈淡黄色到灰黑色之间的各种色泽。市场销售的水玻璃，模数通常在1.5～3.5之间，建筑上常用的水玻璃的模数一般为2.5～2.8。固体水玻璃在水中溶解的难易程度，随模数而变。当n为1时能溶于常温水中，n增大则只能在热水中溶解，当n大于3时要在0.4 MPa以上的蒸汽中才能溶解。液体水玻璃可以以任何比例加水混合成不同浓度或密度的溶液。

3.3.2 水玻璃的硬化

液体水玻璃吸收空气中的二氧化碳，形成无定形二氧化硅凝胶，并逐渐干燥而硬化，其反应式如下：

$$Na_2O \cdot nSiO_2 + CO_2 + mH_2O \longrightarrow nSiO_2 \cdot mH_2O + Na_2CO_3$$

由于空气中 CO_2 浓度较低，上式的反应过程进行得很慢，为加速硬化，可加热或掺入促硬剂氟硅酸钠(Na_2SiF_6)，促使二氧化硅凝胶加速析出，氟硅酸钠的适宜掺量为水玻璃质量的12%～15%。如掺量太少，不但硬化慢、强度低，而且未经反应的水玻璃易溶于水，从而使耐水性变差；但如掺量太多，又会引起凝结过速，使施工困难，而且渗透性大，强度也低。

3.3.3 水玻璃的性质

1. 黏结力强,强度较高

水玻璃硬化后具有较高的强度,如水玻璃胶泥的抗拉强度大于 2.5 MPa。水玻璃混凝土的抗压强度为 15～40 MPa。此外,水玻璃硬化析出的硅酸凝胶还可堵塞毛细孔隙以防止水渗透。对于同一模数的液体水玻璃,其浓度愈稠、密度愈大,则黏结力愈强。而不同模数的液体水玻璃,模数越大,其胶体组分越多,黏结力也随之增加。

2. 耐酸能力强

硬化后的水玻璃,因起胶凝作用的主要成分是含水硅酸凝胶($nSiO_2 \cdot mH_2O$),所以能抵抗大多数无机酸和有机酸的作用,但水玻璃类材料不耐碱性介质侵蚀。

3. 耐热性好

由于硬化水玻璃在高温作用下脱水、干燥并逐渐形成 SiO_2 空间网状骨架,具有良好的耐热性能。

3.3.4 水玻璃的应用

1. 配制耐酸砂浆和混凝土

水玻璃具有很高的耐酸性,以水玻璃为胶结材料,加入促硬剂和耐酸的粗、细骨料,可配制成耐酸砂浆或耐酸混凝土,用于耐腐蚀工程。如铺砌的耐酸块材,浇筑地面、整体面层、设备基础等。

2. 配制耐热砂浆和混凝土

水玻璃耐热性能好,能长期承受一定的高温作用,用它与促硬剂及耐热骨料等可配制耐热砂浆或耐热混凝土,用于高温环境中的非承重结构及构件。

3. 加固地基

将模数为 2.5～3 的液体水玻璃和氯化钙溶液交替压入地下,由于两种溶液发生化学反应,析出硅酸胶体,将土壤颗粒包裹并填实其孔隙。由于硅酸胶体膨胀挤压可阻止水分的渗透,使土壤固结,因而提高了地基的承载力。

4. 涂刷或浸渍材料

将液体水玻璃直接涂刷在建筑物表面,可提高其抗风化能力和耐久性。而以水玻璃浸渍多孔材料,可使它的密实度、强度、抗渗性均得到提高。这是因为水玻璃在硬化过程中所形成的凝胶物质封堵和填充材料表面及内部孔隙的结果。但不能用水玻璃涂刷或浸渍石膏制品,因为水玻璃与硫酸钙反应生成体积膨胀的硫酸钠晶体会导致石膏制品的开裂破坏。

5. 修补裂缝、堵漏

将液体水玻璃、粒化矿渣粉、砂和氟硅酸钠按一定比例配合成砂浆,直接压入砖墙裂缝内,可起到黏结和增强的作用。在水玻璃中加入各种矾类的溶液,可配制成防水剂,能快速凝结硬化,适用于堵漏填缝等局部抢修工程。水玻璃不耐氢氟酸、热磷酸及碱的腐蚀,而水玻璃的凝胶体在大孔隙中会有脱水干燥收缩现象,会降低其使用效果。水玻璃的包装容器应注意密封,以免水玻璃和空气中的二氧化碳反应而分解,并避免落入灰尘、杂质。

3.4 水泥

水泥是一种加水拌和成塑性浆体,能胶结砂、石等适当材料,并能在空气和水中硬化的粉状水硬性胶凝材料。水泥广泛应用于各领域,如建筑、交通、水利、电力和国防工程等都离不开水泥。因此，新中国成立以来，我国水泥工业得到了大力发展。在21世纪乃至更长的时期，水泥和水泥混凝土以及其制品，仍将是主要的建筑材料，水泥的产量仍将持续增长。在水泥品种方面，将加速发展快硬、高强、低热、膨胀、油井等特种用途的水泥和水泥外加剂，增加高强度等级水泥的比重，以适应能源、交通和国防等部门的需要。

水泥的种类很多。按其矿物组成可分为硅酸盐水泥、铝酸盐水泥、硫铝酸盐水泥、氟铝酸盐水泥、铁铝酸盐水泥以及少熟料或无熟料水泥等；也可按其用途和性能分为通用水泥、专用水泥以及特性水泥三大类。用于土木工程一般用途的水泥为通用水泥，如硅酸盐水泥、普通硅酸盐水泥、矿渣硅酸盐水泥、火山灰质硅酸盐水泥和粉煤灰硅酸盐水泥等。适应专门用途的水泥称为专用水泥，如砌筑水泥、道路水泥、油井水泥等。具有比较突出的某种性能的水泥称为特性水泥，如快硬硅酸盐水泥、抗硫酸盐硅酸盐水泥、膨胀水泥等。虽然水泥品种繁多，分类方法各异，但我国水泥产量的90%左右是以硅酸盐为主要水硬性矿物的硅酸盐水泥。按照我国的国家标准，硅酸盐水泥是一种不掺(或掺很少量)混合材料的水泥，因此，本章在讨论水泥的性质和应用时，以硅酸盐水泥为主要内容。

3.4.1 硅酸盐水泥

按照国家标准规定：凡由硅酸盐水泥熟料、0～5%石灰石或粒化高炉矿渣、适量石膏磨细制成的水硬性胶凝材料，称为硅酸盐水泥。硅酸盐水泥分两种类型，不掺加混合材料的称为Ⅰ型硅酸盐水泥，其代号为P·Ⅰ；在硅酸盐水泥熟料粉磨时掺入不超过水泥质量5%的石灰石或粒化高炉矿渣混合材料的称为Ⅱ型硅酸盐水泥，其代号为P·Ⅱ。硅酸盐水泥分42.5、42.5R、52.5、52.5R、62.5、62.5R六个强度等级。

1.硅酸盐水泥的原材料和生产工艺

(1) 硅酸盐水泥的原材料。生产硅酸盐水泥的原料，主要是石灰质原料和黏土质原料两类。石灰质原料主要提供CaO，可选用石灰岩、泥灰岩、白垩及贝壳等。黏土质原料主要提供SiO_2、Al_2O_3，以及少量的Fe_2O_3，可选用黏土、黄土、页岩和泥岩等。如果所选用的两种原料，按一定的配比组合还满足不了形成熟料矿物所要求的化学组成时，则要加入第三种甚至第四种校正原料加以调整。例如生料中Fe_2O_3含量不足时，可加入硫铁矿渣或含铁高的黏土加以校正；如果生料中SiO_2含量不足，可选用硅藻土、硅藻石、蛋白石、火山灰、硅质渣等加以校正；又如生料中Al_2O_3含量不足时，可加入铁矾土废料或含铝高的黏土加以调整。此外，为了改善煅烧条件，常加入少量的矿化剂，如萤石、石膏、重晶石尾矿、铅锌尾矿或铜矿渣等。

(2) 硅酸盐水泥的生产工艺。硅酸盐水泥的生产技术概括起来，叫做“两磨一烧”。其生产工艺流程如图3-1所示。以石灰质原料与黏土质原料为主，有时加入少量铁矿粉等，按一定比例配合，磨细成生料粉(干法生产)或生料浆(湿法生产)，经均化后送入回转窑或立窑进行高温煅烧至部分熔融，得到黑色颗粒状的水泥熟料，再与适量石膏共同磨细，即可得到P·Ⅰ型硅酸盐水泥。

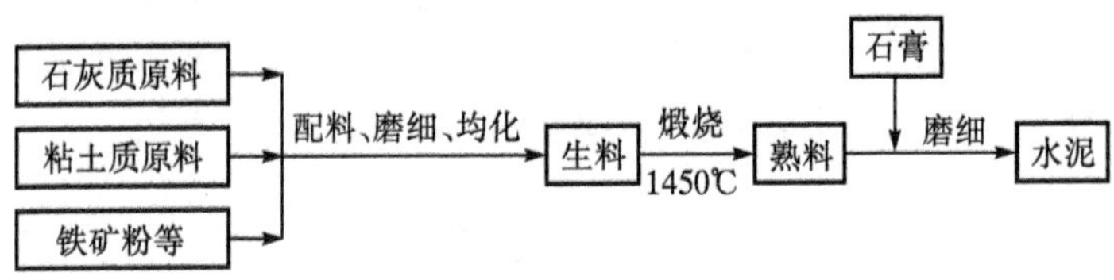

图3-1 硅酸盐水泥生产工艺流程示意图

硅酸盐水泥的生产也可归结为:①生料的配制与磨细;②将生料经煅烧使之部分熔融形成熟料;③将熟料与适量石膏共同磨细成为硅酸盐水泥。上述过程中最关键的一环,是通过煅烧形成所要求的熟料矿物。在生料中主要有四种氧化物 CaO、SiO_2、Al_2O_3 及 Fe_2O_3,其含量可见表 3-5。

表 3-5 生料化学成分和合适范围

化学成分	CaO	SiO_2	Al_2O_3	Fe_2O_3
含量范围(%)	62～67	20～24	4～7	2.5～6.0

2. 硅酸盐水泥熟料的矿物组成

硅酸盐水泥熟料矿物的组成主要是:硅酸三钙($3CaO \cdot SiO_2$ 简写为 C_3S),矿物含量 36%～60%;硅酸二钙($2CaO \cdot SiO_2$ 简写为 C_2S),矿物含量 15%～37%;铝酸三钙($3CaO \cdot Al_2O_3$ 简写为 C_3A),矿物含量 7%～15%;铁铝酸四钙($4CaO \cdot Al_2O_3 \cdot Fe_2O_3$ 简写为 C_4AF),矿物含量 10%～18%。上述几种矿物主要是依靠原料中所提供的 CaO、SiO_2、Al_2O_3、Fe_2O_3 等氧化物在高温下互相作用而形成的。

熟料中各种矿物含量的多少,决定了水泥的某些性能,上面四种矿物中硅酸盐矿物(包括硅酸三钙与硅酸二钙)是主要的,它占 70%～85%。C_3A 和 C_4AF 称为溶剂性矿物,一般占水泥熟料总量的 18%～25%。为了得到合理矿物组成的水泥熟料,要严格控制生料的化学成分及烧成条件。水泥熟料中各种矿物单独与水反应所表现出来的性质各不相同,其特性可见表 3-6。

表 3-6 各种熟料矿物单独与水作用的性质

性质		C_3S	C_2S	C_3A	C_4AF
凝结硬化速度		快	慢	最快	较快
水化时放出热量		大	小	最大	中
强度	高低	高	早期低,后期高	低	中
	发展	快	慢	快	较快

由表 3-6 可知,硅酸三钙的水化速度较快,水化热较大,且主要是早期放出热量,其强度最高,是决定水泥强度的主要矿物;硅酸二钙的水化速度最慢,水化热最小,且主要是后期放出,是保证水泥后期强度的主要矿物;铝酸三钙是凝结硬化速度最快、水化最快的矿物,且硬化时体积收缩最大;铁铝酸四钙的水化速度也较快,仅次于铝酸三钙,其水化热中等,有利于提高水泥抗拉强度。水泥是几种熟料矿物的混合物,改变矿物成分间比例时,水泥性质即发生相应的变化,可制成不同性能的水泥。如提高硅酸三钙含量,可制得快硬高强水泥;降低硅酸三钙和铝酸三钙含量和提高硅酸二钙含量可制得低热水泥。

由上可知,不同熟料矿物与水作用时所表现的性能是不同的,改变熟料中矿物组成的相对含量,水泥的技术性能也会随之变化,表 3-7 列出了各种硅酸盐水泥中熟料矿物含量的相对变化的参考值。

表 3-7 水泥熟料矿物的特性及其在各种水泥中的相对含量

矿物名称	简写	矿物特性					水泥中的含量(%)				
		强度发展		水化热	耐化学腐蚀能力	干缩	普通水泥	低热水泥	早强水泥	超早强水泥	耐硫酸盐水泥
		早期	后期								
$3CaO \cdot SiO_2$	C_3S	大	大	中	中	中	52	41	65	68	57
$2CaO \cdot SiO_2$	C_2S	小	大	小	稍大	小	24	34	10	5	23
$3CaO \cdot Al_2O_3$	C_3A	大	小	大	小	大	9	6	8	9	2
$4CaO \cdot Al_2O_3 \cdot Fe_2O_3$	C_4AF	小	中	小	大	小	9	6	9	8	13

3. 硅酸盐水泥的水化和凝结硬化

(1) 硅酸盐水泥的水化。硅酸盐水泥加水后,水泥颗粒表面的熟料矿物会立即与水发生化学反应,生成水化物,并放出一定热量,其反应式如下:

$$2(3CaO \cdot SiO_2) + 6H_2O \longrightarrow 3CaO \cdot 2SiO_2 \cdot 3H_2O + 3Ca(OH)_2$$

$$2(2CaO \cdot SiO_2) + 4H_2O \longrightarrow 3CaO \cdot 2SiO_2 \cdot 3H_2O + Ca(OH)_2$$

$$3CaO \cdot Al_2O_3 + 6H_2O \longrightarrow 3CaO \cdot Al_2O_3 \cdot 6H_2O$$

$$4CaO \cdot Al_2O_3 \cdot Fe_2O_3 + 7H_2O \longrightarrow 3CaO \cdot Al_2O_3 \cdot 6H_2O + CaO \cdot Fe_2O_3 \cdot H_2O$$

$$3CaO \cdot Al_2O_3 \cdot 6H_2O + 3(CaSO_4 \cdot 2H_2O) + 19H_2O \longrightarrow 3CaO \cdot Al_2O_3 \cdot 3CaSO_4 \cdot 31H_2O$$

表 3-8 中列出了各种水化产物的名称及代号。

表 3-8 硅酸盐水泥的主要水化产物名称、代号及含量范围

水化产物分子式	名称	代号	所占比例(%)
$3CaO \cdot 2SiO_2 \cdot 3H_2O$	水化硅酸钙	$C_3S_2H_3$ 或 C—S—H	70
$Ca(OH)_2$	氢氧化钙	CH	20
$3CaO \cdot Al_2O_3 \cdot 6H_2O$	水化铝酸钙	C_3AH_6	不定
$CaO \cdot Fe_2O_3 \cdot H_2O$	水化铁酸钙	CFH	不定
$3CaO \cdot Al_2O_3 \cdot 3CaSO_4 \cdot 31H_2O$	高硫型水化硫铝酸钙(钙矾石)	$C_3AS_3H_{31}$	不定

从上述反应式中可以看出,硅酸盐水泥水化后,生成的主要水化产物为水化硅酸钙($3CaO \cdot 2SiO_2 \cdot 3H_2O$)、氢氧化钙[$Ca(OH)_2$]、水化铝酸钙($3CaO \cdot Al_2O_3 \cdot 6H_2O$)、水化铁酸钙($CaO \cdot Fe_2O_3 \cdot H_2O$)、水化硫铝酸钙($3CaO \cdot Al_2O_3 \cdot 3CaSO_4 \cdot 31H_2O$)等,其中水化硅酸钙的尺度为1.0~100nm,相当于胶体物质的尺度范围,并具有胶体物质的特性,通常称为 C—S—H 凝胶,占水化产物的50%以上。而水化铝酸钙和水化硫铝酸钙及氢氧化钙为晶体。

硬化后的水泥浆体称为水泥石,主要是由凝胶体(胶体与晶体),未水化的水泥熟料颗料、毛细孔及游离水分等组成。

上述熟料矿物的水化反应产物不同,它们的反应速度也相差很大。铝酸三钙的凝结速度最快,水化时的放热量也最大,其主要作用是促进水化早期强度的增长,而对水泥石后期强度的贡

献较小。硅酸三钙凝结硬化较快，水化时放热量也较大，在凝结硬化的前 4 周内，它是水泥石强度的主要贡献者。硅酸二钙水化反应的产物与硅酸三钙基本相同，但它水化反应速度很慢，水化放热量也小，在水泥石中大约 4 周之后才发挥其强度作用，经一年左右，它对水泥石强度的影响类似于硅酸三钙。目前认为铁铝酸四钙对水泥石强度的贡献居中等。

纯水泥熟料磨细后，与水反应快，凝结时间很短，不便使用。为了调节水泥的凝结时间，在熟料磨细时，掺入适量石膏，这些石膏与反应最快的熟料矿物铝酸三钙的水化物作用生成难溶的水化硫铝酸钙，覆盖于未水化的铝酸三钙周围，阻止其继续快速水化，因而延缓了水泥的凝结时间。

(2) 硅酸盐水泥的凝结硬化。水泥加水拌和后，水泥颗粒表面开始与水发生化学反应，如图 3－2(a)所示，逐渐形成水化物膜层，此时的水泥浆既有可塑性又有流动性，如图 3－2(b)所示。随着水化反应的持续进行，水化物增多、膜层增厚，并互相接触连接，形成疏松的空间网络。此时水泥浆体就开始失去流动性和部分可塑性，但不具有强度，此时即为“初凝”，如图 3－2(c)所示。当水化作用不断深入并加速进行，生成较多的凝胶和晶体水化物，并互相贯穿而使网络结构不断加强，继而浆体完全失去可塑性，并具有一定的强度，此时即为“终凝”，如图 3－2(d)所示。之后，水化反应进一步进行，水化物也随时间的持续而增加，且不断填充于毛细孔中，水泥浆体网络结构更趋致密，强度大为提高并逐渐变成坚硬岩石状固体——水泥石，这一过程称为水泥的“硬化”。

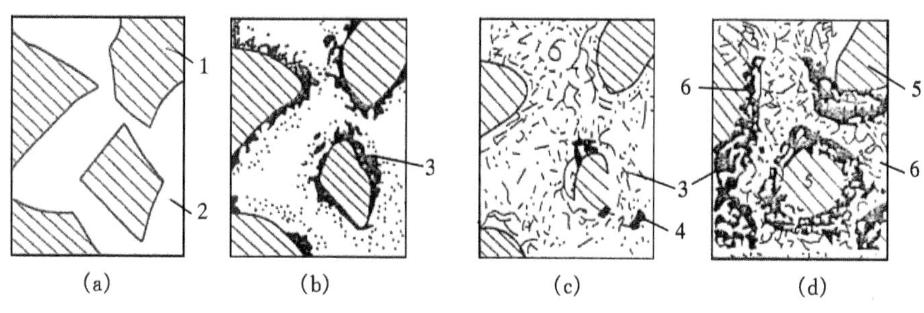

图 3－2 水泥凝结硬化过程示意图

1—水泥颗粒；2—水；3—凝胶体；4—晶体；5—水泥颗粒未水化部分；6—毛细孔

实际上，水泥的凝结与硬化是一个连续而复杂的物理化学变化过程，而且初凝与终凝也是对水泥水化阶段的人为规定，而上述变化过程与水泥的技术性能密切相关，其变化的结果又直接影响硬化水泥石的结构和水泥石的使用性能。因此，了解水泥的凝结和硬化过程，对于了解水泥的性能是很重要的。

4. 水泥石的结构及影响硅酸盐水泥凝结硬化的主要因素

如图 3－3 所示，水泥浆硬化后的水泥石是由未水化的水泥颗粒 A、凝胶体的水化产物 B、结晶体的水化产物 C、未被水泥颗粒和水化产物所填满的原充水空间 D(毛细孔或毛细孔水)及凝胶体中的孔 E(凝胶孔)所组成。因此，水泥石是多相(固相、液相、气相)多孔体系。水泥石的工程性质取决于水泥石的结构组成，即取决于水化物的类型和相对含量，以及孔的大小、形状和分布状态等。例如，当水泥的品种一定时，则水化产物的类型也是确定的，这时，水泥石的强度主要取决于水化产物的相对含量(可用水化程度表示)和孔隙的数量、大小、形状及分布状态。后者与拌和时用水量的大小(可用水灰比——即拌和时的用水量与水泥用量之比表示)密切相关。

同一水灰比的水泥浆，水化程度越高，则水泥石结构中水化物越多，而毛细孔和未水化水泥的量相对减少，因此，水泥石结构密实、强度高、耐久性好；对水化程度相同而水灰比不同的水泥石结构而言，则水灰比大的浆体毛细孔所占的比例相对增加，因此，该水泥石的强度和耐久性下降。为了提高水泥石的强度和耐久性，应尽可能减少水泥石中的孔隙含量。为此，降低水灰比、提高水泥浆或混凝土成型时的密实度，以及加强养护等是非常重要的。

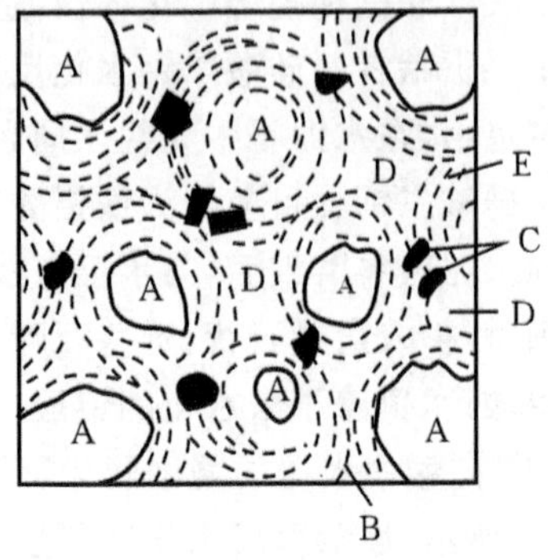

图 3-3　水泥石的结构示意图

A—未水化水泥颗粒；B—胶体粒子(水化硅酸钙等)；C—晶体粒子(氢氧化钙等)；D—毛细孔(毛细孔水分)；E—凝胶孔

由于水泥石的强度与水化产物的数量有关，而在相同水泥品种及水灰比下，水化物质数量是随水化时间(龄期)延长而增加的，一般在 28 天内增长较快，以后减慢，3 个月以后则更缓慢。

此外，水化过程还与水化时环境的温度和湿度有关，若水泥处于干燥环境，浆体中水分蒸发完毕后，则水泥无法继续水化，因而强度也不再增长。因此，混凝土工程在浇灌后 2～3 周内必须加强洒水养护，以保证水化时所必需的水分，使水泥得到充分水化。温度对水泥凝结硬化的影响也很大，温度越高，凝结硬化的速度越快。因此，采用蒸气养护是加速凝结硬化的方法之一。当温度较低时，凝结速度比较缓慢，当温度为 0℃以下时，硬化将完全停止，并可能遭受冰冻破坏。因此，冬季施工时，需要采取保温等措施。

综上所述，在水泥品种一定时，影响水泥石结构强度的主要因素有水灰比、水化时间(养护龄期、水化环境的温度和湿度以及施工方法(成型时的振实程度)等。

5. 硅酸盐水泥的主要技术要求

国家标准《通用硅酸盐水泥》(GB175—2007)对硅酸盐水泥的主要技术性质要求如下：

(1) 氧化镁、三氧化硫、碱及不溶物含量。水泥中氧化镁(MgO)含量不得超过 5%，如果水泥经蒸压安定性试验合格，则允许放宽到 6%。三氧化硫(SO_3)的含量不得超过 3.5%。水泥中碱含量按 $Na_2O+0.658K_2O$ 计算值来表示。碱含量过高对于使用活性骨料的混凝土来说十分不利。因为活性骨料会与水泥所含的碱性氧化物发生化学反应，生成具有膨胀性的碱硅酸凝胶物质，对混凝土的耐久性产生很大影响。这一反应也是通常所说的碱—集料反应。若使用活性骨料，用户要求提供低碱水泥时，水泥中碱含量不得大于 0.60%或由供需双方商定。

不溶物的含量，在 I 型水泥中不得超过 0.75%；在 II 型水泥中不得超过 1.5%。

(2) 氯离子含量。水泥中氯离子含量不大于 0.06%，其检验方法按 JC/T420 进行。

(3) 烧失量。烧失量是指水泥在一定灼烧温度和时间内，烧失的量占原质量的百分数。I 型水泥的烧矢量不得大于 3.0%；II 型水泥的烧失量不得大于 3.5%。

(4) 细度。细度是指水泥颗粒粗细的程度，它是影响水泥需水量、凝结时间、强度和安定性能的重要指标。颗粒愈细，则与水反应的表面积愈大，因而水化反应的速度愈快，水泥石的早期强度愈高，但硬化体的收缩也愈大，且水泥在储运过程中易受潮而降低活性。因此，水泥细度应适当，根据国家标准 GB175—2007 规定，硅酸盐水泥的细度用透气式比表面仪测定，要求其比表面积应大于 $300m^2/kg$。

(5) 标准稠度及其用水量。在测定水泥凝结时间、体积安定性等性能时，为使所测结果有准确的可比性，规定在试验时所使用的水泥净浆必须以标准方法(按 GB/T1346 规定)测试，并达到统一规定的浆体可塑性程度(标准稠度)。水泥净浆标准稠度用水量，是指拌制水泥净浆时为达到标准稠度所需的加水量，它以水与水泥质量之比的百分数表示。

(6) 凝结时间。国家标准规定：硅酸盐水泥初凝时间不得早于45min，终凝时间不得迟于6.5h。凝结时间是指水泥从加水开始到失去流动性，即从可塑状态发展到开始形成固体状态所需的时间，分为初凝和终凝。初凝时间为水泥从开始加水拌和起至水泥浆开始失去可塑性所需的时间；终凝时间是从水泥开始加水拌和起至水泥浆完全失去可塑性，并开始产生强度所需的时间。按GB/T1346—2001规定的方法测定，水泥的凝结时间对施工有重大意义，水泥的初凝不宜过早，以便在施工时有足够的时间完成混凝土或砂浆的搅拌、运输、浇捣和砌筑等操作；水泥的终凝不宜过迟，以免拖延施工工期。

(7) 体积安定性。水泥体积安定性简称水泥安定性，是指水泥浆体硬化后体积变化的稳定性。国家标准规定：由游离的氧化钙过多引起的水泥体积安定性用沸煮法检验必须合格。安定性不良的水泥，在浆体硬化过程中或硬化后产生不均匀的体积膨胀，并引起开裂。水泥安定性不良的主要原因是熟料中含有过量的游离氧化钙、游离氧化镁或掺入的石膏过多。因上述物质均在水泥硬化后开始或继续进行水化反应，其反应产物体积膨胀而使水泥石开裂。因此，国家标准规定，水泥熟料中游离氧化镁含量不得超过5.0%，三氧化硫含量不得超过3.5%，用沸煮法检验必须合格。体积安定性不合格的水泥不能用于工程中。

(8) 水泥的强度与等级。水泥强度是表示水泥力学性能的重要指标，它与水泥的矿物组成、水泥细度、水灰比大小、水化龄期和环境温度等密切相关。为了统一试验结果的可比性，水泥强度必须按《水泥胶砂强度试验方法(ISO法)》(GB/T17671—1999)的规定制作试块，养护并测定其抗压和抗折强度值，该值是评定水泥等级的依据。

表3-9为国标中规定的硅酸盐水泥各龄期的强度值，硅酸盐水泥各龄期的强度值均不得低于表中相对应的强度等级所要求的数值。为提高水泥早期强度，我国现行标准将水泥分为普通型和早强型(R型)。早强型水泥3d抗压强度可达28d抗压强度的50%。

表3-9 硅酸盐水泥各龄期的强度值(GB175—2007)

品种	强度等级	抗压强度(MPa)		抗折强度(MPa)	
		3d	28d	3d	28d
硅酸盐水泥	42.5	17.0	42.5	3.5	6.5
	42.5R	22.0	42.5	4.0	6.5
	52.5	23.0	52.5	4.0	7.0
	52.5R	27.0	52.5	5.0	7.0
	62.5	28.0	62.5	5.0	8.0
	62.5R	32.0	62.5	5.5	8.0

注：R指早强型。

(9) 水化热。水化热是指水泥和水之间发生化学反应放出的热量，通常以焦耳/千克(J/kg)表示。水泥水化放出的热量以及放热速度，主要取决于水泥的矿物组成和细度。熟料矿物中铝酸三钙和硅酸三钙的含量愈高，颗粒愈细，则水化热愈大。这对一般建筑的冬季施工是有利的，但对于大体积混凝土工程是不利的。为了避免由于温度应力引起水泥石的开裂，在大体积混凝土工程施工中，不宜采用硅酸盐水泥，而应采用水化热低的水泥，如中热水泥、低热矿渣水泥等，水化热的数值可根据国家标准规定的方法测定。

6. 水泥石的腐蚀与防腐措施

硅酸盐水泥硬化后的水泥石，在正常使用条件下具有较好的耐久性。但在某些腐蚀性的介质作用下，水泥石的结构逐渐遭到破坏，强度下降以致全部溃裂，这种现象称为水泥石的腐蚀。水泥石的抗腐蚀性能，可用耐蚀系数表示。它是以同一龄期浸在腐蚀性溶液中的水泥试体强度与在淡水中养护的水泥试体强度之比来表示的。耐蚀系数越大，水泥的抗腐蚀性能就越好。

引起水泥石腐蚀的原因很多，作用也很复杂，现简述几种主要的腐蚀作用如下：

(1) 软水腐蚀(溶出性侵蚀)。工业冷凝水、蒸馏水、天然的雨水、雪水以及含重碳酸盐很少的河水及湖水，均属软水。当水泥石长期与这些水分接触时，由于水的浸析作用，将已硬化的水泥石中的固相组分(特别是水化产物氢氧化钙)逐渐溶解带走，并促使硬化水泥石中的其他产物分解，因而使水泥石结构遭到破坏。

在有限的静水或无水压的水中，由于水泥石中的水被已溶解的氢氧化钙所饱和而使水泥石的溶出逐渐停止，在此情况下，软水的侵蚀作用仅限于表面，影响不大。但是，若水泥石在流动的水中或有压力的水中，溶出的氢氧化钙不断被冲走，则侵蚀作用不断深入内部，使水泥石孔隙增大，强度下降，以致全部溃裂。在含有一定量重碳酸盐的硬水($pH>7$)中，重碳酸盐能与水泥石中的氢氧化钙进行化学反应，形成不溶于水的碳酸钙，其反应式为：

$$Ca(OH)_2 + Ca(HCO_3)_2 \longrightarrow 2CaCO_3 + 2H_2O$$

所形成的碳酸钙可积聚在水泥石的孔隙内，形成密实的保护层，阻止外界水的继续浸入和内部氢氧化钙的析出，阻止侵蚀作用继续深入。因此，若使与水接触的水泥石表面能事先形成一层碳酸钙外壳，则可对溶出性侵蚀起到一定的防护作用。

(2) 盐类腐蚀。

①硫酸盐腐蚀。硫酸盐腐蚀实质上是膨胀性化学腐蚀。当水泥石受到侵蚀性介质作用后生成新的化合物，由于新生成物的体积膨胀而使水泥石破坏的现象，称为膨胀性化学腐蚀。例如，在海水、地下水及某些工业污水中常含有钠、钾、铵等的硫酸盐，它们与水泥石中的氢氧化钙反应生成硫酸钙，硫酸钙与水泥石中固态的水化铝酸钙作用，生成比原体积增加 1.5 倍以上的高硫型水化硫铝酸钙(钙矾石)，由于体积膨胀而使已硬化的水泥石开裂、破坏，因高硫型水化硫铝酸钙呈针状晶体，故俗称为“水泥杆菌”，其反应式为：

$$4CaO \cdot Al_2O_3 \cdot 12H_2O + 3CaSO_4 + 20H_2O \longrightarrow 3CaO \cdot Al_2O_3 \cdot 3CaSO_4 \cdot 31H_2O + Ca(OH)_2$$

②镁盐腐蚀。在海水及地下水中常含有大量镁盐，主要是硫酸镁和氯化镁。它们与水泥石中的氢氧化钙反应，生成易溶于水的新化合物。其反应式如下：

$$MgSO_4 + Ca(OH)_2 + 2H_2O \longrightarrow CaSO_4 \cdot 2H_2O + Mg(OH)_2$$

$$3CaO \cdot Al_2O_3 \cdot 6H_2O + 3(CaSO_4 \cdot 2H_2O) + 19H_2O \longrightarrow 3CaO \cdot Al_2O_3 \cdot 3CaSO_4 \cdot 31H_2O$$

$$MgCl_2 + Ca(OH)_2 \longrightarrow CaCl_2 + Mg(OH)_2$$

反应生成的氢氧化镁 $Mg(OH)_2$ 松软而无胶凝能力，氯化钙($CaCl_2$)和硫酸钙($CaSO_4 \cdot 2H_2O$)易溶解于水，均能使水泥石强度降低或破坏。同时，尚未溶出的硫酸钙可与水泥石中的铝酸盐反应，引起膨胀破坏。因此，硫酸镁对水泥石起着镁盐和硫酸盐的双重腐蚀作用。

(3) 酸类腐蚀。

①碳酸腐蚀。工业污水、地下水常溶解较多的二氧化碳，水中的二氧化碳与水泥石中的氢氧化钙反应，所生成的碳酸钙如果继续与含碳酸的水作用，则变成易溶于水的碳酸氢钙[$Ca(HCO_3)_2$]，由于碳酸氢钙的溶失以及水泥石中其他产物的分解，而使水泥石结构破坏。其化学反应如下：

$$Ca(OH)_2 + CO_2 + H_2O \longrightarrow CaCO_3 + 2H_2O$$

$$CaCO_3 + CO_2 + H_2O \rightleftharpoons Ca(HCO_3)_2$$

由碳酸钙转变为碳酸氢钙的反应是可逆的，只有当水中所含的碳酸超过平衡浓度(溶液中的 $pH<7$)时，则上式反应向右进行，形成碳酸腐蚀。

②一般酸的腐蚀。工业废水、地下水中常含无机酸和有机酸，工业窑炉中烟气常含有二氧化硫，遇水后即生成亚硫酸。各种酸类对水泥石也有不同程度的腐蚀作用，它们与水泥石中的氢氧化钙作用后生成的化合物，或者易溶于水，或者体积膨胀而导致水泥石破坏。对水泥石腐蚀作用最快的是无机酸中的盐酸、氢氟酸、硫酸和有机酸中的醋酸、蚁酸和乳酸。

例如，盐酸与水泥石中氢氧化钙作用，其化学式如下：

$$2HCl + Ca(OH)_2 \longrightarrow CaCl_2 + 2H_2O$$

生成的氯化钙易溶于水而导致化学腐蚀性破坏。

硫酸与水泥石中的氢氧化钙作用，其化学式如下：

$$H_2SO_4 + Ca(OH)_2 \longrightarrow CaSO_4 \cdot 2H_2O$$

生成的石膏对水泥石产生硫酸盐膨胀性破坏。

(4) 强碱腐蚀。碱类溶液如果浓度不大时一般是无害的，但铝酸盐含量较高的硅酸盐水泥遇到强碱作用后也会破坏，如氢氧化钠可与水泥石中未水化的铝酸钙作用，生成易溶的铝酸钠。

$$3CaO \cdot Al_2O_3 + 6NaOH \longrightarrow 3Na_2O \cdot Al_2O_3 + 3Ca(OH)_2$$

$$2NaOH + CO_2 \longrightarrow Na_2CO_3 + H_2O$$

当水泥石被氢氧化钠溶液浸透后又在空气中干燥，与空气中的二氧化碳作用生成碳酸钠。碳酸钠在水泥石毛细孔中结晶沉积，可使水泥石胀裂。

(5) 防腐措施。水泥石的腐蚀实际上是一个极为复杂的物理化学作用过程，且很少为单一的腐蚀作用，常常是几种作用同时存在，互相影响。但发生水泥石受腐蚀的原因是：水泥石中存在着易受腐蚀的氢氧化钙和水化铝酸钙；水泥石本身不密实而使侵蚀性介质易于进入其内部；外界因素的影响，如腐蚀介质的存在或者环境温度、湿度、介质浓度的影响等。

根据以上腐蚀原因的分析。可采取下列防腐蚀的措施：

①根据侵蚀环境特点，合理选用水泥品种。例如，选用水化物中氢氧化钙含量少的水泥，可以提高对软水等侵蚀作用的抵抗能力；为了抵抗硫酸盐腐蚀，可使用铝酸三钙含量低于5%的抗硫酸盐水泥等。

②提高水泥石的密实度。为了使有害物质不易渗入内部，水泥石的孔隙应越少越好。为了提高水泥混凝土的密实度，应该合理设计混凝土的配合比，尽可能采用低水灰比和选择最优施工方法。此外，在水泥石表面进行碳化或氟硅酸处理，使之生成难溶的碳酸钙外壳或氟化钙及硅胶薄膜，以提高水泥石表面的密实度，也可减少侵蚀性介质的渗入。

③设置保护层。用耐腐蚀的石料、陶瓷、塑料、沥青等覆盖于水泥石的表面，以防止腐蚀介质与水泥石直接接触。

7. 硅酸盐水泥的特性及应用

(1) 强度高。硅酸盐水泥凝结硬化快，强度高，且强度增长速度快。因此适合于对早期强度要求高的工程，如高强混凝土结构和预应力混凝土结构。

(2) 水化热高。硅酸盐水泥中 C_3S、C_3A 含量高，放热快，早期放热量大，这对于大体积混凝土施工不利，不适于做大坝等大体积混凝土，但这种现象对冬季施工较为有利。

(3) 抗冻性好。硅酸盐水泥拌合物不易发生泌水现象，硬化后的水泥石较密实，所以抗冻性好。硅酸盐水泥适合于高寒地区的混凝土工程。

(4) 碱度高、抗碳化能力强。硅酸盐水泥硬化后水泥石呈碱性,而处于碱性环境中的钢筋可在其表面形成一层钝化膜以保护钢筋不锈蚀。而空气中的二氧化碳与水化产物中的氢氧化钙发生反应,生成碳酸钙从而消耗氢氧化钙的量,最终使水化产物内碱性变为中性,使钢筋没有碱性环境的保护而发生锈蚀,造成混凝土结构的破坏。硅酸盐水泥中由于氢氧化钙的含量高所以其抗碳化能力强。

(5) 耐腐蚀性差。由于硅酸盐水泥中有大量的氢氧化钙及水化铝酸三钙,容易受到软水、酸类和一些盐类的侵蚀,因此不适于用在受流动水、压力水、酸类及硫酸盐侵蚀的工程当中。

(6) 耐热性差。硅酸盐水泥石在温度为250℃时水化物开始脱水,水泥石强度下降,当受热温度达700℃以上时会遭到破坏,因此硅酸盐水泥不宜单独用于耐热混凝土工程。

(7) 湿热养护效果差。硅酸盐水泥在常规养护条件下硬化快、强度高,但经过蒸气养护后,再经自然养护至28d测得的抗压强度常低于未经蒸养的28d抗压强度。

8. 硅酸盐水泥的储运与验收

水泥的储运方式分为散装和袋装两种。发展散装水泥是国家的一项国策,因为水泥散装不论从环保角度,还是节约木材、降低能耗角度、降低成本都是有益的。袋装水泥的比例越来越少,目前袋装采用50kg包装袋的形式。

水泥在运输和保管期间,不得受潮和混入杂质,不同品种和等级的水泥应分别贮运,不得混杂。散装水泥应有专用运输车,直接卸入现场特制的贮仓,分别存放。袋装水泥的堆放高度一般不应超过10袋。存放期一般不应超过3个月,超过6个月的水泥必须经过试验才能使用。

水泥进场后,应遵循先检验后使用的原则。水泥的检验周期较长,一般要1个月。

3.4.2 掺混合材料的硅酸盐水泥

凡在硅酸盐水泥熟料中,掺入一定量的混合材料和适量石膏,共同磨细制成的水硬性胶凝材料,均属掺混合材料的硅酸盐水泥。在硅酸盐水泥中掺加一定量的混合材料,能改善原水泥的性能,增加品种,提高产量,节约熟料,降低成本,扩大水泥的使用范围。按掺加混合材料的品种和数量,掺混合材料的硅酸盐水泥可分为普通硅酸盐水泥、矿渣硅酸盐水泥、火山灰质硅酸盐水泥、粉煤灰硅酸盐水泥、复合硅酸盐水泥等。上述掺混合材料的硅酸盐水泥也是土建工程中常采用的水泥,属于通用水泥类。

1. 水泥混合材料

在水泥生产过程中,为改善水泥性能,调节水泥强度等级而掺加到水泥中的矿物质原料称为混合材料,一般分为活性混合材料和非活性混合材料。混合材料有天然的,也有人为形成的(如:工业废渣等)。

(1) 活性混合材料。活性混合材料是指具有火山灰性或潜在水硬性,或兼有火山灰性和水硬性的矿物质材料。

①火山灰性是指磨细的矿物质材料和水拌和成浆后,单独不具有水硬性,但在常温下与外加的石灰一起和水后的浆体,能形成具有水硬性化合物的性能,如火山灰、粉煤灰、硅藻土等。

②潜在水硬性是指该类矿物质材料只需在少量外加剂的激发条件下,即可利用自身溶出的化学成分,生成具有水硬性的化合物,如粒化高炉矿渣等。

水泥中常用的活性混合材有以下几种:

①粒化高炉矿渣。粒化高炉矿渣是高炉冶炼生铁所得,以硅酸钙($\beta-C_2S$)与铝硅酸钙

(C_2AS)等为主要成分的熔融物，经淬冷成粒后的产品。矿渣的化学成分主要为 CaO、Al_2O_3、SiO_2，通常占总量的 90%以上，此外还有少量的 MgO、FeO 和一些硫化物等。矿渣的活性，不仅取决于其化学成分，而且在很大程度上取决于内部结构。矿渣熔体在淬冷成粒时，阻止了熔体向结晶结构转变，而形成玻璃体，因此具有潜在水硬性，即粒化高炉矿渣在有少量激发剂的情况下，其浆体具有水硬性。

②火山灰质混合材。火山灰质混合材是具有火山灰性的天然或人工的矿物质材料。如天然火山灰质混合材有火山灰、凝灰岩、浮石、硅藻土等，属于人工火山灰质混合材有烧黏土、煤矸石灰渣、粉煤灰及硅灰等。

③粉煤灰。粉煤灰是从电厂煤粉炉烟道气体中收集的粉末，以 SiO_2 和 Al_2O_3 为主要化学成分，还含有少量 CaO，具有火山灰性。按煤种分为 F 类和 C 类，可以袋装或散装。袋装每袋净含量为 25kg 或 40kg。包装袋上应标明产品名称(F 类或 C 类)、等级、分选或磨细、净含量、批号、执行标准等。

(2) 非活性混合材。非活性混合材是指在水泥中主要起填充作用，而又不损害水泥性能的矿物质材料。非活性混合材料掺入水泥中主要起调节水泥强度，增加水泥产量及降低水化热等作用。常用的非活性混合材有磨细石英砂、石灰粉及磨细的块状高炉矿渣与高硅质炉灰等。在制备普通混凝土拌合物时，为节约水泥，改善混凝土性能，调节混凝土强度等级而掺入的天然或人工的磨细混合材料，称为掺合料。

2. 掺混合材料硅酸盐水泥的组成及技术要求

(1) 普通硅酸盐水泥。普通硅酸盐水泥简称普通水泥，其代号为 P·O，是由硅酸盐水泥熟料、6%～15%混合材料、适量石膏，经磨细制成的水硬性胶凝材料。活性混合材料掺加量为大于5%且不小于 20%，其中允许用不超过水泥质量 8%的非活性混合材料或不超过水泥质量 5%的窑灰代替。

国家标准(GB175—2007)中对普通硅酸盐水泥的技术要求为：

①细度：用比表面积法测量，普通硅酸盐水泥的比表面积应大于 $300m^2/kg$。

②凝结时间：初凝不得早于 45min，终凝不得迟于 600min。

③强度：普通硅酸盐水泥的强度等级分为 42.5、42.5R、52.5、52.5R 共四个强度等级，各强度等级各龄期的强度不得低于表 3-10 的数值。

④烧失量：普通水泥中烧失量不得大于 5.0%。

表 3-10 普通硅酸盐水泥各强度等级、各龄期强度值(GB175—2007)

强度等级	抗压强度(MPa)		抗折强度(MPa)	
	3d	28d	3d	28d
42.5	16.0	42.5	3.5	6.5
42.5R	21.0	42.5	4.0	6.5
52.5	22.0	52.5	4.0	7.0
52.5R	26.0	52.5	5.0	7.0

注：R—指早强型。

普通硅酸盐水泥的体积安定性及氧化镁、三氧化硫、碱含量、氯离子等技术要求与硅酸水泥相同。虽然普通硅酸盐水泥中掺入的混合材料的量较硅酸盐水泥稍多，但与其他种类的掺混合材料的硅酸盐类水泥相比混合材料的掺加量仍然较少，从性能上看接近于同强度等级的硅酸盐水泥。这种水泥被广泛用于各种混凝土或钢筋混凝土工程，是我国主要的水泥品种之一。

(2) 矿渣硅酸盐水泥、火山灰质硅酸盐水泥、粉煤灰硅酸盐水泥和复合硅酸盐水泥。

矿渣硅酸盐水泥简称矿渣水泥，是由硅酸盐水泥熟料、粒化高炉矿渣和适量石膏磨细制成的水硬性胶凝材料。其中粒化高炉矿渣掺量为＞20%且≤70%。根据掺量的不同分为A型和B型，A型＞20%且≤50%，代号P·S·A；B型＞50%且≤70%，代号P·S·B。

火山灰质硅酸盐水泥简称火山灰水泥，代号P·P。由硅酸盐水泥熟料、火山灰质混合材料和适量石膏磨细制成的水硬性胶凝材料。火山灰质混合材料掺量为＞20%且≤40%。

粉煤灰硅酸盐水泥简称粉煤灰水泥，代号P·F。由硅酸盐水泥熟料、粉煤灰和适量石膏磨细制成的水硬性胶凝材料。粉煤灰掺量为20%～40%。

复合硅酸盐水泥简称复合水泥，代号P·C。由硅酸盐水泥熟料、两种或两种以上规定的混合材料和适量石膏磨细制成的水硬性胶凝材料。水泥中混合材料总掺量为＞20%且≤50%。

① 组成。通用硅酸盐水泥的组分应符合表3-11的规定。

②技术要求。

a. 细度、凝结时间及体积安定性。这三项指标要求与普通硅酸盐水泥相同。

b. 氧化镁含量。熟料中氧化镁的含量不宜超过5.0%。如果水泥经蒸压安定性试验合格，则熟料中氧化镁的含量允许放宽到6.0%。注意在熟料中氧化镁的含量为5.0～6.0%时，如矿渣水泥中混合材料总掺量大于40%或火山灰水泥和粉煤灰水泥中混合材料掺加量大于30%，制成的水泥可不做压蒸试验。

表3-11 通用硅酸盐水泥的组分表

名称	代号	组分(%)				
		熟料[1]	粒化高炉矿渣	火山灰质混合材料	粉煤灰	石灰石
硅酸盐水泥	P·Ⅰ	100	—	—	—	—
	P·Ⅱ	≥95，＜100	≤5	—	—	—
			—	—	—	≤5
普通硅酸盐水泥	P·O	≥80，≤94	＞5，≤20[2]			—
矿渣硅酸盐水泥	P·S	≥30，≤79	＞20，≤70[3]	—	—	—
火山灰硅酸盐水泥	P·P	≥60，≤79	—	＞20，≤40[4]	—	—
粉煤灰硅酸盐水泥	P·F	≥60，≤79	—	—	＞20，≤40[5]	—
复合硅酸盐水泥	P·C	≥50，≤79	＞20，≤50[6]			

注：(1)该组分为硅酸盐水泥熟料和石膏的总和。

(2)该组分材料为符合标准的活性混合材料，其中允许用不超过水泥质量5%的窑灰或不超过水泥质量8%的非活性混合材料代替。

(3)本组分材料为符合GB/T203或GB/T18046的活性混合材料，其中允许用不超过水泥质量8%的活性混合材料或非活性混合材料或窑灰中的任一种材料代替。

(4)本组分材料为符合GB/T2847的活性混合材料。

(5)本组分材料为符合GB/T1596的活性混合材料。

(6)本组分材料为由两种或两种以上活性混合材料或非活性混合材料组成，其中允许用不超过水泥质量 8%的窑灰代替。掺矿渣时混合材料掺量不得与矿渣硅酸盐水泥重复。

c. 三氧化硫含量。矿渣水泥中三氧化硫的含量不得超过 4.0%，火山灰水泥和粉煤灰水泥中三氧化硫的含量不得超过 3.5%。

d. 强度。矿渣硅酸盐水泥、火山灰硅酸盐水泥、粉煤灰硅酸盐水泥、复合硅酸盐水泥按 3d、28d 龄期抗压强度及抗折强度分为 32.5，32.5R，42.5，42.5R，52.5，52.5R 共六个强度等级。各强度等级各龄期的强度值不得低于表 3－12 中的数值。

表 3－12　矿渣硅酸盐水泥、火山灰硅酸盐水泥、粉煤灰硅酸盐水泥及复合硅酸盐水泥强度等级(GB175—2007)

品种	强度等级	抗压强度(MPa)		抗折强度(MPa)	
		3d	28d	3d	28d
矿渣硅酸盐水泥、火山灰硅酸盐水泥、粉煤灰硅酸盐水泥、复合硅酸盐水泥	32.5	10.0	32.5	2.5	5.5
	32.5R	15.0		3.5	5.5
	42.5	15.0	42.5	3.5	6.5
	42.5R	19.0		4.0	6.5
	52.5	21.0	52.5	4.0	7.0
	52.5R	23.0		4.5	7.0

e. 碱含量。水泥中的碱含量按 $Na_2O+0.658K_2O$ 计算值来表示，若使用活性骨料要限制水泥中的碱含量时，由供需双方商定。

③ 共性与个性。矿渣硅酸盐水泥、火山灰硅酸盐水泥、粉煤灰硅酸盐水泥及复合硅酸盐水泥在组成上具有共性(均是硅酸盐水泥熟料、加较多的活性混合材料，再加上适量石膏磨细制成的)，所以它们在性能上也存在着共性。与硅酸盐水泥和普通硅酸盐水泥相比，矿渣硅酸盐水泥、火山灰硅酸盐水泥、粉煤灰硅酸盐水泥及复合硅酸盐水泥密度较小，早期强度比较低，后期强度增长较快；对养护温湿度敏感，适合蒸汽养护；水化热小，耐腐蚀性较好；抗冻性、耐磨性不及硅酸盐水泥或普通水泥。

矿渣硅酸盐水泥、火山灰硅酸盐水泥、粉煤灰硅酸盐水泥及复合硅酸盐水泥也有各自的个性特点：

• 矿渣硅酸盐水泥：保水性差，泌水性大。由矿渣硅酸盐水泥制成的混凝土的抗渗性、抗冻性及耐磨性受到影响，但矿渣硅酸盐水泥的耐热性较好。

• 火山灰硅酸盐水泥：易吸水，具有较高的抗渗性和耐水性；干燥环境下易失水产生体积收缩而出现裂缝；不宜用于长期处于干燥环境和水位变化区的混凝土工程之中；抗硫酸盐能力随成分不同而不同。

• 粉煤灰硅酸盐水泥：需水量较低，抗裂性较好；适合于大体积水工混凝土及地下和海港工程等。

• 复合硅酸盐水泥：在几种混合材料中，哪种混合材料的掺入量大其性质就接近哪种水泥(如掺两种混合材料矿渣和火山灰，矿渣含量占大多数则该复合硅酸盐水泥的性能就接近矿渣水泥)。

为了便于查阅和选用，现将矿渣硅酸盐水泥、火山灰硅酸盐水泥、粉煤灰硅酸盐水泥及复合硅酸盐水泥主要的技术性质、特性和选用规则列出供参考(见表3-13、3-14)。

表3-13 常用水泥的主要技术性能

水泥品种 性能		硅酸盐水泥	普通硅酸盐水泥	矿渣硅酸盐水泥	火山灰硅酸盐水泥	粉煤灰硅酸盐水泥	复合硅酸盐水泥
水泥中混合材料掺量		0～5%	活性混合材料 6%～15%,或非活性混合材料10%以下	粒化高炉矿渣 20%～70%	火山灰质混合材料 20%～50%	粉煤灰 20%～40%	两种或两种以上混合材,其总掺量为15%～50%
密度(g/cm^3)		3.0～3.15		2.8～3.1			
堆积密度(kg/m^3)		1 000～1 600		1 000～1 200	900～1 000		1 000～1 200
细度		比表面积 >300m^2/kg	80μm方孔筛筛余量<10%				
凝结时间	初凝	>45min					
	终凝	<6.5h	<10h				
体积安定性	安定性	沸煮法必须合格(若试饼法和雷氏法两者有争议,以雷氏法为准)					
	MgO	含量<5.0%					
	SO_3	含量<3.5%(矿渣水泥中含量<4.0%)					
强度等级	龄期	抗压(MPa) 抗折(MPa)	抗压(MPa) 抗折(MPa)	抗压 MPa	抗压 MPa		抗压 抗折 MPa MPa
32.5	3d 28d	— —	— —	10.0 32.5	2.5 5.5		11.0 2.5 32.5 5.5
32.5R	3d 28d	— —	— —	15.0 32.5	3.5 5.5		16.0 3.5 32.5 5.5
42.5	3d 28d	17.0 3.5 42.5 6.5	16.0 3.5 42.5 6.5	15.0 42.5	3.5 6.5		16.0 3.5 42.5 6.5

续表 3 - 13

水泥品种 性能	硅酸盐水泥	普通硅酸盐水泥	矿渣硅酸盐水泥	火山灰硅酸盐水泥	粉煤灰硅酸盐水泥	复合硅酸盐水泥
42.5R	3d 28d	22.0 4.0 42.5 6.5	21.0 4.0 42.5 6.5	19.0 42.5	4.0 6.5	21.0 4.0 42.5 6.5
52.5	3d 28d	23.0 4.0 52.5 7.0	22.0 4.0 52.5 7.0	21.0 52/5	4.0 7.0	22.0 4.0 52.5 7.0
52.5R	3d 28d	27.0 5.0 52.5 7.0	26.0 5.0 52.5 7.0	23.0 52.5	4.5 7.0	26.0 5.0 52.5 7.0
62.5	3d 28d	28.0 5.0 62.5 8.0	— —	—	—	— —
62.5R	3d 28d	32.0 5.5 62.5 8.0	— —	—	—	— —
碱含量	用户要求低碱水泥时，按 $Na_2O+0.685K_2O$ 计算的碱含量，不得大于 0.06%，或由供需双方商定。					

表 3 - 14　常用水泥的特性及适用范围

		硅酸盐水泥	普通硅酸盐水泥	矿渣硅酸盐水泥	火山灰硅酸盐水泥	粉煤灰硅酸盐水泥
特性	1. 硬化	快	较快	慢	慢	慢
	2. 早期强度	高	较高	低	低	低
	3. 水化热	高	高	低	低	低
	4. 抗冻性	好	较好	差	差	差
	5. 耐热性	差	较差	好	较差	较差
	6. 干缩性	较小	较小	较大	较大	较小
	7. 抗渗性	较好	较好	差	较好	较好
	8. 耐蚀性	差	较差	好	好	好

续表 3-14

	硅酸盐水泥	普通硅酸盐水泥	矿渣硅酸盐水泥	火山灰硅酸盐水泥	粉煤灰硅酸盐水泥
适用范围	1. 制造地上、地下及水中的混凝土、钢筋混凝土及预应力钢筋混凝土结构，包括受冻融循环的结构及早期强度要求较高的工程 2. 配制建筑砂浆	同硅酸盐水泥	1. 大体积工程 2. 高温车间和有耐热耐火要求的混凝土结构 3. 蒸气养护的构件； 4. 一般地上、地下和水中的钢筋混凝土结构 5. 有抗硫酸盐侵蚀的工程 6. 配制建筑砂浆	1. 地下、水中大体积混凝土结构 2. 有抗渗要求的工程 3. 蒸气养护的构件 4. 有抗硫酸盐侵蚀的工程 5. 一般混凝土及钢筋混凝土工程 6. 配制建筑砂浆	1. 地上、地下、水中及大体积混凝土工程 2. 蒸气养护的构件 3. 抗裂性要求较高的构件 4. 抗硫酸盐侵蚀的工程 5. 一般混凝土工程 6. 配制建筑砂浆
不适用工程	1. 大体积混凝土工程 2. 受化学及海水侵蚀的工程 3. 耐热要求高的工程 4. 有流动水及压力水作用的工程	同硅酸盐水泥	1. 早期强度要求较高的混凝土工程 2. 有抗冻要求的混凝土工程	1. 早期强度要求较高的混凝土工程 2. 有抗冻要求的混凝土工程 3. 干燥环境的混凝土工程 4. 有耐磨性要求的工程	1. 早期强度要求较高的混凝土工程 2. 有抗冻要求的混凝土工程 3. 有抗碳化要求的工程

3.4.3 其他品种水泥

1. 铝酸盐水泥(GB201—2000)

以铝酸钙为主的铝酸盐水泥熟料，磨细制成的水硬性胶凝材料称为铝酸盐水泥，代号 CA，又称矾土水泥。根据需要也可在磨制 Al_2O_3 含量大于 68％的水泥时掺加适量的 $\alpha-Al_2O_3$ 粉。生产铝酸盐水泥的原料主要有矾土(提供 Al_2O_3)和石灰石(提供 CaO)。

(1) 铝酸盐水泥的矿物组成及分类。

①铝酸盐水泥的矿物组成主要有铝酸一钙($CaO \cdot Al_2O_3$，简写为 CA)、二铝酸一钙($CaO \cdot 2Al_2O_3$，简写为 CA_2)、硅铝酸二钙($2CaO \cdot Al_2O_3 \cdot SiO_2$，简写为 C_2AS)和七铝酸十二钙($12CaO \cdot 7Al_2O_3$，简写为 $C_{12}A_7$)。质量优良的铝酸盐水泥，其矿物组成一般是以 CA 和 CA_2 为主。

②铝酸盐水泥按 Al_2O_3 含量百分数分为四类，见表 3-15。

表 3-15 铝酸盐水泥的类型及 Al_2O_3 的含量范围

类型	Al_2O_3	SiO_2	Fe_2O_3	R_2O $Na_2O+0.658K_2O$	S* 全硫	Cl*
CA—50	≥50，<60	≤8.0	≤2.5			
CA—60	>60，<68	≤5.0	≤2.0			
CA—70	≥68，<77	≤1.0	≤0.7	≤0.40	≤0.1	≤0.1
CA—80	≥77	≤0.5	≤0.5			

注：* 当用户需要时，生产厂应提供结构和检测方法。

(2) 铝酸盐水泥的水化。酸盐水泥的水化主要是铝酸一钙的水化，其反应式为：

当温度低于 20℃时：$CaO \cdot Al_2O_3 + 10H_2O \rightarrow CaO \cdot Al_2O_3 \cdot 10H_2O$

当温度为 20℃～30℃时：$2(CaO \cdot Al_2O_3) + 11H_2O \rightarrow 2CaO \cdot Al_2O_3 \cdot 8H_2O + Al_2O_3 \cdot 3H_2O$

当温度高于 30℃时：$3(CaO \cdot Al_2O_3) + 12H_2O \rightarrow 3CaO \cdot Al_2O_3 \cdot 6H_2O + 2(Al_2O_3 \cdot 3H_2O)$

铝酸盐水泥的水化产物分别为：十水化铝酸一钙($CaO \cdot Al_2O_3 \cdot 10H_2O$，简写为 CAH_{10})、八水铝酸二钙($2CaO \cdot Al_2O_3 \cdot 8H_2O$，简写为 C_2AH_8)、铝胶($Al_2O_3 \cdot 3H_2O$，简写为 AH_3)及六水铝酸三钙($3CaO \cdot Al_2O_3 \cdot 6H_2O$，简写为 C_3AH_6)。

其中 CAH_{10} 及 C_2AH_8 为针状或板状结晶，能形成晶体骨架，而析出的 AH_3 凝胶体难溶于水，填充于晶体骨架的空隙中，形成较密实的水泥石结构。当温度升高或随着时间的增长，处于亚稳态的 CAH_{10} 和 C_2AH_8 会转化为稳定态立方状晶体 C_3AH_6，同时使水泥石析出大量游离水，增大了孔隙体积，使水泥石强度明显降低。因此，在使用铝酸盐水泥时，要严格控制水灰比，加水量往往小于铝酸盐水泥完全水化所需的水量。

(3) 铝酸盐水泥的技术性质。

①细度。比表面积不小于 $300m^2/kg$ 或 0.045mm 筛余不大于 20%，由供需双方商订，在无约定的情况下发生争议时以比表面积为准。

②凝结时间。各类型铝酸盐水泥的凝结时间应符合表 3-16 要求。

表 3-16 铝酸盐水泥凝结时间

水泥类型	初凝时间不得早于(min)	终凝时间不得迟于(h)
CA—30、CA—70、CA—80	30	6
CA—60	60	18

③强度。各类型铝酸盐水泥的不同龄期强度值不得低于表 3-17 要求。

表 3-17 铝酸盐水泥胶砂强度

水泥类型	抗压强度(MPa)				抗折强度(MPa)			
	6h	1d	3d	28d	6h	1d	3d	28d
CA—50	20	40	50	—	3.0	5.5	6.5	—
CA—60	—	20	45	8.5	—	2.5	5.0	10.0
CA—70	—	30	40	—	—	5.0	6.0	—
CA—80	—	25	30	—	—	4.0	5.0	—

注：* 当用户需要时，生产厂应提供结果。

(4) 铝酸盐水泥的特性及应用。

①凝结速度快，早期强度高。铝酸盐水泥 1d 强度可达最高强度的 80%以上，所以一般用于抢修工程和对早强要求高的工程。不适合温度高于 30℃的湿热环境，因其后期强度在湿热环境中下降较快，会引起结构破坏，一般结构工程中应慎用铝酸盐水泥。

②水化热大，且放热量集中。铝酸盐水泥 1d 的放热量约为总放热量的 70%～80%，适合冬季施工，不适合大体积混凝土的工程及高温潮湿环境中的工程。

③抗硫酸盐腐蚀性较强。铝酸盐水泥因其水化产物中无 $Ca(OH)_2$，所以其抗硫酸盐腐蚀性较强。

④耐碱性差。铝酸盐水泥与含碱物质接触即会引起铝酸盐水泥的侵蚀。

⑤耐热性好。铝酸盐水泥可承受 1300℃～1400℃的高温。

关于铝酸盐水泥用于土建工程的注意事项可见《铝酸盐水泥》(GB201—2000)附录 B，例如：除特殊情况外，铝酸盐水泥不得与硅酸盐水泥或石灰等析出 $Ca(OH)_2$ 的材料混合使用，否则会出现"瞬凝"现象，强度也会明显降低。此外，铝酸盐水泥还不得用于高温高湿环境，也不能在高温季节施工或采用蒸气养护。

2. 砌筑水泥(GB/T 3183—2003)

(1) 定义。凡由一种或一种以上的水泥混合材料，加入适量硅酸盐水泥熟料和石膏，经磨细制成的工作性较好的水硬性胶凝材料，称为砌筑水泥，代号 M。砌筑水泥主要用于砌筑和抹面砂浆、垫层混凝土等，不应用于结构混凝土。

(2) 强度等级。砌筑水泥分 12.5 和 22.5 两个强度等级。

(3) 技术要求。

①三氧化硫：砌筑水泥中三氧化硫含量应不大于 4.0%。

②细度：80μm 方孔筛筛余不大于 10.0%。

③凝结时间：初凝时间不早于 60min，终凝不迟于 12h。

④安定性：用沸煮法检验应合格。

⑤保水率：保水率不低于 80%。

⑥强度：强度满足表 3-18 的要求。

表3-18 砌筑水泥强度等级表(GB/T 3183—2003)

水泥等级	抗压强度(MPa)		抗折强度(MPa)	
	7d	28d	7d	28d
12.5	7.0	12.5	1.5	3.0
22.5	10.0	22.5	2.0	4.0

3. 白色硅酸盐水泥(GB/T2015—2005)

(1) 定义。由氧化铁含量少的白色硅酸盐水泥熟料、适量石膏,0~10%的石灰石或窖灰,磨细制成的水硬性胶凝材料称为白色硅酸盐水泥(简称白水泥),代号P·W。

白色硅酸盐水泥熟料是以适当成分的生料烧至部分熔融,所得以硅酸钙为主要成分、氧化铁含量少的熟料。要想使水泥变白,主要控制其中氧化铁(Fe_2O_3)的含量,当Fe_2O_3的含量小于0.5%时,则水泥接近白色。烧制白色硅酸盐水泥要在整个生产过程中控制氧化铁的含量。

(2) 强度等级。白色硅酸盐水泥按规定的抗压强度和抗折强度分为32.5、42.5和52.5三个强度等级,各强度等级的各龄期强度应不低于表3-19的规定。

表3-19 白色硅酸盐水泥的强度等级与各龄期强度(GB/T 2015-2005)

强度等级	抗压强度(MPa)		抗折强度(MPa)	
	3d	28d	3d	28d
32.5	12.0	32.5	3.0	6.0
42.5	17.0	42.5	3.5	6.5
52.5	22.0	52.5	4.0	7.0

(3) 技术要求。

①三氧化硫:水泥中三氧化硫含量应不大于3.5%。

②细度:80 μm方孔筛筛余不大于10.0%。

③凝结时间:初凝时间不早于45min,终凝时间不迟于10h。

④安定性:用沸煮法检验必须合格。

⑤水泥白度:水泥白度值应不低于87。

白色硅酸盐水泥主要用于建筑装饰,如在粉磨时加入碱性颜料,可制成彩色水泥;也可将白水泥中加颜料使其变成彩色水泥,可用于彩色路面等。

4. 道路硅酸盐水泥(GB13693—2005)

由道路硅酸盐水泥熟料,0~10%活性混合材料和适量石膏磨细制成的水硬性胶凝材料,称为道路硅酸盐水泥(简称道路水泥)。

道路硅酸盐水泥熟料是以适当成分的生料烧至部分熔融,所得以硅酸钙为主要成分和较多量的铁铝酸钙的硅酸盐水泥熟料。

道路硅酸盐水泥的技术要求如下:

(1) 氧化镁:道路水泥中氧化镁含量不得超过5.0%。

(2) 氧化硫:道路水泥中氧化硫含量不得超过3.5%。

(3) 烧失量：道路水泥中的烧失量不得大于3.0%。

(4) 游离氧化钙：道路水泥熟料中的游离氧化钙，旋窑生产不得大于1.0%，立窑生产不得大于1.8%。

(5) 碱含量：如用户提出要求时，由供需双方商定。

(6) 铝酸一钙：道路水泥熟料中铝酸二钙的含量不得大于5.0%。

(7) 铁铝酸四钙：道路水泥熟料中铁铝酸四钙的含量不得小于16.0%。

(8) 细度：80μm 方孔筛筛余不大于10.0%。

(9) 凝结时间：初凝时间不早于1.5h，终凝时间不迟于10h。

(10) 安定性：用沸煮法检验必须合格。

(11) 干缩率：28d 干缩率不得大于0.10%。

(12) 耐磨性：以磨损量表示，不得大于3.0kg/m²。

(13) 强度：不得低于表3-20的规定。

表3-20 道路水泥的等级与各龄期强度

强度等级	抗压强度(MPa)		抗折强度(MPa)	
	3d	28d	3d	28d
32.5	16.0	32.5	3.5	6.5
42.5	21.0	42.5	4.0	7.0
52.5	26.0	52.5	5.0	7.5

道路水泥早期强度高，特别是抗折强度高，干缩率小，耐磨性好，抗冲击性好；主要用于道路路面、飞机场跑道、广场、车站及对耐磨性、抗干缩性要求较高的混凝土工程。

5. 快硬硅酸盐水泥(GB199—1990)

凡以硅酸盐水泥熟料和适量石膏磨细制成的以3d抗压强度表示标号的水硬性胶凝材料，称为快硬硅酸盐水泥(简称快硬水泥)。

与硅酸盐水泥比较，该水泥在组成上适当提高了 C_3S(50%～60%)和 C_3A(8～14%)的含量，达到了早强快硬的效果。

快硬水泥的比表面积较大，一般控制在330～450m²/kg。初凝时间不得早于45min，终凝时间不得迟于10h。安定性必须合格。按照1d和3d的强度值将快硬水泥划分为325、375和425三个标号，各标号、各龄期的强度值不得低于表3-21的规定。

表3-21 快硬水泥各标号、各龄期强度值(GB199—1990)

标号	抗压强度(MPa)			抗折强度(MPa)		
	1d	3d	28d	1d	3d	28d*
325	15.0	32.5	52.5	3.5	5.0	7.2
375	17.0	37.5	57.5	4.0	6.0	7.6
425	19.0	42.5	62.5	4.5	6.4	8.0

注：* 仅需双方参考指标。

快硬硅酸盐水泥具有早强特点，且后期强度仍有少量增长，长期强度可靠；可用于紧急抢修工程、军事工程和低温施工工程，可配制成早强、高等级混凝土，用于制作预应力钢筋混凝土构件等。快硬水泥易受潮变质，故贮运时须特别注意防潮，并应及时使用，不宜久存，从出厂日起，超过一个月，应重新检验，合格后方可使用。

6. 膨胀水泥(GB 2938—2008)和自应力硅酸盐水泥(JC/T 218—1995)

膨胀水泥是以适当比例的硅酸盐水泥或普通硅酸盐水泥、铝酸盐水泥和天然二水石膏磨制而成的膨胀性的水硬性胶凝材料。

根据水泥的自应力的大小，可以将水泥分为两类，一类自应力值不小于 2.0 MPa 时，为自应力水泥；另一类自应力值小于 2.0 MPa 的为膨胀水泥。

(1) 自应力水泥。自应力水泥的膨胀值较大，在限制膨胀的条件下(配有钢筋时)，由于水泥石的膨胀，使混凝土受到压应力的作用，达到预应力的目的。常用的自应力水泥有：硅酸盐自应力水泥、铝酸盐自应力水泥等。自应力水泥一般用于自应力钢筋混凝土压力管及其配件。

(2) 膨胀水泥。根据基本组成不同，我国常用的膨胀水泥品种有：

①硅酸盐膨胀水泥：其组成以硅酸盐水泥熟料为主，外加铝酸盐水泥和石膏配制而成。

②铝酸盐膨胀水泥：其组成以铝酸盐水泥为主，以铁相、无水硫铝酸盐水泥为主，外加石膏配制而成。如铝酸盐自应力水泥、石膏矾土膨胀水泥等。

③硫铝酸盐水泥：以无水硫铝酸盐和硅酸二钙为主要成分，加石膏配制而成。

④铁铝酸盐膨胀水泥：以铁相、无水硫铝酸钙和硅酸二钙为主要成分，加石膏配制而成。

膨胀水泥的膨胀作用机理是水泥在水化过程中，形成大量的钙矾石而产生体积膨胀。膨胀水泥主要用于：收缩补偿混凝土工程，防渗混凝土(屋顶防渗、水池等)，防渗砂浆，结构的加固，构件接缝、接头的灌浆，固定设备的机座及地脚螺栓等。

思考与练习

1. 简述气硬性胶凝材料的特点及使用环境。
2. 简述石灰的消化和硬化过程及特点。
3. 什么是欠烧石灰和过烧石灰？各有何特点？施工过程中如何防止其危害？
4. 何谓陈伏，石灰在使用前为什么要进行陈伏？
5. 建筑石膏是如何生产的？其主要化学成分是什么？
6. 石膏制品有哪些特点？建筑石膏可用于哪些方面？
7. 水玻璃的性质是怎样的？有何用途？
8. 硅酸盐水泥熟料是由哪几种矿物组成的？它们的水化产物是什么？
9. 硅酸盐水泥的凝结硬化过程是怎样进行的？
10. 水泥生产过程中加入适量石膏为什么对水泥不起破坏作用？
11. 国标中规定通用水泥的初凝时间和终凝时间对施工有什么实际意义？
12. 何谓水泥的体积安定性？造成体积安定性不良的原因是什么？
13. 如何采取措施防止水泥的腐蚀？
14. 铝酸盐水泥的主要矿物成分是什么？它适用于哪些地方？使用时应注意什么？

第4章　建筑骨料

本章学习要求

1. 了解常用建筑骨料的定义、类型、特征及技术要求
2. 掌握砂、石的种类、特征及质量技术要求
3. 重点掌握细骨料、粗骨料的粗细程度、颗粒级配及使用特点

骨料，又称为集料，即在混凝土中起骨架或填充作用的粒状松散材料的总称。骨料分为细骨料、粗骨料和轻骨料。细骨料包括天然砂、人工砂两类。粗骨料包括卵石(砾石)、碎石。轻骨料包括天然轻骨料——浮石、火山渣，工业废料——粉煤灰陶粒、膨胀矿渣珠；人造轻骨料——页岩陶粒、黏土陶粒、膨胀珍珠岩。

骨料是建筑砂浆及混凝土的主要组成材料之一，约占混凝土体积的70%。骨料起骨架及减小由于胶凝材料在凝结硬化过程中干缩湿涨所引起的体积变化等作用，同时还可作为胶凝材料的廉价填充料。

4.1　细骨料

4.1.1　细骨料的分类

粒径在0.16～5mm之间的骨料为细骨料，常称作砂。

砂按产源分为天然砂和人工砂两类。天然砂是岩石自然风化后所形成的大小不等的颗粒，包括河砂、湖砂、山砂及淡化海砂。河砂、湖砂颗粒比较圆滑，质地坚硬，也比较洁净；山砂颗粒富有棱角，表面粗糙，与水泥浆黏结力好，但含泥量和含有机杂质较多，质地较差；海砂颗粒表面圆滑，但海砂中常含有贝壳及其碎片，且氯盐含量较高，对混凝土有一定影响，一般情况下不宜直接使用。人工砂包括机制砂和人工调配的混合砂。人工砂棱角多，片状颗粒多，且石粉多，成本也高。

砂按细度模数分为粗砂、中砂、细砂和特细砂四种规格。砂按技术要求分为Ⅰ类、Ⅱ类和Ⅲ类。

4.1.2　细骨料的性能技术要求

拌合混凝土要选用质量良好的砂子，按国家标准《建筑用砂》(GB/T14684—2001)的规定，混凝土用砂的技术要求和技术标准如下：

1. 表观密度、堆积密度和空隙率

砂的表观密度通常在2.5～2.6g/cm^{3}之间，表观密度大说明砂粒结构的密实程度大。

在自然状态下，干砂的堆积密度约为1 400～1 600kg/cm^3，振实后的堆积密度可达1 600～1 700kg/cm^3。砂的堆积密度反映了砂堆积起来后空隙率的大小。

此外，砂的空隙率大小还与颗粒形状及级配有关。带有棱角的砂，空隙率较大，一般天然河砂的空隙率为40%～45%。级配良好的砂，空隙率可小于40%。

2. 含水率

砂在自然状态下往往含有一定的水分，其含水状态有四种(见图4-1)：

(1)完全干燥状态：在105℃±5℃下烘干，达恒重时的状态，如图4-1(a)所示。

(2)风干状态:也叫气干状态,指砂子含水率和周围湿度达到动态平衡时的状态,如图 4-1(b)所示。

(3)饱和面干状态:颗粒表面干燥,内部孔隙吸水达饱和时的状态,如图 4-1(c)所示。

(4)湿润状态:颗粒内部吸水饱和且表面附有吸附水的状态,如图 4-1(d)所示。

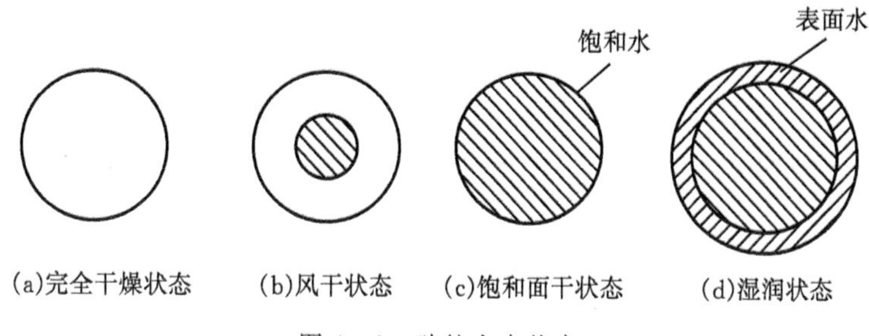

图 4-1 砂的含水状态

3. 粗细程度、颗粒级配

(1)砂的粗细程度,是指不同粒径的砂粒混合在一起后的平均粗细程度,用细度模数(Mx)来表示。在砂用量相同的条件下,若砂子过细,则砂的总表面积就较大,需要包裹砂粒表面的水泥浆的数量多,水泥用量就多;若砂子过粗,虽能少用水泥,但混凝土拌合物粘聚性较差,容易产生离析、泌水等现象。所以,用于拌制混凝土的砂,不宜过粗,也不宜过细。

(2)砂的颗粒级配,是指不同粒径砂颗粒的分布情况。从图 4-2 可以看出:如果用相同粒径的砂,空隙率最大;两种粒径的砂搭配起来,空隙率就减小;当砂中含有较多的粗颗粒,并以适量的中颗粒及少量的细颗粒填充时,能形成最密集的堆积,空隙率达到更小。由此可见,砂子的空隙率取决于砂料各级粒径的搭配程度。级配好的砂子,不仅可以节约水泥,还提高了混凝土的密实度及强度。

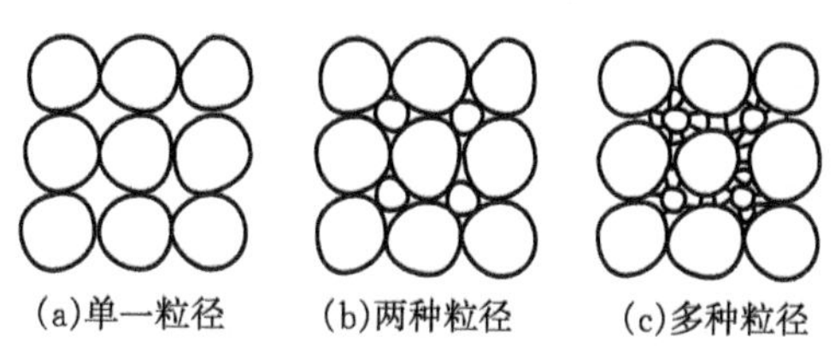

图 4-2 骨料颗粒级配示意图

砂的粗细程度和颗粒级配,常用筛分析的方法进行测定,并分别用细度模数和级配曲线表示。

方孔筛孔径依次为 9.50mm、4.75mm、2.36mm、1.18mm、0.6mm、0.3mm、0.15mm。筛分析法是将预先通过 9.5cm 孔径的干砂,称取 500g 置于一套筛孔分别为 4.75mm、2.36mm、1.18mm、0.6mm、0.3mm、0.15mm(方孔筛)或一套孔径分别为 5mm、2.5mm、1.25mm、0.63mm、0.315mm、0.16mm(圆孔筛)的标准筛上,由粗到细依次过筛,分别称得各号筛上的筛余质量,并且计算分计筛余百分率(各号筛的筛余量与试样总量之比)和累计筛余百分率(该号筛的筛余百分率加上该号筛以上各筛余百分率之和)。其计算关系见表 4-1。根据累计筛余百分率可计算出砂的细度模数和划分砂的级配区,以评定砂子的粗细程度和颗粒级配。

表 4-1 筛余量、分计筛余百分率、累计筛余百分率的关系

筛孔尺寸(mm)	筛余量 m_i(g)	分计筛余百分率 a_i(%)	累计筛余百分率 A_i(%)
4.75	m_1	a_1	$A_1 = a_1$
2.36	m_2	a_2	$A_2 = a_1 + a_2$
1.18	m_3	a_3	$A_3 = a_1 + a_2 + a_3$
0.6	m_4	a_4	$A_4 = a_1 + a_2 + a_3 + a_4$
0.3	m_5	a_5	$A_5 = a_1 + a_2 + a_3 + a_4 + a_5$
0.15	m_6	a_6	$A_6 = a_1 + a_2 + a_3 + a_4 + a_5 + a_6$

注：$a_i = m_i/500$；a_i、A_i计算精确至 0.1%。

砂的细度模数计算公式如下(精确至 0.01)：

$$M_x = \frac{(A_{2.36} + A_{1.18} + A_{0.6} + A_{0.3} + A_{0.15}) - 5A_{4.75}}{100 - A_{4.75}} \tag{4.1}$$

细度模数越大，表示砂越粗。砂按细度模数(Mx)分为粗砂、中砂、细砂和特细砂，如表 4-2 所示。

表 4-2 砂的分类表

分类	粗砂	中砂	细砂	特细砂
细度模数	3.7～3.1	3.0～2.3	2.2～1.6	1.5～0.7

普通混凝土用砂的细度模数，一般应控制在 2.0～3.5 之间较为适宜。普通混凝土用砂的细度模数大于 3.7 时，则拌合物的和易性不易控制，且不易振捣成型；砂的细度模数小于 0.7 时，将增加较多的水泥用量，而且强度显著降低。

砂的细度模数只能反应砂子总体上的粗细程度，并不能反应级配的优劣。细度模数相同的砂子其级配可能有很大的差别。砂子的颗粒级配的好坏直接影响堆积密度，各种粒径的砂子在量上合理搭配，可使堆积起来的砂子空隙达到最小，因此，级配是否合格是砂子的一个重要技术指标。

《建筑用砂》标准(GB/T14684—2001)将砂分为三个级配区，见表 4-3，级配范围曲线如图 4-3 所示。普通混凝土用砂的颗粒级配应处于表 4-3 或图 4-3 的任何一个级配区内，否则认为砂的颗粒级配不合格。

表 4-3 砂的颗粒级配区

筛子尺寸(mm)	级配区		
	Ⅰ区	Ⅱ区	Ⅲ区
4.75	0～10	0～10	0～10
2.36	5～35	0～25	0～15
1.18	35～65	10～50	0～25
0.6	71～85	41～70	16～40
0.3	80～95	70～92	55～85
0.15	90～100	90～100	90～100

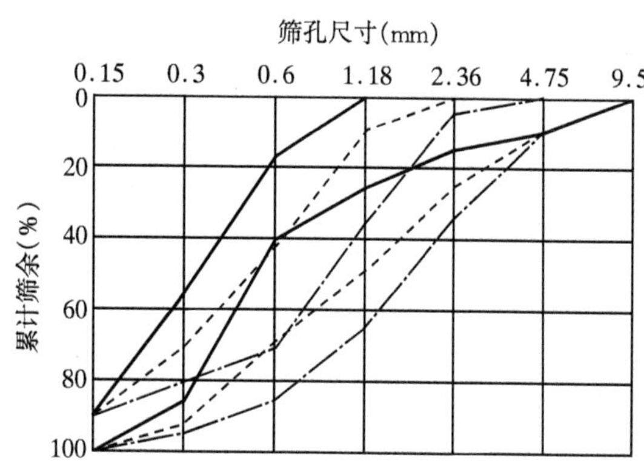

图 4-3 砂的标准级配区曲线

在选择混凝土用砂时,砂的颗粒级配和粗细程度应同时考虑。当砂中含有较多的粗粒径砂,并以适当的中粒径砂及少量细粒径砂填充其空隙,则可使砂的空隙率及总表面积均较小,这样不仅水泥浆用量较少,而且混凝土的密实性较好,强度较高。配制混凝土时宜优先选用粗细程度适中的Ⅱ区砂。当采用Ⅰ区砂时,应提高砂率,并保证足够的水泥用量,以满足混凝土的和易性;当采用Ⅲ区砂时,应适当降低砂率,以保证混凝土强度。

对于泵送混凝土,宜选用中砂,且砂中小于 0.315mm 的颗粒应不少于 15%。如果砂的自然级配不符合级配区的要求,可采用人工级配的方法来改善。通常可将粗砂、细砂按适当比例搭配,掺和使用。为调整级配,在不得已时,也可将砂中过粗或过细的颗粒筛除。

4. 有害杂质含量

有害杂质是指在混凝土中妨碍水泥的水化、削弱骨料与水泥石的黏结、与水泥的水化产物进行化学反应并产生有害膨胀的物质。砂中的有害杂质及其对混凝土的危害见表 4-4,混凝土用细骨料的有害杂质的含量应符合表 4-5 中的规定。

表 4-4 砂中有害杂质的种类及对混凝土的影响

杂质的种类	杂质的危害
泥、泥块	影响混凝土强度,增大干缩,降低抗冻、抗渗、耐磨性
云母	使混凝土内部出现大量未能胶结的软弱面,降低混凝土强度
轻物质	混凝土表面因膨胀而剥落破坏
氯盐	腐蚀混凝土中的钢筋
有机物	产生酸,腐蚀混凝土
硫化物及硫酸盐	产生膨胀性破坏

表 4-5　混凝土中用砂的质量要求

项　目	质量指标			
	≥C30	<C30,>10	≤C10	有抗冻性，抗渗或其他特殊要求的混凝土
含泥量(按质量计)(%)	≤3.0	≤5.0	适当放宽	≤3.0
泥块含量(按质量计)(%)	≤1.0	≤2.0	适当放宽	≤1.0
云母含量(按质量计)(%)	≤2.0			≤1.0
轻物质含量(按质量计)(%)	≤1.0			
硫化物及硫酸盐含量(折算成 SO_3，按质量计)(%)	≤1.0			
有机物含量(用比色法试验)	颜色不得深于标准色，如深于标准色，则应按水泥胶砂强度的方法，进行强度对比试验，抗压强度比不得低于 0.95。			

注：轻物质是指表观密度小于 2000kg/m^3。

4.2　粗骨料

4.2.1　基本概念及分类

粗骨料为粒径大于 4.75mm 的岩石颗粒，分为卵石和碎石两类。

卵石(砾石)包括河卵石、海卵石(砾石)和山卵石(砾石)等，其中河卵石(砾石)应用较多。碎石大多由天然岩石经破碎筛分而成。碎石和卵石按技术要求分为Ⅰ类(优等品)、Ⅱ类(一等品)、Ⅲ类(合格品)三种类别。Ⅰ类宜用于强度等级大于 C60 的混凝土；Ⅱ类宜用于强度等级为 C30～C60 及抗冻、抗渗或其他要求的混凝土；Ⅲ类宜用于强度等级小于 C30 的混凝土。天然卵石(砾石)表面光滑，少棱角，比较干净，级配良好，但配制出的混凝土强度比碎石低。碎石表面粗糙，有棱角，与水泥浆黏结牢固，强度高。

4.2.2　质量及技术要求

1. 表观密度、堆积密度及空隙率

粗骨料的表观密度、堆积密度及空隙率如下：

(1)表观密度大于 2 500kg/m^3；

(2)堆积密度大于 1 350kg/m^3；

(3)空隙率小于 47%。

2. 泥的质量分数与有害杂质质量分数

粗骨料中常含有如黏土、淤泥、硫酸盐及硫化物和有机质等一些有害杂质，它们在混凝土中所产生的危害作用与细骨料相同。其含量应符合表 4-6 的规定。

表 4-6 卵石、碎石含泥量和泥块含量及有害杂质的质量分数

项目＼等级	指标(%)		
	Ⅰ类(优等品)	Ⅱ类(一等品)	Ⅲ类(合格品)
泥	<0.5	<1.0	<1.5
泥块	<0.25	<0.25	<0.5
硫化物及硫酸盐	<0.5	<1.0	<1.0
有机物	合格	合格	合格
氯化物(以 NaCl 计)	0.03	0.1	—
质量损失	<5	<8	<12
针片状颗粒	<15	<20	<25

4.2.3 粗骨料的强度

为保证混凝土的强度，粗骨料必须质地致密，具有足够高的强度。卵石和碎石强度，根据《建筑用卵石、碎石》(GB/T14685—2001)规定，采用岩石立方体抗压强度和碎石的压碎指标两个方法检验。工程中可采用压碎指标进行质量控制。

岩石立方体抗压强度检验是将碎石的母岩制成直径余高均为 50mm 的圆柱体或边长为 50mm 的立方体，在水饱和状态下——即在水中浸泡 48h 使试件达到饱和状态后，测定其极限抗压强度值。一般要求碎石母岩岩石的抗压强度不小于混凝土抗压强度的 1.5 倍，同时还要考虑母岩的风化程度。

压碎指标是测定碎石或卵石抵抗压碎的能力，间接地推测其相应的强度。

压碎试验是将一定质量气干状态的 9.0～9.5mm 的石子，按一定的方法装入压碎指标值测定仪(内径 152mm 的圆筒)内，上面加压后放在试验机上，在 3～5min 内均匀加荷到 200kN，卸荷后称取试样质量 G_0，再用孔径为 2.36mm 的筛进行筛分，称取试样的筛余量 G_1，压碎指标 Q_C 如下计算：

$$Q_C = \frac{G_0 - G_1}{G_0} \times 100\% \tag{4.2}$$

压碎指标值越大，说明骨料的强度越小。

4.2.4 颗粒形状及表面特征

粗骨料比较理想的颗粒形状为三维长度相等或相近的立方体或球形颗粒，而三维长度相差较大的针、片状颗粒粒形较差。颗粒长度大于平均粒径 2.4 倍为针状颗粒，颗粒厚度小于平均粒径 0.4 倍的为片状颗粒。平均粒径为一个粒级的骨料其上、下界限粒径的算术平均值。骨料表面的粗糙程度及孔隙特征会影响混凝土的强度。

卵石的表面特征：光滑少棱角，孔隙率及总表面积小，工作性好，水泥用量少，但黏结力差，强度低。

碎石的表面特征：多棱角，孔隙及总表面积大，工作性差，水泥用量多，但黏结力强，强度高。在相同条件下，碎石混凝土比卵石混凝土的强度约提高 10%左右。

4.2.5 最大粒径和颗粒级配

1. 最大粒径

最大粒径是指通过率为 100%的最小标准筛所对应的筛孔尺寸，通常为公称粒级的上限。

如公称粒级为 5～40mm 的粒级，其上限粒径 40mm 即为最大粒径。

最大粒径的选用原则：质量相同的石子，粒径越大，总表面积越小，越节约水泥，故尽量选用大粒径的石子。根据《混凝土结构工程施工质量验收规范》(GB 50204—2002)规定，应综合考虑以下几点：

(1)从结构上考虑：建筑构件的截面尺寸及配筋疏密。①钢筋混凝土：粗骨料最大粒径小于 1/4 结构截面最小尺寸且小于 3/4 钢筋间最小净距；②混凝土实心板：粗骨料最大粒径不宜超过 1/2 板厚且不超过 50mm。

(2)从施工方面考虑：根据搅拌、运输、振捣方式，选择合适的粒径。对泵送混凝土，碎石最大粒径与输送管内径之比，宜小于或等于 1∶3，卵石宜小于或等于 1∶2.5。

(3)从经济上考虑：粒径越大，水泥用量越小。当最大粒径小于 80mm 时，节约效果显著，粒径再大，节约效果不明显。因此，一般取粒径小于 80mm。

2. 颗粒级配

良好的颗料级配可以减小孔隙率，节约水泥，提高密实度及良好的工作性。

粗骨料的级配也是通过筛分试验来确定，其方孔标准筛为孔径 2.36、4.75、9.50、16、19、26.5、31.5、53.0、63.0、75.0 及 90mm 共 12 个筛孔。普通混凝土用卵石及碎石的颗粒级配应符合国家标准的规定。

粗骨料的颗粒级配分连续级配和间断级配两种形式。采石场按供应方式，也将石子分为连续粒级和单粒粒级两种。连续粒级共有六个粒级，单粒级由五个粒级，见表 4-7。

表 4-7　普通水泥混凝土用碎石或卵石的颗粒级配规定(GB/T 14685—2001)

级配情况	公称粒径	筛孔尺寸(方孔筛)(mm)											
		2.36	4.75	9.50	16.0	19.0	26.5	31.5	37.5	53.0	63.0	75.0	90.0
		累计筛余(按质量计，%)											
连续粒级	5～10	95～100	80～100	0～15	0								
	5～16	95～100	90～100	30～60	0～10								
	5～20	95～100	90～100	40～80	—	0～10	0						
	5～25	95～100	90～100	—	30～70	—	0～5	0					
	5～31.5	95～100	90～100	70～90	—	15～45	—	0～5	0				
	5～40	—	95～100	75～90	—	30～65		—	0～5	0			
单粒粒级	10～20		95～100	85～100		0～15	0		—				
	16～31.5		95～100		85～100			0～10	0				
	20～40					80～100			0～10	0			
	31.5～63				95～100			75～100	45～75		0～10	0	
	40～80					95～100			70～100		30～60	0～10	0

(1)连续级配。石子颗粒尺寸由小到大连续分级,每级骨料都占有一定比例,如天然卵石。通常工程中多采用连续级配的石子。

(2)间断级配。人为剔除某些中间粒级颗粒,用小颗粒的粒级直接和大颗粒的粒级相配,颗粒级差大,空隙率的降低比连续级配快得多,可最大限度地发挥骨料的骨架作用,减少水泥用量。但混凝土拌合物易产生离析现象,工程应用较少。

(3)单粒级配。粒径差别较小,可避免连续粒级中较大粒径石子在堆放及装卸过程中的颗粒离析现象。工程中一般不宜采用单一的单粒级配配制混凝土,因为它的空隙率较大,耗用水泥较多。单粒级配宜用于组合成所要求级配的连续粒级,也可以与连续粒级混合使用,以改善其级配或配制成较大粒度的连续粒级。在特殊情况下,通过试验证明混凝土无离析现象时,方可采用单粒级配。

4.3 轻骨料

轻骨料主要用于配置轻骨料混凝土。我国轻骨料资源丰富,火山浮石、粉煤灰和陶粒,都可用作轻骨料。

陶粒是人造建筑轻骨料的简称,其原料来源广泛,根据原料的不同可分为黏土陶粒、页岩陶粒、煤矸石陶粒和粉煤灰陶粒。按容重可分为一般容重陶粒(>400kg/m^3)、超轻容重陶粒(400~200kg/m^3)、特轻容重陶粒(<200kg/m^3)。按颗粒大小可分为陶粒(>5mm)和陶砂(<5mm)。

陶粒具有一系列优良的性能,由于质轻、保温、隔热、隔音、强度高而广泛用于高层、超高层建筑及大跨度建筑工程。它不仅可减轻建筑物自重的 30%~40%,而且还具有良好的抗震性能。同时陶粒混凝土施工适应性强,易与粉刷材料黏结。由于陶粒具有耐热、抗冻、耐酸碱、防腐及热膨胀系数低等性能,因此也广泛应用作高速公路、飞机场跑道的路面材料,还可用作保温、隔音、隔热墙体材料及重油脱水和工业用水的过滤材料。

4.3.1 几个相关的概念

(1)全轻混凝土:由轻砂做细骨料配制而成的轻骨料混凝土。

(2)砂轻混凝土:由普通砂或部分轻砂做细骨料配制而成的轻骨料混凝土。

(3)大孔轻骨料混凝土:用轻粗骨料,水泥和水配制而成的无砂或少砂混凝土。

(4)次轻混凝土:在轻粗骨料中掺入适量普通粗骨料,干表观密度大于 1 950kg/m^3、小于或等于 2 300kg/m^3 的混凝土。

4.3.2 轻骨料的种类及技术性质

1. 轻骨料的种类

(1)按轻骨料粒径大小可分为轻粗骨料和轻细骨料。凡粒径大于 5mm,堆积密度小于 1 000kg/m^3 的轻质骨料,称为轻粗骨料;凡粒径不大于 5mm,堆积密度小于 1 000kg/m^3 的轻质骨料,称为轻细骨料(或轻砂)。

(2)按轻骨料的性能可分为超轻骨料(堆积密度不大于 500kg/m^3);普通轻骨料(堆积密度大于 500kg/m^3);高强轻骨料(强度标号不小于 25 MPa 的结构用轻粗骨料)。

(3)按轻骨料的来源可分为:①工业废料轻骨料,如粉煤灰陶粒、自燃煤矸石、膨胀矿渣珠、煤渣及其轻砂;②天然轻骨料,如浮石、火山渣及其轻砂;③人造轻骨料,如页岩陶粒、黏土陶粒、膨胀珍珠岩及其轻砂。

2.轻骨料的技术性质及要求

轻骨料的技术要求,除了要求其有害杂质的含量和耐久性符合规定外,主要要求其堆积密度、强度、颗粒级配和吸水率等符合规定。

(1)堆积密度。轻骨料堆积密度的大小,将影响轻骨料混凝土的表观密度和性能。轻粗骨料按其堆积密度(kg/m^3)分为300、400、500、600、700、800、900、1 000八个密度等级;轻细骨料分为500、600、700、800、900、1 000、1 100、1 200八个密度等级。

(2)强度。轻粗骨料的强度对其混凝土的强度有很多影响。按《轻骨料混凝土技术规程》(JGJ51—2002)规定,采用筒压法测定轻粗骨料的强度,称为筒压强度。将轻粗骨料装入带底的圆筒内,上面加冲压模,取冲压模压入深度为20mm时的压力值,除以承压面积,即为该轻粗骨料的筒压强度值。各品种的普通轻粗骨料的筒压强度见表4-8。

表4-8 普通轻粗骨料的筒压强度

轻骨料品种	密度等级	筒压强度(MPa)		
		优等品	一等品	合格品
黏土陶粒 页岩陶粒 粉煤灰陶粒	600	3.0	2.0	
	700	4.0	3.0	
	800	5.0	4.0	
	900	6.0	5.0	
浮石 火山灰 煤渣	600	—	1.0	0.8
	700	—	1.2	1.0
	800	—	1.5	1.2
	900	—	1.8	1.5
自然煤矸石 膨胀矿渣珠	900	—	3.5	3.0
	1 000	—	4.0	3.5
	1 100	—	4.5	4.0

筒压强度不能直接反应轻骨料在混凝土中的真实强度,它是一项间接反映粗骨料颗粒强度的指标。因此,规范还规定了采用强度等级来评定粗骨料的强度。轻粗骨料的强度越高,其强度等级也越高,适用于配制较高强度的轻骨料混凝土。

(3)颗粒级配。轻粗骨料和轻细骨料的颗粒级配应符合表4-9的要求。

(4)吸水率。轻骨料的吸水率一般比普通砂石大,因此将使施工性能变差,并且影响到混凝土的水灰比和强度发展。在设计轻骨料混凝土配合比时,如果采用干燥骨料,则必须根据骨料的吸水率大小,再多加一部分被骨料吸收的附加水量。《轻骨料混凝土技术规程》规定,轻砂和天然轻粗骨料吸水率不作规定;其他轻粗骨料的吸水率不应大于22%。

表 4－9 轻骨料的颗粒级配

轻骨料种类	级配类别	公称粒级(mm)	各号筛的累积筛余(按质量计)(%) 筛孔尺寸(mm)										
			40.0	31.5	20.0	16.0	10.0	5.0	2.50	1.25	0.630	0.315	0.160
细骨料		0—5					0	0—10	0—35	20—60	30—80	65—90	75—100
粗骨料	连续粒级	5—40	0—10	—	40—60	—	50—85	90—100	95—100				
		5—31.5	0—5	0—10	—	40—75	—	90—100	95—100				
		5—20		0—5	0—10	—	40—80	90—100	95—100				
		5—16	—	—	0—5	0—10	20—60	85—100	95—100				
		5—10	—	—	—	0	0—15	80—100	95—100				
	单粒级	10—16	—	—	0	0—15	85—100	90—100					

注:公称粒级的上限,为该粒级的最大粒径。

思考与练习

1. 细骨料和粗骨料有何异同?
2. 建筑用砂有哪些种类和规格?
3. 砂的风干状态与湿润状态有何异同?
4. 什么是细度模数?如何用细度模数表述砂的粗细?
5. 什么是砂的颗粒级配?
6. 现有干砂 500g,其筛分结果如下表,试判断该砂粗细程度?级配是否合格?

筛孔尺寸(mm)	4.75	2.36	1.18	0.60	0.30	0.15	<0.15
筛余量(g)	20	55	95	130	90	85	25

7. 砂中的有害杂质有哪些?有何危害?
8. 如何获得卵石的压碎指标?
9. 粗骨料的表面特征有哪些工程意义?
10. 连续级配与间断级配的工程应用有何区别?
11. 轻骨料有何特点和用途?

第5章　砂浆、混凝土及制品

本章学习要求

1. 掌握建筑砂浆组成材料、技术性质
2. 重点掌握砌筑砂浆的配合比设计
3. 了解普通混凝土组成材料
4. 掌握普通混凝土的基本性能、影响混凝土性能的因素
5. 重点掌握普通混凝土配合比设计
6. 掌握混凝土外加剂的分类、常用混凝土外加剂
7. 了解轻混凝土、抗冻混凝土、高强混凝土

5.1　建筑砂浆

建筑砂浆是由胶结材料、细骨料、掺加料和水配制而成的工程材料，在建筑工程中用量大、用途广泛。砂浆在建筑工程中起黏结、衬垫和传递应力的作用。由于砂浆中没有粗骨料，可认为砂浆是一种细骨料混凝土，因此有关混凝土的各种基本规律，原则上也适用于砂浆。砂浆在使用时的特点是铺设层薄，并多与多孔吸水的基面材料相接触，但对强度要求不高。

建筑砂浆按所用胶凝材料可分为水泥砂浆、水泥混合砂浆、石灰砂浆、石膏砂浆及聚合物水泥砂浆等；按砂浆用途可分为砌筑砂浆、抹面砂浆及特种砂浆等。

5.1.1　砌筑砂浆的组成材料

1. 水泥

普通水泥、矿渣水泥、火山灰水泥、粉煤灰水泥和砌筑水泥均可用来配制砌筑砂浆。在选用时应根据使用环境、用途等进行合理选择。在干燥条件下使用的砂浆既可选用气硬性胶凝材料，又可选用水硬性胶凝材料；若在潮湿环境或水中使用的砂浆则必须选用水泥作为胶结材料。

用于砌筑砂浆的水泥强度等级应根据砂浆强度等级进行选择，并应尽量选用中、低等级的水泥。水泥强度应为砂浆强度的4～5倍为宜，水泥等级过高，将使砂浆中水泥用量不足而导致保水性不良。水泥砂浆采用的水泥等级，不宜大于32.5级；水泥混合砂浆采用的水泥等级，由于石灰膏等掺加料会降低砂浆强度，故可用强度等级为42.5级的水泥。

对于水泥用量，《砌筑砂浆配合比设计规程》(JGJ98—2000)中规定：水泥砂浆中水泥用量不应小于200kg/m^3；水泥混合砂浆中水泥和掺加料总量宜在300～350kg/m^{3}之间。

2. 砂

砌筑砂浆用砂，应符合《建筑用砂》(GB14684—2001)的技术要求。由于砂浆铺设层较薄，应对砂的最大粒径加以限制。对于毛石砌体宜选用粗砂，其最大粒径应小于砂浆层厚度的1/4～1/5；对于砌体砂浆宜选用中砂，其最大粒径不应大于2.5mm；对于光滑表面的抹灰及勾缝砂浆应采用洁净的中砂，其最大粒径不应大于1.25mm。

砂的含泥量对砂浆的水泥用量、和易性、强度、耐久性及收缩等性能都有影响。为了保证砂浆的质量，对砂中的含泥量应有所限制。砂的含泥量不应超过5%。强度等级为M2.5的水泥混合砂浆，砂的含泥量不应超过10%。

3. 掺加料

为改善砂浆的和易性常在砂浆中加入无机的微细颗粒的掺合料（掺入量大于水泥质量的5%），如石灰膏、黏土膏及磨细粉煤灰等。

（1）石灰膏。石灰膏作为掺加料，在砌筑砂浆中主要起塑化作用，可以改善砂浆的和易性。石灰膏应用孔径不大于 3mm×3mm 的筛网过筛，熟化时间不得少于 7d。沉淀池中贮存的石灰膏，应采取防止干燥、冻结和污染的措施。严禁使用脱水硬化的石灰膏。消石灰粉不得直接用于砌筑砂浆中，可以使用磨细的生石灰，其细度用 0.08mm 筛的筛余量不应大于 15%，且熟化时间不得少于 2d。

（2）电石膏。电石膏是电石消解后经过滤后的产物。制作电石膏的电石渣应用孔径不大于 3mm×3mm 的筛网过滤，检验时应加热至 70℃并保持 20min，若没有乙炔气味，方可使用。

（3）黏土膏。在干燥环境下使用的较低强度的砌筑砂浆中，可以用黏土膏作掺合料，拌制水泥黏土混合砂浆。黏土膏应选用颗粒细、黏性好、含砂量少、含有机物少的黏土或亚黏土，事先用搅拌机搅拌，通过孔径不大于 3mm×3mm 的筛网，再化成膏状。

（4）粉煤灰。掺用粉煤灰可以改善砂浆的和易性，还可以取代一部分水泥和石灰，从而节省水泥用量，但粉煤灰的品质指标应符合 GB1596—91 的要求。

4. 外加剂

与混凝土中掺加外加剂一样，为了改善砂浆的和易性，还可以掺入一些塑化剂，如微沫剂、皂化松香、纸浆废液等有机塑化剂。掺入砂浆的砂浆外加剂，应具有法定检测机构出具的该产品砌体强度型式检验报告，并经砂浆性能试验合格后，方可使用。

5. 水

砌筑砂浆对水质的要求，与混凝土对水的要求基本相同，凡可饮用的水均可拌制砂浆，未经试验鉴定的污水不得使用。

5.1.2 砌筑砂浆的技术性质

1. 和易性

新拌砂浆应具有良好的和易性。砂浆的和易性是指新拌制的砂浆是否便于施工操作，并能保证质量的综合性质。和易性好的砂浆可以比较容易地在砖石表面上铺成均匀连续的薄层，且与底面紧密地黏结，既便于施工操作，提高劳动生产率，又能保证工程质量。新拌砂浆的和易性包括流动性和保水性两方面。

（1）流动性。砂浆的流动性，又称稠度，是指砂浆在自重或外力作用下流动的性能。

砂浆的流动性用砂浆稠度测定仪测定，以沉入量（mm）表示，即砂浆稠度测定仪的圆锥体沉入砂浆内深度的毫米数。圆锥沉入深度越大，砂浆的流动性越大。若流动性过大，砂浆易分层、析水；若流动性过小，则不便施工操作，灰缝不易填充，所以新拌砂浆应具有适宜的稠度。

当原材料确定后，流动性的大小主要取决于用水量。因此，施工中常以调整用水量的方法来改变砂浆的稠度。根据《砌筑砂浆配合比设计规程》（JGJ98—2000），砌筑砂浆的稠度应按表5－1的规定选用。

表 5－1 砌筑砂浆的稠度

砌体种类	砂浆稠度（mm）
烧结普通砖砌体	70～90
轻骨料混凝土小型空心砌块砌体	60～90

续表 5-1

砌体种类	砂浆稠度(mm)
烧结多孔砖,空心砖砌体	60～80
烧结普通砖平拱式过梁;空斗墙,筒拱普通混凝土小型空心砌块砌体;加气混凝土砌块砌体	50～70
石砌体	30～50

影响砂浆流动性的因素很多,主要有:①所用胶结材料的种类及数量;②用水量;③砂的粗细与级配;④掺合料的种类与数量;⑤塑化剂的种类与掺量;⑥搅拌时间等。

(2)保水性。砂浆保水性是指砂浆保存水分的能力,也表示砂浆中各项组成材料不易分离(泌水、离析)的性能。保水性不好的砂浆,在存放、运输和使用过程中水分会很快丧失,或为砖石基体所吸干,使砂浆在很短的时间内就变得干涩,难于铺摊成均匀而薄的灰浆层,致使砌体质量不良。因此,为了保证砌体质量,要求砂浆具有良好的保水性。

砂浆的保水性用分层度试验测定,将新拌砂浆测定其稠度后,再装入分层度测定仪中,静置30min后取底部1/3砂浆再测其稠度,两次稠度之差值即为分层度(以mm表示)。砂浆的分层度在10～20mm之间为宜,分层度不得大于30mm。分层度过大,砂浆容易泌水、分层或水分流失过快,不便于施工。但分层度也不宜过小,分层度过小,砂浆干稠不易操作,不能保证工程质量。故砂浆的分层度不宜小于10mm。

影响砂浆保水性的主要因素有:胶凝材料的种类和用量,砂的品种、细度和用量以及用水量。加大胶结材料的数量、掺入适量的掺合料(石灰膏、黏土膏、磨细粉煤灰等)、采用较细砂并加大掺量等办法都可以有效地改善砂浆的保水性。

2. 砂浆拌合物密度

由砂浆拌合物捣实后的密度,可以确定1m^{3}砂浆拌合物中各级成材料的实际用量,《砌筑砂浆配合比设计规程》(JGJ98—2000)规定砌筑砂浆拌合物的密度为:水泥砂浆不宜小于1 900kg/m^3;水泥混合砂浆不宜小于1 800kg/m^3。

3. 抗压强度及强度等级

砌筑砂浆在砌体中将砖石黏结成为整体,起传递荷载作用,并经受环境介质的作用。因此,砌筑砂浆除新拌制后应具有良好的和易性外,硬化后还应具有一定的强度。

砌筑砂浆的强度等级是以边长为70.7mm立方体试件,在标准养护条件下,用标准试验方法测得28天龄期的抗压强度值(MPa)来确定。根据《砌筑砂浆配合比设计规程》(JGJ98—2000)规定:砌筑砂浆的强度等级宜采用M20、M15、M10、M7.5、M5、M2.5等六个等级。

4. 黏结力

砂浆对于砖石应有足够的黏结力,以便能将砖石黏结成坚固的砌体。一般砂浆的抗压强度愈高,砂浆的黏结力也愈大。其黏结力还与砖石或混凝土块表面状态、清洁程度、润湿情况和施工养护条件有关,黏结力是影响砌体的强度、耐久性和稳定性、建筑物抗震能力和抗裂性的基本因素之一。水泥砂浆在潮湿环境中的黏结力大于干燥环境中的黏结力。因此,为保证砂浆有足够的黏结力,选择砂浆的强度不能过低,砖石表面应该洁净,砖在使用前要浇水润湿,宜使砖内含水率控制在10%～15%左右,以保证砌体的质量。

5. 砂浆的变形

砂浆在承受荷载或温度条件变化时容易变形。如果变形过大或者不均匀,会降低砌体及面层质量，引起沉降或裂缝。在使用轻骨料拌制砂浆时造成砂浆的收缩变形比普通砂浆大。为了防止抹面砂浆的收缩变形不均匀或与基层变形不协调产生开裂，可在砂浆中掺入麻刀、纸筋等纤维材料。

6. 其他要求

砌筑砂浆的稠度、分层度、试配抗压强度必须同时符合要求。经常与水接触的水工砌体有抗渗及抗冻要求，水工砂浆应考虑抗渗、抗冻、抗侵蚀性。其影响因素与混凝土大致相同，但因砂浆一般不振捣，所以施工质量对其影响尤为明显。《砌筑砂浆配合比设计规程》(JGJ98—2000)规定：具有冻融循环次数要求的砌筑砂浆，经冻融试验后，质量损失率不得大于 5%，强度损失率不得大于 25%。

5.1.3 砌筑砂浆的配合比设计

1. 水泥混合砂浆配合比设计

砌筑砂浆的强度等级和原材料的选用应根据工程类别及砌体部位的设计来选择，然后根据要求的砂浆强度等级确定配合比。

砂浆配合比的确定，一般地，可通过查阅相关手册或资料来选择。对于重要工程用砂浆或无参考资料时，砂浆的配合比则可根据《砌筑砂浆配合比设计规程》(JGJ98—2000)来确定，基本步骤如下：

(1)计算砂浆的试配强度。考虑施工中的质量波动情况，为使砂浆具有 95%的强度保证率，以满足强度等级要求，砂浆的配制强度应按下式计算：

$$f_{m,o} = f_2 + 0.645\sigma \tag{5.1}$$

式中：$f_{m,o}$——砂浆的试配强度，精确至 0.1 MPa；

f_2——砂浆抗压强度平均值，精确至 0.1 MPa；

σ——砂浆现场强度标准差，精确至 0.01 MPa。

对于砌筑砂浆现场强度标准差 σ，当有统计资料时，可按下式计算：

$$\sigma = \sqrt{\frac{\sum_{i=1}^{n} f_{m,i}^2 - n\mu_{f_m}^2}{n-1}} \tag{5.2}$$

式中：$f_{m,i}$——统计周期内同一品种砂浆第 i 组试件的强度，MPa；

μ_{f_m}——统计周期内同一品种砂浆 n 组试件强度的平均值，MPa；

n——统计周期内同一品种砂浆试件的总组数，n≥25。

当不具有近期统计资料时，砌筑砂浆现场强度标准差 σ，可按表 5-2 取用。

表 5-2 砂浆强度标准差 σ 选用值(MPa)(JGJ98—2000)

施工水平	砂浆强度等级					
	M2.5	M5	M7.5	M10	M15	M20
优良	0.50	1.00	1.50	2.00	3.00	4.00
一般	0.62	1.25	1.88	2.50	3.75	5.00
较差	0.75	1.50	2.25	3.00	4.50	6.00

(2)计算水泥用量。每立方米砂浆中的水泥用量 Q_C，应按下式计算：

$$Q_C = \frac{1\,000(f_{m,o} - \beta)}{\alpha f_{ce}} \tag{5.3}$$

式中：Q_C——每立方米砂浆的水泥用量，精确至1kg；

$f_{m,o}$——砂浆的试配强度，精确至0.1 MPa；

f_{ce}——水泥的实测强度，精确至0.1 MPa；

α、β——砂浆的特征系数，其中$\alpha=3.03$，$\beta=-15.09$。各地区也可以根据本地区试验资料确定α、β值，统计用的试验组数不得少于30组。

在无法取得水泥的实测强度值时，可按下式计算f_{ce}：

$$f_{ce} = \gamma_c \cdot f_{ce,k} \tag{5.4}$$

式中：$f_{ce,k}$——水泥强度等级对应的强度值，MPa；

γ_c——水泥强度等级值的富余系数，该值应按实际统计资料确定。无统计资料时γ_c可取1.0。

(3)计算掺加料用量。水泥混合砂浆的掺加料用量Q_D，按下式计算：

$$Q_D = Q_A - Q_C \tag{5.5}$$

式中：Q_D——每立方米砂浆的掺加料用量，精确至1kg；石灰膏、黏土膏使用时的稠度为(120±5)mm；

Q_C——每立方米砂浆的水泥用量，精确至1kg；

Q_A——每立方米砂浆中水泥和掺加料的总量，精确至1kg，宜在300～350kg之间。

(4)确定砂子用量。每立方米砂浆中的砂子用量Q_S，应以干燥状态(含水率小于0.5%)的堆积密度值作为计算值(kg)。当含水率>0.5%时，应考虑砂的含水率。

(5)估计用水量。每立方米砂浆中的用水量Q_W，应根据施工要求的稠度等要求选定，可在240～310kg之间选用。

混合砂浆中的用水量，不包括石灰膏或黏土膏中的水；当采用细砂或粗砂时，用水量分别取上限或下限；稠度小于70mm时，用水量可小于下限；施工现场气候炎热或干燥，可酌量增加用水量。

(6)初步配合比。整理以上计算步骤得到的各种材料的用量，以$1m^3$中各种材料用量质量比表述。一般地，可按下式来表述：

水泥用量：掺加料用量：砂子用量：用水量$= Q_C : Q_D : Q_S : Q_W$

(7)配合比试配、调整与确定。

①试配时采用与工程实际相同的材料，采用规程规定的搅拌方法试拌砂浆。砂浆试配时应采用机械搅拌，搅拌时间应自投料结束算起，并应符合下列规定：对于水泥砂浆和水泥混合砂浆，不得小于120s；对于掺用粉煤灰和外加剂的砂浆，不得小于180s。

②按计算或查表所得配合比进行试拌时，应测定其拌合物的稠度和分层度，当不能满足要求时，应调整材料用量，直到符合要求为止，然后确定为试配时的砂浆基准配合比。

③试配时至少应采用三个不同的配合比，其中一个将确定为基准配合比，其他配合比的水泥用量应按基准配合比分别增加或减少10%。在保证稠度、分层度合格的条件下，可将用水量或掺加料用量作相应调整。

④对三个不同的配合比进行调整后，应按《建筑砂浆基本性能试验方法》(JGJ70—2009)的规定成型试件，测定砂浆强度；并选定符合试配强度要求的且水泥用量最低的配合比作为砂浆配合比。

(8)施工称料量。当砂子含水率大于0.5%时,应考虑砂子的含水率。

2. 水泥砂浆的配合比

由于水泥的强度较高,而砂浆的强度较低,若按计算,水泥用量普遍偏少。为保证砂浆的质量,使用32.5级水泥配制砌砖用水泥砂浆时,其配合比可直接按表5-3采用。其试配强度应达到同等级的砌砖用水泥混合砂浆的配制强度的要求。

表5-3 每立方米水泥砂浆材料用量(JGJ98—2000)

强度等级	每立方米砂浆水泥用量(kg,32.5级水泥)	每立方米砂浆砂子用量(kg)	每立方米砂浆用水量(kg)
M2.5~M5	200~230	$1m^3$ 砂子的堆积密度值	270~330
M7.5~M10	220~280		
M15	280~340		
M20	340~400		

说明:1. 对水泥用量:大于32.5级的水泥用量宜取下限;根据施工水平合理选择水泥用量;

2. 对于用水量:用细砂时,用水量取上限;用粗砂时,用水量取下限;稠度小于70mm时,用水量可小于下限;炎热干燥时,用水量酌量增加。

3. 水泥砂浆配合比试配、调整与确定同水泥混合砂浆。

3. 掺粉煤灰的砌筑砂浆

掺粉煤灰的砌筑砂浆简称为粉煤灰砂浆,与在混凝土中掺用粉煤灰一样,在砂浆中掺用粉煤灰可以改善砂浆的保水性,增加砂浆中的水化产物,能明显提高砂浆的强度或节约水泥和石灰,因此,粉煤灰砂浆已得到广泛应用。

在砂浆中掺用粉煤灰,仍可用超量取代法进行配合比设计,其粉煤灰取代水泥率β_C和超量系数δ_C可按表5-4采用。同时,石灰用量可按同样的超量系数取代,但取代石灰率β_D不得超过50%。

表5-4 砂浆的粉煤灰取代水泥率β_C和超量系数δ_C

砂浆品种		砂浆强度等级			
		M2.5	M5	M7.5	M10
水泥石灰混合砂浆	β_C(%)	15~40		10~25	
	δ_C	1.2~1.7		1.1~1.5	
水泥砂浆	β_C(%)	25~40	20~30	15~25	10~20
	δ_C	1.3~2.0		1.2~1.7	

4. 砌筑砂浆配合比设计实例

【例5-1】 工程用石灰水泥混合砂浆砌筑,强度等级M7.5,试计算砂浆的配合比。

所用材料:矿渣水泥32.5级,28天实测强度值为36 MPa;中砂,含水率为3%,干燥条件下堆积密度为1 430kg/m³;要求流动性为70~100mm;掺用石灰膏,实测稠度为(120±5)mm;施工水平一般。

【解】

(1)计算砂浆的配制强度 $f_{m,o}$。

根据施工水平一般,查表 5-2 得,σ=1.88 MPa

$$f_{m,o} = f_2 + 0.645\sigma = 7.5 + 0.645 \times 1.88 = 8.7\ (\text{MPa})$$

(2)计算水泥用量 Q_C。

石灰水泥混合砂浆,砂浆特征系数:α=3.03,β=−15.09,则水泥用量 Q_C 为:

$$Q_C = \frac{1\ 000(f_{m,o} - \beta)}{\alpha f_{ce}} = \frac{1\ 000 \times (8.7 + 15.09)}{3.03 \times 36} = 218\ (\text{kg})$$

(3)计算石灰膏用量 Q_D。

每立方米砂浆中水泥和掺加料的总量宜在 300～350kg 之间,选取为 340kg,则石灰膏用量 Q_D 为:

$$Q_D = Q_A - Q_C = 340 - 218 = 122(\text{kg})$$

(4)计算砂子用量 Q_S。

由于本工程采用中砂的含水率为 3%>0.5%,且砂子干燥状态下的堆积密度为 1 430kg/m^3。故砂子用量 Q_S 为:

$$Q_S = 1\ 430 \times (1 + 3\%) = 1\ 473(\text{kg})$$

(5)估计用水量 Q_W。

每立方米砂浆中的用水量 Q_W,可在 240～310kg 之间选用,故可取 240～310kg/m^3 的中值,即:

$$Q_W = 280\ (\text{kg})$$

(6)砂浆的初步配合比。

经过以上步骤的计算,试配时各组成材料的配合比为:

水泥用量∶掺加料用量∶砂子用量∶用水量

$= Q_C : Q_D : Q_S : Q_W$

=218∶122∶1 473∶280

=1∶0.60∶6.76∶1.28

(7)砂浆试配、调整与确定。

以上初步配合比需经试配调整后,得到设计配合比才能投入使用。施工时还要随时根据砂子的含水率进行调整,计算出施工称料量。

5.1.4 其他用途的砂浆

1.抹面砂浆

抹面砂浆又称抹灰砂浆,是以薄层抹于构件表面的砂浆,其作用是既可对构件提供保护、增加建筑物和结构的耐久性,又使其表面平整、光洁美观。相对于砌筑砂浆,抹面砂浆具有更好的和易性和黏结力,面层抹灰还要求平滑、光洁,故而抹面砂浆所用的胶凝材料比砌筑砂浆多。另外,抹面砂浆一般要比砌筑砂浆具有更好的流动性,其沉入度宜用 70～100mm。

抹面砂浆种类的选择,主要依据其使用的部位、环境和要求的性能来决定。为了保证抹灰层表面平整,避免开裂剥落,抹面砂浆有两层或三层做法,故有底层、中层和面层之分。底层主要起黏结作用,中层主要起找平作用,而面层主要起装饰作用。水泥砂浆多用于易受碰击磨损和受水潮湿的环境,如室内外地面、受水作用的构件表面和容易潮湿的墙面等;水泥石灰混合砂浆多用于室内混凝土构件表面和墙柱表面抹灰的底层和中层;石灰砂浆可用于室内墙柱和顶棚抹灰的底层和中层;掺入纸筋的纸筋石灰浆,则用于干燥的墙柱表面和顶棚抹灰的面层。常用抹面砂浆的品种和配合比见表5-5。

抹面砂浆按其功能的不同可分为普通抹面砂浆、装饰砂浆、防水砂浆和具有特殊功能的抹面砂浆等。

(1)普通抹面砂浆。普通抹面砂浆的作用是保护建筑墙体不受风、雨、雪等自然因素以及有害介质的侵蚀,提高建筑物或墙体的抗风化、防潮、防腐蚀和保温隔热能力,同时使建筑物表面平整、光洁、美观。抹面砂浆通常分为两层或三层进行施工,各层的作用与要求不同,因此所选用的砂浆也不同。

表5-5 常用抹面砂浆的品种和配合比

品 种	配合比(体积比)		应 用
水泥砂浆	水泥∶砂	1∶1	清水墙勾缝、混凝土地面压光
		1∶2.5	潮湿的内外墙面、地面、楼面水泥砂浆面层
		1∶3	砖或混凝土墙面的水泥砂浆底层
混合砂浆	水泥∶石灰膏∶砂	1∶0.5∶4	加气混凝土表面砂浆抹面的底层
		1∶1∶6	加气混凝土表面的砂浆抹面的中层
		1∶3∶9	混凝土墙、梁、柱、顶棚的砂浆抹面的底层
石灰砂浆	石灰膏∶砂	1∶3	干燥砖墙或混凝土墙的内墙面石灰砂浆底层和中层
纸筋灰	100kg石灰膏加3.8kg纸筋		内墙、吊顶石灰砂浆面层
麻刀灰	100kg石灰膏加1.5kg麻刀		板条、苇箔抹灰的底层

底层砂浆的作用是使砂浆与底面牢固黏结,要求砂浆有良好的和易性和较高的黏结力,并且保水性要好。用于砖墙的底层抹灰,多用石灰砂浆或石灰炉灰砂浆;用于板条墙或板条顶棚的底层砂浆多用麻刀石灰砂浆;混凝土梁、柱、顶板等的底层砂浆,多用混合砂浆。中层主要用来找平,有时可省去不用。中层抹灰多用混合砂浆或石灰砂浆。面层砂浆主要起装饰作用,应达到平整美观的效果。面层抹灰多用混合砂浆、麻刀石灰砂浆或纸筋石灰砂浆。

(2)装饰砂浆。装饰砂浆是用于室外装饰以增加建筑物美观为主的砂浆,具有特殊的表面形式,或呈现各种色彩、线条与花样。

常用的装饰砂浆有以下几种施工操作方法:

①水刷石。水刷石是将水泥和石碴按比例配合并加水拌合制成水泥石碴浆,用作建筑物表面的面层抹灰涂抹成型,待水泥初凝后立即喷水冲洗,冲刷掉石碴浆表面和石子表面的水泥浆皮,从而使石碴半露出来,远看颇似花岗石,主要用于外墙饰面。

②水磨石。水磨石是由水泥(普通水泥、白水泥或彩色水泥)、彩色石碴或白色大理石碎粒和水按适当比例配合,掺入适量颜料,经拌匀、浇筑捣实、养护、硬化、表面打磨、洒草酸冲洗、干后上蜡等工序制成。水磨石分为预制、现场两种。水磨石多用于地面装饰,关键工序是打磨,施工前应预先将设计要求的图案划线并固定好分格条(铜条、玻璃条),一般需用磨石机浇水打磨三遍。

③干粘石。干粘石是在素水泥浆或掺107胶的水泥砂浆黏结层上,把石碴、彩色石子等粘在其

上，再拍平压实而成。它分为人工黏结和机械喷粘两种。要求石子要粘牢，不掉粒，不露浆，石粒的2/3应压入砂浆内。干粘石装饰效果与水刷石相同，但避免了湿作业，施工效率高，可节约材料。

④斩假石。斩假石又称剁斧石，一种假石饰面。斩假石是以水泥石碴(内掺30%石屑)浆作成面层的抹灰，待其硬化至一定强度时，用斧刃剁毛。表面颇似剁毛的花岗石。斩假石主要用于室外柱面、勒脚、栏杆、踏步等处的装饰。

2. 防水砂浆

防水砂浆是具有不透水性的砂浆。水工工程和地下工程，如水池、水塔、地下室、隧道、涵洞等结构物的抹面砂浆，应采用具有一定强度、黏结力和防水防潮性能的防水砂浆。防水砂浆一般采用级配良好的细骨料配制。为提高砂浆的抗渗性，常采用以下措施：

(1)选择恰当的材料。普通水泥防水砂浆要求水泥强度等级不低于32.5级，砂采用中砂或粗砂，配合比控制在1∶2～1∶3，水灰比范围为0.50～0.55。按五层压抹的做法如下：三层水泥律浆和两层水泥砂浆轮番铺设并压抹密实，形成紧密的砂浆防水层，用于一般建筑物的防潮工程。

(2)掺加防水剂。在普通水泥砂浆中掺入防水剂，提高了砂浆自身防水能力。在1∶2～1∶3的水泥砂浆中掺入防水剂，可以增大水泥砂浆的密实性，起到堵塞渗水通道防水目的。常用的防水剂有氯化物金属盐类防水剂(简称氯盐防水剂)、金属皂类防水剂、水玻璃矾类防水剂(硅酸钠类防水剂)。

水玻璃矾类防水剂有二矾、三矾、四矾、五矾等，但以五矾效果最佳。在水玻璃中掺入几种矾，如用白矾(硫酸铝钾)、蓝矾(硫酸铜)、绿矾(硫酸亚铁)、红矾(重铬酸钾)和紫矾(硫酸铬钾)各一份，溶于60份的沸水中，降温至50℃，投入于400份水玻璃中搅匀，即成为水玻璃五矾防水剂。这类防水剂的掺量为水泥质量的1%，其成分与水泥的水化产物反应生成许多胶体和不溶性盐类，填塞毛细孔隙，增强抗渗性能。水玻璃矾类防水剂因有促凝作用，又称防水促凝剂，工程中常利用其促凝和粘附作用，调制成快凝水泥砂浆，对于结构物中的局部渗水漏水进行堵漏处理。

另外，在水泥砂浆中掺入有机聚合物乳液，如天然胶乳、氯丁胶乳、丁苯胶乳、丙烯酸胶乳等，配制成的聚合物防水砂浆，聚合物砂浆一般具有黏结力强、干缩率小、脆性低、耐蚀性好等特性，可应用于地下工程的防渗防潮及有特殊气密性要求的工程中，具有较好效果。

(3)采用喷浆法施工。利用高压喷枪将砂浆以约100m/s的高速喷至建筑物表面，砂浆被高压空气强烈压实，密实度大，抗渗性好。铁路隧道衬砌的抗渗和路基边坡的防护，采用喷射法施工，均能取得较为理想的效果。

防水砂浆的防水效果除与原材料有关外，还受施工操作的影响。人工抹压法对施工操作的技术要求很高。随着防水剂产品日益增多、性能提高，在普通水泥砂浆中掺入一定量的防水剂而制得的防水砂浆，是目前使用最广泛的防水砂浆品种。

3. 特种砂浆

(1)绝热砂浆。绝热砂浆是用水泥、石灰、石膏等胶凝材料与膨胀蛭石或陶粒砂等轻质多孔骨料按一定比例配制而成的，具有轻质、绝热等性质，常用于屋面绝热层、绝热墙壁以及供热管道绝热层等处。

(2)吸音砂浆。吸音砂浆可采用水泥、石膏、砂、锯末配制，也可在石灰、石膏砂浆中掺入玻璃纤维、矿物棉等松软纤维材料配制而成，具有良好的吸音性能，可用于有吸音要求的室内墙壁和顶棚抹灰。

(3)耐酸砂浆。在用水玻璃和氟硅酸钠配制的耐酸涂料中,掺入适量由石英岩、花岗岩、铸石等制成的粉及细骨料可拌制成耐酸砂浆。耐酸砂浆可用于耐酸地面和耐酸容器的内壁防护层。

(4)防辐射砂浆。在水泥浆中掺入重晶石粉、重晶石砂可配制成具有防辐射能力的砂浆。在水泥浆中掺加硼砂、硼酸等可配制成具有防中子辐射能力的砂浆。

5.2 混凝土

混凝土是由胶结材料、骨料和水,按一定比例配制,经搅拌振捣成型,在一定条件下养护而成的人造石材,它是当代最重要的建筑材料之一。

混凝土是由不同性能的材料组合而成的复合材料,按所用胶凝材料的不同,通常可分为水泥混凝土、沥青混凝土、水玻璃混凝土、聚合物混凝土等。其中,水泥混凝土是最常用的混凝土,通常称之为普通混凝土,简称混凝土。如没有特别注明,一般提到混凝土,即指水泥混凝土。

随着混凝土的品种不断增多,性能和应用也各不相同。通常按照其表观密度大小将混凝土分为三类:

(1)普通混凝土:表观密度在 1 950kg/m^3～2 600kg/m^{3}之间,一般用天然的砂、石子作为骨料,是工程中应用最普遍的混凝土,主要用于房屋、桥梁、水工、交通等各种承重结构中。

(2)轻混凝土:表观密度不大于 1 950kg/m^3,通常使用浮石、火山渣,矿渣、粉煤灰、各种陶粒等轻质材料作为骨料,包括:①轻骨料混凝土(表观密度在 800kg/m^3～1 950kg/m^3);②多孔混凝土(表观密度在 300kg/m^3～1 000kg/m^3);③大孔混凝土(表现密度在 1 500kg/m^3～1 900kg/m^3)三种。轻混凝土主要用作承重和非承重的保温隔热材料,多用于高层建筑及有保温绝热要求的部位。

(3)重混凝土:表观密度大于 2 700kg/m^3,常采用重晶石、铁矿石和钢屑等密度较大的材料作为骨料。表观密度大于 3 500kg/m^{3}的混凝土者对 γ 射线、X 射线具有屏蔽能力。

在实际工程中,也常根据混凝土的特点和主要功能分为普通混凝土、高强混凝土、流态混凝土、防水混凝土、耐热混凝土、耐酸混凝土、纤维混凝土、聚合物混凝土、碾压混凝土、喷射混凝土等。

普通混凝土的原材料资源丰富、价廉,具有较高的抗压强度和良好的耐久性。其优点甚多:①可以根据不同使用要求,改变其组分的品种和相互数量比例,使配制的混凝土具有特定的物理力学性质;②可在未凝结硬化前浇注成不同形状和不同大小的制品和构件,并可在表面做成各种饰面;③与钢筋具有牢固的黏结力,而且两者膨胀与收缩性能相近,在一般条件下可协同工作,组成力学性能优良的钢筋混凝土;④既可现浇,也可预制成预制件;⑤加入不同外加剂,可以获得某些特殊要求的技术性能。混凝土广泛地应用于土木、建筑等各项建设工程,例如房屋、道路、水库大坝等,主要用作结构材料。普通混凝土的不足之处在于其抗拉强度低、受拉时容易开裂、自重较大、硬化养护时间长、破损后不易修复,使其在使用时受到一定的影响。同时,施工中的各种人为因素对混凝土的质量,特别是对混凝土的强度影响甚大,相关工程人员对相应的生产环节应加以严格的控制。

5.2.1 普通混凝土组成材料

水泥混凝土又称为普通混凝土,一般指由水泥、砂、石子和水按适当比例配合搅拌,浇筑成型,再经过硬化而成的人造石材,简称为混凝土。

混凝土的基本组成材料为水泥、水和砂石骨料,其中骨料占混凝土总体积的 70%～80%,水泥只占其中的 20%～30%,另外还有 1%～2%的孔隙。混凝土中的砂和石起骨架作用,称之为骨料(或集料)。骨料除了起骨架作用外,还可以抑制混凝土由于水泥硬化产生的收缩。水泥和水组成的水泥浆在混合料中包裹骨料表面,填充骨料空隙,并起润滑作用,使混凝土拌合料有一定的施工流动性。混凝土硬化后,水泥浆将骨料黏结成坚固密实的整体,又起着胶结作用。

前面章节已经讲过混凝土用砂石骨料,在此不在介绍,此处主要介绍混凝土对于水泥和水的基本要求。

1. 水泥

水泥是混凝土获得强度的保证,也是混凝土能在所处环境中满足使用要求的重要因素之一。因而,水泥品种和强度等级的选择是否恰当,对混凝土的强度、耐久性和经济性有很大的影响。

(1)水泥品种的选择。应根据工程性质、所处环境、施工条件等,合理选择相应的水泥品种。复合硅酸盐水泥不宜用于有特殊要求或重要工程的混凝土。

(2)水泥强度等级的选择。水泥强度的高低应与混凝土的强度应相适应,较高强度的混凝土需选用较高强度的水泥,较低强度的混凝土宜选用较低强度的水泥。水泥强度等级越高,胶结能力越强,混凝土的强度也就越高。当采用较低强度等级的水泥配制较高强度等级的混凝土时,应用较小的水灰比,这样将引起水泥用量的增加,并不经济合理。同样,当采用较高强度等级的水泥配制较低强度等级的混凝土时,水泥用量虽可减少,但却使混凝土的耐久性变差;如果为了改善混凝土的耐久性,则需增加水泥用量,这样必然会出现超强现象,同样也不经济。因此,水泥强度等级和混凝土强度等级之间应有一个适当的比值来控制。一般地,水泥与混凝土强度等级之比,对于 C30 及以下的混凝土而言,为 1.1～2.2;对于 C35 及以上的混凝土而言,为 0.9～1.5。

2. 水

混凝土用的拌合水和养护水均应使用清洁水。《混凝土拌合用水标准》(JGJ63—2006)中规定:混凝土拌合用水按水源可分为饮用水、地表水、地下水、海水以及经适当处理或处置后的工业废水。符合国家标准的生活饮用水可用于各种混凝土。地表水(江河、淡水湖的水)和地下水(含井水)在首次使用前,应进行检验。处理后的工业废水经检验合格后方能使用。海水含有较多的氯盐,会锈蚀钢筋,而且会引起混凝土表面潮湿和盐霜,因此海水可用于拌制素混凝土,但不得用于拌制和养护钢筋混凝土、预应力混凝土和有饰面要求的混凝土。

混凝土用水中所含物质不应对混凝土的凝结、强度、耐久性和钢筋产生不利影响,因此,混凝土用水所含物质的含量应符合表 5-6 的要求。

表 5-6 混凝土拌合用水水质标准

项目	预应力混凝土	钢筋混凝土	素混凝土
pH 值	≥5.0	≥4.5	≥4.5
不溶物(mg/L)	≤2 000	≤2 000	≤5 000
可溶物(mg/L)	≤2 000	≤5 000	≤10 000
CL^- (mg/L)	≤500	≤1 000	≤3 500
$S0_4{}^{2-}$ (mg/L)	≤600	≤2 000	≤2 700
碱含量 (mg/L)	≤1 500	≤1 500	≤1 500

注:①对于设计年限为 100 年的结构混凝土,氯离子含量不得超过 500mg/L。

②使用钢丝或热处理钢筋的预应力混凝土,其拌合水中氯化物含量不得超过 350mg/L。

5.2.2 普通混凝土的性能

由水泥、水和粗细骨料按一定比例混合并搅拌均匀而成的混合物，称为混凝土拌合物，也叫做新拌混凝土。将新拌混凝土浇筑成所需的形状，经一定时间后在混凝土自身的物理化学作用下，逐渐凝结硬化而得到的坚硬固体，称为硬化后的混凝土，简称为混凝土。从各组成材料的混合、搅拌开始所经过的时间叫做混凝土的龄期。混凝土在各不同的龄期将表现出不同的性能特征。随龄期的延长其可塑性逐步降低，而强度逐步增长。通常将龄期为 0～3d 的混凝土称为早期混凝土，而将龄期大于 3d 的混凝土称为硬化后的混凝土。不同龄期阶段混凝土表现出不同的性能。

1.新拌混凝土的性能

新拌混凝土的性能是从流变学的角度来考虑混凝土的流变性能。流变学应用在新拌混凝土中表现得最为突出的一种性能就是工作性，或称为和易性。经一定的搅拌工艺获得的混凝土拌合物是颗粒状的骨料分散在水泥浆中所形成的分散体系，固体颗粒之间彼此保持着一定的距离。随着水化的进行，固、液、气相的比例发生变化，固体间距离逐渐减小，逐渐形成硬化混凝土的内部结构。混凝土在新拌状态下具有良好的可塑性、流动性，利用模板可以制造任意形状和尺寸的构件。

(1)工作性的概念。工作性是反映新拌混凝土性质的一个综合概念，是指混凝土拌合物从搅拌开始到抹平整个施工过程中易于运输、浇筑、振捣，不产生组分离析，容易抹平，并获得体积稳定、结构密实的混凝土的性质。

混凝土的工作性通常主要包括有流动性、粘聚性和保水性三方面性能。而这些性能不仅仅取决于新拌混凝土自身的性质，还因施工条件而异。考虑结构物的种类、断面形状、配筋状态、施工方法及工期等因素，新拌混凝土存在着一个最佳工作性。例如，用于建筑物的梁、墙体等钢筋密集的构件的混凝土工作性适宜，并不一定适合于大坝、道路碾压混凝土。所以混凝土的工作性是在一定的施工条件下对新拌混凝土性能的综合评价。通常从以下几个方面测量并评价新拌混凝土的工作性。

①流动性是指新拌混凝土在本身自重或施工机械振捣的作用下，能产生流动，并均匀密实地填满模板的性能。

②黏聚性是指新拌混凝土在运输或浇筑过程中，其组成材料之间具有一定的黏聚力而不致产生分层和离析现象的性能。

③保水性是指新拌混凝土在运输或浇筑过程中，具有一定的保水能力，不致产生严重的泌水现象的性能。发生泌水现象的新拌混凝土，由于水分泌出会容易形成透水的孔隙，影响混凝土的密实性，降低质量。

(2)和易性的测定方法。和易性属于混凝土流变学的范畴。从理论上讲，应该用流变学参数来描述混凝土的流变性能，但目前尚无这样的仪器和设备。普遍采用的方法是用坍落度来表示新拌混凝土的流动性大小，并辅以直观经验来评定粘聚性和保水性。

根据《普通混凝土拌合物性能试验方法标准》(GB50080—2002)的规定：混凝土拌合物的稠度是以坍落度与坍落度扩展度和维勃稠度表示的。其中，坍落度与坍落度扩展度适用骨料最大粒径不大于 40mm、坍落度不小于 10mm 的混凝土拌合物稠度测定。

①坍落度的测定方法。将新拌混凝土按规定方法分三层装入标准的坍落度筒内，每层均匀插捣 25 次，装满刮平后，垂直向上将筒提起并移到一旁，新拌混凝土由于自重将会产生坍落现象。然后量出向下坍落的尺寸(即测量筒高与坍落后混凝土试体最高点之间的高度差)即为坍落

度(以 mm 计)。作为流动性指标,坍落度愈大表示流动性愈大。坍落度试验的方法如图 5－1 所示。

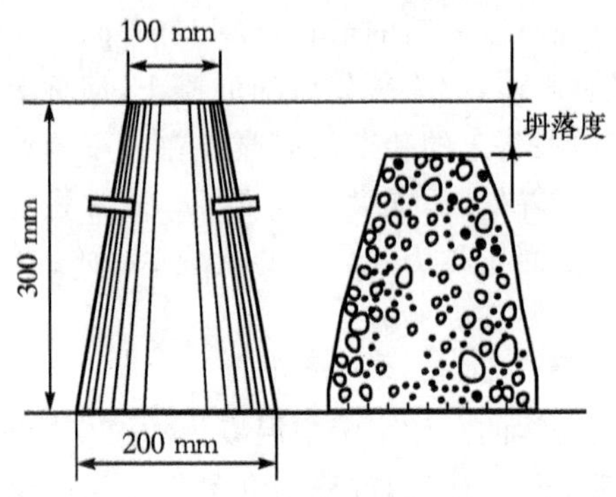

图 5－1　坍落度试验的方法

在做坍落度试验的同时,应观察新拌混凝土的粘聚性、保水性及含砂等情况,以便全面地评定新拌混凝土的和易性。粘聚性的直观经验评价方法是:用捣棒在已坍落的拌合物锥体侧面轻轻敲打,如果锥体逐渐地均匀下沉,表示粘聚性良好,如果锥体倒塌、部分崩裂或出现离析现象,即为粘聚性不好。保水性的直观经验评价方法是:提起坍落度筒后如有较多的稀浆从底部析出,锥体部分的拌合物也因失浆而骨料外露,则表明拌合物的保水性不好。如无这种现象,则拌合物保水性良好。

根据坍落度的不同,可将新拌混凝土分为四级,见表 5－7。坍落度试验只适用骨料最大粒径不大于 40mm、坍落度值不小于 10mm 的混凝土拌合物。

表 5－7　混凝土按坍落度分级

级　别	T1	T2	T3	T4
名　称	低塑性混凝土	塑性混凝土	流动性混凝土	大流动性混凝土
坍落度(mm)	10～40	50～90	100～150	≥160

注:坍落度检测结果,在分级评定时,其表达取舍至临近的 10mm。

②坍落度的测定方法。当混凝土拌合物的坍落度大于 220mm 时,用钢尺测量混凝土扩展后最终的最大直径和最小直径,在这两个直径之差小于 50mm 的条件下,用其算术平均值作为坍落扩展度值。

③维勃稠度的测定方法。对于坍落度值小于 10mm 的干硬性新拌混凝土,通常采用维勃稠度来描述其和易性,维勃稠度测试方法如图5－2所示,试验时首先将坍落度筒放在的台面上,按规定方法装满拌合物,提起坍落度筒后,在拌合物试体顶面放一透明圆盘,开启振动台,同时用秒表计时,到透明圆盘的底面完全为水泥浆所布满时,停止计时,关闭振动台这一过程所用的时间即为维勃稠度,以秒计,该法适用于骨料最大粒径不超过 40mm,维勃稠度在 5～30 s 之间的新拌混凝土。

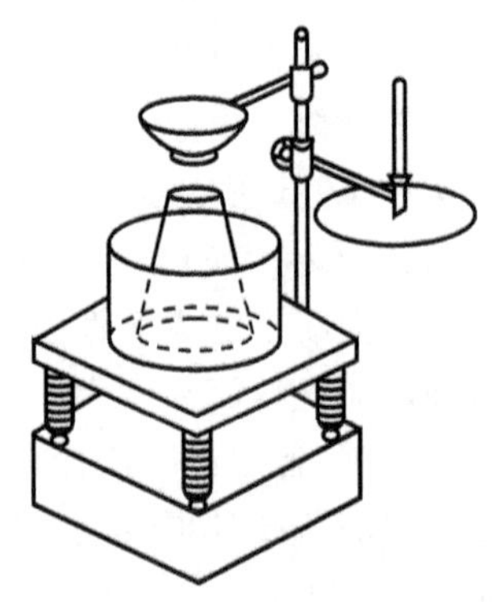

图 5－2　维勃稠度仪

选择混凝土拌合物的坍落度,要根据构件截面大小、钢筋疏密和捣实方法来确定。当构件截面尺寸较小或钢筋较密，或采用人工插捣时，坍落度可选择大些。反之，如构件截面尺寸较大，或钢筋较疏，或采用振动器振捣时，坍落度可选择小些。根据《混凝土结构工程施工及验收规范》(GB50204—2002)的规定，混凝土浇筑时的坍落度宜按表5-8选用。

表5-8 混凝土浇筑时的坍落度

项次	结构种类	坍落度(mm)
1	基础或地面等的垫层、无配筋的厚大结构(挡土墙、基础等)或配筋稀疏的结构	10～30
2	板、梁和大型及中型截面的柱子等	30～50
3	配筋密列的结构(薄壁、斗仓、筒仓、细柱等)	50～70
4	配筋特密的结构	70～90

(2)影响和易性的因素。混凝土拌合物在自重或外力作用下流动性能的大小，与水泥浆的流变性能以及骨料颗粒表面水泥浆层厚度有关；水泥浆的流变性能则又与水泥浆的稠度密切相关。因此，影响混凝土拌合物和易性的主要因素有以下几方面。

①水泥浆的数量。混凝土拌合物的流动性来源于拌合物中水泥浆的多少，在水灰比不变的情况下，单位体积拌合物内水泥浆愈多，则拌合物的流动性愈大。但若水泥浆过多，将会出现流浆现象，使拌合物的粘聚性变差，同时对混凝土的强度与耐久性也会产生一定影响，且水泥用量也大；若水泥浆过少使其不能填满骨料空隙或不能很好地包裹骨料表面时，就会产生崩坍现象，粘聚性变差。因此，混凝土拌合物中水泥浆的含量应以满足流动性要求为标准。

根据经验，水灰比一般宜选在0.4～0.8这个合理范围内，以便使混凝土拌合物既方便施工，又能保证浇筑成型的质量。但水灰比是由混凝土强度确定的，一旦由强度选定了水灰比，在施工中是不能随便改变的。

②水泥浆的稠度。水泥浆的稠度是由水灰比所决定的：在水泥用量不变的情况下，水灰比愈小，水泥浆就愈稠，混凝土拌合物的流动性愈小；当水灰比过小时，水泥浆干稠，新拌混凝土的流动性过低，会使施工困难，不能保证混凝土的密实性，增加水灰比会使流动性加大，但如果水灰比过大，又会造成新拌混凝土的粘聚性和保水性不良而产生流浆、离析现象，严重影响混凝土的强度，所以水灰比不能过大或过小。一般应根据混凝土强度和耐久性要求合理地选用。

试验证明，当水灰比在一定范围(0.4～0.8)内而拌制混凝土所用石子的品种规格确定后，混凝土拌合物的流动性只与单位用水量(每立方米混凝土拌合物的拌合水量)有关，这为混凝土配合比设计中单位用水量的确定提供了一种简单的方法，即单位用水量可主要由流动性来确定。可见，对新拌混凝土流动性起决定作用的是用水量的多少，无论是提高水灰比或增加水泥浆用量，最终都表现为用水量的增加。当拌制混凝土的材料和所要求的坍落度确定时，所需加水量可参考《普通混凝土配合比设计规程》(JGJ55—2000)提供的塑性混凝土用水量，见表5-9。

必须注意：在试拌混凝土时，不能用单纯改变用水量的办法来调整新拌混凝土流动性，而应在保持水灰比不变的条件下用调整水泥浆量的办法调整其流动性，否则会影响混凝土的强度和耐久性。

表 5-9　混凝土用水量(kg/m^3)(JGJ55—2000)

拌和物稠度		卵石最大粒径(mm)				碎石最大粒径(mm)			
项目	指标	10	20	31.5	40	16	20	31.5	40
维勃稠度(s)	16～20	175	160		145	180	170		155
	11～15	180	165		150	185	175		160
	5～10	185	170		155	190	180		165
坍落度(mm)	10～30	190	170	160	150	200	185	175	165
	35～50	200	180	170	160	210	195	185	175
	55～70	210	190	180	170	220	205	195	185
	75～90	215	195	185	175	230	215	205	195

注:1.本表用水量系采用中砂时的平均取值,采用细砂时,每立方米混凝土用水量可增加 5～10kg,采用粗砂时则可减少 5～10kg;

2.掺用各种外加剂或掺和料时,用水量应相应调整。

③砂率。砂率是指混凝土中砂的质量占砂、石总质量的百分比。砂率的变化会使骨料的空隙率和骨料的总表面积有显著改变,因而对新拌混凝土的和易性产生显著影响。在水泥浆用量不变的情况下,砂率过大,骨料的总表面积及空隙率会增大,新拌混凝土干稠,流动性减小;如果砂率过小,不能保证在粗骨料之间有足够的砂浆层,同样也会降低新拌混凝土的流动性,并且会严重影响其粘聚性和保水性,容易造成离析、流浆等现象。因此,砂率有一个合理值。

砂率不能过大,也不能过小,最好的砂率应该是使砂浆的数量能填满石子的空隙并稍有多余,以便将石子拨开。这样,在水泥浆一定的情况下,混凝土拌合物能获得最大的流动性,这样的砂率叫合理砂率,如图 5-3 所示。当采用合理砂率时,在用水量及水泥用量一定的情况下,能使新拌混凝土获得最大的流动性且能保持良好的粘聚性和保水性,或者说,当采用合理砂率时,能使新拌混凝土获得所要求的流动性及良好的粘聚性与保水性,而水泥用量为最少。

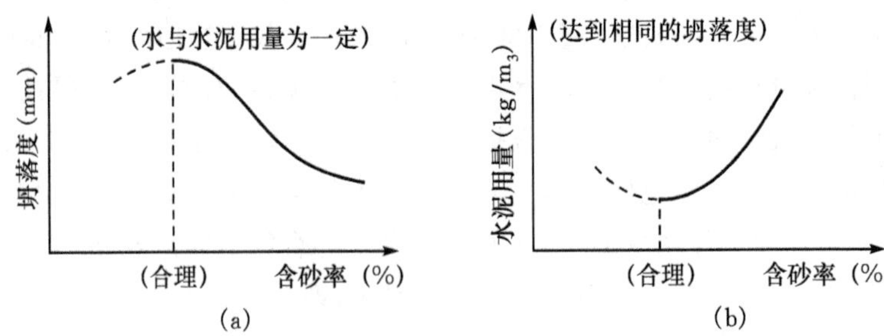

图 5-3　砂率对混凝土拌合物流动性和水泥用量影响

对于混凝土量大的工程应通过试验找出合理砂率,如无使用经验可按骨料的品种、规格及混凝土的水灰比值参照表 5-10 选用合理的数值。

对于坍落度大于 60mm 的混凝土,应经试验确定砂率,也可在表 5-10 的基础上,按坍落度每增大 20mm,砂率增大 1%的幅度予以调整;坍落度小于 10mm 的混凝土,其砂率应通过试验确定。

表5-10 混凝土的砂率(%)(JGJ55—2000)

水灰比(W/c)	卵石最大粒径(mm)			碎石最大粒径(mm)		
	10	20	40	16	20	40
0.40	26～32	25～31	24～30	30～35	29～34	27～32
0.50	30～35	29～34	28～33	33～38	32～37	30～35
0.60	33～38	32～37	31～36	36～41	35～40	33～38
0.70	36～41	35～40	34～39	39～44	38～43	36～41

注:1.表中数值系中砂的选用砂率,对细砂或粗砂,可相应地减少或增加砂率。

2.只用一个单粒粒级粗骨料配制混凝土时,砂率值应适当增加。

3.对薄壁构件,砂率取偏大值。

对于泵送混凝土,砂率应比普通混凝土高出约2%～5%,这是因为泵送混凝土的输送管道除直管外,还往往有弯管、锥形管和软管等,当混凝土通过这些管道时会发生形状变化,如果砂率低,混凝土和易性相对较差,变形困难,不易通过这些部位,很容易发生堵塞管道现象。通常泵送混凝土的砂率宜为35%～45%。

④影响和易性的其他因素。除上述影响因素外,水泥品种、骨料种类、粒形和级配,以及外加剂等,都对新拌混凝土的和易性有一定影响。水泥的标准稠度用水量大,则混凝土拌合物的流动性小。骨料的颗粒较大,形状较圆,表面较光滑及级配较好时,则混凝土拌合物的流动性较大。此外,在新拌混凝土中加入外加剂(如减水剂)时,能显著地改善和易性。

新拌混凝土的和易性还与时间、温度有关。混合料拌制后,随时间的延长,流动性减小。这种混凝土流动性,随时间而降低的特性,称为坍落度损失。温度越高,水分丢失越快,坍落度损失越大。尤其是掺减水剂的混凝土坍落度损失更为显著,在远距离运输或泵送混凝土施工中,应特别注意混合料的坍落度损失。

施工条件对混凝土和易性也有影响。用机械搅拌和捣实时,水泥浆在振动中变稀,可使混凝土拌合物容易流动。

(3)改善和易性的措施。掌握新拌混凝土和易性的影响因素和变化规律,目的是为了根据具体的结构与施工条件调整新拌混凝土的和易性。当和易性不满足要求需要调整时,还必须同时考虑对混凝土其他性质(如强度、耐久性)的影响。在实际工作中可采取如下措施改善混凝土和易性:①采用合理砂率有利于提高混凝土的质量和节约水泥。②砂、石选用要级配良好、质量符合要求,同时尽量采用细度模数较大的砂和最大粒径较大的石子。③添加混凝土外加剂或掺合料,即通过添加减水剂或掺合料,可适当增加混凝土拌合物的和易性。④在调整混凝土坍落度时,应遵循以下原则:当新拌混凝土太小时,可维持水灰比不变,适当增加水泥浆的用量,或者加入外加剂;当拌和物坍落度太大但粘聚性良好时,可保持砂率不变,适当增加砂、石用量。

2.早期混凝土的性能

所谓早期混凝土,通常是指混凝土从浇筑后到硬化初期这一段时间(在20 ℃养护的条件下一般为1～3d)。此时混凝土表现出来的某些性质与以后的使用性能有很大关系。

(1)混凝土的离析和泌水。

①新拌混凝土是由水、砂子、石子和水泥等密度、形态各不相同的物质混合在一起制成的,在运输、浇筑的过程中其均一性难以维持,各种材料发生分离,造成混合物不均匀并失去连续性,这

样的过程称为混凝土的离析。粗骨料的密度和流动性与砂浆相差较大，是造成两者分离的原因。

②泌水是指混凝土浇筑后到开始凝结期间固体粒子下沉，水上升，并在表面析出水的现象，同时混凝土拌合物发生沉降收缩。泌水多少主要受水泥及骨料的品种、性质及气温等因素的影响。使用引气剂、减水剂可减少单位用水量从而减少泌水。泌水使表层混凝土的水灰比增大，硬化后使面层的混凝土强度低于下部混凝土的强度，在柱子或墙壁的施工中会造成上部的混凝土强度不如下部的现象。一些上升的水还会聚集在粗骨料或钢筋的下方，硬化后成为空隙，易使水平钢筋与混凝土的黏结减弱。同时水的流动形成通道，降低了混凝土的抗渗性。泌水带来的另一个问题是浮浆，即上浮的水中带有大量的细水泥颗粒，在混凝土表面形成返浆层，硬化后强度很低。为保证两层混凝土之间好的黏结，此层浮浆必须除去。严重的泌水现象必须避免，但少量泌水有时对表面施工有好处。防止有害泌水的根本途径是增大水泥浆及砂浆的黏度，减少单位用水量和采用较低的水灰比。

(2)混凝土的凝结时间。水泥和水一经拌合水化产物即开始形成，混凝土拌合物逐渐失去流动性，从半固体转化为固体，内部结构随龄期增长越来越致密，此过程即为混凝土的凝结硬化。

混凝土的凝结时间是施工中控制的重要参数，与混凝土运输、浇筑、振动时限、脱模时间等工艺密切相关。由于水泥水化放热，混凝土膨胀，此时必须防止裂纹产生。此时期的混凝土状况对混凝土硬化后的力学性能及耐久性影响很大。

水泥的水化反应是混凝土产生凝结的主要原因，由于水泥浆体的凝结和硬化过程要受到水化产物在空间填充情况的影响，因此混凝土的凝结时间与所用水泥的凝结时间并不一致，一般情况下，混凝土的水灰比越大，凝结时间越长。混凝土的凝结时间还会受到其他各种因素的影响，例如，环境温度的变化、混凝土中掺入某些外加剂，如缓凝剂或速凝剂等，都会明显影响混凝土的凝结时间。

混凝土拌合物的凝结时间通常用贯入阻力法进行测定，所用仪器为贯入阻力仪。将从拌和物中筛取的砂浆，按一定方法装入规定的容器中，然后每隔一定时间测定砂浆贯入到一定深度时的贯入阻力，绘制贯入阻力与时间的关系曲线，以贯入阻力 3.5 MPa 及 28.0 MPa 画两条平行于时间坐标轴的直线，直线与曲线交点的时间即分别为混凝土拌合物的初凝和终凝时间。

(3)混凝土的放热。水泥凝结硬化过程中放出的热量使混凝土温度上升。放热结束后混凝土在大气中温度慢慢降低，使混凝土构筑物产生收缩。混凝土与外界隔绝时水化放热引起的温升称为绝热温升，温升与水泥种类、混凝土单方水泥用量、掺合料种类及浇筑时的温度有关。

温度应力也必须重视。温度变化引起混凝土的变形受到约束，此时产生的应力即温度应力。若混凝土内外温度存在差别(产生内部约束应力)，或混凝土整体温度下降引起的收缩受到限制(外部约束应力)，都会产生温度应力。在有可能产生较大温度应力的场合，一定注意检查裂缝的产生，对大体积混凝土此问题尤为重要。

(4)其他性能。早期混凝土还有其他一些性能，影响到混凝土施工和混凝土的后期性能。

①早期强度。对使用普通硅酸盐水泥或混合水泥的混凝土而言，在 20℃下养护 3d 以内达到的强度被称为早期强度。早期抗压强度对滑模施工中滑模速度的确定、在寒冷天气施工时混凝土的保温养护及支护的拆除等工艺有重要影响。另外，研究早期抗拉强度、拉应变随时间的变化规律对了解混凝土早期开裂机理很有意义。

③早期冻害。早期冻害，是指混凝土在凝结硬化初期遭受冻融循环，其中的水结冰后体积膨胀 9%，造成水泥石的破坏，此后虽经充分养护，该混凝土的强度、耐久性等指标也将比未经冻害的混凝土下降。防止早期冻害的基本方法是在混凝土中引入约 5%的空气，以缓解结冰带来的

膨胀压，并注意保持养护温度。掺入防冻剂、热拌混凝土及加强新浇筑混凝土的保温等，都是防止混凝土冻害的重要措施。矾土水泥因具有早强性能，对混凝土的早期抗冻有利。另外，配制混凝土时应选用密实度大、粒径相对较小的骨料，有助于改善混凝土早期抗冻性。

③早期收缩。早期收缩是引起混凝土早期开裂的重要原因，因为此时混凝土的抗拉强度较低，抵抗力很弱。

早期收缩包括塑性收缩、干燥收缩和自收缩。其中塑性收缩由沉降、泌水引起，一般发生在拌合后 3～12h 以内，在终凝前比较明显。干燥收缩是由于水分蒸发引起的，是引起混凝土体积变化的主要因素。自收缩则是因水泥水化过程造成混凝土内部自干燥而引起，一般从混凝土初凝开始测量。

混凝土的自收缩虽早就被人们所知，但真正引起人们的重视却是在高性能混凝土研究迅速进展的近十年。原来混凝土强度较低时，试验中发现的自收缩值只是干缩值的 1/10，常被忽略。但现在随着低水灰比混凝土的普遍使用，发现自收缩已不能忽略，并认为自收缩大是造成高强混凝土或高性能混凝土早期开裂的一个重要原因。

④早期开裂。混凝土从浇筑入模到终凝时所发生的开裂一般被称为早期开裂。当混凝土收缩遇到限制就产生应力，而在塑性阶段混凝土的强度很低，不足以抵抗收缩应力时就可能产生裂纹。如柱子和墙体在浇筑几个小时内顶面会有所下沉，在下沉受到钢筋或骨料大颗粒的限制时会产生水平裂纹；在混凝土板和路面，当表面蒸发失水速度过快，超过泌水速率，表面混凝土已相当黏稠，会失去流动性，而强度却不足以抵抗塑性收缩受限而产生的应力时，也会在板面或路面产生相互平行的裂纹，裂纹间距为几厘米至十多厘米。

关于混凝土的早期性能及其应用，见表 5 - 11：

表 5 - 11　混凝土早期性质

类别	性能
离析	泌水，沉降，浮浆，骨料离析
凝结	初凝，终凝
早期收缩	初期干缩(塑性收缩)
早期开裂	初期干缩开裂(塑性开裂)，沉降裂纹
早期冻害	早期受冻时强度，强度损失，耐冻性
早期振动	混凝土强度，与钢筋的黏结强度

3. 硬化混凝土的性能

混凝土由水泥、粗细骨料、水和外加剂组成，一般认为其结构包括三个相，即骨料、硬化水泥浆体以及二者之间的界面过渡区。其实作为一种复合材料，混凝土的内部结构非常复杂，它不仅具有高度的不均匀性，而且是多相(气相、液相和固相)、多孔的材料。硬化混凝土的力学性能不仅取决于混凝土的组成材料，而且还与其内部结构存在着密切关系。

(1)硬化混凝土的强度。强度是混凝土硬化后的主要力学性能。由于混凝土是多种材料的组合体，结构复杂多变，使混凝土构成为非均质的材料。在未施加荷载之前，由于混凝土凝结硬化过程中水泥砂浆的收缩，或因泌水在骨料下部形成水囊，而导致骨料界面可能出现微裂缝，这些均为混凝土的原生缺陷。施加外力时，微裂缝周围出现应力集中，随着外力的增大，裂缝就会延伸和扩展，最后导致混凝土的破坏。

描述混凝土强度的指标有立方体抗压强度、棱柱体抗压强度、劈裂抗拉强度、抗折强度等，具体试验参见《普通混凝土力学性能试验方法标准》(GB50081—2002)。

①抗压强度标准值和强度等级。在混凝土的各种强度中，抗压强度最大，抗拉强度最小，抗拉强度约为抗压强度的1/8～1/20。因此，在建筑工程中，混凝土多作为受压材料使用。工程中提到的混凝土强度，一般指的是混凝土抗压强度，如为其他强度时应注明。

A. 立方体抗压强度(f_{cu})：根据GB50204—2002《混凝土结构工程施工质量验收规范》，制作边长为150mm的立方体试件，在标准(温度20±2℃，相对湿度90%以上)养护条件下，养护至28d龄期，按照标准的测定方法测定所得抗压强度值，称为混凝土立方体试件抗压强度，简称立方抗压强度，以f_{cc}表示，单位为N/mm^2，也即为MPa。

测定混凝土立方体试件抗压强度，也可以按粗骨料最大粒径的尺寸而选用不同的试件尺寸，但在计算其抗压强度时，应乘以换算系数，以得到相当于标准试件的试验结果，选用边长为100mm的立方体试件，换算系数为0.95，选用边长为200mm的立方体试件，换算系数为1.05。

B. 立方体试件抗压强度标准值($f_{cu,k}$)：混凝土立方体试件抗压强度标准值是按照标准方法制作和养护的边长为150mm的立方体试件，在28d龄期，采用标准试验方法测定的抗压强度总体分布中的一个值，强度低于该值的百分率不超过5%(即具有95%保证率的杭压强度)，以N/mm^2，即MPa计量。

C. 混凝土的强度等级：混凝土的强度等级是根据立方体抗压强度标准值来确定的，用符号C与立方体抗压强度标准值(以N/mm^2，即MPa计)表示。根据《混凝土结构设计规范》(GB50010—2002)的规定，普通混凝土按立方体抗压强度标准值划分为：C15、C20、C25、C30、C35、C40、C45、C50、C55、C60、C65、C70、C75、C80共14个强度等级。

②混凝土的轴心抗压强度(f_{cp})。混凝土的强度等级是采用立方体试件确定的，但实际工程中，钢筋混凝土构件形状很少是标准的立方体，大部分是棱柱体或圆柱体。为了使测得的混凝土强度接近于混凝土结构的实际情况，在钢筋混凝土结构计算中，计算轴心受压构件通常采用混凝土的轴心抗压强度作为依据。

棱柱体标准试件尺寸为150mm×150mm×300mm。相同条件下，混凝土的轴心抗压强度比立方体抗压强度要低。这是由于随着高宽比的增大，环箍效应逐渐减弱，当高宽比达到一定值后，强度不再降低。此时在试件的中间区段已无环箍效应，成了纯压状态，而且，过高的试件在破坏前，可能由于较大的附加偏心而产生失稳，这些均会降低其抗压试验强度值。

根据大量试验表明，混凝土的轴心抗压强度f_{cp}小于同条件混凝土的立方体抗压强度f_{cu}，两者之间的关系为：

$$f_{cp} = (0.7 \sim 0.8) f_{cu} \tag{5.6}$$

混凝土强度等级<C60时，用非标准试件测得的强度值均应乘以尺寸换算系数，其值为对200mm×200mm×400mm试件为1.05，对100mm×100mm×300mm试件为0.95。当混凝土强度等级≥C60时，宜采用标准试件；使用非标准试件时，尺寸换算系数应由试验确定。

③劈裂抗拉强度(f_{ts})。混凝土在受拉时，变形很小就会开裂，并很快发生脆断。混凝土的抗拉强度很低，一般只有其立方体抗压强度的1/20～1/10，因此，在结构中不依靠混凝土的抗拉强度，而只是用其作为确定混凝土抗裂能力的指标。

测定混凝土抗拉强度的试验方法可用轴心抗拉试验或劈裂抗拉试验。轴心抗拉试验难度很大，一般都用劈裂试验，间接取得其抗拉强度。由于混凝土轴心抗拉强度的试验设备难以保证使混凝土处于纯受拉状态，我国现行标准规定，采用标准试件150mm立方体，按规定的劈裂抗拉试验装置来检测劈拉强度，其计算公式为：

$$f_{ts} = \frac{2F}{\pi A} \tag{5.7}$$

式中：f_{ts}——混凝土的劈裂抗拉强度(MPa)；

F——破坏荷载(N)；

A——试件劈裂面面积(mm^2)。

采用100mm×100mm×100mm非标准试件测得的劈裂抗拉强度值，应乘以尺寸换算系数0.85；当混凝土强度等级≥C60时，宜采用标准试件；使用非标准试件时，尺寸换算系数应由试验确定。

根据大量试验表明，混凝土的抗拉强度f_{ts}与立方体抗压强度f_{cu}的关系为：

$$f_{ts} = 0.35 f_{cu}^{3/4} \tag{5.8}$$

④混凝土的抗折强度(f_{tf})。混凝土抗折强度，是指处于受弯状态下混凝土抵抗外力的能力。由于混凝土是脆性的，故其在断裂前无明显的弯曲变形，故称为抗折强度。通常混凝土的抗折强度是利用150mm×150mm×550mm(或600mm)的试梁，在三分点加荷状态下测得的。试件在受弯状态下的抗折强度计算公式为：

$$f_{tf} = \frac{FL}{bh^2} \tag{5.9}$$

式中：f_{tf}——混凝土的抗折强度(MPa)；

F——试件所能承受的最大垂直破坏荷载(N)；

L——试梁两支点间的净距(450mm)；

h——试梁高度(150mm)；

b——试梁宽度(50mm)。

若采用中间集中单点加荷方法，所测得的抗折强度值，应乘以折减系数0.85后作为标准抗折强度值。当采用100mm×100mm×400mm的非标准试件时，应乘以尺寸换算系数0.85；当混凝土强度等级≥C60时，宜采用标准试件。

我国《公路水泥混凝土路面设计规范》(JTJ012—94)规定，道路与机场道面用水泥混凝土的强度控制指标以抗折强度为准，抗压强度仅作为参考指标。上述用法的水泥混凝土必须满足规范和设计要求的抗折强度。

(2)影响混凝土强度的因素。在荷载作用下，混凝土中首先引起破坏的有三种情况：水泥石的破坏，低强度等级混凝土的破坏就属于此类；界面破坏，粗骨料与砂浆界面破坏是普通混凝土的常见形式；骨料首先破坏，它通常是轻骨料混凝土的破坏形式。

普通混凝土首先在界面破坏，原因是界面的水泥石晶粒粗大，间隙多，大孔也多，是混凝土收缩裂缝集中区，也是刚度变化的突变区，因此界面是混凝土受力的薄弱环节。有时为提高界面强度，采用净浆裹石或造壳增强工艺来达到提高混凝土强度的目的。界面强度与水泥的强度，水灰比及骨料的性质有密切关系。

其中影响混凝土强度的主要因素有水灰比与水泥强度等级、骨料、养护条件、龄期、试验条件等。

①水灰比与水泥强度等级。水泥是混凝土中的活性组分，其强度大小直接影响着混凝土强度的高低。在配合比相同的条件下，所用的水泥强度等级越高，制成的混凝土强度也越高。当用同一品种同一强度等级的水泥时，混凝土的强度主要取决于水灰比。因为水泥水化时所需的结

合水，一般只占水泥重量的23%左右，但在拌制混凝土拌合物时，为了获得必要的流动性，其水灰比通常在0.4～0.8之间。当混凝土硬化后，多余的水分就蒸发或残留在混凝土中，形成毛细管、气孔或水泡，它们减少了混凝土抵抗荷载的有效断面，并且可能在受力时产生应力集中，使混凝土强度下降。因此，在水泥强度等级相同的情况下，水灰比愈小，水泥石的强度愈高，与骨料的黏结力愈大，混凝土的强度也就愈高。但是，如果水灰比太小，拌合物过于干稠，无法保证浇筑质量，将使混凝土中出现较多的蜂窝、孔洞，这样就显著降低混凝土的强度和耐久性。

试验证明，混凝土的强度，随水灰比增大而降低，两者成曲线关系，而与水泥强度则成正比直线关系。在原材料一定的情况下，非干硬性混凝土28d龄期的抗压强度与水泥强度、水灰比及骨料表面状况等因素之间应符合"鲍罗米"公式：

$$f_{cu} = \alpha_a f_{ce}\left(\frac{C}{W} - \alpha_b\right) \tag{5.10}$$

式中：f_{cu}——混凝土28天抗压强度(MPa)；

f_{ce}——水泥28d抗压强度实测值(MPa)。

如果没有水泥28d抗压强度实测值，可按下式确定f_{ce}：

$$f_{ce} = \gamma_c f_{ce,k} \tag{5.11}$$

式中：γ_c——水泥强度值的富余系数，一般可取1.13；

$f_{ce,k}$——水泥强度标准值(MPa)。

f_{ce}值也可根据强度或快测强度推定强度关系式推定得出。

C/W——灰水比；

C——每立方米混凝土中水泥用量(kg)；

W——每立方米混凝土中用水量(kg)。

α_a，α_b——回归系数，与骨料品种及水泥品种等因素有关，其数值可通过试验求得。若无试验统计资料，则取《普通混凝土配合比设计规程》(JGJ/T55—2000)提供的经验值：

采用碎石时，α_a=0.46，α_b=0.07；采用卵石时，α_a=0.48，α_b=0.33。

以上经验公式，一般只适用于流动性混凝土及低流动性混凝土，对于干硬性混凝土则不适用。利用混凝土强度公式，可根据所用的水泥强度和水灰比来估计所配制混凝土的强度，也可根据水泥强度和要求的混凝土强度等级来计算应采用的水灰比。

②骨料。骨料作为混凝土材料的骨架，当骨料级配良好，砂率适宜时，砂石所组成的骨架结构密实，有利于提高混凝土的强度；反过来，如果砂石骨料级配不良、品质低、含有较多有害杂质时，会降低混凝土强度。

粗骨料包括两种类型，即碎石和卵石，由于碎石表面粗糙有棱角，可以提高骨料与水泥砂浆之间的机械啮合力和黏结力，在原材料坍落度相同的条件下，用碎石拌制的混凝土硬化后的强度会比用卵石拌制的混凝土的强度稍高一些。

另外，骨料的强度也将影响混凝土的强度。对于宏观复合材料的混凝土，骨料作为混凝土强度增强体，主要用来承担提高强度的作用。一般地，骨料强度越高，所配制的混凝土强度也就越高，对配制低水灰比和高强度混凝土而言，尤其明显。

③养护及施工条件。混凝土强度的发展是个渐进的过程，其强度的发展速度和程度取决于水泥的水化状况。一般凝结后的混凝土，要经过一定时间的温湿养护，使水泥充分水化，才能使混凝土达到预期的强度。在混凝土养护期间，温度和湿度影响着水泥的水化过程，也就影响混凝土强度的发展。

在湿度充足的条件下，温度较高时，水泥水化速度加快，因而混凝土强度发展也就加快；反之，温度较低时，混凝土强度发展较为迟缓；当温度在冰点以下时，不但水泥水化基本停止，而且水分结冰，会使早期强度还不太高的混凝土发生冻胀破坏。因此，养护期温度的高低，将影响对混凝土的拆模、搬运、预应力放张(切断预应力钢筋)等施工的安排，当室外的日平均气温在5℃以下时，应采取冬期施工措施。

混凝土的表面潮湿时，混凝土内的水分充足，水泥水化能正常进行，混凝土的强度能正常发展。如果表面干燥，混凝土内的水蒸发，影响水化，混凝土的强度将受到影响，达不到预定要求。特别是高温干燥条件下，严重的失水干燥，将使混凝土形成疏松结构，出现干缩裂纹，不仅强度严重损失(达40%～50%)，耐久性也很差，整个混凝土将会报废。混凝土的强度与保湿日期的关系如图5-4所示。

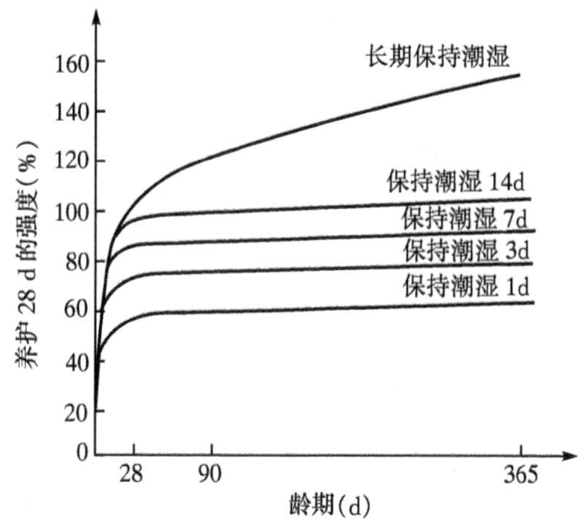

图5-4　养护温度条件对混凝土强度的影响

另外，混凝土的搅拌、运输、浇筑、振捣、现场养护是一复杂的施工过程，受到各种不确定性随机因素的影响。配料的准确、振捣密实程度、拌合物的离析、现场养护条件的控制，以至施工单位的技术和管理水平都会造成混凝土强度的变化。因此，必须采取严格有效的控制措施和手段，以保证混凝土的施工质量。

因此，为了保证混凝土的正常硬化，按《混凝土结构工程施工质量验收规范》(GB50240—2002)规定，混凝土浇筑完毕后，应按施工技术方案及时采取有效的养护措施，并应符合下列规定：a.应在浇筑完毕后的12h以内对混凝土加以覆盖并保湿养护；b.混凝土浇水养护的时间，对采用硅酸盐水泥、普通硅酸盐水泥或矿渣硅酸盐水泥拌制的混凝土，不得少于7d；对掺用缓凝型外加剂或有抗渗要求的混凝土，不得少于14d；c.浇水次数应能保持混凝土处于湿润状态，混凝土养护用水应与拌制用水相同；d.采用塑料布覆盖养护的混凝土，其敞露的全部表面应覆盖严密，并应保持塑料布内有凝结水；e.混凝土强度达到1.2 N/mm^2前，不得在其上踩踏或安装模板及支架。

此外，当日平均气温低于5℃时，不得浇水。当采用其他品种水泥时，混凝土的养护时间应根据所采用水泥的技术性能确定；如果混凝土表面不便浇水或使用塑料布时，宜涂刷养护剂；对大体积混凝土的养护，应根据气候条件按施工技术方案采取控温措施。

④龄期。龄期是指混凝土在正常养护条件下所经历的时间。在正常养护的条件下，混凝土

的强度将随龄期的增长而不断发展，早期（3～7d）发展较快，以后渐慢，在标准养护下 28d 可达到设计的强度，以后显著缓慢，但只要有水供给，强度仍有所增长，且延续很长时间。

用硅酸盐水泥拌制的混凝土，在标准养护条件下，混凝土强度的发展，大致与其龄期的常用对数成正比关系（龄期不少于 3d）：

$$f_n = f_{28}\frac{\lg n}{\lg 28} \tag{5.12}$$

式中：f_n——nd 龄期混凝土的抗压强度（MPa）；

f_{28}——28d 龄期混凝土的抗压强度（MPa）；

n——养护龄期（d），n≥3。

若以 28d 强度为 1，则 7d 的强度可达 0.70～0.75，半年后强度达 1.5，两年后强度为 2，20 年后强度为 3。但据实测，若混凝土在养护期满后就处于自然干燥状态下，两年后的强度只比 28d 的强度增加了 20%～50%。由于影响混凝土强度的因素很多，按此式计算的结果只能作为参考。并且，上述公式只适用于在标准养护条件下，而且龄期大于或等于 3d，采用硅酸盐水泥拌制的普通强度等级混凝土。可以用上式由所测混凝土的早期强度，来估算其 28d 龄期的强度。也可由混凝土的 28d 强度，推算 28d 前混凝土达到某一强度需要养护的天数，如确定混凝土拆模、构件起吊、放松预应力钢筋、制品养护、出厂等日期。

在工程实践中，通常采用同条件养护，以更准确地检验混凝土的质量。为此《混凝土结构工程质量施工质量验收规范》（GB50205—2002）提出了同条件养护混凝土养护龄期的确定原则：a. 等效养护龄期应根据同条件养护试件强度与在标准养护条件下 28d 龄期试件强度相等的原则确定；b. 等效养护龄期可取按日平均温度逐日累计达到 600℃・d 时所对应的龄期，0℃及以下的龄期不计入；等效养护龄期不应小于 14d，也不宜大于 60d；c. 同条件养护试件的强度代表值应根据强度试验结果按现行国家标准《混凝土强度检验评定标准》（GB50107—2010）的规定确定后，乘折算系数取用，折算系数宜取为 1.10，也可根据当地的试验统计结果作适当调整。

⑤测试条件。测试条件是指试件的形状、尺寸、表面状态以及加荷速度等。试验条件不同，也会直接影响到混凝土强度的测试值。

A. 试件的形状和尺寸。测定混凝土的抗压强度，可按石子的最大粒径的大小选用不同的试块尺寸。但相同混凝土而形状大小不同的试块，所测强度值是不同的。这是因为试块在压力机上受压时，由于内部裂纹的产生和发展，其横向将发生鼓胀破裂而破坏，而上下夹板与试块上下端面之间产生的摩阻力，对试块的横向鼓胀起着约束作用，越是接近试块的端面，这种约束作用就越大，试块破坏时，其上下部分各成一个较完整的棱锥体，就是这种约束的结果，如图 5－5 所示，这种作用称为环箍效应。

环箍效应作用的范围，在受压方向上的长度大约为试件端面边长的 $\sqrt{3}/2$ 倍。对于立方体试件而言，两个受压面由于环箍效应作用而产生的四棱锥发生重叠，环箍效应得到强化，其混凝土的测得值也就偏高；而在测定棱柱体抗压强度时，由于棱柱体高度为其边长的 2 倍，两个受压面由于环箍效应作用而产生的四棱锥不发生重叠，中部混凝土不受环箍效应的影响，环箍效应也就不起作用，因而所测的强度比起相同截面的立方体抗压强度低许多，大多数受压混凝土构件的受力状态正是如此，故而在混凝土结构设计中，通常以混凝土的棱柱体抗压强度作为其设计强度。

一般地，当混凝土试件的受压面积相同时，随着其高度的增大，抗压强度测得值也就越小。

另外，随试件尺寸增大，内部存在孔隙及其他缺陷的几率也增大，导致混凝土试件的有效受

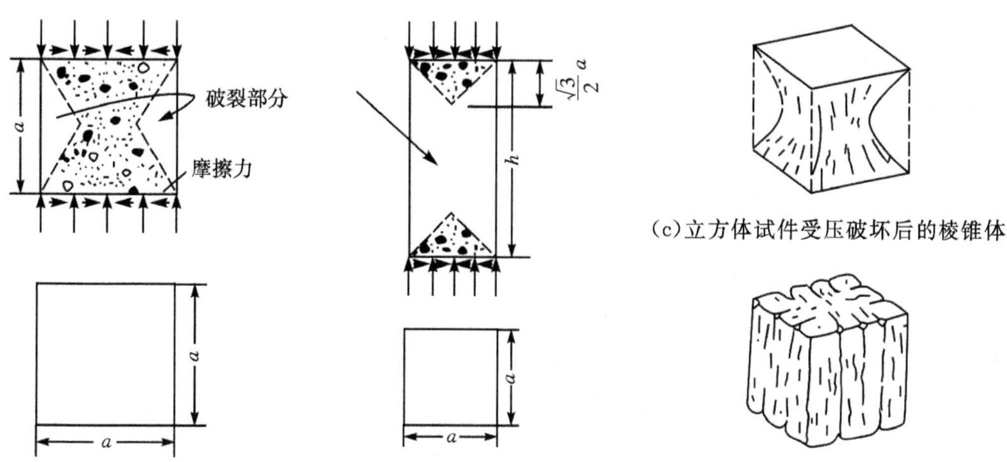

(a)立方体试件受压破坏示意图　(b)棱柱体试件受压破坏示意图　(d)不受承压板约束时试件的破坏情况

图 5-5　混凝土试件受压破坏示意图

力面积减小并产生应力集中现象，也会使较大试件的测值偏低。《普通混凝土力学性能试验方法标准》(GB50081—2002)规定，采用 150mm×150mm×150mm 试件为标准试件，当采用非标准尺寸的立方体试块测定强度时，所测强度要乘以一个尺寸换算系数，换算为标准试块的强度。换算系数的值见表 5-12。

表 5-12　不同尺寸混凝土试块强度的尺寸换算系数

骨料最大粒径(mm)	试件边长(mm)	换算系数
≤31.5	100×100×100	0.95
≤40	150×150×150	1.00
60	200×200×200	1.05

B. 加荷速度。一般而言，混凝土试件在强度测试过程中，加荷速度越快，强度测得值也就越大。这是因为在测定混凝土抗压强度时，试块的侧向鼓胀变形总是滞后于相应的荷载，如果加荷过快，到试件鼓胀破坏时，荷载已加多了一些，因而使测值偏高。因此，《普通混凝土力学性能试验方法标准》(GB50081—2002)规定：测定混凝土抗压强度时，在试验的过程中应连续均匀的加荷，混凝土强度等级<C30 时，加荷速度取每秒 0.3～0.5 MPa；混凝土强度等级≥C30 且<C60 时，加荷速度取每秒 0.5～0.8 MPa；当混凝土强度等级≥C30 时，加荷速度取每秒 0.8～1.0 MPa。

C. 其他因素。混凝土试件承压面的平整度、光滑状态、荷载是否施加于轴线上，都会对混凝土强度测值产生影响，在测试时均应加以注意。一般地，当试件承压面平整、光滑，其强度测得值也就越低。

(3)提高混凝土强度的措施。依据以上分析，提高和促进混凝土强度发展的措施包括以下几种：

①选用高强度水泥和低水灰比。在满足混凝土拌合物和易性和混凝土耐久性要求条件下，尽可能降低水灰比和提高水泥强度，这对提高混凝土的强度是有效的。

②采用坚实洁净、级配良好的骨料。一般宜使用最大粒径为20～31.5mm的高强碎石;砂子的细度模数以3.0为宜;砂率宜小,以0.25～0.32为好,但若用泵送施工,则砂率宜用0.32～0.36。

③使用混凝土外加剂。在混凝土中掺入减水剂,可减少用水量,提高混凝土强度;掺入早强剂,可提高混凝土的早期强度。

④采用湿热处理。湿热处理可分为蒸气养护和蒸压养护两类。蒸气养护是将混凝土放在低于100℃的常压蒸气中养护。由于有足够的湿度和较高的温度,因此,经16～20h养护后,其强度可达正常条件下养护28d强度的70%～80%。蒸气养护适合于掺活性混合材料的水泥。蒸压养护是将混凝土在100 ℃以上温度和几个大气压的蒸压釜中进行养护。这种方法主要适用于硅酸盐混凝土拌合物及其制品。由于在高温高压条件下,砂及粉煤灰等材料中的二氧化硅和三氧化二铝的溶解度和溶解速度大大提高,加速了与石灰的反应能力,使具有胶凝性质的水化产物迅速增加,因而混凝土强度增长较快。

⑤采用机械搅拌和振捣。混凝土采用机械搅拌,不仅比人工搅拌工效高,而且搅拌得也均匀,故能提高混凝土的强度。采用机械振捣的混合料,可提高混凝土拌合物的流动性。因此,在满足施工和易性要求的条件下,可减少拌和用水量,降低水灰比。同时,也可使混凝土内部孔隙减少,从而使混凝土的密实度和强度大大提高。

(4)硬化混凝土的变形性能。引起混凝土变形的因素很多,归纳起来有两类:非荷载作用下的变形与荷载作用下的变形。变形是混凝土的重要性质,它直接影响混凝土的强度和耐久性,特别对裂缝的产生有直接影响。

①非荷载作用下的变形。混凝土在非荷载作用下变形通常包括干湿变形、温度变形和化学收缩变形三种。

A. 干湿变形。干湿变形取决于周围环境的湿度变化。混凝土在干燥空气中存放时,其内部吸附水分蒸发而引起凝胶体失水产生紧缩,以及毛细管内游离水分蒸发,毛细管内负压增大,也使混凝土产生收缩。如干缩后的混凝土再次吸水变湿后,一部分干缩变形是可以恢复的。

混凝土在水中硬化时,体积不变,甚至有轻微膨胀。这是由于凝胶体中胶体粒子的吸附水膜增厚,胶体粒子间距离增大所致。混凝土的湿胀变形量很小,一般无破坏作用。但干缩变形对混凝土危害较大,干缩可能使混凝土表面出现拉应力而导致开裂,严重影响混凝土的耐久性。

影响混凝土干缩的因素有水泥品种和稠度、水泥用量和用水量等。火山灰质硅酸盐水泥比普通通硅酸盐水泥干缩大。水泥越细,收缩也越大;水泥用量多,水灰比大,收缩也大。混凝土中砂石用量多,收缩小;砂石越干净,振捣越密实,收缩也越小。在一般工程设计中,通常采用混凝土的线收缩率为$(15\sim20)\times10^{-6}$mm/mm,即1m约收缩0.15～0.2mm。

B. 温度变形。混凝土与其他材料一样,也具有热胀冷缩的性质,这种热胀冷缩的变形,称为温度变形。混凝土温度膨胀系数约为$(1\sim1.5)\times10^{-5}$/℃,即温度升高1 ℃,每1m约膨胀0.01～0.015mm。

温度变形对大体积混凝土极为不利。混凝土在硬化初期,水泥水化放出较多的热量,而混凝土又是热的不良导体,散热很慢,使混凝土内部温度升高。但混凝土的外部温度则容易随气温下降,致使内外温差很大,最高可达50℃～70℃,造成内部膨胀及外部收缩。这种内外变形的互相制约,使外部混凝土产生很大的拉应力,严重时就会使混凝土产生裂缝。因此,对大体积混凝土工程,应设法降低混凝土的发热量,如使用低热水泥,减少水泥用量,采用人工降温,以及对表层混凝土加强保温保湿措施等,以减小内外温差,防上裂缝的产生和发展。对纵向长度很大的混凝土及钢筋混凝土结构，应考虑混凝土温度变形所产生的危害，每隔一段长度应设置温度伸缩缝，以及在结构内配置温度钢筋。

C. 化学收缩。一般硅酸盐类水泥水化生成物的体积比反应前物质的总体积要小，这就会导致水化过程的体积收缩，这种收缩称为化学收缩。化学收缩是随混凝土龄期的延长而增加的，大致与时间的对数成正比，一般在混凝土成型后 40d 内增长较快，以后就渐趋稳定。化学收缩是不能恢复的，它对结构物不会产生明显的破坏作用，但在混凝土中可产生微细裂缝。

②荷载作用下的变形。混凝土在荷载作用下变形通常包括弹塑性变形和徐变两种，分别介绍如下：

A. 弹塑性变形和弹性模量。混凝土是一种弹塑性材料，在外力作用下，它既能产生可以恢复的弹性变形，又会产生不可恢复的塑性变形。在重复荷载作用下，随着重复次数的增加，塑性变形逐渐增加，最后导致混凝土疲劳破坏。

弹性模量是反映应力与应变关系的物理量。混凝土是弹塑性体，随荷载的变化应力与应变之间的比值也在变化，也就是说，混凝土的弹性模量不是定值，所以有静弹性模量和动弹性模量之分。计算钢筋混凝土的变形、裂缝的开展及大体积混凝土的温度应力时，都需要用到混凝土的弹性模量。在混凝土结构或钢筋混凝土结构设计中，常采用一种按标准方法测得的静力受压弹性模量。测定静力受压弹性模量，是用棱柱体试件，在短期荷载试验下，当应力 $\sigma=0.4f_{cp}$，经重复加荷 4～5 次后，测得应力 σ 与应变 ε 的比值：

$$E=\sigma/\varepsilon$$

式中：E——混凝土的静弹性模量(MPa)；

σ——相当于 $0.4f_{cp}$ 时的应力(MPa)，f_{cp} 为轴心极限抗压强度；

ε——应变，相当于 $0.4f_{cp}$ 时的弹性变形。

混凝土的强度越高，弹性模量越高，两者存在一定的相关性。通常 C40 以下混凝土的静力弹性模量大约为 $1.75 \sim 2.30\times10^4$ MPa，C40 以上混凝土的静力弹性模量大约为 $2.30\sim3.60\times10^4$ MPa。

此外，混凝土的弹性模量还与材料的组成、各成分的比例及它们的弹性模量有关。水泥石的弹性模量一般低于骨料的弹性模量，混凝土中骨料含量较多，水灰比较小，养护较好及龄期较长时，混凝土的弹性模量就大。蒸气养护的弹性模量比标准养护的低。

B. 徐变。混凝土在恒定荷载长期作用下，随时间增长而沿受力方向增加的非弹性变形，称为混凝土的徐变。徐变变形初期增长较快，以后逐渐变慢，一般要延续 2—3 年才逐渐稳定下来。混凝土徐变变形量一般可达 $(3\sim5)\times10^{-4}$，往往超过瞬时变形量的几倍，因此，徐变是不可忽视的。卸载后，混凝土立即以稍低于瞬时变形量的量恢复，称为瞬时恢复，其后还有一个随时间而减少的应变恢复，称为徐变恢复。最后残留下来不能恢复的变形，称为残余变形。混凝土徐变的原因，一般认为徐变是由于水泥石中凝胶体在外力作用下，黏滞流变和凝胶粒子间的滑移而产生的变形，还与水泥石内部吸附水的迁移等有关。

混凝土的徐变会使构件的变形增加，在钢筋混凝土截面中引起应力重新分布；对预应力钢筋混凝土结构，混凝土徐变将使钢筋的预应力受到损失。当钢筋与混凝土在结构中共同承受同一荷载时，混凝土的徐变会降低混凝土所承受的应力，而增大钢筋的应力。这些都对建筑物产生不利的影响。徐变也有对工程有利的一面，如徐变可消除或减少钢筋混凝土内的应力集中，使应力较均匀地重新分布。对大体积混凝土，徐变能消除一部分由于温度变形所产生的破坏应力。

影响混凝土徐变的因素很多,混凝土所受初应力越大,在混凝土制成后龄期较短时加荷,水灰比越大,水泥用量越多,都会使混凝土的徐变增大;另外,混凝土弹性模量大,会减小徐变,混凝土养护条件越好,水泥水化越充分,徐变也越小。

4. 混凝土的耐久性能

混凝土的耐久性是指结构物在环境因素作用下,能长期保持原有性能、抵抗劣化变质和破坏的性能。环境因素包括物理作用、化学作用和生物作用等方面。例如温度变化与冻融循环、湿度变化与干湿循环等属于物理作用;化学作用包括酸、碱、盐类物质的水溶液或其他有害物质的侵蚀作用,日光、紫外线等对材料的作用;生物作用包括菌类、昆虫等的侵害,导致材料发生腐朽、蛀蚀等破坏。建筑工程中要求混凝土不仅能安全地承受设计荷载,还应适应周围的自然环境,保证使用条件下的经久耐用。为此,要求混凝土必须有满足使用条件的耐久性指标,例如抗渗性、抗冻性、抗侵蚀性及抗碳化性等。

(1)影响混凝土耐久性能的因素。影响混凝土耐久性能的因素众多,在这里简单介绍一部分,具体参见《混凝土耐久性检验评定标准》(JGJ/T193—2009)和《普通混凝土长期性能和耐久性能试验方法标准》(GB/T50082—2009)的有关规定。

①混凝土的抗渗性。混凝土的抗渗性,是指混凝土抵抗压力水渗透的能力。混凝土的抗渗性对于地下建筑、水工及港工建筑等工程,都是很重要的性能指标。抗渗性还直接影响混凝土的抗冻性及抗侵蚀性。

混凝土渗水的原因,是由于内部孔隙形成连通的渗水孔道。这些孔道主要来源于水泥浆中多余水分蒸发而留下的气孔,水泥浆泌水所产生的毛细孔道,内部的微裂缝以及施工振捣不密实产生的蜂窝、孔洞等。这些渗水通道,主要取决于混凝土的材料和成型质量。

混凝土的抗渗性,以抗渗等级表示。抗渗等级是以 28d 龄期的标准抗渗试件,按规定方法试验,以不渗水时所能承受的最大水压来确定,并以代号 P 表示,如 P2、P4,P6、P8、P12 等不同的等级,它们分别表示能抵抗 0.2、0.4、0.6、0.8、1.2 MPa 的水压力而不渗透。

混凝土的抗渗性与水灰比有密切关系,还与水泥品种、骨料级配、施上质量、养护条件,以及是否掺外加剂有关。

②混凝土的抗冻性。混凝土的抗冻性,是指混凝土在水饱和状态下,能经受多次冻融循环作用而不破坏,同时,强度也不严重降低的性能。在寒冷地区,尤其是经常与水接触,容易受冻的外部混凝土,应具有较高的抗冻性能,以提高混凝土的耐久性,延长建筑物的寿命。

混凝土的抗冻性用抗冻等级表示,以 28d 龄期的混凝土标准试件,在浸水饱和状态下,进行冻融循环试验,以同时满足强度损失率不超过 25%,质量损失率不超过 5%时的最大循环次数来表示。混凝土的抗冻等级有 F25、F50、F100、F150、F200、F250、F300 等七个等级,它们分别表示混凝土能承受反复冻融循环次数为 25、50、100、150、200、250 和 300 次。

影响混凝土抗冻性能的因素很多,主要是混凝土中空隙的大小、构造、数量及充水程度、环境的温湿度和经历冻融的次数。密实并具有封闭孔隙的混凝土,其抗冻性能往往较高。此外,水泥的品种和强度等级对混凝土的抗冻性也有影响。混凝土中掺入减水剂,可降低水灰比,提高混凝土密实度、强度和抗冻性;加入引气剂,可增加混凝土内部封闭孔隙,也能提高混凝土的抗冻性。

③混凝土的抗侵蚀性。当工程所处的环境有侵蚀介质时,对混凝土必须提出抗侵蚀性的要求。混凝土的抗侵蚀性能取决于水泥品种、混凝土的密实度及孔隙特征。密实性好的,具有封闭孔隙的混凝土,侵蚀介质不易侵入,故抗侵蚀性好。另外,水泥品种的选择应与工程所处环境条

件相适应。

④混凝土的碳化。混凝土的碳化作用，是指空气中的二氧化碳与水泥石中的氢氧化钙作用，生成碳酸钙和水，使表层混凝土的碱度降低。

$$CO_2 + H_2O + Ca(OH)_2 \longrightarrow CaCO_3 + 2H_2O$$

碳化作用对混凝土有不利的影响，首先是减弱对钢筋的保护作用。由于水泥水化过程中生成大量氢氧化钙，使混凝土孔隙中充满饱和的氢氧化钙溶液，其 pH 值超过 12。钢筋表面在碱性介质中生成氧化膜，使钢筋难以生锈。碳化作用降低了混凝土的碱度，当 pH 值低于 10 时，钢筋表面的氧化膜被破坏而开始生锈。其次，碳化作用还会引起混凝土的收缩，使混凝土表面碳化层产生拉应力，并可能产生微细裂缝，从而降低混凝土的抗折强度。碳化作用对混凝土也有一些有利的影响，主要是碳化提高了碳化层的密实度和抗压强度。总的说来，碳化作用对钢筋混凝土结构是害多利少。因此，工程实际中应设法提高混凝土的抗碳化能力。影响混凝土碳化速度的主要因素有以下几个方面：

A. 水泥品种：掺混合材多的水泥，因其氢氧化钙含量较少，碳化速度要比掺混合材少的水泥更快。

B. 水灰比：水灰比大的混凝土，因孔隙较多，二氧化碳易于进入，碳化也快。

C. 环境湿度：在相对湿度为 50%～75%的环境时，碳化量快。相对湿度小于 25%或达到 100%时，碳化难以进行。因为碳化需要水分，而水分在不堵塞二氧化碳的通道时最容易产生碳化。此外，空气中二氧化碳浓度越高，碳化速度也越快。

D. 硬化条件：空气中或蒸气中养护的混凝土，比在潮湿环境或水中养护的混凝土碳化速度快。因为前者容易促使水泥石形成多孔结构或产生微裂缝；后者水化到一定程度后，混凝土比较密实。

E. 混凝土碳化：混凝土的碳化深度大体上与碳化时间的平方根成正比。为防止钢筋锈蚀，必须设置足够的混凝土保护层。

⑤碱—骨料反应。水泥中 Na_2O 和 K_2O 含量多时，或混凝土中掺入的外加剂中含有过量强碱时，它们水解后生成的氢氧化钠和氢氧化钾等，能与骨料中的活性二氧化硅反应，并在骨料表面形成一层复杂的碱—硅酸凝胶。这种凝胶遇水时明显膨胀，使骨料与水泥石界面胀裂，这种反应称为碱—骨料反应。这种反应速度很慢，需几年或几十年，对混凝土的耐久性十分不利。

经过半个多世纪的调查研究，人们将碱—骨料反应归纳为三种类型：碱—硅反应，即混凝土中的碱与无定形二氧化硅的反应；碱—硅酸盐反应，即混凝土中的碱与某些硅酸盐矿物的反应；碱—碳酸盐反应，即混凝土中的碱与某些碳酸盐矿物的反应。其中碱—硅酸盐反应最为常见，是人们研究的重点。

碱—骨料反应是固相与液相之间的反应，其发生要具备三个条件：碱活性骨料；有碱存在（Na^+，K^+ 等离子）；水。三个因素共同导致了碱—骨料反应的发生。其中有水这个条件看起来简单，但其作用却不可忽视。并不是混凝土外界没有水的供应就可确保不发生碱—骨料反应，混凝土内部湿度在 80%以上时就可能促成反应发生，而这种湿度可在混凝土内部保持很多年。骨料中含有活性二氧化硅的矿物有蛋白石、玉髓、鳞石英等，含有活性氧化硅的岩石有火山岩、凝灰岩、流纹岩等。用这种骨料配混凝土时，必须用低碱水泥，控制水泥中碱含量（折算成 Na_2O）小于 0.6%，或采用掺混合材的水泥，以吸收钾钠离子，使反应生成物均匀分布于混凝土中。对有疑问的骨料，需做碱—骨料试验，防止工程中混凝土出现碱—骨料的破坏。对潮湿环境中使用的混凝土结构，每立方混凝土中的含碱量（以当量 Na_2O 计）不得超过 3.5kg，对重要结构或含碱环境，不得超过 3.0%。

⑥混凝土的耐火性。与木材、钢材、塑料等材料相比，混凝土具有良好的耐火性。木材遇火容易燃烧；钢材随温度升高难以保持其刚度，通常在温度达到 200℃左右时软化，不能再承受荷载。而混凝土在 500℃温度时还能保持 75%以上的强度。因此，混凝土是耐火性较好的材料。

但是，如果温度超过 500℃，混凝土中凝胶水、结晶水将脱水，水化产物开始分解；同时，由于硬化水泥浆体和骨料的热膨胀系数存在差异，很容易产生温度应力并导致过渡区开裂，因此强度迅速丧失。当温度接近 1000℃时，硬化水泥浆体的水化产物全部分解完毕，强度也完全丧失。

⑦混凝土表面劣化。混凝土的表面劣化是由于混凝土在外部环境作用下发生的一种表面剥蚀破坏，其破坏形态有麻面、露石、起皮松软和剥落等。混凝土各种耐久性缺陷都会引起混凝土的剥蚀，例如抗冻融、抗冲磨与空蚀性能差、密实差引起的护筋性能差和抗化学侵蚀性能差、抗风化能力差，以及碱—骨料反应破坏等。剥蚀破坏的原因可能是上述的一种或多种，故必须正确分析引起剥蚀破坏的主要原因、破坏的程度及其危害性，然后确定处理决策。

A. 冻融破坏。冻融破坏的必要条件首先是混凝土处于与水接触，其表面温度又经常处于正负变化之中，其次是混凝土本身的抗冻性差，其破坏特点是表面起毛、砂浆剥落、骨料裸露、脱落、混凝土松软崩溃，有时还出现由于骨料吸水量大而引起冰冻裂缝。混凝土建筑物的冻融破坏在我国各地普遍存在，因此对最冷月平均气温在－4℃～0℃与水接触的建筑物都要考虑有冻融剥蚀破坏的可能性。

B. 磨蚀剥蚀。混凝土发生磨蚀剥蚀的必要条件是表面受到水流挟带泥沙或砾石的磨损或受其他介质的反复摩擦（例道路及输送煤及矿石通道等），其次是混凝土本身耐磨性能差。磨蚀破坏的特点是均匀磨损或有冲坑，但剩余混凝土没有出现松软崩溃的状态而还保持原状，空蚀破坏是由于水流流速过大或表面不平整度不合要求引起。

C. 钢筋锈蚀。钢筋锈蚀是一种电化学过程，其必要的条件是钢筋周围的钝化膜由于混凝土碳化或氯离子渗入而破坏，再加上有足够的供氧和供水条件，其次是混凝土保护层过薄再加上混凝土本身密实性差。钢筋锈蚀的特征一般是混凝土先是表面出现锈斑、顺筋裂缝，然后开裂和大面积剥落。

D. 环境化学侵蚀。当环境水对混凝土具有侵蚀性时，会引起各种类型的化学侵蚀剥蚀破坏，其破坏特征有溶出性侵蚀引起的水化产物分解，使混凝土强度降低和析出的 $Ca(OH)_2$ 与 CO_2 作用生成碳酸钙白色沉淀物使混凝土流白浆。这类侵蚀引起的剥蚀在水电站都不同程度地存在，其他如铁路隧道工程、冷却塔等混凝土也出现这类侵蚀。其次为化学分解性侵蚀，也会引起混凝土剥蚀破坏，此类腐蚀的破坏特征是初期固相游离石灰（包括 $CaCO_3$）被溶解，当结构物产生渗漏，则出现流白浆现象，强度略有下降，侵蚀中期，液相石灰浓度下降；局部出现水化产物分解，强度下降较明显；侵蚀后期水化产物由表及里，由局部向较大区域发展，强度急剧下降，表面出现掉砂、石子剥落等剥蚀现象。此外还有盐类侵蚀、油类侵蚀、生物侵蚀、工业污水等都会引起混凝土表面劣化。另外由于混凝土强度很低，或者在混凝土中使用了易风化的火山灰混合材料，如凝灰岩等，也容易引起混凝土剥蚀破坏。

（2）提高混凝土耐久性的主要措施。以上所述，影响混凝土耐久性的各项指标虽不相同，但对提高混凝土耐久性的措施来说，却有很多共同之处。除原材料的选择外，混凝土的密实度是提高混凝土耐久性的一个重要环节。提高混凝土耐久性所采取的措施如下：

①合理选择水泥品种。根据工程所处环境及要求,合理选用水泥品种,以适应抗蚀、抗渗或抗冻的要求。

②控制混凝土的水灰比及水泥用量。水灰比的大小是决定混凝土密实性的主要因素,它不但影响混凝土的强度,而且,也严重影响其耐久性,工程实际中必须严格控制水灰比。

保证足够的水泥用量,同样可以起到提高混凝土密实性和耐久性的作用。在我国建筑工程行业标准《钢筋混凝土工程竣工及验收规范》(JGJ55—2000)对建筑工程所用混凝土的最大水灰比及最小水泥用量做了规定,见表 5-13;对于有特殊要求的混凝土,如抗渗混凝土、抗冻混凝土等,也相应提出了最大水灰比的要求,分别见表 5-14、表 5-15。在进行混凝土配合比设计时,应该根据这些要求来控制混凝土的最大允许水灰比。在《海港工程混凝土结构防腐蚀技术规范》中,也相应规定了海水环境中混凝土的最大水灰比和最小水泥用量,分别见表 5-16、表 5-17。

表 5-13 混凝土最大水灰比及最小水泥用量

<table>
<tr><th colspan="2" rowspan="2">环境条件</th><th rowspan="2">结构物类型</th><th colspan="3">最大水灰比</th><th colspan="3">最小水泥用量(kg)</th></tr>
<tr><th>素砼</th><th>钢筋砼</th><th>预应力砼</th><th>素砼</th><th>钢筋砼</th><th>预应力砼</th></tr>
<tr><td colspan="2">干燥环境</td><td>普通地上建筑</td><td>不要求</td><td>0.65</td><td>0.60</td><td>200</td><td>260</td><td>300</td></tr>
<tr><td rowspan="2">潮湿环境</td><td>无冻害</td><td>室内高湿度环境;室外环境;非侵蚀水环境</td><td>0.70</td><td>0.60</td><td>0.60</td><td>225</td><td>280</td><td>300</td></tr>
<tr><td>有冻害</td><td>室外受冻环境;室内高湿度受冻;非侵蚀水中受冻</td><td>0.55</td><td>0.55</td><td>0.55</td><td>250</td><td>280</td><td>300</td></tr>
<tr><td colspan="2">有冻害和除冰的环境</td><td>有冻害和除冰剂的室内外环境</td><td>0.50</td><td>0.50</td><td>0.50</td><td>300</td><td>300</td><td>300</td></tr>
</table>

注:当用活性混合材取代部分水泥时,表中的最大水灰比与最小水泥用量以替代前的水泥计算;配制 C15 级以下的混凝土时,可不受本表限制。

表 5-14 抗渗混凝土的最大水灰比

抗渗等级	最大水灰比	
	C20～C30 混凝土	C30 以上混凝土
P6	0.60	0.55
P8～P12	0.55	0.50
P12 以上	0.50	0.45

表 5-15 抗冻混凝土的最大水灰比

抗冻等级	无引气剂	掺引气剂
F50	0.55	0.60
F100	—	0.55
F150 及以上	—	0.50

表 5-16　海水环境混凝土的最大水灰比

环境条件			钢筋砼与预应力砼		素砼	
			北方	南方	北方	南方
大气区			0.55	0.50	0.65	0.65
浪溅区			0.50	0.40	0.65	0.65
水位变动区	严重受冻		0.45	—	0.45	—
	受冻		0.55	—	0.50	—
	微冻		0.50	—	0.55	—
	偶冻、不冻		—	0.50	—	0.65
水下区	不受水头作用		0.60		0.65	
	受水头作用	最大作用水头与混凝土壁厚之比：＜5	0.60			
		最大作用水头与混凝土壁厚之比：5～10	0.55			
		最大作用水头与混凝土壁厚之比：＞10	0.50			

注：1. 除全日潮型区域外，有抗冻要求的细薄构件，混凝土水灰比最大值宜减小；

2. 对有抗冻要求的混凝土，浪溅区内下部 1m 应随同水位变动区按抗冻性要求确定其水灰比；

3. 位于南方海水环境浪溅区的钢筋混凝土宜掺用高效减水剂。

表 5-17　海水环境混凝土的最小水泥用量(kg/m^3)

环境条件		钢筋混凝土与预应力混凝土		素混凝土	
		北方	南方	北方	南方
大气区		300	360	280	280
浪溅区		360	400	280	280
水位变动区	F350	395	360	395	280
	F300	360		360	
	F250	330		330	
	F200	300		300	
水下区		300		280	

注：1. 有耐久性要求的大体积混凝土，水泥用量按混凝土的耐久性和降低水泥水化热综合考虑；

2. 掺加掺合料时，水泥用量可适当减少，但应符合本规范的规定；

3. 掺外加剂时，南方水泥用量可适当减少，但不得降低混凝土密实性；

4. 对于有抗冻性要求的混凝土，浪溅区范围内下部 1m 应随同水位变动区按抗冻性要求确定其水泥用量。

③选用较好的砂石骨料。质量良好，技术条件合格的砂、石骨料，是保证混凝土耐久性的重要条件。改善粗细骨料级配，在允许的最大粒径范围内，尽量选用较大粒径的粗骨料，可减小骨料的空隙率和比表面积，也有助于提高混凝土的耐久性。

④掺入引气剂或减水剂。掺入引气剂或减水剂对提高抗渗、抗冻等有良好的作用，在某些情

况下，还能节约水泥，减少不耐久的成分。

⑤控制混凝土保护层厚度。合理的混凝土保护层厚度对于保护混凝土内的受力钢筋免遭腐蚀是非常重要的，它对于混凝土的耐久性有很大提高。

⑥改善混凝土的施工操作方法。混凝土施工中，应当搅拌均匀、浇灌和振捣密实，并加强养护，以保证混凝土的施工质量。

5.2.3 混凝土质量控制

加强混凝土质量控制是为了保证生产的混凝土技术性能可满足设计要求。质量控制应贯彻于设计、生产、施工及成品检验的全过程。

(1)控制原材料、设备和人员等方面。控制与检验混凝土组成材料质量、配合比设计与调整情况，混凝土拌合物水灰比、稠度、均匀性、含气量及生产设备的调试与人员配备等。

(2)控制生产全过程。生产全过程各工序，如计量、搅拌、运输、浇筑、养护等的检验与控制。

(3)成品质量的检验评定。混凝土成品合格性的控制与判定等。

混凝土的质量控制应包括初步控制、生产控制和合格控制。实施混凝土质量控制应符合下列规定：

(1)通过对原材料的质量检验与控制、混凝土配合比的确定与控制、混凝土生产和施工过程各工序的质量检验与控制，以及合格性检验控制，使混凝土质量符合规定要求。

(2)在生产和施工过程中进行质量检测，计算统计参数，应用各种质量管理图表，掌握动态信息，控制整个生产和施工期间的混凝土质量，并遵循升级循环的方式，制定改进与提高质量的措施，完善质量控制过程，使混凝土质量得到稳定提高。

(3)必须配备相应的技术人员和必要的检验及试验设备，建立和健全必要的技术管理与质量控制制度。

对混凝土的质量控制，除应遵守上述《混凝土质量控制标准》(GB50164—92)的规定外，尚应符合现行有关标准的规定。

1. 混凝土的质量要求

(1)混凝土拌合物质量指标。混凝土拌合物各项质量指标检验内容包括：稠度、含气量、水灰比和水泥含量及均匀性。

①稠度。混凝土拌合物的稠度应以坍落度或维勃稠度表示，坍落度适用于塑性和流动性混凝土拌合物，维勃稠度适用于干硬性混凝土拌合物。其检测方法应按《普通混凝土拌合物性能试验方法》(GB50080—2002)的规定进行。

混凝土拌合物根据其坍落度大小，可分为四级，并应符合表5-17的规定；混凝土拌合物根据其维勃稠度大小，可分为四级，并应符合表5-18的规定；坍落度或维勃稠度的允许偏差应分别符合表5-19和表5-20的规定。

表5-18 混凝土按维勃稠度的分级

级 别	V0	V1	V2	V3
名 称	超干硬性混凝土	特干硬性混凝土	干硬性混凝土	半干硬性混凝土
维勃稠度(s)	≥31	30～21	20～11	10～5

表 5-19 混凝土坍落度允许偏差

坍落度(mm)	≤40	50～90	≥100
允许偏差(mm)	±10	±20	±30

表 5-20 混凝土维勃稠度允许偏差

维勃稠度(s)	≤10	11～20	21～30
允许偏差(s)	±3	±4	±6

②含气量。掺引气型外加剂混凝土的含气量应满足设计和施工工艺的要求。根据混凝土采用粗骨料的最大粒径,其含气量的限值不宜超过表 5-21 的规定。

表 5-21 掺引气型外加剂混凝土含气量的限值

粗骨料最大粒径(mm)	10	15	20	25	40
混凝土含气量(%)	7.0	6.5	5.5	5.0	4.5

混凝土拌合物含气量的检测方法应按《普通混凝土拌合物性能试验方法》(GB50080—2002)的规定进行。检测结果与要求值的允许偏差范围应为±1.5%。

③水灰比和水泥含量。混凝土的最大水灰比和最小水泥用量应符合现行国家标准《混凝土结构工程施工质量验收规范》(GB50204—2002)的有关规定。混凝土拌合物的水灰比和水泥含量的检测方法,应按现行国家标准《普通混凝土拌合物性能试验方法》(GB50080—2002)的规定进行。实测的水灰比和水泥含量,应符合设计要求。

④均匀性。混凝土拌合物应拌合均匀,颜色一致,不得有离析和泌水现象。混凝土拌合物均匀性的检测方法,应按现行国家标准《混凝土搅拌机性能试验方法》的规定进行。检查混凝土拌合物均匀性时,应在搅拌机卸料过程中,从卸料流出的 1/4 至 3/4 之间部位采取试样,进行试验,其检测结果应符合下列规定:混凝土中砂浆密度两次测值的相对误差不应大于 0.8%;单位体积混凝土中粗骨料含量两次测值的相对误差不应大于 5%。

(2)混凝土强度。混凝土强度的检测,应按现行国家标准《普通混凝土力学性能试验方法》(GB50081—2002)的规定进行。根据《混凝土结构设计规范》(GB50010—2002)的规定,普通混凝土按立方体抗压强度标准值划分为:C15、C20、C25、C30、C35、C40、C45、C50、C55、C60、C65、C70、C75、C80 共 14 个强度等级。

混凝土强度,除应按《混凝土强度检验评定标准》(GB50l07—2010)的规定分批进行合格评定外,尚应对一个统计周期内的相同等级和龄期的混凝土强度进行统计分析,统计计算强度均值($\mu_{f_{cu}}$)、标准差(σ)及强度不低于要求强度等级值的百分率(P),以确定企业的生产质量水平。

①盘内混凝土强度的变异系数 δ_b 不宜大于 5%,其值可按下列公式确定:

$$\delta_b = \frac{\sigma_b}{\mu_{f_{cu}}} \times 100\% \tag{5.13}$$

盘内混凝土强度均值($\mu_{f_{cu}}$)其标准差(σ_b)可利用正常生产连续积累的强度资料,按下式计算:

$$\mu_{f_{cu}} = \frac{\sum_{i=1}^{n} f_{cu,i}}{n} \tag{5.14}$$

$$\sigma_b = \frac{0.59}{n}\sum_{i=1}^{n}\Delta f_{cu,i} \tag{5.15}$$

式中：δ_b——盘内混凝土强度的变异系数；

σ_b——盘内混凝土强度的标准差（N/mm²）；

$\mu_{f_{cu}}$——n 组混凝土试件立方体抗压强度的平均值（N/mm²）；

$f_{cu,i}$——第 i 组混凝土试件立方体抗压强度值（N/mm²）；

$\Delta_{f_{cu},i}$——第 i 组三个试件中强度最大值与最小值之差（N/mm²）；

n——试件组数，该值不得少于 30 组。

同时，按月或季统计计算的强度平均值 $\mu_{f_{cu}}$，宜满足下式的要求：

$$f_{cu,k} + 1.4\sigma \leqslant \mu_{fcu} \leqslant f_{cu,k} + 2.5\sigma \tag{5.16}$$

式中：$\mu_{f_{cu}}$——按月或季统计的强度平均值（N/mm²），对有早龄期强度和特殊要求的混凝土其强度平均值可不受该上限限制；

$f_{cu,k}$——混凝土立方体抗压强度标准值（N/mm²）；

σ——按月或季统计的强度标准差（N/mm²），确定标准差的试件组数不得少于 25 组。

②混凝土强度标准差（σ）和强度不低于规定强度等级值的百分率（P），可按下式分别计算：

$$\sigma = \sqrt{\frac{\sum_{i=1}^{N} f_{cu,i}^2 - N \cdot \mu_{f_{cu}}^2}{N-1}} \tag{5.17}$$

$$P = \frac{N_0}{N} \times 100\%$$

式中：$f_{cu,i}$——统计周期内第 i 组混凝土试件的立方体抗压强度值（MPa）；

$\mu_{f_{cu}}$——统计周期内 N 组混凝土试件立方体抗压强度的平均值（MPa）；

N——统计周期内相同强度等级的混凝土试件组数，该值不得少于 25 组；

N_0——统计周期内试件强度不低于要求强度等级值的组数。

对于标准差（σ）和强度不低于要求强度等级值的百分率（P）则应满足表 5－22 的要求。

表 5－22　混凝土生产质量水平

生产质量水平		优良		一般		差	
		混凝土强度等级					
评定指标	生产场所	<C20	≥C20	<C20	≥C20	<C20	≥C20
混凝土强度标准差 σ(MPa)	商品混凝土厂和预制混凝土构件厂	≤3.0	≤3.5	≤4.0	≤5.0	>4.0	>5.0
	集中搅拌混凝土的施工现场	≤3.5	≤4.0	≤4.5	≤5.5	>4.5	>5.5
强度不低于规定强度等级值的百分率 P（%）	商品混凝土厂、预制混凝土构件厂及集中搅拌混凝土的施工现场	≥95		>85		≤85	

对商品混凝土厂和预制混凝土构件厂，其统计周期可取一个月；对在现场集中搅拌混凝土的施工单位其统计周期可根据实际情况确定。

(3)混凝土的配制强度。由于混凝土施工过程中原材料性能及生产因素的差异，会出现混凝土质量的不稳定，如果按设计的强度等级($f_{cu,k}$)配制混凝土，则在施工中将有一半的混凝土达不到设计强度等级，即保证率只有50%。为使混凝土强度保证率满足规定的要求，在设计混凝土配合比时，必须使配制强度高于混凝土设计要求的强度(即 $f_{cu}=f_{cu,k}+t\sigma$)。根据强度保证率的要求和施工控制水平，可确定 t 值。可以看出，施工水平越差，设计要求的保证率越大，配制强度就要求越高。根据《普通混凝土配合比设计规程》(JGJ55—2000)规定，工业与民用建筑及一般构筑物所采用的普通混凝土配制强度按下式计算，其强度保证率为95%。

$$f_{cu,o} \geqslant f_{cu,k} + 1.645\sigma \tag{5.18}$$

式中：$f_{cu,0}$——混凝土配制强度(MPa)；

$f_{cu,k}$——混凝土立方体抗压强度标准值(MPa)；

σ——混凝土强度标准差(MPa)。

(4)混凝土的耐久性。混凝土耐久性包括抗冻性、抗渗性、钢筋的腐蚀等内容。混凝土的抗冻性和抗渗性试验方法应按现行国家标准《普通混凝土长期性能和耐久性能试验方法》(GB50082—2009)的规定进行。实测的混凝土抗冻性或抗渗性指标，不应低于设计要求。

混凝土拌合物中的氯化物总含量(以氯离子重量计)应符合下列规定：

①对素混凝土，不得超过水泥重量的2%；

②对处于干燥环境或有防潮措施的钢筋混凝土，不得超过水泥重量的1%；

③对处在潮湿而不含有氯离子环境中的钢筋混凝土，不得超过水泥重量的0.3%；

④对在潮湿并含有氯离子环境中的钢筋混凝土，不得超过水泥重量的0.1%；

⑤预应力混凝土及处于易腐蚀环境中的钢筋混凝土，不得超过水泥重量的0.06%。

2. 混凝土质量的初步控制

混凝土质量的初步控制应包括组成材料的质量检验与控制和混凝土配合比的合理确定。

(1)组成材料的质量控制。混凝土组成材料主要包括水泥、骨料、水、掺合料和外加剂，它们的质量控制分别如下：

①水泥。配制混凝土用的水泥应符合现行国家标准《通用硅酸盐水泥》(GB175—2007)的规定。当采用其他品种水泥时，应符合国家现行标准的有关规定。

应根据工程特点、所处环境以及设计、施工的要求，选用适当品种和强度等级的水泥。同时，对所用水泥应检验其安定性和强度。有要求时，尚应检验其他性能。其检验方法应符合现行国家标准的规定。另外，根据需要可采用水泥快速检验方法预测水泥28d强度，作为混凝土生产控制和进行配合比设计的依据。

水泥应按不同品种、强度等级及牌号按批分别存储在专用的仓罐或水泥库内。如因存储不当引起质量有明显降低或水泥出厂超过三个月(快硬硅酸盐水泥为一个月)时，应在使用前对其质量进行复验，并按复验的结果使用。

②骨料。普通混凝土所用的骨料应符合国家现行标准的规定，并应符合下列要求：

A. 粗骨料最大粒径：一般不得大于混凝土结构截面最小尺寸的1/4，并不得大于钢筋最小净距的3/4；对于混凝土实心板，其最大粒径不宜大于板厚的1/2，并不得超过50mm；对于泵送混凝土用的碎石，不应大于输送管内径的 1/3；卵石不应大于输送管内径的 2/5。

B. 泵送混凝土用骨料：泵送混凝土用的细骨料，宜采用中砂，对 0.315mm 筛孔的通过量不应少于 15%，对 0.16mm 筛孔的通过量不应少于 5%；泵送混凝土用的骨料还应符合泵车技术条件的要求。

C. 骨料质量检验：来自采集场（生产厂）的骨料应附有质量证明书，根据需要应按批检验其颗粒级配、含泥量及粗骨料的针片状颗粒含量；对无质量证明书或其他来源的骨料，应按批检验其颗粒级配、含泥量及粗骨料的针片状颗粒含量，必要时还应检验其他质量指标。对海砂还应按批检验其氯盐含量，其检验结果应符合有关标准的规定；对含有活性二氧化硅或其他活性成分的骨料，应进行专门试验，待验证确认对混凝土质量无有害影响时，方可使用。

D. 骨料生产、采集、运输与存储：骨料在生产、采集、运输与存储过程中，严禁混入影响混凝土性能的有害物质，应按品种、规格分别堆放，不得混杂，在其装卸及存储时，应采取措施，使骨料颗粒级配均匀，保持洁净。

③水。拌制各种混凝土的用水应符合国家现行标准《混凝土拌合用水标准》(JGJ63—2006)的规定，不得使用海水拌制钢筋混凝土和预应力混凝土，不宜用海水拌制有饰面要求的素混凝土。

④掺合料。用于混凝土中的掺合料，应符合现行国家标准《用于水泥和混凝土中的粉煤灰》(GB1596—91)、《用于水泥中的火山灰质混合材料》(GB/T2847—1996)和《用于水泥中的粒化高炉矿渣》(GB/T203—94)的规定。当采用其他品种的掺合料时，其烧失量及有害物质含量等质量指标应通过试验，确认符合混凝土质量要求时，方可使用。选用的掺合料，应使混凝土达到预定改善性能的要求或在满足性能要求的前提下取代水泥。其掺量应通过试验确定，其取代水泥的最大取代量应符合有关标准的规定。掺合料在运输与存储中，应有明显标志，严禁与水泥等其他粉状材料混淆。

⑤外加剂。用于混凝土的外加剂质量应符合现行国家标准《混凝土外加剂》(GB8076—2008)的规定。选用外加剂时，应根据混凝土的性能要求、施工工艺及气候条件，结合混凝土的原材料性能、配合比以及对水泥的适应性等因素，通过试验确定其品种和掺量。并且选用的外加剂应具有质量证明书，需要时还应检验其氯化物、硫酸盐等有害物质的含量，经验证确认对混凝土无有害影响时方可使用。不同品种外加剂应分别存储，做好标记，在运输与存储时不得混入杂物和遭受污染。

(2)混凝土配合比的确定与控制。混凝土配合比应按国家现行标准《普通混凝土配合比设计规程》(JGJ55—2000)和《混凝土强度检验评定标准》(GB50107—2010)的规定，通过设计计算和试配确定。当配合比的确定采用早期推定混凝土强度时，其试验方法应按国家现行标准规定进行。在施工过程中，不得随意改变配合比。混凝土配合比使用过程中，应根据混凝土质量的动态信息，及时进行调整。

泵送混凝土配合比应考虑泵送的垂直和水平距离、弯头设置、泵送设备的技术条件等因素，按有关规定进行设计，并应符合现行国家标准《混凝土结构工程施工质量验收规范》(GB50204—2002)的规定。

3. 混凝土质量的生产控制

混凝土质量的生产控制包括混凝土组成材料的计量以及混凝土拌合物的搅拌、运输、浇筑和养护等工序的控制。

施工(生产)单位应根据设计要求,提出混凝土质量控制目标,建立混凝土质量保证体系,制定必要的混凝土生产质量管理制度。在生产过程中应对在各工序中取得的质量数据,定期(每月、季、年)进行统计分析,并应采用各种质量统计管理图表,根据生产过程的质量动态,及时采取措施和对策。

施工(生产)单位必须积累完整的混凝土生产全过程的技术资料和质量检测资料,并应分类整理存档。

(1)混凝土组成材料计量。在计量工序中,每一工作班正式称量前,应对计量设备进行零点校核。整个生产期间每盘混凝土各组成材料计量结果的偏差应符合表5-23的规定。

表5-23 混凝土组成材料计量结果的允许偏差

组成材料	水泥、掺合料	粗、细骨料	水、外加剂
允许偏差	±2%	±3%	±2%

注:混凝土各组成材料的计量应按重量计,水和液体外加剂可按体积计。

生产过程中应测定骨料的含水率,每一工作班不应少于一次,当含水率有显著变化时,应增加测定次数,依据检测结果及时调整用水量和骨料用量。计量器具应定期检定,经中修、大修或迁移至新的地点后,也应进行检定。

(2)混凝土拌合物搅拌。在搅拌工序中,拌制的混凝土拌合物的均匀性应符合规定。混凝土搅拌的最短时间应符合现行国家标准《混凝土结构工程施工质量验收规范》(GB50204—2002)的有关规定。混凝土的搅拌时间,每一工作班至少应抽查两次。

混凝土搅拌完毕后,应检测混凝土拌合物的各项性能。混凝土拌合物的稠度应在搅拌地点和浇筑地点分别取样检测。每一工作班不应少于一次。评定时应以浇筑地点测值为准。在预制混凝土构件厂,如混凝土拌合物从搅拌机出料起至浇筑入模的时间不超过15min时,稠度可仅在搅拌地点取样检测。在检测坍落度时,还应观察混凝土拌合物的粘聚性和保水性。根据需要,尚应检测混凝土拌合物的其他质量指标,检测结果应符合规定。

(3)混凝土运输。在运输工序中,应控制混凝土运至浇筑地点后,不离析、不分层,组成成分不发生变化,并能保证施工所必需的稠度。混凝土运送至浇筑地点,如混凝土拌合物出现离析或分层现象,应对混凝土拌合物进行二次搅拌。混凝土从搅拌机卸出后到浇筑完毕的延续时间不宜超过表5-24的规定。

表5-24 混凝土从搅拌机卸出到浇筑完毕的延续时间(min)

气温	采用搅拌车		采用其他运输设备	
	≤C30	>C30	≤C30	>C30
≤25℃	120	90	90	75
>25℃	90	60	60	45

注:掺有外加剂或采用快硬水泥时延续时间应通过试验确定。

运送混凝土的容器和管道,应不吸水、不漏浆,并保证卸料及输送通畅。容器和管道在冬期应有保温措施,夏季最高气温超过40℃时,应有隔热措施。

混凝土运至指定卸料地点时,应检测其稠度。所测稠度值应符合设计和施工要求。其允许偏差值应符合标准的规定。

混凝土拌合物运至浇筑地点时的温度,最高不宜超过35℃;最低不宜低于50℃,当混凝土采用泵送时,应保证混凝土泵的连续工作,受料斗内应有足够的混凝土,泵送间歇时间不宜超过15min。

(4)混凝土的浇筑。浇筑混凝土前,应检查和控制模板、钢筋、保护层和预埋件等的尺寸、规格、数量和位置,其偏差值应符合现行国家标准《混凝土结构工程施工质量验收规范》(GB50204—2002)的规定。此外,还应检查模板支撑的稳定性以及接缝的密合情况。模板和隐蔽项目应分别进行预检和隐检验收,符合要求时,方可进行浇筑。

混凝土的浇筑过程中应注意的事项:①在浇筑工序中,应控制混凝土的均匀性和密实性。②混凝土拌合物运至浇筑地点后,应立即浇筑入模。在浇筑过程中,如混凝土拌合物的均匀性和稠度发生较大变化,应及时处理。③柱、墙等结构竖向浇筑高度超过3m时,应采用串筒、溜管或振动溜管浇筑混凝土。④混凝土应振捣成型,根据施工对象及混凝土拌合物性质应选择适当的振捣器,并确定振捣时间。⑤混凝土在浇筑及静置过程中,应采取措施防止产生裂缝。由于混凝土的沉降及干缩产生的非结构性的表面裂缝,应在混凝土终凝前予以修整。⑥在浇筑混凝土时,应制作供结构或构件出池、拆模、吊装、张拉、放张和强度合格评定用的试件,需要时还应制作抗冻、抗渗或其他性能试验用的试件。

(5)混凝土养护。在养护过程中,施工(生产)单位应根据施工对象、环境、水泥品种、外加剂以及对混凝土性能的要求,提出具体的养护方案,并应严格执行规定的养护制度,并应控制混凝土处在有利于硬化及强度增长的温度和湿度环境中,使硬化后的混凝土具有必要的强度和耐久性。

自然养护混凝土时,应每天记录大气气温的最高和最低温度以及天气的变化情况,并记录养护方式和制度。对采用薄膜或养护剂养护的混凝土,应经常检查薄膜或养护剂的完整情况和混凝土的保湿效果。

蒸气养护的要按时进行温度检查。检查制度应符合要求:在升温和降温阶段,应每1h测温一次;恒温阶段每2h测温一次。加温养护的混凝土结构或构件在出池或撤除养护措施前,应进行温度测量,当表面与外界温差不大于20℃时,方可撤除养护措施或构件出池。

大体积混凝土的养护,应进行热工计算确定其保温、保湿或降温措施,并应设置测温孔或埋设热电偶等测定混凝土内部和表面的温度,使温差控制在设计要求的范围以内,当无设计要求时,温差不宜超过25℃。

冬期施工期间浇筑的混凝土,应养护到具有抗冻能力的临界强度后,方可撤除养护措施。在任何情况下,混凝土受冻前的强度不得低于5MPa。混凝土的临界强度尚应符合下列规定:用硅酸盐水泥或普通硅酸盐水泥配制的混凝土、应为设计要求的强度等级标准值的30%;用矿渣硅酸盐水泥配制的混凝土,应为设计要求的强度等级标准值的40%。

冬期施工时,模板和保温层应在混凝土冷却到5℃后方可拆除。当混凝土温度与外界温度相差大于20℃时,拆模后的混凝土应临时覆盖,使其缓慢冷却。

5.2.4 混凝土强度检验评定

混凝土的强度检验评定标准采用的是《混凝土强度检验评定标准》(GB50107—2010),该方法适用于普通混凝土和轻骨料混凝土抗压强度的检验评定。对于有特殊要求的混凝土,其强度的检验评定尚应符合现行国家标准的有关规定。

1. 一般规定

混凝土的强度等级应按立方体抗压强度标准值划分。混凝土强度等级应采用立方体抗压强度标准值(以 N/mm^2 计)表示,用符号 C 表示。

混凝土强度应分批进行检验评定。一个验收批的混凝土应由强度等级相同、龄期相同以及生产工艺条件和配合比基本相同的混凝土组成。对施工现场的现浇混凝土,应按单位工程的验收项目划分验收批,每个验收项目应按照现行国家标准《建筑工程施工质量验收统一标准》(GB50300—2001)确定。

对大批量连续生产的混凝土应按统计方法评定混凝土强度。对零星生产、批量不大且无法取得统计参数的混凝土,可按非统计方法评定。

2. 混凝土取样、试件制作、养护和试验

(1)混凝土强度试样应在混凝土的浇筑地点随机取样;预拌混凝土的出厂检验应在搅拌地点取样,交货检验应在交货地点取样。试件的取样频率和数量应符合下列规定:①每 100 盘,但不超过 $100m^3$ 的同配合比的混凝土,取样次数不应少于一次;②每一工作班拌制的同配合比的混凝土不足 100 盘和 $100m^3$ 时其取样次数不应少于一次;③当一次连续浇筑超过 1 000m^3 时,同一配合比的混凝土每 $200m^3$ 取样不应少于一次;④每一楼层、同一配合比的混凝土,取样不应少于一次;⑤每次取样应至少留置一组标准养护试件。

(2)每组三个试件应由同一盘或同一车的混凝土中取样制作,其标准成型方法、标准养护条件及强度试验方法均应符合现行国家标准《普通混凝土力学性能试验方法标准》(GB/T50081—2002)的规定;采用蒸汽养护的构件,其试件应先随构件同条件养护,然后应置入标养室继续养护,两段养护时间的总和等于设计规定龄期。

(3)每批混凝土试样应制作的试件总组数,除满足上述规定的混凝土强度评定所必需的组数外,还应为检验结构或构件施工阶段混凝土强度留置必需的试件。

3. 混凝土强度检验评定

混凝土的强度检验评定有两种方法:统计方法和非统计方法。

(1)统计方法评定。当混凝土的生产条件在较长时间内能保持一致,且同一品种混凝土的强度变异性能保持稳定时,样本容量应为连续的三组试件,其强度应同时满面足下列要求:

①标准差已知。当混凝土的生产条件在较长时间内能保持一致,且同一品种混凝土的强度变异性能保持稳定时,每批的强度标准差 σ_0 可根据前一时期生产累计的强度数据确定。此时,应由连续的三组试件组成一个验收批,其强度应同时满足下式的要求:

$$m_{fcu} \geqslant f_{cu,k} + 0.7\sigma_0 \tag{5.19}$$

$$f_{cu,\min} \geqslant f_{cu,k} - 0.7\sigma_0 \tag{5.20}$$

当混凝土强度等级不高于 C20 时,其强度的最小值尚应满足下式的要求:

$$f_{cu,\min} \geqslant 0.85 f_{cu,k} \tag{5.21}$$

当混凝土强度等级高于 C20 时,其强度的最小值尚应满足下式的要求:

$$f_{cu,\min} \geqslant 0.90 f_{cu,k} \tag{5.22}$$

式中:m_{fcu}——同一验收批混凝土立方体抗压强度的平均值(N/mm^2);

$f_{cu,k}$——混凝土立方体抗压强度标准值(N/mm^2);

σ_0——验收批混凝土立方体抗压强度的标准差(N/mm²);

$f_{cu,\min}$——同一验收批混凝土立方体抗压强度的最小值(N/mm²)。

验收批混凝土立方体抗压强度的标准差,应根据前一个检验期内同一品种混凝土试件的强度数据,按下式确定:

$$\sigma_0 = \frac{0.59}{m}\sum_{i=1}^{m}\Delta f_{cu,i} \tag{5.23}$$

式中:$\Delta f_{cu,i}$——第 i 批试件立方体抗压强度中最大值与最小值之差(N/mm²);

m——用以确定验收批混凝土立方体抗压强度标准差的数据总批数。

σ_0延续在一个检验期内保持不变,三个月后重新按上一个检验期的强度数据计算值。注意:上述检验期不应少于60d也不宜超过90d,且在该期间内强度数据的总批数不应少于15批;σ_0不应小于2.5N/mm²。

②标准差未知。当混凝土生产连续性较差,即在生产中无法维持基本相同的生产条件,或生产周期较短,无法积累强度数据以资计算可靠的标准差参数,此时检验评定只能直接根据每一验收批抽样的样本强度数据确定。此时,对大批量连续生产的混凝土,应由不少于10组的试件组成一个验收批,其强度应同时满足下式的要求:

$$m_{f_{cu}} - \lambda_1 s_{f_{cu}} \geqslant 0.9 f_{cu,k} \tag{5.24}$$

$$f_{cu,\min} \geqslant \lambda_2 f_{cu,k} \tag{5.25}$$

式中:$s_{f_{cu}}$——同一验收批混凝土立方体抗压强度的标准差(N/mm²),不应小于2.5 N/mm²。

λ_1,λ_2——合格判定系数,按表5-25取用。

表5-25 混凝土强度的合格判定系数

试件组数	10～14	15～19	≥25
λ_1	1.00	0.95	0.90
λ_2	0.90	0.85	

混凝土立方体抗压强度的标准差 $s_{f_{cu}}$ 可按下式计算:

$$s_{f_{cu}} = \sqrt{\frac{\sum_{i=1}^{n} f_{cu,i}^2 - n m_{f_{cu}}^2}{n-1}} \tag{5.26}$$

式中:$s_{f_{cu}}$——第 i 组混凝土样本试件的立方体抗压强度值(N/mm²);

n——混凝土试件的样本组数。

(2)非统计方法评定。当用于评定的样本试件组数不足10组且不少于3组时,可采用非统计方法评定混凝土强度。

按非统计方法评定混凝土强度时,其强度应同时满足下列要求:

$$m_{f_{cu}} \geqslant \lambda_3 f_{cu,k} \tag{5.27}$$

$$f_{cu,\min} \geqslant \lambda_4 f_{cu,k} \tag{5.28}$$

式中:λ_3,λ_4——合格判定系数,按表5-26取用。

表 5-26 非统计方法混凝土强度的合格判定系数

混凝土强度等级	<C50	≥C50
λ_3	1.15	1.10
λ_4	0.95	0.90

(3)混凝土强度的合格性判断。当检验结果能满足上述公式的规定时,则该批混凝土强度判为合格;当不能满足上述规定时,该批混凝土强度判为不合格。由不合格批次混凝土制成的结构或构件,应进行鉴定。对不合格的结构或构件必须及时处理。

由不合格批混凝土制成的结构或构件,应进行鉴定。对不合格的混凝土可采用从结构或构件中钻取试件的方法或采用非破损检验方法,对混凝土的强度进行检测,作为混凝土强度处理的依据。

5.2.5 混凝土配合比设计

单位体积混凝土中各组成材料的用量叫做配合比。配合比设计即通过计算和试验确定混凝土中各组成材料的数量及其比例关系的过程。配合比通常用每平方米混凝土各材料的质量表示,单位为 kg,或者以水泥质量为 1,其他组成材料与水泥质量之比来表示,如每 1 平方米混凝土需用水泥 300kg、砂子 639kg、卵石 1 269kg、水 180kg;或以各种材料相互间的质量比表示(以水泥质量为 1),为"水泥:砂:卵石:水=1:2.13:4.23:0.60"。

水泥、水、砂、石等基本材料分别用符号 m_c、m_w、m_s、m_g 来表示,粉煤灰用符号 FA 表示,外加剂用 A_j 表示。

1.基本要求

配合比设计的任务,就是根据原材料的技术性能及施工条件,确定出能够满足工程所要求的技术经济指标的各项组成材料的用量。普通混凝土配合比设计,主要满足下列要求:

(1)满足结构设计和施工进度所要求的混凝土强度等级。

(2)保证混凝土拌合物具有良好的和易性,以满足施工条件的要求。

(3)保证混凝土具有良好的耐久性,满足抗冻、抗渗、抗腐蚀等要求,从而使混凝土达到经久耐用的使用要求。

(4)在保证上述质量和施工方便的前提下,尽量节约水泥,合理使用原材料,从而降低工程成本,取得良好的经济效益。

混凝土配合比设计以计算每立方米混凝土中各材料用量为准,骨料以干燥状态为基准。所谓干燥状态是指细骨料含水率小于 0.5%,粗骨料含水率小于 0.2%,外加剂的体积忽略不计。当以饱和面干状态的骨料为基准进行计算时,则应做相应的调整。

2.资料准备

混凝土是由多组分材料组成的复合材料。配合比设计不仅取决于混凝土的性能要求,而且取决于各组成材料的性能指标。因此,在进行混凝土配合比设计之前,要充分了解对混凝土的性能要求、施工方法及工作环境条件,选取各组成材料品种、等级,进行必要的原材料试验,取得原始数据。

(1)掌握混凝土的设计强度等级 $f_{cu,k}$ 及所要求的强度保证率 P,以及施工管理水平,以确定混凝土的配制强度。

(2)了解施工方法及混凝土施工稠度(坍落度或维勃稠度)要求,以确定混凝土的用水量,以及是否使用外加剂。

(3)了解结构物的施工和使用环境条件,例如温度范围、湿度变化、是否长期接触腐蚀性介质,明确对结构物的耐久性要求。

(4)混凝土的养护方法,如自然养护、蒸汽养护、蒸压养护等。

(5)构件尺寸及配筋状况,以确定骨料的最大粒径 D_m。

(6)原材料的技术资料,包括水泥、骨料、水、外加剂以及矿物掺合料等。

①水泥:根据混凝土的强度、耐久性要求合理选用水泥品种及强度等级;通过试验测定水泥的实际强度(f_{ce})、凝结时间、安定性及密度(ρ_c)等物理力学性能指标。

②骨料:选定骨料品种,明确粗骨料的最大粒径(D_m)、砂的细度模数(M_x)、级配状况,以及粗细骨料的表观密度(ρ_g、ρ_s)、堆积密度(ρ'_g、ρ'_s)、含泥量、泥块含量、针片状颗粒含量及压碎指标值等必须满足要求。

③水:采用可饮用的自来水或者标准。

④外加剂:根据施工需要或混凝土的性能要求选用外加剂种类、品种,并进行必要的性能指标试验。

⑤矿物掺合料:根据工程需要,确定是否使用矿物掺合料,并测定矿物掺合料的细度、活性系数、密度、需水量等性能指标。

3. 混凝土配合比设计中的三个参数

混凝土配合比设计,实质上就是确定水泥、水、砂与石子这四项基本组成材料用量之间的三个比例关系。即:水与水泥之间的比例关系,常用水灰比表示;砂与石子之间的比例关系,常用砂率表示;水泥浆与骨料之间的比例关系,常用单位用水量来反映。水灰比、砂率、单位用水量是混凝土配合比的三个重要参数,在配合比设计中正确地确定这三个参数,就能使混凝土满足配合比设计的基本要求。

确定这三个参数的方法是:①在满足混凝土强度和耐久性的基础上,确定混凝土的水灰比;②在满足混凝土施工要求的和易性的基础上,根据粗骨料的种类和规格,确定混凝土的单位用水量;③砂的数量应以填充石子空隙后略有富余的原则,来确定砂率。

4. 普通混凝土配合比设计的步骤

根据《普通混凝土配合比设计规程》(JGJ55—2000)、《混凝土结构工程施工质量验收规范》(GB50204—2002)和其他有关规定,混凝土的配合比设计应包括配合比的计算、试配和调整等过程:

(1)按混凝土的技术要求和所选用的原材料,进行配合比计算,得到供试配用的"计算配合比";

(2)按"计算配合比"进行试配、调整,提出供混凝土强度试验用的"基准配合比";

(3)按"基准配合比"进行混凝土强度试验,并进行调整后,得到确定的"设计配合比";

(4)根据现场砂石含水情况对"设计配合比"进行调整,计算施工称料量,提出"施工配合比"。

具体计算过程如下:

(1)计算配合比的计算。混凝土计算配合比通常按下列步骤进行计算:①计算配制强度并求出相应的水灰比；②选取每立方米混凝土的用水量，并计算出每立方米混凝土的水泥用量；③选取砂率，计算粗骨料和细骨料的用量，并提出供试配用的计算配合比。分别表述如下：

①混凝土水灰比计算。水灰比的计算，首先应该计算混凝土的配制强度，明确然后依据"鲍罗米"公式，得到水灰比。

A. 混凝土配制强度。为了保证混凝土的强度，在配合比设计时，必须使混凝土的配制强度（$f_{cu,o}$）高于设计要求的强度标准值（$f_{cu,k}$）。根据《普通混凝土配合比设计规程》（JGJ55—2000），混凝土配制强度按下式计算：

$$f_{cu,o} \geqslant f_{cu,k} + 1.645\sigma$$

通常，上述公式取等于即可。遇有下列情况时，应提高混凝土配制强度：现场条件与试验室条件有显著差异时；C30 级及其以上强度等级的混凝土采用非统计方法评定时。

混凝土强度标准差（σ）可按下式计算：

$$\sigma = \sqrt{\frac{\sum_{i=1}^{N} f_{cu,i}^2 - N \cdot \mu_{f_{cu}}^2}{N-1}} \tag{5.29}$$

式中：$f_{cu,i}$——统计周期内第 i 组混凝土试件的立方体抗压强度值（MPa）；

$\mu_{f_{cu}}$——统计周期内 N 组混凝土试件立方体抗压强度的平均值（MPa）；

N——统计周期内相同强度等级的混凝土试件组数，该值不得少于 25 组。

混凝土强度标准差宜根据同类混凝土统计资料计算确定，并应符合下列规定：

a. 计算时，强度试件组数不应少于 25 组；

b. 当混凝土强度等级为 C20 和 C25 级，其强度标准差计算值小于 2.5 MPa 时，计算配制强度用的标准差应取不小于 2.5 MPa；当混凝土强度等级等于或大于 C30 级，其强度标准差计算值小于 3.0 MPa 时，计算配制强度用的标准差应取不小于 3.0 MPa。

c. 当无统计资料计算混凝土强度标准差时，其值应按现行国家标准《混凝土结构工程施工及验收规范》（GB50204—2002）的规定取用。

B. 水灰比（W/C）。水灰比，即单位体积混凝土中的水泥质量与用水量之比。混凝土强度等级小于 C60 级时，根据混凝土的配制强度、所用水泥的强度以及骨料种类，由"鲍罗米"公式推算，见下述公式：

$$\frac{W}{C} = \frac{\alpha_a f_{ce}}{f_{cu,o} + \alpha_a \alpha_b f_{ce}} \tag{5.30}$$

式中相关参数可参见本章普通混凝土的性能一节中"硬化混凝土的性能"的相关内容。

由公式计算得到的水灰比满足强度要求。同时，应根据混凝土构件所处的环境条件，对水灰比进行耐久性要求校核。表 5－13 至表 5－17 列出了工程中不同环境以及有抗渗、抗冻要求的混凝土对最大水灰比值的限制，进行配合比设计时需根据具体工程环境，确定出耐久性要求的水灰比值。当计算水灰比大于规定值时，取规定值作为混凝土的水灰比。

②单位体积混凝土用水量计算。单位用水量（m_{w0}）就是每立方米混凝土的用水量。为了满足施工和易性的要求，根据粗骨料的种类和规格以及配制混凝土所要求的坍落度值或维勃稠度值，按《钢筋混凝土工程竣工及验收规范》（JGJ55—2000）规定的混凝土用水量，来查表求得初步的单位用水量（m_{w0}）。

A. 干硬性和塑性混凝土用水量的确定。水灰比在0.4～0.8范围时，根据粗骨料的品种、粒径及施工要求的混凝土拌合物稠度，其用水量可按表5－9选用。水灰比小于0.4的混凝土以及采用特殊成型工艺的混凝土，用水量应通过试验确定。

B. 流动性和大流动性混凝土用水量的确定。对于流动性和大流动性混凝土的用水量宜按下列步骤计算：

a. 以表5－9中混凝土的坍落度为90mm的用水量为基础，按坍落度每增加20mm用水量增加5kg，计算出未掺外加剂时的混凝土的用水量。

b. 掺外加剂时的混凝土用水量可按下式计算：

$$m_{wa} = m_{w0}(1-\beta) \tag{5.31}$$

式中：m_{wa}——掺外加剂混凝土每立方米混凝土的用水量(kg)；

m_{w0}——未掺外加剂混凝土每立方米混凝土的用水量(kg)；

β——外加剂的减水率(%)，可通过试验来确定。

③单位体积混凝土水泥用量的计算。确定了单位用水量(m_{w0})后，结合水灰比(W/C)，即可求得单位体积混凝土每立方米的水泥用量(m_{c0})，如下式：

$$m_{c0} = \frac{m_{w0}}{W/C} \tag{5.32}$$

与水灰比需要按耐久性要求校核一样，水泥用量也需按耐久性进行相应的校核。表5－13、表5－17列出不同条件下单位混凝土最小水泥用量的具体规定，计算得到的水泥用量(m_{c0})不得小于混凝土耐久性要求的最小水泥用量。当计算得到的单位混凝土水泥用量小于规定要求时，取规定值作为混凝土水泥用量。

④砂率选取。砂率(β_s)即混凝土中砂的用量占骨料总量的百分率，如下式：

$$\beta_s = \frac{m_{s0}}{m_{s0}+m_{g0}} \times 100\% \tag{5.33}$$

式中：β_s——砂率(%)；

m_{s0}、m_{g0}——每立方米混凝土中砂、石骨料的初步配合比用量。

选取砂率的方法是：

A. 根据本单位在混凝土施工中所使用的各种材料的使用经验来选用。

B. 当无历史资料可参考时，混凝土砂率的确定应符合下列规定：

a. 坍落度为10～60mm的混凝土砂率，可根据粗骨料品种、粒径及水灰比按表5－10选取；

b. 坍落度大于60mm的混凝土，砂率可经试验确定，也可在表5－10的基础上按坍落度每增大20mm，砂率增大1%的幅度予以调整；

c. 坍落度小于10mm的混凝土，其砂率应经试验确定。

⑤砂石用量的计算。砂率确定后，就可以计算出砂子、石子这两种骨料的用量。计算砂子、石子这两种骨料的用量有两种方法，分别是质量法和体积法。

a. 质量法。当配制混凝土的各种原材料质量比较稳定时，所配制的混凝土拌合物的表观密度值就比较稳定地集中在某个区段，这时可取其中一个代表性较好的中间值作为混凝土拌合物的表观密度，基于此原理计算混凝土骨料用量的方法就是质量法。质量法认为每立方米混凝土的质量(即混凝土的表观密度)等于各组成材料的质量之和，可用下式表示：

$$m_{c0} + m_{w0} + m_{s0} + m_{g0} = m_{cp} \tag{5.34}$$

式中：m_{c0}、m_{w0}、m_{s0}、m_{g0}——分别表示 1m³混凝土的水泥用量、用水量、细骨料用量和粗骨料用量(kg)；

m_{cp}——每立方米混凝土拌合物的假定质量(kg)，一般取 2 350～2 450kg。

将已经初步确定的单位用水量、水泥用量等参数代入上式，并与砂率公式联立，即可求出每立方米混凝土中粗、细骨料的用量。联立公式如下：

$$\left.\begin{aligned} \beta_s &= \frac{m_{s0}}{m_{s0} + m_{g0}} \times 100\% \\ m_{c0} + m_{w0} &+ m_{s0} + m_{g0} = m_{cp} \end{aligned}\right\} \tag{5.35}$$

b. 体积法。由于混凝土在拌制前后其体积变化不大，我们也可以假定每立方米混凝土拌合物的体积，等于其组成材料的绝对体积及其所含少量气孔体积的总和，这就是体积法。根据体积法的假定，可以列出下式：

$$\frac{m_{c0}}{\rho_c} + \frac{m_{w0}}{\rho_w} + \frac{m_{s0}}{\rho_s} + \frac{m_{g0}}{\rho_g} + 0.01a = 1 \tag{5.36}$$

式中：ρ_c——水泥的密度(kg/m³)，如果没有直接测定，可在 2 900～3 100kg/m³范围内取值，通常计算中取 3 100kg/m³即可；

ρ_w——水的密度(kg/m³)，可取 1 000kg/m³；

ρ_s——细骨料的表观密度(kg/m³)；

ρ_g——粗骨料的表观密度(kg/m³)；

a——混凝土的含气量百分数，不使用引气型外加剂时，取 $a=1$。

将已经初步确定的水泥用量、单位用水量等参数代入上式，并与砂率公式联立，即可求出每立方米混凝土中粗、细骨料的用量。联立公式如下：

$$\left.\begin{aligned} \beta_s &= \frac{m_{s0}}{m_{s0} + m_{g0}} \times 100\% \\ \frac{m_{c0}}{\rho_c} &+ \frac{m_{w0}}{\rho_w} + \frac{m_{s0}}{\rho_s} + \frac{m_{g0}}{\rho_g} + 0.01a = 1 \end{aligned}\right\} \tag{5.37}$$

⑥计算配合比的确定。通过计算配制混凝土的水灰比、单位用水量和砂率三个基本参数以及随后的进一步求解，即可求出每立方米混凝土各材料的用量(m_{c0}、m_{w0}、m_{s0}、m_{g0})，即为混凝土的计算配合比，即：

$$m_{c0} : m_{s0} : m_{g0} : m_{w0} \tag{5.38}$$

⑦其他应该注意的事项。

a. 外加剂和掺合料的掺量应通过试验确定，并应符合国家现行标准《混凝土外加剂应用技术规范》(GBJ119)、《粉煤灰在混凝土和砂浆中应用技术规程》(JGJ28)、《粉煤灰混凝土应用技术规程》(GBJ146)、《用于水泥与混凝土中粒化高炉矿渣粉》(GB/T18046)等的规定。

b. 当进行混凝土配合比设计时，混凝土的最大水灰比和最小水泥用量应符合表 5－13 中的规定。

c. 长期处于潮湿和严寒环境中的混凝土，应掺用引气剂或引气减水剂。引气剂的掺入量应根据混凝土的含气量并经试验确定，混凝土的最小含气量应符合表 5－27 的规定；混凝土的含气量亦不宜超过 7%。

d. 混凝土中的粗骨料和细骨料应做坚固性试验。粗骨料和细骨料的表观密度应按现行行业标准《普通混凝土用碎石或卵石质量标准及检验方法》(JGJ53)和《普通混凝土用砂质量标准及检验方法规定》(JGJ52)的方法测定。

表 5-27 长期处于潮湿和严寒环境中混凝土的最小含气量

粗骨料最大粒径(mm)	最小含气量(%)
40	4.5
25	5.0
20	5.5

注:含气量的百分比为体积比。

(2)基准配合比的确定。由于混凝土的各项性能波动性较大,受原材料及施工方法的影响比较明显,通过初步计算得到的计算配合比通常不能直接用于实际工程,必须在试验室经过试配、实测和调整,使拌合物的和易性满足设计要求,从而确定出和易性满足要求的基准配合比。

在进行混凝土试配时,应采用工程中实际使用的材料;混凝土的搅拌方法,应与生产时使用的方法相同。

按照初步计算得到的计算配合比称量各材料量分别为 $C_{拌}$、$W_{拌}$、$S_{拌}$、$G_{拌}$,当所用骨料最大粒径 $D_{max} \leqslant 31.5$mm,拌合物的最小体积为 15 L;如果骨料最大粒径 $D_{max}=40$mm,则拌合物的最小体积为 25 L。

①和易性的检验和调整。按标准方法搅拌均匀,测定该拌合物的坍落度或维勃稠度,并目测观察粘聚性和保水性。如果和易性各项指标都符合要求,则此拌合物可进行下一步检验。

如果坍落度不满足要求,或粘聚性和保水性不良,则应在保持水灰比不变的前提下,适当调整用水量或砂率。如果坍落度低于设计要求,应保持水灰比不变和适当水泥浆的数量,亦增加水泥和水的数量。按一般经验,水泥浆每增加 2%~3%,可增大坍落度 10mm。如果坍落度太大,则可在保持砂率不变的前提下,增加砂石的数量。如果出现含砂量不足,粘聚性和保水性不良时,可适当增加砂率;反之,减少砂率。每次调整后,均应进行试拌,直到和易性符合要求为止。

②基准配合比计算。在调整直到和易性满足要求的过程中,记录各材料的调整量 ΔC、ΔW、ΔS、ΔG,并实测调整后的混凝土拌合物表观密度值 $\rho_{c,t}$。计算试配的混凝土拌合物中各材料的用量,如下式:

水泥: $$C'=C_{拌}+\Delta C \tag{5.39}$$

水: $$W'=W_{拌}+\Delta W \tag{5.40}$$

细骨料: $$S'=S_{拌}+\Delta S \tag{5.41}$$

粗骨料: $$G'=G_{拌}+\Delta G \tag{5.42}$$

则混凝土和易性调整合格后,拌合物的总质量 M,如下式:

$$M=C'+W'+S'+G' \tag{5.43}$$

接下来就可以计算基准配合比,如下式:

$$m_{cj}=\frac{C'}{M}\times\rho_{c,t} \tag{5.44}$$

$$m_{wj}=\frac{W'}{M}\times\rho_{c,t} \tag{5.45}$$

$$m_{sj}=\frac{S'}{M}\times\rho_{c,t} \tag{5.46}$$

$$m_{gj}=\frac{G'}{M}\times\rho_{c,t} \tag{5.47}$$

式中：m_{cj}、m_{wj}、m_{sj}、m_{gj}——经试配调整和易性满足要求的每立方米混凝土中水泥、水、细骨料、粗骨料等各材料的用量(kg)，即混凝土的基准配合比；

C'、W'、S'、G'——混凝土拌合物试拌过程中各材料的用量(kg)；

M——和易性调整后混凝土拌合物的总质量(kg)；

$\rho_{c,t}$——混凝土拌合物表观密度实测值(kg/m^3)。

整理得混凝土基准配合比为：

$$m_{cj}:m_{sj}:m_{gj}:m_{wj} \tag{5.48}$$

(3)设计配合比的确定。经试拌调整和易性满足要求的基准配合比，其强度是否满足要求，还需要制作标准试件并在标准条件下养护至28d龄期，实际测定其强度才能最后确定。为此，基准配合比确定之后，需要在试验室内按标准规定的方法制作试件，并进行强度试验。

为了节省时间，保证强度试验在一个周期内(28d)完成，强度试验至少采用三个不同的配合比同时进行，其中一个是基准配合比，另外两个配合比的用水量与基准配合比相同，水灰比则分别较基准配合比增加和减少0.05；用水量应与基准配合比相同，砂率可分别增加或减少1%。当不同水灰比的混凝土拌合物坍落度与要求值的差超过允许偏差时，可通过增、减用水量进行调整。

制作混凝土强度试验试件时，应检验混凝土拌合物的坍落度或维勃稠度、粘聚性、保水性及拌合物的表观密度，并以此结果作为代表相应配合比的混凝土拌合物的性能。同时，制作的混凝土试件每个配合比至少制作一组，在标准条件下养护28d，然后试压，测定各个配合比的混凝土强度值。

根据强度试验结果，以灰水比(C/W)为横坐标，以混凝土试块28d抗压强度标准值为纵坐标，用作图法画出两者的对应关系图线，在图线上找到强度值等于配制强度$f_{cu,o}$的点所对应的灰水比，并应按下列原则确定每立方米混凝土的材料用量。

①用水量(m_w)应在基准配合比用水量的基础上，根据制作强度试件时测得的坍落度或维勃稠度进行调整确定。

②水泥用量(m_c)应以用水量乘以选定出来的灰水比计算确定。

③粗骨料和细骨料用量(m_g和m_s)应在基准配合比的粗骨料和细骨料用量的基础上，按选定的灰水比进行调整后确定。

经试配确定配合比后，尚应按下列步骤进行校正：

①根据上述计算确定的材料用量，按下式计算混凝土的表观密度计算值$\rho_{c,c}$：

$$\rho_{c,c}=m_c+m_s+m_g+m_w \tag{5.49}$$

再按下式计算混凝土配合比校正系数δ：

$$\delta=\frac{\rho_{c,t}}{\rho_{c,c}} \tag{5.50}$$

式中：$\rho_{c,t}$——混凝土表观密度实测值，(kg/m^3)；

$\rho_{c,c}$——混凝土表观密度计算值，(kg/m^3)。

当混凝土的表观密度实测值与计算值之差的绝对值不超过计算值的 2%时，按上述计算确定的配合比 $m_c : m_s : m_g : m_w$ 即为确定的设计配合比；当二者之差超过 2%时，应将配合比中每项材料用量均乘以校正系数 δ，即为确定的设计配合比，即：

$$m_c\delta : m_s\delta : m_g\delta : m_w\delta \tag{5.51}$$

根据本单位常用的材料，可设计出常用的混凝土配合比备用。在使用过程中，应根据原材料情况及混凝土质量检验的结果予以调整。但遇有下列情况之一时，应重新进行配合比设计：①对混凝土性能指标有特殊要求时；②水泥外加剂或矿物掺合料品种质量有显著变化时；③该配合比的混凝土生产间断半年以上时。

(4)施工配合比的计算。经试配、调整，和易性和强度均满足要求后得到的设计配合比可以在工程中实际使用。需要注意的是，设计配合比是以材料的干燥状态为基准的，而在施工现场骨料通常是露天堆放的，含有一定的水分，故在拌制混凝土之前，要测定粗、细骨料的含水率，在称量骨料时应按实际情况对设计配合比进行修正，即将设计配合比换算成施工配合比。

假定施工现场的砂、石含水率分别为 $a\%$、$b\%$，则施工配合比的计算方法如下式所示：

$$m'_c = m_c \tag{5.52}$$

$$m'_s = m_s(1+a\%) \tag{5.53}$$

$$m'_g = m_g(1+b\%) \tag{5.54}$$

$$m'_w = m_w - a\% m_s - b\% m_g \tag{5.55}$$

式中：a、b——分别为细骨料和粗骨料的含水率百分数；

m'_c、m'_s、m'_g、m'_w——分别为施工时每立方米混凝土水泥、砂、石、水等各材料的实际称量数量(kg)，即施工配合比。

5. 普通混凝土配合比设计实例

某商业建筑，钢筋混凝土框架结构，现浇钢筋混凝土柱，强度等级为 C30。施工坍落度要求为 50～70mm，混凝土采用机械搅拌、振捣。施工单位有 C30 混凝土近期统计资料，混凝土强度标准差 σ 为 3.0MPa。施工用各种材料为：①水泥：强度等级为 42.5 级的普通硅酸盐水泥，实测强度为 45.5MPa，密度为 3 100kg/m³；②砂：中砂，细度模数为 2.6，表观密度为 2 650kg/m³；③石子：碎石，最大粒径 D_{max}=20mm，表观密度为 2 700kg/m³；④水：自来水。试设计混凝土配合比。

如果施工时，现场砂含水率 3.0%，石子含水率 1.5%，试求施工配合比。

解：

(1)确定计算配合比。

①计算混凝土配制强度 $f_{cu,o}$。

已知混凝土强度等级为 C30，强度标准差 σ=3.0MPa，则

$$f_{cu,o} = f_{cu,k} + 1.645\sigma = 30 + 1.645 \times 3 = 34.9\,(\text{MPa})$$

②计算混凝土配合比 W/C。

已知采用碎石，则回归系数为 α_a=0.46，α_b=0.07，水泥实测强度为 45.5 MPa 混凝土配制强度为 $f_{cu,o}$=34.9 MPa，则有

$$\frac{W}{C}=\frac{\alpha_a f_{ce}}{f_{cu,o}+\alpha_a\alpha_b f_{ce}}=\frac{0.46\times45.5}{34.9+0.46\times0.07\times45.5}=0.58$$

根据混凝土耐久性校核水灰比，查表 5－13 可知，对于干燥环境的钢筋混凝土，允许的最大水灰比为 0.65，本例计算得到的水灰比为 0.58，小于规定的最大水灰比，故可取 W/C=0.58。

③确定单位体积混凝土用水量 m_{w0}。

已知所用材料为碎石、最大粒径 $D_{max}=20mm$，坍落度要求为 50～70mm，查表 5－9，取 $m_{w0}=205kg$。

④计算单位体积混凝土水泥用量 m_{c0}。

已知 W/C=0.58，单位体积混凝土用水量 $m_{w0}=205kg$，则

$$m_{c,0}=\frac{m_{w0}}{W/C}=\frac{205}{0.58}=353\ (kg)$$

根据混凝土耐久性校核单位体积混凝土最小水泥用量，查表 5－13 可知，对于干燥环境的钢筋混凝土，允许的最小水泥用量为 260kg，本例计算得到的水泥用量为 353kg，大于规定的最小水泥用量，故可取 $m_{c0}=353kg$。

⑤确定合理砂率 β_s。

已知所用材料为碎石、最大粒径 $D_{max}=20mm$，W/C=0.58，查表 5－10，可取 $\beta_s=37\%$。

⑥计算砂石用量 m_{s0}、m_{g0}

已知各种材料表观密度，则可采用体积法来计算砂石材料用量。没有告知混凝土含气量，可按通常情况来处理，即含气量 $a=1$，则

$$\frac{m_{c0}}{\rho_c}+\frac{m_{w0}}{\rho_w}+\frac{m_{s0}}{\rho_s}+\frac{m_{g0}}{\rho_g}+0.01a=\frac{353}{3\ 100}+\frac{205}{1\ 000}+\frac{m_{s0}}{2\ 650}+\frac{m_{g0}}{2\ 700}+0.01\times1=1$$

$$\beta_s=37\%=\frac{m_{s0}}{m_{s0}+m_{g0}}\times100\%$$

可以解出：$m_{s0}=666(kg)$、$m_{g0}=1\ 134(kg)$

⑦确定计算配合比。

依据以上计算，可以整理出该混凝土的计算配合比：

$$m_{c0}:m_{s0}:m_{g0}:m_{w0}=353:666:1134:205$$

(2)确定基准配合比。

基准配合比的确定实际上就是根据计算配合比称量混凝土各种材料用量，按照混凝土和易性的要求，进行试配、调整。

①和易性调整。

已知采用碎石，最大粒径 $D_{max}=20mm$，可知试拌混凝土量为 15L，依据计算配合比，分别计算各材料用量：

水泥用量：$C_{拌}=353\times0.015=5.30(kg)$

砂子用量：$S_{拌}=666\times0.015=10.00(kg)$

石子用量：$G_{拌}=1134\times0.015=17.01(kg)$

拌合水量：$W_{拌}=205\times0.015=3.08(kg)$

经搅拌，进行坍落度试验，同时观察其保水性和粘聚性。测得坍落度值为 45mm，不能满足本例规定的 50～70mm 的要求，故需增加水泥浆的量。依据经验，保持水灰比不变，增加 3%的水泥浆，则调整后的材料用量为：

水泥用量：$C' = C_{拌} + \Delta C = 5.30 + 5.30 \times 3\% = 5.46$(kg)

砂子用量：$S' = S_{拌} + \Delta S = = 10.00 + 0 = 10.00$(kg)

石子用量：$G' = G_{拌} + \Delta G = = 17.01 + 0 = 17.01$(kg)

拌合水量：$W' = W_{拌} + \Delta W = 3.08 + 3.08 \times 3\% = 3.17$(kg)

混凝土拌合物总质量为：$M = C' + W' + S' + G' = 5.46 + 10.00 + 17.01 + 3.17 = 35.64$(kg)

经搅拌，进行坍落度试验，测得坍落度为 65mm，保水性和粘聚性也较好，满足要求。

②确定基准配合比。

混凝土拌合物的表观密度实测值 $\rho_{c,t} = 2\,418\text{kg/m}^3$，则每立方米混凝土各材料用量为：

$$m_{cj} = \frac{C'}{M} \times \rho_{c,t} = \frac{5.46}{35.64} \times 2\,418 = 371(\text{kg})$$

$$m_{sj} = \frac{S'}{M} \times \rho_{c,t} = \frac{10.00}{35.64} \times 2\,418 = 679(\text{kg})$$

$$m_{gj} = \frac{G'}{M} \times \rho_{c,t} = \frac{17.01}{35.64} \times 2\,418 = 1\,154(\text{kg})$$

$$m_{wj} = \frac{W'}{M} \times \rho_{c,t} = \frac{3.17}{35.64} \times 2\,418 = 215(\text{kg})$$

即混凝土基准配合比为：

$$m_{cj} : m_{sj} : m_{gj} : m_{wj} = 371 : 679 : 1\,154 : 215$$

(3)确定设计配合比。

设计配合比的确定就是在基准配合比的基础上，拌制三种不同水灰比的混凝土，并测定其强度，进而确定混凝土强度与灰水比的关系，最终确定设计配合比。

①强度检验与调整。设定三个不同水灰比的混凝土配合比，其中一个为基准配合比。方法是：保持用水量不变，在基准配合比的基础上，水灰比分别增减 0.05，相应的砂率分别增减 1%，得到三组混凝土配合比，假定混凝土表观密度不变，即 $\rho_{c,t} = 2\,418\text{kg/m}^3$，则：

第一组：$W/C = 0.53$；$\beta_s = 36\%$；混凝土配合比为 406 : 647 : 1 150 : 215；

第二组：$W/C = 0.58$；$\beta_s = 37\%$；混凝土配合比为 371 : 679 : 1 154 : 215；

第三组：$W/C = 0.63$；$\beta_s = 38\%$；混凝土配合比为 341 : 708 : 1 154 : 215。

对三种配合比分别进行试拌、调整，测试其坍落度、保水性、粘聚性和表观密度，并制作试件，测定其强度，数据如下：

第一组：坍落度为 50mm，表观密度 $\rho_{c,t} = 2\,430\text{kg/m}^3$，抗压强度 $f_{cu} = 38.4\text{MPa}$，$W/C = 0.53$，$C/W = 1.89$。

第二组：坍落度为 65mm，表观密度 $\rho_{c,t} = 2\,418\text{kg/m}^3$，抗压强度 $f_{cu} = 35.5\text{MPa}$，$W/C = 0.58$，$C/W = 1.72$。

第三组：坍落度为 70mm，表观密度 $\rho_{c,t} = 2\,402\text{kg/m}^3$，抗压强度 $f_{cu} = 31.1\text{MPa}$，$W/C = 0.63$，$C/W = 1.59$。

混凝土配制强度 $f_{cu,0} = 34.9\text{MPa}$，在 35.5 MPa 和 31.1MPa 之间，采用插值法计算灰水比 C/W：

$$C/W = 1.59 + \frac{1.72 - 1.59}{35.5 - 31.1} \times (34.9 - 31.1) = 1.70$$

则其水灰比 W/C 为：

$$W/C=1/(C/W)=1/1.7=0.59$$

即依据上述试验及其计算结果，可知水灰比为 0.59 时的基准配合比可以满足混凝土强度的要求。

②确定设计配合比。由制作强度试件的坍落度来看，$m_{wj}=215$kg 时，混凝土坍落度为 65mm，粘聚性和保水性良好，可满足施工之需要，故选定混凝土用水量为 $m_w=215$kg，则水泥用量为：

$$m_c=m_w\times(C/W)=215\times1.70=366(\text{kg})$$

砂率 $\beta_s=37\%$也可满足要求，则砂石用量分别为：

$$m_s=(\rho_{c,t}\times1-m_c-m_w)\times\beta_s=(2\ 418-215-366)\times37\%=680(\text{kg})$$

$$m_g=\rho_{c,t}\times1-m_c-m_w-m_s=2\ 418-215-366-680=1\ 157(\text{kg})$$

即混凝土配合比为：

$$m_c:m_s:m_g:m_w=366:680:1\ 157:215$$

按上述混凝土配比试拌混凝土，再进行和易性测定，测得坍落度为 66mm，满足本例要求的 50～70mm，且粘聚性、保水性也合格，并测得试拌混凝土的表观密度实测值 $\rho_{c,t}=2\ 410\text{kg/m}^3$，而混凝土的表观密度计算值为：

$$\rho_{c,c}=m_c+m_s+m_g+m_w=2\ 418(\text{kg/m}^3)$$

则

$$\frac{|\rho_{c,t}-\rho_{c,c}|}{\rho_{c,c}}=\frac{|2\ 410-2\ 418|}{2\ 148}=0.3\%<2\%$$

故前述计算的混凝土配合比即为设计配合比，即

$$m_c:m_s:m_g:m_w=366:680:1\ 157:215$$

(4)计算施工配合比。

已知施工现场的砂石均含水，其中砂含水率 3.0%，石子含水率 1.5%，则

$$m'_c=m_c=366(\text{kg})$$

$$m'_s=m_s(1+a\%)=680\times(1+3\%)=700(\text{kg})$$

$$m'_g=m_g(1+b\%)=1\ 157(1+1.5\%)=1\ 175(\text{kg})$$

$$m'_w=m_w-a\%m_s-b\%m_g=215-680\times3\%-1\ 157\times1.5\%=177(\text{kg})$$

(5)有特殊要求的混凝土配合比设计。

对于一些有特殊要求的混凝土，《普通混凝土配合比设计规程》(JGJ55—2000)从原材料、配合比设计方法、试验要求等方面给出了相关的规定。这些特殊要求的混凝土包括抗渗混凝土、抗冻混凝土、高强混凝土、泵送混凝土和大体积混凝土，将在后面陆续介绍。

5.3 混凝土外加剂及掺合料

混凝土外加剂是在混凝土搅拌之前或拌制过程中加入的时掺入的、用以改善新拌混凝土和(或)硬化混凝土性能的材料。

外加剂的使用是混凝土技术的重大突破。混凝土中掺入适量外加剂，可以达到提高混凝土早期或各龄期强度，提高和易性，改善施工条件，降低施工能耗，延缓或降低水化热，调节凝结时间，改善泵送性，节约水泥用量等目的，具有明显的技术、经济效益。外加剂在混凝土中得到了普遍应用，许多国家使用掺外加剂的混凝土已占混凝土总量的 60%～90%，因而，外加剂也逐渐成

为混凝土中的第五组分。

5.3.1 外加剂分类

混凝土外加剂是一个总的称谓，亦可根据其分类和性能，分别给出其更为具体、贴切的命名和定义。根据国家标准《混凝土外加剂的分类、命名与定义》(GB8075—2005)，混凝土外加剂的分类可根据其主要性质、功能或化学成分进行分类。按主要功能可将外加剂进行分类如下：

1. 改善混凝土拌合物流变性能的外加剂

这类外加剂主要包括各种减水剂和泵送剂等。减水剂是指在不影响混凝土和易性条件下，具有减水及增强作用的外加剂。减水剂按原材料及化学成分可分为：木质素磺酸盐类、聚烷基芳基磺酸盐类(俗称煤焦油系减水剂)、磺化三聚氰胺甲醛树脂磺酸盐类(俗称蜜胺类减水剂)，糖蜜类和腐殖酸类减水剂及其他。泵送剂是指能改善混凝土拌合物泵送性能的外加剂。

2. 调节混凝土拌合物凝结时间和硬化性能的外加剂

这类外加剂主要包括缓凝剂、促凝剂、速凝剂和早强剂等。缓凝剂是指能延长混凝土拌合物凝结时间的外加剂。促凝剂是指能缩短混凝土拌合物凝结时间的外加剂。速凝剂是指能使混凝土迅速凝结硬化的外加剂。早强剂是指能加速混凝土早期强度发展的外加剂。

3. 改善混凝土耐久性能的外加剂

这类外加剂主要包括引气剂、防水剂、阻锈剂和矿物外加剂等。

(1)引气剂是指在混凝土搅拌过程中，能引入大量均匀分布、稳定而封闭的微小气泡，且能保留在硬化混凝土中的外加剂。

(2)防水剂是指能提高水泥砂浆、混凝土抗渗性能的外加剂。

(3)阻锈剂是指能抑制或减轻混凝土中钢筋和其他金属预埋件锈蚀的外加剂。

(4)矿物外加剂是在混凝土搅拌过程中加入的、具有一定细度和活性的，用于改善新拌和硬化混凝土性能(特别是混凝土耐久性)的某些矿物类的产品，包括磨细矿渣、磨细粉煤灰、磨细天然沸石和硅灰等。

①磨细矿渣是粒状高炉矿渣经干燥、粉磨等工艺达到规定细度的产品。

②磨细粉煤灰是干燥的粉煤灰经粉磨达到规定细度的产品。

③磨细天然沸石是以一定品味纯度的天然沸石为原料，经粉磨至规定细度的产品。

④硅灰是在冶炼硅铁合金或工业硅时，通过烟道排出的硅蒸气氧化后，经收尘器收集得到的以无定形二氧化硅为主要成分的产品。

⑤复合矿物外加剂是由两种或两种以上矿物外加剂复合而成的产品。

4. 改善混凝土其他性能的外加剂

这类外加剂主要包括加气剂、保水剂、防冻剂、着色剂、膨胀剂等。

(1)加气剂是混凝土制备过程中因发生化学反应，放出气体，使硬化混凝土中有大量均匀分布气孔的外加剂。

(2)保水剂是能减少混凝土或砂浆失水的外加剂。

(3)膨胀剂是在混凝土硬化过程中因化学作用能使混凝土产生一定体积膨胀的外加剂。

(4)防冻剂是能使混凝土在负温下硬化，并在规定养护条件下达到预期性能的外加剂。

(5)着色剂是能制备具有彩色混凝土的外加剂。

(6)絮凝剂是在水中施工时，能增加混凝土黏稠性，抗水泥和集料分散的外加剂。

(7)增稠剂是能提高混凝土拌合物黏度的外加剂。

(8)减缩剂是减少混凝土收缩的外加剂。

(9)保塑剂是在一定时间内,减少混凝土坍落度损失的外加剂。

5.3.2 常用混凝土外加剂

在混凝土外加剂中,表面活性剂占有极为重要的位置。无论是普通的表面活性剂还是高分子表面活性剂,都可以作为制造许多混凝土外加剂产品的主要组分,如减水剂、引气剂等。

1. 减水剂

在混凝土拌合物坍落度基本相同的条件下,能显著减少拌合用水量的外加剂称为减水剂,又叫塑化剂。根据减水能力大小分为普通减水剂和高效减水剂。相对于普通减水剂,高效减水剂的减水能力更强,引气量低,也叫做超塑化剂或流化剂。

减水剂在减少拌合用水量的同时,往往还同时具有引气、缓凝或早强等效果,所以减水剂又有标准型、引气型、缓凝型和早强型等类型,在使用时应根据需要和混凝土的技术要求合理选择。

减水剂的主要技术性质包括减水率、泌水率比、含气量、凝结时间差和各龄期的抗压强度比等。工程中使用时要根据所用类型和品种,按照标准要求进行有关性能的试验。

(1)减水剂的作用机理。减水剂之所以能提高混凝土拌合物的流动性、具有减水效果,是基于以下三方面机理:

①吸附作用。在水泥—水体系中,由于水泥颗粒在溶液中的热运动,在某些边角棱处互相碰撞,相互吸引,水泥颗粒不能充分地,完全地分散在水中,而是一些颗粒在尖角处连接,形成絮凝结构。这些絮凝结构包裹着一些拌合水,减少了拌合物中的有效水分,降低了混凝土的流动性。减水剂属于表面活性物质,其分子由两个基团组成,一端为亲水基团(极性基团),另一端为憎水基团(非极性基团),将减水剂掺入水泥浆中,减水剂分子的憎水基团将定向地吸附于水泥颗粒表面,而亲水基团指向溶液,在水泥颗粒表面构成单分子或多分子吸附膜。由于表面活性剂的定向吸附和亲水基的电离作用,使水泥颗粒表面上带有相同符号的电荷。在电性斥力的作用下,不但使水泥—水体系处于相对稳定的悬浮状态,而且促使水泥在加水初期形成的絮凝状结构分散解体,从而将絮凝结构中的游离水释放出来,达到减水的目的。

②湿润作用。水泥加水拌合后,其颗粒表面被水湿润,湿润程度对混凝土拌合物的性质影响很大。减水剂属于界面活性物质,掺入水泥浆中能降低体系的界面张力,因此能增加水泥颗粒与水的接触面积,即能使水泥颗粒更好地分散。

③润滑作用。润滑作用包括水膜润滑和气泡润滑。减水剂分子的亲水基团极性很强,定向地吸附于水泥颗粒表面后,使水泥颗粒表面形成一层稳定的溶剂化水膜,这层“空间壁障”阻止了水泥颗粒之间的直接接触,并在颗粒间起润滑作用。此外,减水剂的掺入一般伴随着引入一定量的微气泡。这些气泡被减水剂分子定向吸附的分子膜所包围,与水泥颗粒上的吸附所带的电荷符号相同。因而,气泡与气泡、气泡与水泥颗粒间也因具有电性斥力而使水泥颗粒分散,从而增加了水泥颗粒之间的滑动能力(如滚珠轴承的作用),这种润滑作用对掺入引气型减水剂的新拌混凝土更为明显。

综上所述,由于减水剂在水泥—水体系中所起的吸附分散、湿润和润滑作用,所以只要使用较少量的水就可以较容易地将混凝土拌合均匀,使新拌混凝土的和易性得到显著改善,这就是在混凝土中掺加适量减水剂后可以明显减水、塑化效能的基本原理,见图 5-6。

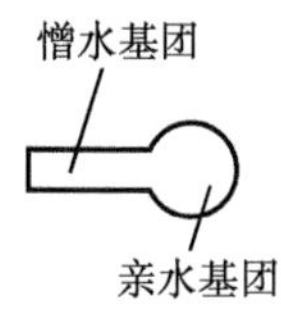

(a)碱水剂分子模型

(b)水泥浆的絮凝结构

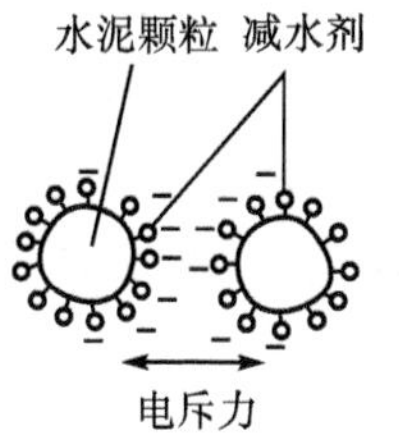

(c)减水剂吸附在水泥颗粒表面

(d)水泥颗粒掺入减水剂后的分散作用

图 5-6 减水剂作用原理

另外,减水剂一般具有缓凝作用,其原理在于减水剂分子的亲水基团能解离出带电离子,并吸附在水泥胶粒表面,使其电位增加。同时,这层离子吸附膜及由于氢键缔合作用所产生的水膜,往往会阻碍水泥颗粒与水之间的接触,因而具有缓凝作用。这种缓凝作用,在使用普通减水剂并且不减少拌合用水量的情况下尤为显著,例如使用木质素磺酸钙及糖蜜类减水剂,能抑制水泥矿物中 C_3A 等矿物的水化速度,缓凝作用比较明显。

(2)减水剂的使用效果。根据工程需要,在混凝土拌合物中加入减水剂,通常可以达到下列不同的效果:

①提高混凝土拌合物的流动性。在拌合水量不变的条件下,掺入减水剂可使混凝土的坍落度提高 100～200mm。

②减少用水量,降低水灰比,提高混凝土强度。在保持拌合物坍落度不变的条件下,能减少用水量 10%～15%。如果水泥用量不变,减少用水量即降低水灰比(W/C),因此能提高混凝土强度 15%～20%。

③节省水泥,降低成本。若保持混凝土强度不变,即保持 W/C 不变,可在减水的同时减少水泥用量,节约水泥 10%～15%,降低混凝土的成本。

④减慢水化放热速度,推迟放热峰的出现。缓凝型减水剂具有延缓水泥水化的作用,其机理是减水剂分子定向吸附在水泥颗粒表面,起抑制和延缓水泥水化的作用,同时,在满足相同强度、相同耐久性要求的条件下,使用减水剂可减少水泥用量,降低总的水化热量。这两点有利于克服大体积混凝土由于温度应力所产生的裂缝。

⑤有利于提高耐久性。掺入减水剂后使拌合物流动性提高,易于浇筑密实,且减少混凝土用水量,可减少混凝土的泌水,使混凝土内部毛细孔孔隙减少,有利于提高混凝土的抗冻性和抗渗性。

此外,在混凝土拌合物中掺入减水剂后,还可以改善混凝土拌合物的泌水、离析现象,延缓混凝土拌合物的凝结时间等。

(3)常用减水剂。减水剂按其效能分为普通减水剂、高效减水剂、早强减水剂、缓凝高效减水剂、缓凝减水剂、引气减水剂等;按其化学成分分为木质素系、萘系、树脂系、糖蜜类和复合型等几类。主要品种如下:

①普通减水剂。混凝土工程中可采用普通减水剂有木质素磺酸钙、木质素磺酸钠、木质素磺酸镁及丹宁等。

②高效减水剂。混凝土工程中可采用下列高效减水剂:

多环芳香族磺酸盐类,如萘和萘的同系磺化物与甲醛缩合的盐类、胺基磺酸盐等;

水溶性树脂磺酸盐类，如磺化三聚氰胺树脂、磺化古码隆树脂等；

脂肪族类，如聚羧酸盐类、聚丙烯酸盐类、脂肪族羟甲基磺酸盐高缩聚物等；

其他，如改性木质素磺酸钙、改性丹宁等。

普通减水剂、高效减水剂进入工地（或混凝土搅拌站）的检验项目应包括 pH 值、密度（或细度）、混凝土减水率，符合要求方可入库、使用。

2. 早强剂

加速混凝土早期强度发展，并对后期强度无显著影响的外加剂称为早强剂。早强剂可以在常温、低温和负温（不低于－5℃）条件下加速混凝土的硬化过程，多用于冬季施工和等要求早期强度较高的混凝土抢修工程。

早强剂主要有无机盐类（氯盐类、硫酸盐类）和有机胺及有机—无机的复合物三大类。其中以无机早强剂应用最为普遍。无机早强剂的主要品种有氯化物系和硫酸盐类；有机早强剂主要有三乙醇胺、三异丙醇胺、甲醇、乙酸钠、甲酸钙、尿素等品种。

早强剂最主要的技术性能指标是 1d 和 28d 抗压强度比。按照国家标准规定，掺入早强剂的混凝土与基准混凝土 1d 抗压强度之比不能低于 125%，28d 抗压强度比不低于 95%。

(1)氯盐类早强剂。氯盐类早强剂主要有氯化钙、氯化钠、氯化钾、氯化铝及三氯化铁等，其中以氯化钙应用最广。氯化钙为白色粉状物，其适宜掺量为水泥质量的 0.5%～1.0%，能使混凝土 3d 强度提高 50%～100%，7d 强度提高 20%～40%，同时能降低混凝土中水的冰点，防止混凝土早期受冻。

氯化钙对混凝土产生早强作用的主要原因，一般认为是它能与水泥中的 C_3A 作用，生成不溶性水化氯铝酸钙（$C_3A \cdot CaCl_2 \cdot 10H_2O$），并与 C_3S 水化析出的氢氧化钙作用，生成不溶性氧氯化钙（$CaCl_2 \cdot 3Ca(OH)_2 \cdot 12H_2O$）。这些复盐的形成，增加了水泥浆中固相的比例，有助于水泥石结构的形成。同时，由于氯化钙与氢氧化钙的迅速反应，降低了液相中的碱度，使 C_3S 水化反应加快，也有利于提高水泥石早期强度。

采用氯化钙作早强剂，最大的缺点是含有 Cl^- 离子，会使钢筋锈蚀，并导致混凝土开裂。因此，《混凝土结构工程施工及验收规范》(GB50204—2002)规定，在钢筋混凝土中，氯化钙的掺量不得超过水泥质量的 1%，在无筋混凝土中掺量不得超过 3%，在使用冷拉和冷拔低碳钢丝的混凝土结构及预应力混凝土结构中，不允许掺用氯化钙。同时还规定，在下列结构的钢筋混凝土中不得掺用氯化钙和含有氯盐的复合早强剂：在高湿度空气环境中、处于水位升降部位、露天结构或经受水淋的结构；与含有酸、碱或硫酸盐等侵蚀性介质相接触的结构；使用过程中经常处于环境温度为 60℃以上的结构；直接靠近直流电源或高压电源的结构等

为了抑制氯化钙对钢筋的锈蚀作用，常将氯化钙与阻锈剂亚硝酸钠（$NaNO_2$）复合使用。

(2)硫酸盐类早强剂。硫酸盐类早强剂，主要有硫酸钠、硫代硫酸钠、硫酸钙、硫酸铝、硫酸铝钾等，其中硫酸钠应用较多。硫酸钠为白色粉状物，一般掺量为 0.5%～2.0%，当掺量为 1%～1.5%时，达到混凝土设计强度 70%的时间，可缩短一半左右。

硫酸钠掺入混凝土后产生早强的原因，一般认为是硫酸钠与水泥水化产物 $Ca(OH)_2$ 作用，生成高分散性的硫酸钙，均匀分布在混凝土中，而它与 CaA 的反应比外掺石膏的作用快得多，能使水化硫铝酸钙迅速生成，大大加快了水泥的硬化。同时，由于上述反应的进行，使得溶液中 $Ca(OH)_2$ 浓度降低，从而促使 C_3S 水化加速，使混凝土早期强度提高。

硫酸钠对钢筋无锈蚀作用，适用于不允许掺用氯盐的混凝土。但由于它与 $Ca(OH)_2$ 作用生

成强碱 NaOH,容易在混凝土中发生碱—骨料反应。为防止碱—骨料反应,硫酸钠严禁用于含有活性骨料的混凝土中。同时,应注意不能超量掺加,以免导致混凝土产生后期膨胀开裂破坏,并防止从水泥石中析出可溶性盐类,如硫酸钠、硫酸钾等,在混凝土表面产生“白霜”。

(3)有机胺类早强剂。有机胺类早强剂,主要有三乙醇胺、三异丙醇胺等,其中早强效果以三乙醇胺为佳。

三乙醇胺为无色或淡黄色油状液体,呈碱性,能溶于水。掺量为水泥质量的 0.02%～0.05%,能使混凝土早期强度提高。三乙醇胺很少单独使用,通常与其他外加剂(如氯化钠、氯化钙、硫酸钠等)复合使用,效果更加显著。三乙醇胺对混凝土稍有缓凝作用,掺量过多会造成混凝土严重缓凝和混凝土强度下降,故应严格控制其掺量。

3. 引气剂

在搅拌混凝土过程中引入大量均匀分布、稳定而封闭的微小气泡(直径 20～1 000μm),从而改善混凝土和易性与耐久性的外加剂叫做引气剂。兼有引气和减水功能的外加剂叫做引气减水剂。

(1)引气剂的分类:引气剂的主要种类有松香树脂类、烷基苯磺酸盐类、脂肪醇磺酸盐类、蛋白质盐及石油磺酸盐等几种,其中以松香树脂类应用最为广泛,其主要品种有松香热聚物和松香皂两种,属憎水性表面活性剂,掺量极少,一般为水泥质量的 0.01%～0.02%。松香热聚物是松香与石炭酸、硫酸、氢氧化钠以一定配比经加热缩聚而成。松香皂由松香经氢氧化钠皂化而成。松香热聚物的适宜掺量为水泥质量的 0.005%～0.02%,混凝土含气量为 3%～5%,减水率为 8%左右。

(2)引气机理:引气剂属憎水性表面活性剂,由于能显著降低水的表面张力和界面能,使水溶液在搅拌过程中极易产生许多微小的封闭气泡,气泡直径多在 50～250μm。同时,因引气剂定向吸附在气泡表面,形成较为牢固的液膜,使气泡稳定而不破裂。按混凝土含气量 3%～5%计(不加引气剂的混凝土含气量为 1%),每立方米混凝土拌合物中含数百亿个气泡。由于大量微小、封闭并均匀分布的气泡的存在,使混凝土的某些性能得到明显改善或改变。

引气剂的主要性能指标是掺引气剂混凝土的含气量,要大于 3.0%,由于引气将造成混凝土强度下降,因此要检验掺引气剂的混凝土 3d、7d、28d 的抗压强度比,必须满足规定的指标。

(3)引气剂对混凝土性能的影响主要表现在以下方面:

①改善混凝土拌合物的和易性。由于在混凝土拌合物中引入了大量球状的、微小且独立的气泡,如同滚珠一样减小骨料之间的摩擦,增强润滑作用,使拌合物的流动性得到提高。随着含气量增加,混凝土的坍落度值增大,大致上含气量每增加 1%,坍落度值提高 10mm;如果保持坍落度不变,可减少拌合用水量大约 6%～10%。同时由于气泡的存在,使整个拌合物体系的表面积增大,能提高拌合物的粘聚性,使泌水和沉降、分层和离析现象减少。因此,引气剂能明显改善混凝土的和易性。

②提高抗冻性和抗渗性。混凝土的抗冻融性能与本身的强度和变形性能密切相关。混凝土中封闭气泡的引入,可缓冲冻结时的膨胀压力,增加混凝土的变形能力,所以抗冻性得到提高。但是,含气量增加会明显降低混凝土的强度,所以引气量要控制在适当水平。实验表明,当混凝土的含气量超过 6%时,抗冻融性不再提高,反而有下降的趋势。对于抗冻性来讲,砂浆的最佳含气量为 9%,混凝土的最佳含气量为 3%～6%。

此外引气剂的掺入能减少混凝土泌水现象,提高和易性,使混凝土内部的毛细孔数量减少,微观结构更加完善密实,因此能够提高混凝土的抗渗性。

③使混凝土的强度和弹性模量降低。混凝土内部大量气泡的存在，减少了混凝土的有效受压面积，因此，掺入引气剂使混凝土的强度和弹性模量有所下降。一般混凝土的含气量每增加1%，其抗压强度将降低4%～6%，抗折强度下降2%～3%。为了使混凝土的强度不致明显降低，要严格控制引气剂的掺量；可根据需要减少拌合用水量5%左右，以补偿由于引气造成的强度损失；同时要使用优质的引气剂，使气泡微小分布均匀；施工时尽量密实成型。

4. 缓凝剂

(1)缓凝剂的分类：能延缓混凝土凝结时间，并对混凝土后期强度发展无不利影响的外加剂称为缓凝剂。缓凝剂主要有四类：糖类，如糖蜜；木质素磺酸盐类，如木钙、木钠；羟基羧酸及其盐类，如柠檬酸、酒石酸；无机盐类，如锌盐、硼酸盐等。常用的缓凝剂是木钙和糖蜜，其中糖蜜的缓凝效果最好。

(2)缓凝机理：糖蜜缓凝剂是制糖下脚料经石灰处理而成，也是表面活性剂，掺入混凝土拌合物中，能吸附在水泥颗粒表面，形成同种电荷的亲水膜，使水泥颗粒相互排斥，并阻碍水泥水化，从而起缓凝作用。糖蜜的适宜掺量为0.1%～0.3%，混凝土凝结时间可延长2～4h。缓凝剂的掺量过大，会使混凝土长期酥松不硬，强度严重下降。

缓凝剂具有缓凝、减水、降低水化热和增强作用，对钢筋也无锈蚀作用。缓凝剂主要适用于大体积混凝土和炎热气候下施工的混凝土，需要延缓凝结，推迟水化放热过程，减少由于温度应力所引起的裂缝。在泵送或运输距离较长的大流动性混凝土，为了保证浇注时必要的流动性也需要加缓凝剂。有时将缓凝剂与高效减水剂复合用于大流动性混凝土，可减少坍落度损失。缓凝剂不宜用于日最低气温5℃以下施工的混凝土，也不宜单独用于有早强要求的混凝土及蒸养混凝土。

使用缓凝剂时要考虑的主要性能指标是凝结时间差和抗压强度比。要求掺缓凝剂后混凝土的初凝和终凝时间至少延缓90min，但3d以后的抗压强度比不低于90%。

(3)缓凝剂对混凝土性质的影响主要表现在以下方面：

①延缓水泥的水化反应，推迟混凝土的初凝和终凝时间。延缓效果除了与缓凝剂品种、掺量有关之外，还与拌合物的组分、水泥品种等有关。由于缓凝作用主要对水化速度快的C_3A效果明显，所以，缓凝剂的掺入不应该对混凝土的后期强度和强度增长产生太大的影响。

②减少早期水化放热量，有利于减少混凝土内部由于水化热引起的温度裂缝。同时缓凝剂分子多数具有分散、减水作用，可以使拌合物的和易性得到改善，因此能够提高混凝土的密实性和耐久性。

③降低混凝土的早期强度。由于抑制了水泥的早期水化，因此掺缓凝剂的混凝土早期强度较低，施工时应注意拆模时间。

5. 膨胀剂

(1)膨胀剂的分类：与水泥、水拌合后经水化反应生成钙矾石、氢氧化钙，能使混凝土产生一定体积膨胀的外加剂称为混凝土膨胀剂。混凝土膨胀剂分为三类，即硫铝酸钙类、硫铝酸钙一氧化钙类和氧化钙类。

(2)膨胀机理：混凝土中的水泥浆体在凝结硬化过程中，由于水化反应、水分蒸发及内吸、温度变化等原因，必然要产生一定量的收缩变形，使混凝土内部产生微裂缝。如果在混凝土中掺入适量的膨胀剂，生成膨胀性物质，则可以补偿水泥凝胶体的收缩，使混凝土内部组织更加密实完好。

(3)膨胀剂在使用过程中的技术指标：主要包括化学成分和物理性能。化学成分主要限制氧化镁含量不超过5%，总碱含量不超过0.75%，氯离子含量不超过0.05%以及含水率不超过3%。限制这些指标主要是为了避免造成混凝土的体积安定性不良、加剧碱骨料反应和钢筋锈蚀作用等等。在产品出厂时对这些化学成分要进行严格检验，而在工程中使用膨胀剂时，一般情况下不再进行化学成分的检验，而重点对膨胀剂的物理力学性质进行复检。

与其他外加剂相比，膨胀剂掺量较大，一般可达到胶凝材料总量的10%以上。在计算膨胀剂掺量时，通常是将膨胀剂计入胶凝材料总量，以膨胀剂用量占胶凝材料总量的百分率作为膨胀剂掺量。检验膨胀剂技术性质时最大掺量为12%，但允许小于12%。如果生产厂家规定产品的掺量小于12%，可以按照产品说明中规定的掺量进行试验。

6. 防冻剂

(1)防冻剂的分类：能使混凝土在负温下硬化，并在规定养护条件下达到预期性能的外加剂称为防冻剂。常用的防冻剂有氯盐类(氯化钙、氯化钠)、氯盐阻锈类(以氯盐与亚硝酸钠阻锈剂复合而成)、无氯盐类(以硝酸盐、亚硝酸盐、碳酸盐、乙酸钠或尿素复合而成)。防冻剂用于在负温条件下施工的混凝土。目前，国产防冻剂品种适用于－15～0℃的气温，当在更低气温下施工时，应增加其他混凝土冬季施工措施，如暖棚法、原料(砂、石、水)预热法等。

(2)防冻剂的适用：氯盐类防冻剂适用于无筋混凝土；氯盐阻锈类防冻剂适用于钢筋混凝土；无氯盐类防冻剂适用于钢筋混凝土工程和预应力钢筋混凝土工程。硝酸盐、亚硝酸盐、碳酸盐易引起钢筋的应力腐蚀，故此类防冻剂不适用于预应力混凝土以及与镀锌钢材部位相接触的钢筋混凝土结构。另外，含有六价铬盐、亚硝酸盐等有毒成分的防冻剂，严禁用于饮水工程及与食品接触的部位。

防冻剂主要用于冬季、室外气温低于0 ℃时施工的混凝土工程，主要性能指标是抗压强度比。标准中规定了－5 ℃、－10 ℃、－15 ℃等三个试验温度，在实际使用时根据当地的气温适当地选择其中之一进行防冻剂性能的试验。试验时基准混凝土和受检混凝土按照规定方法设计配合比，坍落度值均控制在(30±10)mm范围内。基准混凝土采用标准养护条件养护至28d测定抗压强度(R_c)，作为基准强度；受检混凝土成型后按照不同负温度对应预养护时间在成型室内预养护后，送入低温箱，在规定的负温度下带模养护至7d龄期，以及脱模后转标准条件再养护28d，测定负温度养护7d的强度(R_{-7})以及转标准养护28d的混凝土强度(R_{-7+28})，并求与基准混凝土强度的比值，即为不同养护制度的抗压强度比。

7. 防水剂

能降低砂浆、混凝土在静水压力下的透水性的外加剂叫做防水剂。硬化后的混凝土内部不可避免会存在一些孔隙，在有静水压力的作用下，水分将通过毛细孔渗透到混凝土内部。一些处于地下、挡水部位的混凝土或砂浆要求具有优良的抗渗性，这时掺入防水剂能够明显提高混凝土的抗渗透能力。

(1)防水剂的分类：防水剂的种类有无机质防水剂和有机质防水剂两大类。无机质防水剂主要包括硅酸钠、硅质粉末、锆化合物等；有机质防水剂主要包括脂肪酸系物质、石蜡乳液、沥青乳液、水溶性树脂等。

(2)防水机理：防水剂掺入混凝土中所起的作用有两种，一种是填充到毛细孔中，堵塞混凝土内部的渗水通道，从而提高抗渗性；另一种作用是使混凝土具有憎水性，使混凝土表面甚至表面下的一部分覆盖层有一定的憎水性，降低毛细孔吸水作用。能起到堵塞作用的主要是一些无机粉末状防水剂，通常不与混凝土中的成分发生化学反应；而具有憎水作用的通常是有机质类防水剂，如可溶性皂类，这些可溶性皂类同水泥水相中的钙离子反应，生成不溶性的钙盐，沉积在毛细管的壁上，一方面起堵孔作用，同时使得这些毛细管管壁变成憎水性的表面。

有些防水剂掺入混凝土中后，能降低水泥浆体中的游离水，使水泥浆体变得比较黏稠，在提高抗渗性的同时，也具有提高混凝土强度的作用。用于砂浆的防水剂的防水能力用透水压力比表示，用于混凝土的防水剂的防水效果用渗透高度比来表示。所谓透水压力比，即按照标准规定的方法进行砂浆的透水性试验，计算受检砂浆的透水压力与基准砂浆的透水压力之比，通常砂浆掺入防水剂后其透水压力比可达到200%～300%，即抵抗水渗透的能力提高2～3倍；渗透高度比采用混凝土抗渗试验方法，分别对基准混凝土和受检混凝土试件在固定水压力下进行抗渗试验，然后切开试件，测量各自的渗水高度，受检混凝土的渗透高度与基准混凝土的渗透高度之比即为渗透高度比，通常渗透高度比值为30%～40%。可见，掺入防水剂后砂浆和混凝土的抗渗透能力均提高2～3倍。

在检测防水能力的同时，还要检验掺防水剂的砂浆或混凝土泌水率、凝结时间差、吸水量、抗压强度比、对钢筋的锈蚀作用等性能指标。

8. 矿物外加剂

按照国家标准《高强高性能混凝土用矿物外加剂》GB/T18736—2002的解释，高强高性能混凝土用矿物外加剂是在混凝土搅拌过程中加入的，具有一定细度和活性的，用于改善新拌和硬化混凝土性能(特别是混凝土耐久性)的某些矿物类的产品。根据国家标准《混凝土外加剂的分类、命名与定义》GB8075－2005和国家标准《高强高性能混凝土用矿物外加剂》GB/T18736—2002，通常使用的矿物外加剂，包括磨细粉煤灰、硅灰、磨细天然沸石和磨细矿渣等，各种矿物外加剂的技术要求，可以参考国家标准《高强高性能混凝土用矿物外加剂》GB/T18736—2002的规定。

(1)粉煤灰。粉煤灰是由在燃烧煤粉的锅炉烟气中收集到的细粉末，其颗粒多呈球形，表面光滑，是燃煤电厂排出的主要固体废物。煤粉在炉膛中呈悬浮状态燃烧，绝大部分可燃物都在炉内烧尽，其中的不燃物则混杂在高温烟气中排出。这些不燃物因受到高温作用而部分熔融，同时由于其表面张力的作用，形成大量细小的球形颗粒。在烟气排放过程中，随着烟气温度降低，一部分熔融的细粒因受到一定程度的急冷呈玻璃体状态，从而具有较高的潜在活性。这些细小的球形颗粒，经过除尘器分离、收集，即为粉煤灰。

①粉煤灰技术要求。粉煤灰的活性，主要来自其中含有的活性SiO_2和活性$A1_2O_3$，在碱性条件下，这些活性物质具有一定的水硬性，形成胶凝体。故而，当粉煤灰中含有较多CaO时，对于粉煤灰的水硬性的发挥是非常有利的。据此，国外把CaO含量超过10%的粉煤灰称为C类灰，而低于10%的粉煤灰称为F类灰。C类灰本身具有一定的水硬性，可作水泥混合材料；F类灰常作混凝土掺和材料，它比C类灰的水化热要低。我国国家标准《用于水泥和混凝土中的粉煤灰》GB/T1596—2005中，将粉煤灰按煤种分为F类和C类。C类粉煤灰是由褐煤或次烟煤煅烧收集的粉煤灰，F类粉煤灰由无烟煤或烟煤煅烧收集的粉煤灰。

粉煤灰的物理性质中，细度和粒度是比较重要的项目。它直接影响着粉煤灰的其他性质，粉煤灰越细，细粉占的比重越大，其活性也越大。粉煤灰的细度会影响混凝土的早期水化反应，而其化学成分会影响混凝土后期的反应。粉煤灰可用于拌制混凝土和砂浆，也可用做水泥活性混合材料，其中，拌制混凝土和砂浆用粉煤灰又可分为三个等级：Ⅰ级、Ⅱ级、Ⅲ级。我国国家标准《用于水泥和混凝土中的粉煤灰》GB/T1596—2005对这两种用途的粉煤灰的技术要求分别作出了相应的规定，见表5-28和表5-29。

表 5-28 拌制混凝土和砂浆用粉煤灰的技术要求

项目	技术要求:不大于(%)		
	Ⅰ级	Ⅱ级	Ⅲ级
细度(45um方孔筛筛余),不大于(%)	12	25	45
需水量比,不大于(%)	95	105	115
烧矢量,不大于(%)	5	8	15
含水量,不大于(%)	1		
三氧化硫,不大于(%)	3		
游离氧化钙,不大于(%)	1(F类粉煤灰)		
	4(C类粉煤灰)		
安定性(雷氏夹沸煮后增加距离),不大于/mm	5		

注:除表中单独注明外,其他技术指标对于F类和C类粉煤灰均适用。

表 5-29 水泥活性混合材料用粉煤灰技术要求

项目	技术要求
烧矢量,不大于(%)	8
含水量,不大于(%)	1
三氧化硫,不大于(%)	3.5
游离氧化钙,不大于(%)	1(F类粉煤灰)
	4(C类粉煤灰)
安定性(雷氏夹沸煮后增加距离),不大于/mm	5(C类粉煤灰)
强度活性指数,不大于(%)	70

注:除表中单独注明外,其他技术指标对于F类和C类粉煤灰均适用。

②粉煤灰效果。粉煤灰掺入混凝土,通常能够起到如下作用:作为微骨料,填充混凝土内部微小孔隙,改善混凝土孔隙结构,提高混凝土密实度;作为活性材料,粉煤灰含有的活性成分与水泥水化产物中的氢氧化钙反应,生成水硬性胶凝成分,起到胶凝材料的作用;作为球状颗粒,具有滚珠效果,提高混凝土流动性,起到减少混凝土用水量的效果。

基于以上效果,在混凝土中掺入粉煤灰,可对混凝土性能产生以下有利作用:节约水泥和细骨料;减少用水量;改善混凝土拌和物的和易性,增强混凝土的可泵性;降低水化热,防止大体积混凝土温度裂缝;提高混凝土密实度,改善混凝土抗渗和抗冻能力,提高混凝土强度和耐久性。另外,由于粉煤灰消耗了混凝土中水泥水化产物中的氢氧化钙,因此导致混凝土早期强度有所降低,但后期强度会增加同时,粉煤灰降低了混凝土的碱度,导致混凝土对钢筋的保护能力有所降低。

粉煤灰掺入混凝土的方法,通常有三种,分别介绍如下:

a. 外掺:在混凝土水泥用量不变的条件下,向混凝土中掺入一定量的粉煤灰,用以改善混凝土拌合物的和易性;

b. 等量取代:以高品质的粉煤灰取代同等质量的水泥,用以节约水泥;

c. 超量取代:向混凝土中掺入较大数量的粉煤灰,其中一部分粉煤灰用以取代水泥的作用,另外一部分粉煤灰取代部分细骨料,并用以改善混凝土拌合物的和易性。

按照国家标准《粉煤灰混凝土应用技术规范》GBJ146—90的规定:当粉煤灰混凝土配合比设计采用超量取代法时,超量系数可按表5-30选用;当混凝土超强较大或配制大体积混凝土时，可采用等量取代法；当主要为改善混凝土的和易性时，可采用外加法。粉煤灰在各种混凝土中取代水泥的最大限量(以重量计)，则应符合表 5-31 的规定。

表 5-30 粉煤灰的超量系数

粉煤灰等级	超量系数
Ⅰ	1.1～1.4
Ⅱ	1.3～1.7
Ⅲ	1.5～2.0

表 5-31 粉煤灰取代水泥的最大限量

混凝土种类	粉煤灰取代水泥的最大限量(%)			
	硅酸盐水泥	普通硅酸盐水泥	矿渣硅酸盐水泥	火山灰质硅酸盐水泥
预应力钢筋混凝土	25	15	10	—
钢筋混凝土；高强度混凝土；高抗冻融性混凝土；蒸养混凝土	30	25	20	15
中低强度混凝土；泵送混凝土；大体积混凝土；水下混凝土；地下混凝土；压浆混凝土	50	40	30	20
碾压混凝土	65	55	45	35

(2)硅灰。硅灰是在冶炼硅铁合金或工业硅时，通过烟道排出的硅蒸气氧化后，经收尘器收集得到的以无定形二氧化硅为主要成分的产品。硅灰中细度小于 1μm 的占 80%以上，平均粒径在 0.1～0.3μm，比表面积为 18.5～20m^2/g。其细度和比表面积约为水泥的 80～100 倍，粉煤灰的 50～70 倍。硅灰颗粒呈玻璃球体，具有很高的火山灰活性，可用来配制高强混凝土。灰的有效取代系数高达 3～4，即 1kg 硅灰可取代 3～4kg 水泥，其掺量一般为水泥用量的 5%～10%。

硅灰能够填充水泥颗粒间的孔隙，同时与水化产物生成凝胶体，与碱性材料氧化镁反应生成凝胶体。在水泥基混凝土、砂浆与耐火材料浇注料中，掺入适量的硅灰，可起到如下作用：

①硅灰是高强混凝土的必要成分，可以显著提高混凝土的抗压、抗折、抗渗、防腐、抗冲击及耐磨性能。

②普通混凝土和低水泥浇注料中使用硅灰，可有效降低成本，提高耐久性，延长混凝土的使用寿命。特别是在氯盐污染侵蚀、硫酸盐侵蚀、高湿度等恶劣环境下，可使混凝土的耐久性提高一倍甚至数倍。

③可有效防止发生混凝土碱骨料反应。

④具有高浇注型耐火材料的致密性。在与 Al_2O_3 并存时，更易生成莫来石相，使其高温强度，抗热振性增强。

硅灰的掺量一般为胶凝材料量(重量)的 5%～10%。硅灰的掺入方法，分为内掺和外掺。内掺是在保持用水量不变的前提下，用 1 份硅粉取代 3～5 份水泥(重量)，可保持混凝土抗压强度不变，从而提高混凝土的其他性能。外掺是在保持水泥用量不变的前提下，掺入硅灰，以提高混凝土强度和其他性能。

由于硅灰具有高比表面积，因而其需水量很大。在混凝土掺入硅灰时，会有一定量的坍落度损失，故而在设计掺入硅灰的混凝土配合比时要充分注意这一点。通常，在施工中将硅灰与减水剂配合使用，并复掺粉煤灰和磨细矿渣以改善其施工性。

硅灰的技术要求，可以参考国家标准《高强高性能混凝土用矿物外加剂》GB/T18736—2002的相关规定，见表5-32。

表5-32 硅灰的技术要求

试验项目			指标要求
化学性能	烧失量(质量分数)(%)	≤	6
	氯离子(质量分数)(%)	≤	0.02
	二氧化硅(质量分数)/%	≥	85
物理性能	比表面积(m^2/kg)	≥	15000
	含水率(%)	≤	3.0
胶砂性能	需水量比(%)	≤	125
	活性指数(28d强度百分比)(%)	≥	85

(3)磨细天然沸石。磨细沸石粉是以一定品位纯度的天然沸石为原料，经粉磨至规定细度的产品。沸石是火山熔岩形成的一种架状结构的碱土金属铝硅酸盐矿物。由于含有一定量活性SiO_2和Al_2O_3，能与水泥水化产生的$Ca(OH)_2$作用，生成胶凝物质。沸石的晶体结构是由硅(铝)氧四面体连成三维的格架，格架中有各种大小不同的空穴和通道，具有很大的开放性和内表面积。

自然界已发现的沸石有30多种，较常见的沸石矿物有：浊沸石、片沸石、辉沸石、斜发沸石、毛沸石、菱沸石、丝光沸石、方沸石等，用作混凝土矿物外加剂的主要的是斜发沸石和丝光沸石。沸石粉用作混凝土矿物外加剂时，其主要效果有改善混凝土拌合物的和易性和提高混凝土强度。

根据中华人民共和国建筑工业行业标准《混凝土和砂浆用天然沸石粉》JG/T3048的规定，沸石粉可分为三个质量等级，见表5-33。

表5-33 沸石粉的技术要求

技术指标		质量等级		
		Ⅰ	Ⅱ	Ⅲ
吸铵值，mmol/100g	不小于	130	100	90
细度(80μm方孔筛筛余)(%)	不小于	4	10	15
沸石粉水泥胶砂需水量比(%)	不小于	125	120	120
沸石粉水泥胶砂28天抗压强度比(%)	不小于	75	70	62

中华人民共和国行业标准《天然沸石粉在混凝土与砂浆中应用技术规程》JGJ/T112—97规定：Ⅰ级沸石粉宜用于强度等级不低于C60的混凝土；Ⅱ级沸石粉宜用于强度等级低于的C60混凝土，经专门试验后也可用于C60以上的混凝土；Ⅲ级沸石粉宜用于砌筑砂浆和抹灰砂浆，经专

门试验后亦可用于强度等级低于 C60 的混凝土。

配制沸石粉混凝土和砂浆时，宜用强度等级为 42.5 级以上的硅酸盐水泥、普通硅酸盐水泥和矿渣硅酸盐水泥，不宜用火山灰质硅酸盐水泥、粉煤灰硅酸盐水泥和复合硅酸盐水泥。采用后三种水泥时应经试验确定。

沸石粉在混凝土中的掺量，宜按等量置换法取代水泥，其取代率不宜超过表 5-34 的规定。超过限量时，应经试验确定。

表 5-34　沸石粉取代水泥的取代率(%)

混凝土强度等级	硅酸盐水泥	普通硅酸盐水泥	矿渣硅酸盐水泥
C15～C30	20	20	15
C35～C45	15	15	10
C45 以上	10	10	5

(4)磨细矿渣。磨细矿渣是粒状高炉矿渣经干燥、粉磨等工艺达到规定细度的产品。

高炉矿渣的活性与化学成分有关，但更取决于冷却条件。慢冷的矿渣具有相对均衡的结晶结构，常温下水硬性差。水淬急冷阻止了矿物结晶，因而形成大量的无定形活性玻璃体结构或网络结构，具有较高的潜在活性。在激发剂的作用下，其活性被激发出来，能起到水化硬化作用而产生强度。水渣具有潜在的水硬性胶凝性能，在水泥熟料、石灰、石膏等激发剂作用下，可表现出水硬胶凝性能，是优质的水泥原料。粒化高炉矿渣粉，简称矿渣粉，根据国家标准《用于水泥和混凝土的粒化高炉矿渣粉》GB/T18046—2008 的规定，指的是以粒化高炉矿渣为主要原料，可掺加少量石膏磨制成一定细度的粉体。粒化高炉矿渣被分成三个级别，各级的技术指标见表 5-35。

表 5-35　粒化高炉矿渣粉的技术指标要求

项　目		级别		
		S105	S95	S75
密度(g/cm^3)　≥		2.8		
比表面积(m^2/kg)　≥		350		
活性指数(%)　≥	7d	95	75	55
	28d	105	95	75
流动度比(%)　≥		95		
含水量(质量分数)(%)　≤		1.0		
三氧化硫(质量分数)(%)　≤		4.0		
氯离子(质量分数)(%)　≤		0.06		
烧失量(质量分数)(%)　≤		3.0		
玻璃体含量(质量分数)(%)　≥		85		
放射性		合格		

矿渣微粉用作混凝土的矿物外加剂能改善或提高混凝土的综合性能，其作用机理在于矿渣

微粉在混凝土中具有微集料效应、微晶核效应和火山灰效应，而且还可以提高混凝土的抗渗性，降低水化热，防止温度升高引起的裂缝，抑制混凝土的碱—集料反应。在这些方面，它与粉煤灰的作用基本相同。

由于掺入磨细矿渣的混凝土的浆体结构较致密，且磨细矿渣能吸收水泥水化生成的 $Ca(OH)_2$，改善了混凝土的界面结构，对混凝土耐久性带来了有利的影响。由于磨细矿渣混凝土的高抗渗性，而且磨细矿渣还具有较强的吸附氯离子能力，有效地阻止氯离子渗透或扩散进入混凝土，提高了混凝土抗氯离子渗透能力，使掺入磨细矿渣的混凝土比普通混凝土在有氯离子环境中，可以显著地提高对钢筋的保护作用。

另外，掺入的磨细矿渣能与水泥水化产生的氢氧化钙发生反应，使得混凝土中的碱含量降低。随矿粉掺量的增加，混凝土碳化的深度和速度也增加。

5.3.3 外加剂技术指标及应用

1. 混凝土外加剂技术指标

根据《混凝土外加剂》GB8076—2008，混凝土外加剂的技术性能指标分为受检混凝土性能指标及外加剂匀质性两部分。

所谓受检混凝土，是指按照国家标准规定的试验条件配制的掺有外加剂的混凝土。受检混凝土性能指标应符合国家标准《混凝土外加剂》GB8076—2008 的规定要求。

外加剂的匀质性是表示外加剂自身质量稳定均匀的性能，用来控制产品生产质量的稳定、统一、均匀，检验产品质量和质量仲裁。匀质性指标应符合国家标准《混凝土外加剂匀质性试验方法》GB8077—2000 的规定要求。

2. 水泥和外加剂适应性、外加剂掺量及掺加方法

外加剂是混凝土的重要组成部分，它在混凝土中掺量虽然不多（一般为水泥重量的 0.005%～5%），但对混凝土的性能（如和易性、耐久性、强度及凝结时间等）和经济效益影响很大，特别是水泥和外加剂适应性的问题，直接关系到外加剂的使用效果，因此必须引起重视。

水泥与外加剂的适应性是一个十分复杂的问题，至少受到下列因素的影响：

(1)水泥，主要包括矿物组成、细度、游离氧化钙含量、石膏加入量及形态、水泥熟料碱含量、碱的硫酸饱和度、混合材种类及掺量、水泥助磨剂等因素。

(2)外加剂的种类和掺量。如萘系减水剂的分子结构，包括磺化度、平均分子量、分子量分布、聚合性能、平衡离子的种类等。

(3)混凝土配合比，尤其是水胶比、矿物外加剂的品种和掺量。

(4)混凝土搅拌时的加料程序、搅拌时的温度、搅拌机的类型等。

遇到水泥和外加剂不适应的问题，必须通过试验，对不适应因素逐个排除，找出其中原因。

另外，使用外加剂时，一般应根据产品说明书的推荐掺量、掺加方法、注意事项及对水泥的适应情况，结合具体使用要求（如提高各龄期强度、改善和易性、调节凝结时间、增加含气量、提高抗渗及抗冻性能等）、混凝土施工条件、配合比以及原材料、气温环境因素等，通过试验确定适宜的掺量及掺加方法。

3. 使用外加剂时的主要注意事项

外加剂的使用效果受到多种因素的影响，因此，选用外加剂时应特别予以注意：

(1)外加剂的品种应根据工程设计和施工要求选择。应使用工程原材料，通过试验及技术经济比较后确定。

(2)几种外加剂混合使用时，应注意不同品种外加剂之间的相容性及其对混凝土性能的影响。使用前应进行试验，满足要求后，方可使用。如聚羧酸系高性能减水剂与萘系减水剂不宜混合使用。

(3)严禁使用对人体产生危害、对环境产生污染的外加剂。用户应注意工厂提供的混凝土外加剂安全防护措施的有关资料，并遵照执行。

(4)对钢筋混凝土和有耐久性要求的混凝土，应按有关标准规定严格控制混凝土中氯离子含量和碱的数量。混凝土中氯离子含量和总碱量是指其各种原材料所含氯离子和碱含量之和。

(5)由于聚羧酸系高性能减水剂的掺加量对其性能影响较大，用户应注意按照标准确定并计量。

5.4 其他混凝土

5.4.1 轻混凝土

自混凝土广泛用于建筑的近200多年来，人们一直不懈地探求降低混凝土自重的途径。随着混凝土技术的发展，强度高、密度小的轻混凝土已成为现代混凝土技术的重要发展方向之一。

轻混凝土是指表观密度不大于1 950kg/m^{3}的混凝土。轻混凝土按其孔隙结构分为轻集料混凝土(即多孔集料轻混凝土)，多孔混凝土(主要包括加气混凝土和泡沫混凝土等)和大孔混凝土(即无砂混凝土或少砂混凝土)。轻混凝土与普通混凝土相比，其最大特点是容重轻、具有良好的保温性能。表观密度为500～1 400kg/m^{3}的轻混凝土，主要用作有保温要求的墙体、屋面或各种热工构筑物的保温层；表观密度1 400～1 900kg/m^{3}的结构轻混凝土，由于自重轻、弹性模量低、抗震性能好、耐火性能也较好等特点，主要用作工业与民用建筑，特别是高层建筑和桥梁工程的承重结构。

1. 轻骨料混凝土

轻骨料混凝土是指用轻粗骨料、轻砂(或普通砂)、水泥和水配制而成的干体积密度不大于1 950kg/m^{3}的混凝土。轻骨料混凝土是一种轻质、多功能的新型建筑材料，用于建筑工程，有利于减轻结构重量，改善保温隔热和吸声性能。

轻骨料按来源不同分为三类：①天然轻骨料(如浮石、火山渣及轻砂等)；②工业废料轻骨料(如粉煤灰陶粒、膨胀矿渣、自燃煤矸石等)；③人造轻骨料(如膨胀珍珠岩、页岩陶粒、黏土陶粒等)。

轻骨料混凝土干表观密度一般为600～1 950kg/m^3，按干表观密度共分为14个等级，即600～1 900密度等级，每增加100kg/m^{3}为一个密度等级，每个密度等级又有一定的变化范围，如600密度等级的变化范围为560～650kg/m^3，700密度等级的变化范围为660～750kg/m^3，依此类推。

轻骨料混凝土按立方体抗压强度标准值分为13个等级，即CL5、CL7.5、CL10、CL15、CL20、CL25、CL30、CL35、CL40、CL45、CL50、CL55、CL60。

轻骨料混凝土有多种分类方法。按细骨料品种分，有全轻混凝土和砂轻混凝土两类。当粗细骨料均为轻骨料时，称为全轻混凝土；当粗骨料为轻骨料，细骨料则为部分轻骨料加部分普通砂或全部为普通砂时，称为砂轻混凝土。按粗骨料品种分，有浮石混凝土、粉煤灰陶粒混凝土、黏土陶粒混凝土、页岩陶粒混凝土、膨胀矿渣珠混凝土等。按用途分，有保温轻骨料混凝土、结构保温轻骨料混凝土和结构轻骨料混凝土三类，见表5-36。

表 5-36 轻骨料混凝土按用途分类

类别名称	混凝土强度等级的合理范围	混凝土密度等级的合理范围	用途
保温轻骨料混凝土	LC5	≤800	主要用于保温的围护结构或热工构筑物
结构保温轻骨料混凝土	LC5、LC7.5、Lc10、LC15	800～1 400	主要用于既承重又保温的围护结构
结构轻骨料混凝土	LC15、LC20、LC25、LC30、LC35、LC40、LC45、LC50、LC60	1 400～1 900	主要用于承重构件或构筑物

轻骨料混凝土的技术性质包括和易性、抗压强度和强度等级、密度等级、弹性模量、收缩和徐变、导热性、抗冻性等。轻骨料混凝土由于其轻骨料具有颗粒表观密度小、总表面积大、易于吸水等特点，所以其拌合物适用的流动范围比较窄。过大的流动性会使轻骨料上浮、离析；过小的流动性则会使捣实困难。流动性的大小主要取决于用水量，由于轻骨料吸水率大，因而其用水量的概念与普通混凝土略有区别。加入拌合物中的水量称为总用水量，可分为两部分，一部分被骨料吸收，其数量相当于 1h 的吸水量，这部分水称为附加用水量，其余部分称为净用水量，使拌合物获得要求的流动性和保证水泥水化的进行。净用水量可根据混凝土的用途及要求的流动性来选择。另外，轻骨料混凝土的和易性也受砂率的影响，尤其是采用轻细骨料时，拌合物和易性随着砂率的提高而有所改善，故而轻骨料混凝土的砂率一般比普通混凝土的砂率略大。

2. 多孔混凝土

多孔混凝土中无粗、细骨料，内部充满大量细小封闭的孔，孔隙率高达 60%以上。多孔混凝具有以下特点：土质轻，其表观密度不超过 1 200kg/m^3，通常在 300～800kg/m^{3}之间；保温性能优良，导热系数随其表观度降低而减小；可加工性好，可锯、可刨、可钉、可钻，并可用胶粘剂黏结。

根据气孔产生方法的不同，多孔混凝土可分为加气混凝土和泡沫混凝土两种。近年来，也有用压缩空气经过充气介质弥散成大量微气泡，均匀地分散在料浆中而形成多孔结构。这种多孔混凝土称为充气混凝土。根据养护方法不同，多孔混凝土可分为蒸压多孔混凝土和非蒸压（蒸养或自然养护）多孔混凝土两种。由于蒸压加气混凝土在生产和制品性能上有较多优越性，以及可以大量地利用工业废渣，故近年来发展应用较为迅速。

(1)蒸压加气混凝土。蒸压加气混凝土是用钙质材料（水泥、石灰）、硅质材料（石英砂、尾矿粉、粉煤灰、粒状高炉矿渣、页岩等）和适量加气剂为原料，经过磨细、配料、搅拌、浇注、切割和蒸压养护（在压力为 0.8MPa～1.5MPa 下养护 6～8h）等工序生产而成。

加气剂一般采用铝粉膏，它能迅速与钙质材料中的 $Ca(OH)_2$ 发生化学反应产生 H_2，形成气泡，使料浆形成多孔结构。除铝粉膏外，也可采用双氧水、碳化钙、漂白粉等作为加气剂。

蒸压加气混凝土通常是在工厂预制成砌块或条板等制品。蒸压加气混凝土砌块按其强度和干密度划分产品等级。根据国家标准《蒸压加气混凝土砌块》(GB/T11968—2006)规定，强度级别有 A1.0，A2.0，A2.5，A3.0，A3.5，A5.0，A7.5，A10 共七个级别；干密度级别分有 B03，B04，B05，B06，B07，B08 共六个级别。各强度级别和密度级别的要求具体参见《蒸压加气混凝土砌块》(GB/T11968—2006)的相关规定。

蒸压加气混凝土砌块适用于承重和非承重的内墙和外墙。①强度等级 A3.5 级、密度等级

B05 和 B06 级的砌块用于横墙承重的房屋时，其楼层数不得超过三层，总高度不超过 10m；②强度等级 A5.0 级、密度等级 B06 级和 B07 级的砌块，一般不宜超过五层，总高度不超过 16m。蒸压加气混凝土砌块可用作框架结构中的非承重墙。表观密度为 B03，B04，B05 的蒸压加气混凝土砌块，可用作保温层。蒸压加气混凝土的吸水率大，且强度较低，所以其所用砌筑砂浆及抹面砂浆与砌筑砖墙时不同，需专门配制。墙体外表面必须作饰面处理，与门窗固定方法也与砖墙不同。

加气混凝土条板可用于工业和民用建筑中，作为承重和保温合一的屋面板和隔墙板。条板均配有钢筋，钢筋必须预先经防锈处理。另外，还可用加气混凝土和普通混凝土预制成复合墙板，用作外墙板。蒸压加气混凝土还可做成各种保温制品，如管道保温壳等。

(2)泡沫混凝土。泡沫混凝土是将由水泥等拌制的料浆与由泡沫剂搅拌产生的泡沫混合搅拌，再经浇注、养护硬化而成的多孔混凝土。

泡沫混凝土在机械搅拌作用下，能产生大量均匀而稳定的气泡，硬化后在混凝土内部形成大量孔隙。配制自然养护的泡沫混凝土时，水泥强度等级不宜低于 32.5，否则强度太低。当生产中采用蒸汽养护或蒸压养护时，不仅可缩短养护时间，而且能提高强度，还能掺用粉煤灰、煤渣或矿渣，以节省水泥，甚至可以全部利用工业废渣代替水泥。如以粉煤灰、石灰、石膏等为胶凝材料，再经蒸压养护，制成蒸压泡沫混凝土。

泡沫混凝土的技术性质和应用，与相同表观密度的加气混凝土大体相同。也可在现场直接浇注，用作屋面保温层。

3. 大孔混凝土

大孔混凝土是由粒径相近的粗骨料、水泥和水配制而成的一种轻质混凝土，又称无砂混凝土。这种混凝土由于没有细骨料，水泥浆只是包裹在粗骨料表面，将它们胶结在一起，但不起填充空隙的作用，因而形成一种具有大孔结构的混凝土。

大孔混凝土按其粗骨料的种类，可分为普通无砂大孔混凝土和轻骨料大孔混凝土两类。普通大孔混凝土是用碎石、卵石、重矿渣等配制而成，体积密度为 1 500～1 950kg/m^3，抗压强度为 3.5～10MPa，主要用于承重及保温外墙体。轻骨料大孔混凝土则是用陶粒、浮石、碎砖、煤渣等配制而成，体积密度为 600～1 500kg/m^3，抗压强度为 1.5～7.5MPa，主要用于自承重的保温外墙体。无砂大孔混凝土的体积密度为 1 500～1 800kg/m^3，抗压强度为 3.5～10MPa，其导热系数小，保温性能好，吸湿性较小，透水性大，由于不存在毛细孔，故抗冻性好。有时为了提高大孔混凝土的强度，也可掺入少量细骨料，这种混凝土称为少砂混凝土。

大孔混凝土的导热系数小，保温性能好，收缩一般较普通混凝土小 30%～50%，抗冻性优良。

大孔混凝土由于无砂或少砂，故水泥用量较少，一般只需 150～200kg/m^{3}的混凝土。水灰比宜小，一般为 0.4～0.5，且应严格控制用水量，以免因浆稀导致水泥浆流淌沉入底部，造成上层骨料缺浆，使混凝土强度不匀，质量下降。

大孔混凝土宜采用单一粒级的粗骨料，如粒径为 10～20mm 或 10～30mm。不允许采用小于 5mm 和大于 40mm 的骨料。水泥宜采用等级为 32.5 或 42.5 的水泥。水灰比(对轻骨料大孔混凝土为净用水量的水灰比)可在 0.3～0.4 之间取用，应以水泥浆能均匀包裹在骨料表面不流淌为准。

大孔混凝土适用于制作墙体小型空心砌块、砖和各种板材，也可用于现浇墙体。普通大孔混凝土还可制成滤水管、滤水板等，广泛用于市政工程。

5.4.2 抗渗混凝土

抗渗混凝土，也称防水混凝土，是指抗渗等级为P6级及以上的混凝土，主要用于水工工程、地下基础工程、屋面防水工程等。

(1)提高抗渗性的措施。抗渗混凝土通过合理选择混凝土配合比和骨料级配，并掺加适量外加剂，以达到提高混凝土的密实度，改善孔隙结构，从而减少渗透通道，提高结构的抗渗性。常用的办法是掺用引气型外加剂，使混凝土内部产生不连通的气泡，截断毛细管通道，改变孔隙结构，从而提高混凝土的抗渗性。此外，减小水灰比，选用适当品种及强度等级的水泥，保证施工质量，特别是注意振捣密实、养护充分等，都对提高抗渗性能有重要作用。

(2)抗渗混凝土的分类。目前常用的抗渗混凝土有普通抗渗混凝土、外加剂抗渗混凝土等。当设计有要求时，可采用掺膨胀剂抗渗混凝土和膨胀水泥抗渗混凝土。

(3)根据《普通混凝土配合比设计规程》(JGJ55—2000)，抗渗混凝土所用原材料应符合下列规定：①粗骨料宜采用连续级配，其最大粒径不宜大于40mm，含泥量不得大于1％，泥块含量不得大于0.5％；②细骨料的含泥量不得大于3％，泥块含量不得大于1％；③外加剂宜采用防水剂、膨胀剂、引气剂、减水剂或引气减水剂；④抗渗混凝土宜掺用矿物掺合料。

(4)抗渗混凝土配合比的计算方法和试配步骤，除应遵守普通混凝土配合比的相关规定外，尚应符合下列规定：每立方米混凝土中的水泥和矿物掺合料总量不宜小于320kg；砂率宜为35％～45％；供试配用的最大水灰比应符合表5-14的规定。

掺用引气剂的抗渗混凝土，其含气量宜控制在3％～5％。

(5)进行抗渗混凝土配合比设计时，尚应增加抗渗性能试验，并应符合下列规定：试配要求的抗渗水压值应比设计值提高0.2 MPa；试配时，宜采用水灰比最大的配合比做抗渗试验；掺引气剂的混凝土还应进行含气量试验，其含气量宜控制在3％～5％。

抗渗混凝土的施工与验收，根据《混凝土结构工程施工及验收规范》(GB50204—2002)的规定，对有抗渗要求的混凝土结构，其混凝土试件应在浇筑地点随机取样。同一工程、同一配合比的混凝土，取样不应少于一次，留置组数可根据实际需要确定。其他要求与普通混凝土要求一样执行，具体参考规范要求。

5.4.3 抗冻混凝土

抗冻等级等于F50以及大于F50的混凝土称为抗冻混凝土。

(1)混凝土的冻融破坏原因是：混凝土中水结冰后发生体积膨胀，当膨胀力超过其抗拉强度时，便使混凝土产生微细裂缝，反复冻融裂缝不断扩展，导致混凝土强度降低直至破坏。提高混凝土抗冻性的关键是提高密实度，措施是减小水灰比，掺加引气剂或减水型引气剂等。

(2)根据《普通混凝土配合比设计规程》(JGJ55—2000)，抗冻混凝土所用原材料应符合下列规定：

①应选用硅酸盐水泥或普通硅酸盐水泥，不宜使用火山灰质硅酸盐水泥。

②宜选用连续级配的粗骨料，其含泥量不得大于1％，泥块含量不得大于0.5％。

③细骨料的含泥量不得大于3％，泥块含量不得大于1％。

④抗冻等级F100及以上的混凝土，所用的粗骨料和细骨料均应进行坚固性试验，并应符合现行行业标准《普通混凝土用碎石或卵石质量标准及检验方法》及《普通混凝土用砂质量标准及检验方法》的规定。

⑤抗冻混凝土宜采用减水剂，对抗冻等级F100及以上的混凝土应掺引气剂，掺用后混凝土

的含气量应符合表 5－27 的规定。

抗冻混凝土配合比的计算方法和试配步骤，除应遵守普通混凝土配合比设计的规定外，供试配用的最大水灰比尚应符合表 5－15 的规定。

进行抗冻混凝土配合比设计时，尚应增加抗冻融性能试验。

5.4.4 高强混凝土

一般地，将强度等级为 C60 级及以上的混凝土称之为高强混凝土。据《高强混凝土结构设计与施工规程 CECS104:99》规定："高强混凝土为采用水泥、砂、石、高效减水剂等外加剂和粉煤灰超细矿渣硅灰等矿物掺合料以常规工艺配制的 C50～C80 级混凝土。"

(1)高强混凝土的优点。高强混凝土作为一种新的建筑材料，以其抗压强度高、抗变形能力强、密度大、孔隙率低的优越性，在高层建筑结构、大跨度桥梁结构以及某些特种结构中得到广泛的应用。高强混凝土最大的特点是抗压强度高，一般为普通强度混凝土的 4～6 倍，故可减小构件的截面，因此最适宜用于高层建筑。高强混凝土材料也为预应力技术提供了有利条件，可采用高强度钢材和人为控制应力，从而大大地提高了受弯构件的抗弯刚度和抗裂度，工程上越来越多地采用施加预应力的高强混凝土结构，应用于大跨度房屋和桥梁中。此外，利用高强混凝土密度大的特点，可用作建造承受冲击和爆炸荷载的建(构)筑物，如原子能反应堆基础等。

(2)根据《普通混凝土配合比设计规程》(JGJ55—2000)，配制高强混凝土所用原材料应符合下列规定：

①应选用质量稳定强度等级不低于 42.5 级的硅酸盐水泥或普通硅酸盐水泥。

②对强度等级为 C60 级的混凝土，其粗骨料的最大粒径不应大于 31.5mm；对强度等级高于 C60 级的混凝土，其粗骨料的最大粒径不应大于 25mm；针片状颗粒含量不宜大于 5%；含泥量不应大于 0.5%；泥块含量不宜大于 0.2%；其他质量指标应符合现行行业标准《普通混凝土用碎石或卵石质量标准及检验方法》的规定。

③细骨料的细度模数宜大于 2.6，含泥量不应大于 2%，泥块含量不应大于 0.5%，其他质量指标应符合现行行业标准《普通混凝土用砂质量标准及检验方法》的规定。

④配制高强混凝土时应掺用高效减水剂或缓凝高效减水剂。

⑤配制高强混凝土时应掺用活性较好的矿物掺合料，且宜复合使用矿物掺合料。

(3)高强混凝土配合比的计算方法和步骤，除应按普通混凝土配合比计算的规定进行外，尚应符合下列规定：

①基准配合比中的水灰比，可根据现有试验资料选取。

②配制高强混凝土所用砂率及所采用的外加剂和矿物掺合料的品种、掺量，应通过试验确定。

③计算高强混凝土配合比时，其用水量可按普通混凝土用水量的规定确定。

④高强混凝土的水泥用量不应大于 550kg/m^3，水泥和矿物掺合料的总量不应大于 600kg/m^3。

高强混凝土配合比的试配与确定的步骤，应按普通混凝土的相关规定进行，当采用三个不同的配合比进行混凝土强度试验时，其中一个应为基准配合比，另外两个配合比的水灰比宜较基准配合比分别增加和减少 0.02～0.03。

高强混凝土设计配合比确定后，尚应用该配合比进行不少于 6 次的重复试验进行验证，其平均值不应低于配制强度。

5.4.5 泵送混凝土

泵送混凝土，是指混凝土拌合物的坍落度不低于 100mm 并用泵送施工的混凝土。

泵送混凝土作为大流动性混凝土，坍落度高达100～180mm，用混凝土泵通过输送管道输送到浇筑地点进行浇筑。它适用于隧道混凝土、高层建筑的混凝土、大面积或大体积浇筑的混凝土和其他混凝土的输送和浇灌。

(1)根据《普通混凝土配合比设计规程》(JGJ55—2000)，配制泵送混凝土所用原材料应符合下列规定：

①泵送混凝土应选用硅酸盐水泥、普通硅酸盐水泥、矿渣硅酸盐水泥和粉煤灰硅酸盐水泥，不宜采用火山灰质硅酸盐水泥。

②粗骨料宜采用连续级配，其针片状颗粒含量不宜大于10%，粗骨料的最大粒径与输送管径之比宜符合表5-37的规定。

③泵送混凝土宜采用中砂，其通过0.315mm筛孔的颗粒含量不应少于15%。

④泵送混凝土应掺用泵送剂或减水剂，并宜掺用粉煤灰或其他活性矿物掺合料，其质量应符合国家现行有关标准的规定。

表5-37 粗骨料的最大粒径与输送管径之比

石子品种	泵送高度(m)	粗骨料最大粒径与输送管径比
碎石	<50	≤1∶3.0
	50～100	≤1∶4.0
	>100	≤1∶5.0
卵石	<50	≤1∶2.5
	50～100	≤1∶3.0
	>100	≤1∶4.0

(2)泵送混凝土配合比的计算和试配步骤，除应按普通混凝土配合比设计的规定进行外，尚应符合下列规定：

①泵送混凝土的用水量与水泥和矿物掺合料的总量之比不宜大于0.6。

②泵送混凝土的水泥和矿物掺合料的总量不宜小于550kg/m^3。

③泵送混凝土的砂率宜为35%～45%。

④掺用引气型外加剂时其混凝土含气量不宜大于4%。

5.4.6 大体积混凝土

大体积混凝土是指混凝土结构物实体最小尺寸等于或大于1m，或预计会因水泥水化热引起混凝土内外温差过大而导致裂缝的混凝土。

(1)大体积混凝土与普通混凝土的区别。表面上看是厚度不同，但其实质的区别是由于混凝土中水泥水化要产生热量，大体积混凝土内部的热量不如表面的热量散失得快，造成内外温差过大，其所产生的温度应力可能会使混凝土开裂。因此判断是否属于大体积混凝土既要考虑厚度这一因素，又要考虑水泥品种、强度等级、每立方米水泥用量等因素，比较准确的方法是通过计算水泥水化热所引起的混凝土的温升值与环境温度的差值大小来判别，一般来说，当其差值小于25℃时，其所产生的温度应力将会小于混凝土本身的抗拉强度，不会造成混凝土的开裂，当差值大于25℃时，其所产生的温度应力有可能大于混凝土本身的抗拉强度，造成混凝土的开裂，此时就可判定该混凝土属大体积混凝土。

(2)根据《普通混凝土配合比设计规程》(JGJ55—2000),配制大体积混凝土所用原材料应符合下列规定:

①水泥应选用水化热低和凝结时间长的水泥,如低热矿渣硅酸盐水泥、中热硅酸盐水泥、矿渣硅酸盐水泥、粉煤灰硅酸盐水泥、火山灰质硅酸盐水泥等;当采用硅酸盐水泥或普通硅酸盐水泥时,应采取相应措施延缓水化热的释放。

②粗骨料宜采用连续级配,细骨料宜采用中砂。

③大体积混凝土应掺用缓凝剂减水剂和减少水泥水化热的掺合料。

大体积混凝土在保证混凝土强度及坍落度要求的前提下,应提高掺合料及骨料的含量,以降低每立方米混凝土的水泥用量。

大体积混凝土配合比的计算和试配步骤,应按普通混凝土的配合比设计规程的规定进行,并宜在配合比确定后进行水化热的验算或测定。

大体积混凝土浇筑完毕后,应在养护期间测定混凝土表面和内部的温度,其拆模温差应符合设计要求。当设计未提出要求时,温差不宜大于25℃。要降低浇筑温度必须从降低混凝土出机温度入手,其目的是降低大体积混凝土的总温升值和减小结构的内外温差。降低混凝土出机温度最有效的方法是降低石子的温度,由于夏季气温较高,为防止太阳的直接照射,可在砂、石堆场搭设简易遮阳装置,必要时向骨料喷射水雾或使用前作淋水冲洗。在控制混凝土的浇筑温度方面,通过计算混凝土的工程量,做到合理安排施工流程及机械配置,调整浇筑时间为以夜间浇筑为主,少在白天进行,以免因暴晒而影响施工质量。

混凝土浇筑完毕后,应及时采取养护措施。其养护时间可按表5-38控制。

表5-38 大体积混凝土养护时间

序号	水泥品种	养护时间(d)
1	硅酸盐水泥、普通硅酸盐水泥	14
2	火山灰质硅酸盐水泥、矿渣硅酸盐水泥、低热微膨胀水泥、矿渣硅酸盐大坝水泥	21
3	现场掺粉煤灰的水泥	

5.4.7 喷射混凝土

喷射混凝土是用压缩空气喷射施工的混凝土。它是将水泥、砂、细石子和速凝剂配合拌成干料装入喷射机,借助高压气流使干料通过喷头与水迅速拌合,以很高的速度喷射到施工面上,使混凝土与施工面紧密地黏结在一起,形成完整而稳定的混凝土衬砌层。

喷射混凝土具有较高的密实度和强度,抗压强度为25～40 MPa,与岩石的黏结力强,抗渗性能好。使用喷射混凝土时一般不用或少用模板,施工简便,可在高空或狭小工作区内的任意方向操作,在铁道工程中常用于隧道的喷锚支护、隧道衬砌层,桥梁、隧道的加固修补等,还可用于薄壁结构、岩石地下工程、矿井支护工程和修补建筑混凝土构件的缺陷等。

喷射混凝土所用细、粗骨料应符合普通混凝土的规定,此外细骨料细度模数应大于2.5,含泥量不应大于3%;粗骨料最大粒径不宜大于16mm,并宜采用连续粒级,含泥量不应大于1%。

喷射混凝土所用液体速凝剂除普通混凝土的规定外,尚应进行与水泥适应性和速凝效果检验,其掺量不宜超过水泥质量的5%;水泥净浆初凝时间不应大于5min,终凝时间不应大于10min。喷射混凝土亦可按需要掺入其他外加剂,其掺量应通过试验确定。

喷射混凝土的配合比设计除应符合普通混凝土的规定外，其灰骨比宜为1∶4～1∶5；水灰比宜为0.4～0.5；砂率宜为45%～60%；水泥用量不宜小于400kg/m³，混凝土拌合物的坍落度宜为80～130mm。

5.4.8 水下混凝土

在地面上拌制，在水下灌注和硬化的混凝土称为水下灌注混凝土，简称水下混凝土。在桥墩、基础、钻孔桩等工程水下部分的施工中采用水下混凝土，可以省去加筑围堰、基底防渗、基坑排水等辅助工程，从而可以缩短工期、降低成本。

水下混凝土的浇筑应在静水中进行，防止流水冲刷，并且需要采用特殊的竖向导管施工法，连续不间断地进行浇筑。导管使用前应进行充水加压检查。

水下混凝土施工用水泥除应符合规定外，其初凝时间不应早于2h。水下混凝土施工用粗骨料除应符合普通混凝土规定外，宜采用连续级配，其最大粒径，不应大于导管内径的1/4或钢筋净距的1/4(仅有单层钢筋时，则最大粒径不应大于钢筋净距的1/3，且不宜大于60mm)。

水下混凝土配合比设计除应符合普通混凝土的规定外，其配制强度应较普通混凝土的配制强度提高10%～20%；水泥用量不宜小于350kg/m³；当掺用外加剂、掺合料时，水泥用量可减少，但不得小于300kg/m³。

水下混凝土的坍落度宜为180mm～220mm，在可能与水接触的最初浇筑阶段，坍落度可适当减少。

思考与练习

1. 试述建筑砂浆的分类。
2. 试述砌筑砂浆的技术性质要求。
3. 试述砂浆的强度等级及其确定方法。
4. 试述水泥混合砂浆配合比设计的一般步骤。
5. 试述防水砂浆的常用做法。
6. 试述普通混凝土的组成材料及其在混凝土中的作用。
7. 试述细骨料的级配和粗细程度的概念及其评价方法。
8. 试述砂石级配对混凝土性能的影响。
9. 试述混凝土拌合物和易性定义及其评价内容、混凝土拌合物的测定方法。
10. 试述影响混凝土拌合物和易性的因素及其原理。
11. 试述改善混凝土拌合物耐久性的措施。
12. 试述混凝土立方体抗压强度和混凝土强度的标准值定义，并简述混凝土强度等级划分原理及混凝土强度等级。
13. 试述影响混凝土强度的因素及其影响原理。
14. 试述水泥强度等级和水灰比对混凝土的强度的影响及其原理。
15. 试述混凝土养护温度和湿度对混凝土强度发展的影响及混凝土养护措施。
16. 试述采用标准试样和非标准试样测得的混凝土强度的换算方法，并简述其原理。
17. 试述提高混凝土强度的措施。
18. 试述混凝土的耐久性的定义及提高混凝土耐久性的措施。
19. 试述混凝土强度控制方法及其规定。

20. 简述混凝土的质量指标的内容。

21. 简述混凝土质量的初步控制和生产控制。

22. 试述混凝土外加剂的分类。

23. 简述混凝土减水剂的作用机理及其技术经济效果。

24. 简述混凝土矿物外加剂的分类及其作用。

25. 简述普通混凝土配合比设计的基本要求和资料准备。

25. 试述普通混凝土配合比设计中的三个重要参数及其确定方法。

28. 试述普通混凝土配合比设计的步骤和方法。

29. 试述普通混凝土配合比计算中体积法和质量法的原理。

30. 试述普通混凝土配合比设计中如何利用鲍罗米公式计算水灰比。

本章练习题

1. 用 32.5 级普通硅酸盐水泥、石灰膏、砂，拌制 M7.5 混合砂浆，试设计其配合比。假定砂的干堆积密度为 1 570kg/m^3，施工单位水平一般。

2. 已知混凝土试块的测试荷载如下表，试计算每组试块的强度和试块强度的代表值。

组别	试块尺寸(mm)	测试荷载(kN)		
		1	2	3
1	200×200×200	985	970	953
2	150×150×150	640	540	692
3	100×100×100	202	226	193

3. 已知某干燥环境使用的混凝土梁，混凝土设计强度等级为 C20。施工要求坍落度为 50～70mm，机械搅拌、机械振捣，该施工单位无历史统计资料。采用的材料：普通水泥，实测 28d 抗压强度 47.2 MPa，密度＝3.10kg/cm^3；河砂，表观密度 2.65g/cm^3，堆积密度 1 550kg/m^3；碎石，表观密度 2.70g/cm^3，堆积密度 1 650kg/m^3，最大粒径为 20mm；自来水。试求混凝土的配合比（计算配合比）。

4. 已知混凝土的设计配合比为 1∶2.13∶4.21，W/C＝0.58，混凝土的用水量 W＝185kg。施工现场砂子含水率 3%，石子含水率 1%。

试求：

(1)混凝土的施工配合比。

(2)每次搅拌时，向搅拌机中加入 2 袋水泥，试求其他材料的用量。

第6章 建筑钢材

本章学习要求

1. 了解钢材的基本类别
2. 理解钢材的化学成分对其技术性质的影响
3. 掌握钢材的主要技术性质
4. 掌握土木工程中常用的建筑钢材的技术标准及选用

建筑钢材是指用于建筑工程方面的各种钢材，包括各种型钢、钢板、钢筋和钢丝等制品。建筑钢材密实、强度高、品质均匀，具有良好的塑性和韧性，不仅能铸成各种形状的铸件，而且也能承受冲击和振动荷载以及各种形式的加工压力，能够进行焊接、铆接和切割，易于加工和装配。

钢材在建筑中主要用于钢结构和钢筋混凝土结构。工程中主要用于钢结构中的各种型材，如角钢、槽钢、工字钢、圆钢、钢板、钢管等。由于钢结构自重轻，适用于建造高层及大跨度结构。用于钢筋混凝土结构的各种钢筋，如各种钢筋、钢丝、钢绞线等。钢材及于混凝土复合的钢筋混凝土和预应力混凝土，已经成为现代建筑结构的主体材料。因此，钢材是建筑工程中最重要的材料之一。钢材的缺点是容易生锈，维护费用大，耐火性差。

6.1 钢的冶炼与分类

6.1.1 钢的冶炼

钢和铁的主要成分都是铁元素和碳元素，两者的主要区别在于含碳量不同。钢的含碳量小于2.06％(常用的钢材含碳量在1.3％以下)，而铁的含碳量大于2.06％。

钢是由生铁冶炼而成，生铁是一种碳铁合金，由铁矿石、焦炭和少量石灰石等在高温作用下进行还原反应和其他的化学反应，使铁矿石中的氧化铁形成金属铁，然后再吸收碳而成的。生铁的主要成分是铁，但含有较多的碳、磷、硫、硅、锰等杂质，所以生铁硬而脆，塑性和韧性差，抗拉强度很低，不能进行焊接、锻造、轧制等加工，在建筑中很少应用。炼钢的目的就是将熔融的生铁进行氧化，使碳的含量降低到一定的限度，即降低到2.06％以下，同时把其他杂质的含量也降低到允许范围内，以显著改善其技术性能，提高质量。

炼钢的过程就是降低生铁含碳量并除去其他杂质的精炼过程。在炼钢的过程中，由于采用的冶炼方法不同，除掉碳及其他杂质的程度也不同，所得到的钢材质量有较大差别。

目前，炼钢方法主要有转炉炼钢法、平炉炼钢法和电炉炼钢法两种。

1. 转炉炼钢法

以熔融的铁水为原料，在转炉中倒入铁水后，在炉的底部或侧面吹入空气进行冶炼，称为空气转炉炼钢法。这种方法冶炼时间短，设备投资少，炼钢成本低，但空气中含有氮、氢等有害气体，所以钢材的可焊性、抗冲击性、抗腐蚀性差。

氧气转炉炼钢法是现代炼钢法的主流。它是以纯氧吹入炼钢炉的铁水中，能有效地除去硫、磷等杂质，使钢的质量显著提高。但炼钢的成本比较高。常用来炼制较优质碳素钢和合金钢。

2. 平炉炼钢法

平炉炼钢法与转炉炼钢法不同，它是以固体或液体的生铁、铁矿石或废钢为原料，以煤气、煤油或重油为燃料进行冶炼，杂质是靠铁矿石、废钢中的氧或吹入的氧起氧化作用而除去。

平炉炼钢法的时间比较长(4～12h)，易调整和控制成分，钢中的杂质除得比较彻底，杂质少，钢材质量较好，但成本比转炉高。平炉炼钢法主要用于冶炼优质碳素结构钢和合金钢或有特殊要求的钢种。

3. 电炉炼钢法

电炉炼钢法以电为能源，将废钢及生铁等原料迅速加热熔化，并精炼成钢。其热源是高压电弧，冶炼温度高而且可以自由调节，清除杂质比较容易、彻底，钢材质量好，但耗电量大，成本高。电炉炼钢法主要用于冶炼优质碳素钢及特殊合金钢。

6.1.2 钢材的分类

1. 按脱氧程度分类

在冶炼钢的过程中，由于氧化作用使部分铁被氧化，并残留在钢水中，使钢的质量降低。因此，在浇铸钢锭之前，需加入脱氧剂进行脱氧，使氧化铁还原为金属铁。常用的脱氧剂有锰铁、硅铁和铝等，其中以铝最佳。

根据脱氧程度不同，钢可分为沸腾钢(F)、镇静钢(Z)及特殊镇静钢(TZ)三种。

(1)沸腾钢(F)。沸腾钢是脱氧不完全的钢。钢液中含氧量较高，有较多的氧化亚铁(FeO)，它与碳发生化学反应，产生大量的CO气体，在钢液凝固时，气泡从钢液中冒出，在液面出现“沸腾”现象。这种钢的塑性较好，有利于冲压，但钢中的碳、硫、磷等杂质分布不均匀，偏析较严重，使钢的冲击韧性及可焊性较差，但生产成本低，可用于一般的建筑结构。

(2)镇静钢(Z)。镇静钢是脱氧充分、铸锭时钢液平静的钢，基本无CO气泡产生。镇静钢组织致密，化学成分均匀，力学性能好，是质量较好的钢种。但是生产成本较高。镇静钢可用于承受冲击荷载的重要建筑结构。

(3)特殊镇静钢(TZ)。特殊镇静钢是比镇静钢脱氧还要充分彻底的钢，所以其质量最好，适用于特别重要的结构工程。

2. 按化学成分分类

按钢中的化学成分不同，钢材可以分为碳素钢和合金钢两大类。

(1)碳素结构钢。含碳量小于2%的结构钢称为碳素结构钢。碳素结构钢的化学成分主要是铁元素，其次是碳元素，也称铁碳合金。此外，碳素结构钢中还含有少量的硅、锰，极少量的硫、磷等元素。其中碳的含量对钢的性能影响最显著，根据含碳量的多少可分为：①低碳钢(C＜0.25%)；②中碳钢(C＜0.25%～0.60%)；③高碳钢(C＞0.60%)。

(2)合金钢。合金钢是指在冶炼过程中加入一种或几种其他合金元素(如锰、硅、钒等)而生成的钢。钢中加入少量的合金元素后，既能改善钢的力学性能和工艺性能，也能获得某种特殊的物理化学性能。合金钢按合金元素含量的多少分为：①低合金钢(合金元素总含量＜5%)；②中合金钢(合金元素总含量5%～10%)；③高合金钢(合金元素总含量＞10%)。

3. 按有害杂质含量分类

按钢中有害杂质的不同分类，即钢按质量等级分类，可以分为普通钢、优质钢、高级优质钢和特级优质钢四种。

(1)普通钢：硫含量≤0.050%；磷含量≤0.045%。

(2)优质钢：硫含量≤0.035%；磷含量≤0.035%。

(3)高级优质钢:硫含量≤0.025%;磷含量≤0.025%。

(4)特级优质钢:硫含量≤0.025%;磷含量≤0.015%。

4. 按用途分类

钢按用途可分以下三类:

(1)结构钢主要用于工程结构构件及机械制造等,一般为低碳钢和中碳钢。

(2)工具钢主要用于各种工具、量具及模具的钢,一般为高碳钢。

(3)特殊钢是具有特殊物理、化学或力学性能的钢,如不锈钢、耐热钢耐酸钢等,一般为合金钢。

6.2 建筑钢材的力学性能与工艺技能

在建筑工程中,掌握钢材的性能是合理选用钢材的基础。钢材的性能主要包括力学性能(抗拉性能、冲击韧性、硬度和耐疲劳性能)、工艺性能(冷弯性能、焊接性能和热处理性能等)和化学性能等。建筑钢材的力学性能是其主要性能,它对结构的科学性、合理性、安全性和经济性起着决定作用。

6.2.1 钢材的力学性能

1. 钢筋的拉伸性能

抗拉性能是建筑钢材最常采用、最重要的力学性能,通过对钢材的拉力试验,可测定钢材的屈服点、抗拉强度及伸长率三项重要技术指标。建筑钢材的拉伸性能用低碳钢拉伸时的应力与应变曲线图来阐明。将低碳钢制成一定规格的试件,放在材料试验机上进行拉伸试验,见图6-1,根据试验可以绘出见图6-2$\sigma-\varepsilon$关系曲线。低碳钢受力拉至拉断,全过程可划分为四个阶段:弹性阶段(O—A)、屈服阶段(A—B)、强化阶段(B—C)、颈缩阶段(C~D)。

图6-1 钢筋的拉伸试验

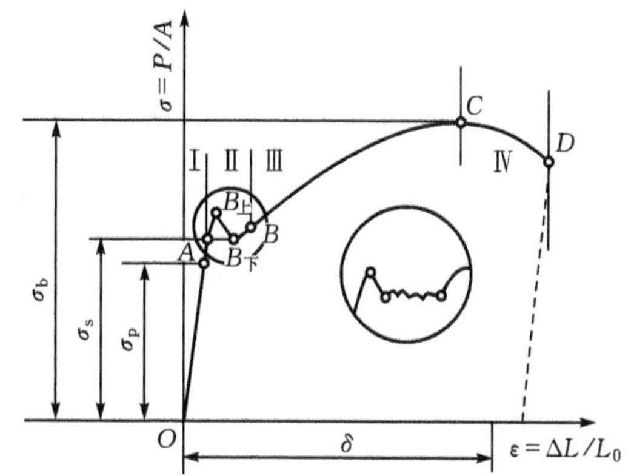

图6-2 低碳钢受拉的应力—应变图

(1)弹性阶段(OA段)。在O—A阶段,OA段是一条直线,应力与应变成正比。如卸去荷载,试件将恢复原状,该阶段称为弹性阶段。该阶段的变形为弹性变形。在此阶段,只产生弹性变形,弹性模量E为常数,$E=\sigma/\varepsilon$,与A点对应的应力称为弹性极限以σ_P表示。弹性模量反映的是钢材抵抗弹性变形的能力,是钢材在受力条件下计算结构变形的重要指标。常用的低碳钢的弹性模量E约为$2.0\sim2.1\times10^5$MPa,弹性极限σ_P约为180~200MPa。

(2)屈服阶段(AB段)。在A—B阶段,即应力超过A点后,应变增长的速度大于应力增长的速度,应力、应变不再成正比关系,开始出现塑性变形。当应力达$B_上$点后(上屈服点),瞬时下

降至 $B_{下}$点(下屈服点),变形迅速增加,而此时外力则大致在恒定的位置上波动,出现小锯齿形线段,直到 B 点,这就是所谓的"屈服现象",所以 AB 段称为屈服阶段。$B_{下}$点较稳定、易测,故一般以 $B_{下}$对应的应力称为屈服点(屈服强度),用 σ_S表示,设计中一般以屈服点作为强度取值依据。因钢材受力达屈服点后,变形即迅速发展,尽管尚未破坏但已不能满足使用要求。常用的低碳钢的屈服强度 σ_S约为 185~235MPa。对屈服现象不明显的钢,规定以 0.2%残余变形时的应力作为屈服强度。

该阶段在材料万能试验机上表现为指针不动(即使加大送油)或来回窄幅摇动。

(3)强化阶段(BC 段)。在 B—C 阶段,试件在屈服阶段后,由于钢材内部组织结构发生变化,其抗拉塑性变形的能力又重新提高,称为强化阶段。对应于最高点 C 的应力称为抗拉强度钢材得到强化,所以钢材抵抗塑性变形的能力又重新提高,B—C 呈上升曲线,称为强化阶段。对应于最高点 C 的应力值(σ_b)称为极限抗拉强度,简称抗拉强度。常用低碳钢的屈服极限 σ_b是 375~500MPa。

工程上使用的钢材,不仅需要具有高的抗拉强度,还需要具有一定的屈强比。屈强比是屈服强度和抗拉强度之比,即屈强比$=\sigma_b/\sigma_S$。抗拉强度在设计中虽不能利用,但是屈强比在设计中有着重要意义。屈强比能反映钢材的利用率和结构安全可靠程度。屈强比越小,表示钢材受力超过屈服点工作时的可靠性越大,结构越安全。但屈强比过小,则表示钢材有效利用率太低,造成浪费。建筑结构钢合理的屈强比一般为 0.60~0.75。

(4)颈缩阶段(CD 段)。试件受力达到最高点 C 点后,钢材内部结构遭到严重破坏,其抵抗变形的能力明显降低,变形迅速发展,应力逐渐下降,试件被拉长,试件从薄弱处产生颈缩及迅速伸长变形直至断裂。故 CD 段称为颈缩阶段。

试件拉断后,标距长度增量与原标距长度的百分比,称为伸长率,即

$$\delta = \frac{L_1 - L_0}{L_0} \times 100\%$$

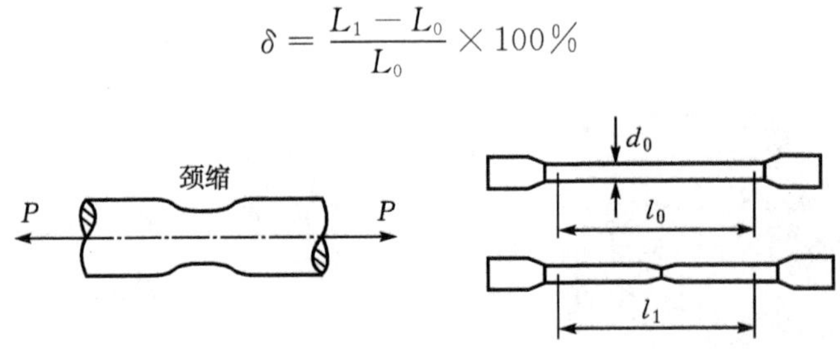

图 6-3　钢筋拉伸及颈缩

伸长率 δ 是衡量钢材塑性的一个重要指标,也是评定钢材质量的重要指标。δ 越大说明钢材的塑性越好,即钢质较软,强度较低,但塑性好,加工性能好。钢材具有一定的塑性变形能力,可保证应力重新分布,避免应力集中,从而使钢材用于结构的安全性增强。

钢材拉伸时塑性变形在试件标距内的分布是不均匀的,颈缩处的伸长率较大,离颈缩处越远其变形越小,所以,原标距与直径之比越大,颈缩处的伸长值在总伸长值中所占的比例就愈小,则计算出来的伸长率值就小。通常以 δ_5和 δ_{10}为基准。分别表示 $L_0=5d_0$和 $L_0=10d_0$时的伸长率。现钢材标准规定采用 $L_0=5d_0$,以节约钢材。

中碳钢与高碳钢的拉伸曲线与低碳钢不同,由于材质较硬,塑性变形较小,受拉时无明显的屈服阶段,屈服现象不明显,难以测定屈服点,则规定:产生残余变形为原标距长度的 0.2%时所

对应的应力值，作为名义屈服点，称为条件屈服点，用 $\sigma_{0.2}$ 表示。

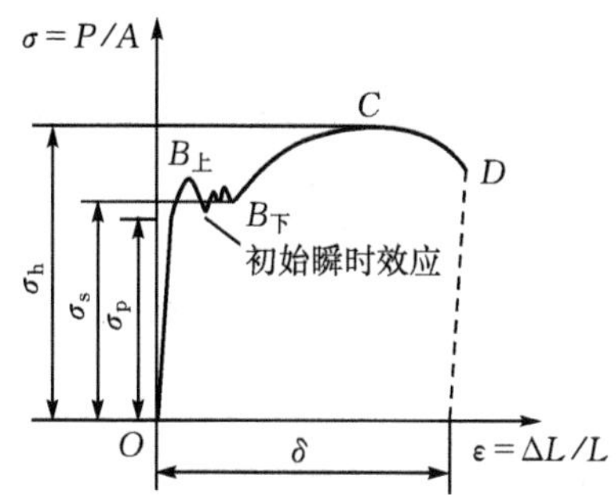

图 6－4 低碳钢拉伸时的应力—应变图

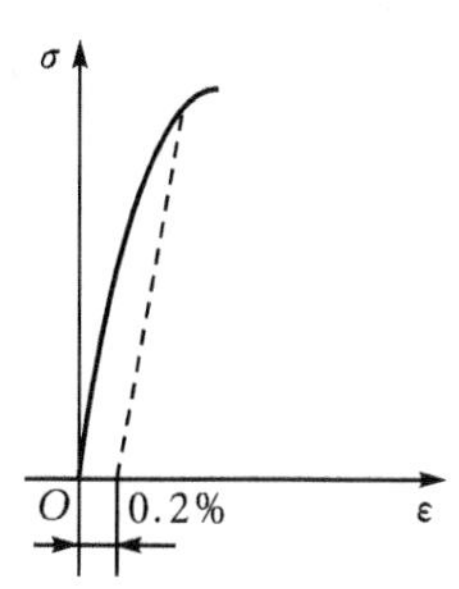

图 6－5 硬钢应力—应变图

2. 钢材的冲击韧性

冲击韧性是指钢材抵抗冲击荷载的能力。它是以试件冲断时缺口处单位面积上所消耗的功 (J/cm^2) 来表示，其符号为 α_k。α_k 值越大，钢材的冲击韧性越好。

影响钢材冲击韧性的因素：

(1) 当钢材内硫、磷的含量高，冲击韧性显著降低。

(2) 含有非金属夹杂物及焊接形成的微裂纹时，冲击韧性会显著降低。

(3) 冲击韧性随温度的降低而下降。当达到一定温度范围时，突然下降很多而呈脆性，称为钢材的冷脆性。这时的温度称为脆性临界温度，它的数值越低，钢材的低温冲击性能越好。

(4) 冲击韧性还将随时间的延长而下降。试验如图 6－6 所示.

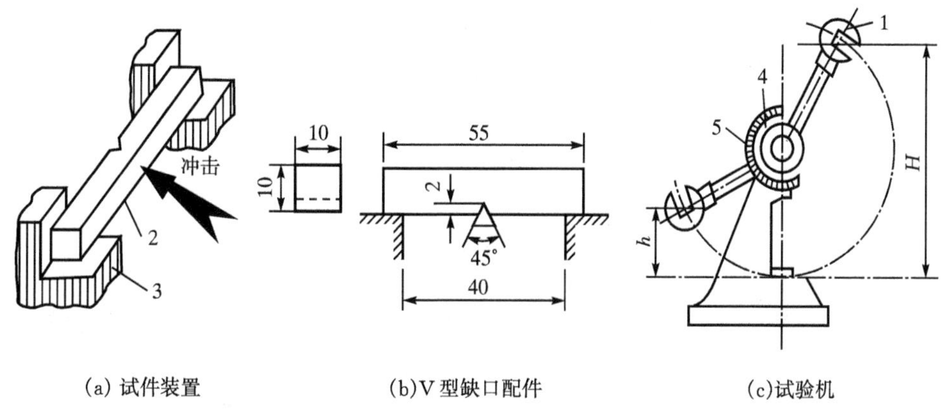

图 6－6 冲击韧性试验

1—摆锤；2—试件；3—实验台；4—指针；5—刻度盘；H—摆锤扬起高度；h—摆锤后摆高度

3. 钢材的耐疲劳性

钢材在交变荷载反复多次作用下，可在最大应力远低于抗拉强度的情况下突然破坏，这种破坏称为疲劳破坏。疲劳破坏的危险应力用疲劳极限来表示，它是指疲劳试验中试件在交变应力的作用下，在规定周期内不发生断裂所能承受的最大应力值。

钢材的内部组织状态、成分偏析及其他各种缺陷是决定其耐疲劳性能的主要因素。同时，由于疲劳裂纹是在应力集中处形成和发展的，故钢材的截面变化、表面质量及应力大小等可能造成应力集中的各种因素都与疲劳极限有关。一般钢材抗拉强度高，其疲劳极限也高。

6.2.2 钢材的工艺性能

1. 钢材的冷弯性能

冷弯性能是指钢材在常温下承受弯曲变形的能力，是建筑钢材的重要工艺性能。建筑工程中常需对钢材进行冷弯加工，冷弯试验就是模拟钢材弯曲加工而确定的。

钢材的冷弯性能指标，用试件在常温下所能承受的弯曲程度来表示。弯曲程度是通过试件被弯曲的角度和弯心直径对试件厚度(或直径)的比值区分的。冷弯试验是将钢材按规定的弯曲的角度(α)和弯心直径与试件厚度(或直径)的比值(d/a)来表示。弯曲角度愈大、弯心直径与试件厚度(或直径)的比值愈小，表示冷弯性能愈高。钢材的冷弯试验是通过直径(或厚度)为 a 的试件，采用标准规定的弯心直径 $d(d = na, n$ 为整数)，弯曲到规定的角度时(180°或 90°)，检查弯曲处有无裂纹、断裂及起层等现象。若没有这些现象则认为冷弯性能合格。钢材冷弯时的弯曲角度 α 越大，d/a 越小，则表示冷弯性能越好。见图 6-7。

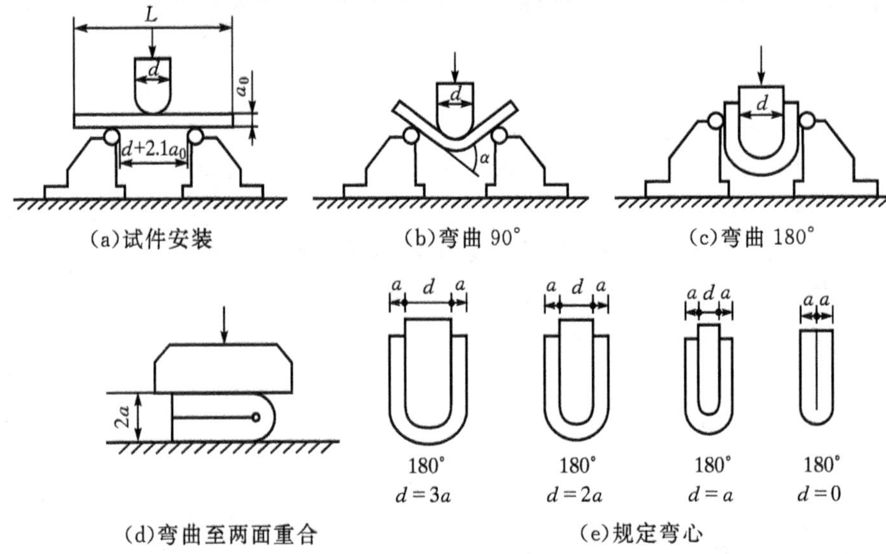

图 6-7 钢材冷弯及规定弯心

冷弯性能和伸长率一样，是钢材在静荷载下的塑性变形，而且冷弯是对钢材塑性的更严格的检验，不仅能检验钢材承受规定的弯曲变形能力，还能反映出钢材内部组织是否均匀或有杂质等。在工程中，冷弯试验还被用作对钢材焊接质量进行严格检验的一种方法。

2. 钢材的冷加工性能及时效

冷加工指钢材在再结晶温度下(一般为常温下)进行的机械加工，如冷拉、冷拔、冷轧、冷扭、刻痕等。

(1)钢材的冷加工。我国建筑上常采用冷拉及冷拔来提高钢材的强度和硬度，这种方法称为冷作强化。冷作强化只有在超过钢材的弹性极限后，产生冷塑性变形时才会发生。在一定范围内，冷塑性变形程度越大，强度提高越多，而塑性及韧性也降低越多。

①冷拉。冷拉是将热轧钢筋用拉伸设备在常温下拉长，使之产生一定的塑性变形称为冷拉。冷拉后的钢筋不仅屈服强度提高，同时还增加了钢筋的长度，屈服强度提高 20%～30%，节约钢材 10%～20%，钢材经冷拉后屈服强度提高，伸长率降低，材质变硬。一般冷拉率大，强度增长也大。若冷拉率过大，其韧性降低过多会呈现断裂。冷拉还兼有调直和除锈的作用。钢筋的冷

拉方法可采用控制应力和控制冷拉率两种方法。其应变曲线如图 6－8 所示。

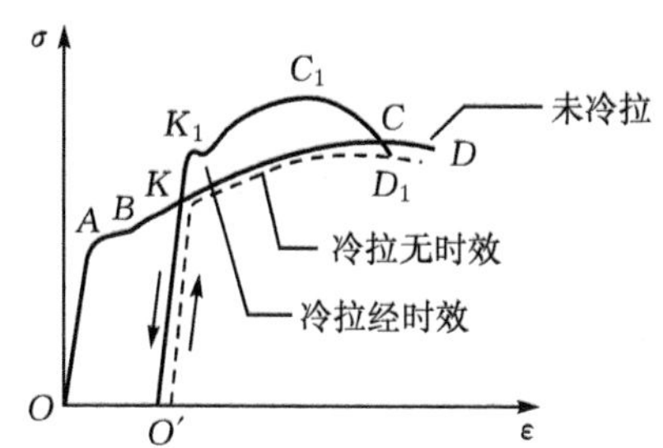

图 6－8　钢筋冷拉时效后应力—应变曲线图

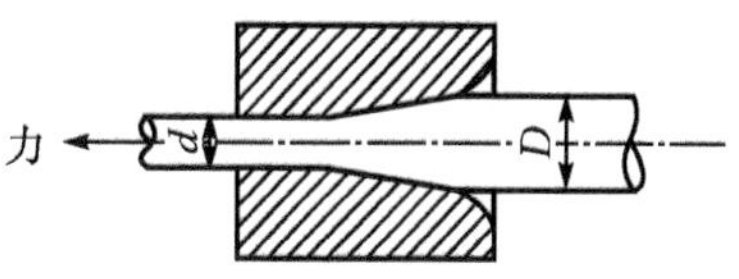

图 6－9　冷拔模孔

②冷拔。冷拔是将钢筋通过硬质合金拔丝模孔强行拉拔。由于模孔直径略小于钢筋直径，使钢筋不仅受拉，同时还受周围挤压，使强度大为提高。可以多次冷拔。冷拔加工后的钢材表面光洁度高，屈服强度提高 40％～60％，但塑性、韧性大大降低，具有硬钢的性质。冷拔如图 6－9 所示。

(2)钢材时效处理。钢材经冷加工后，在常温下存放 15～20d，或加热至 100℃～200℃，保持 2h 左右，钢的屈服强度、抗拉强度及硬度都会进一步提高，而塑性及韧性继续降低，这种现象称为时效。前者称为自然时效，后者称为人工时效。

钢材在冷加工及时效处理后，屈服强度进一步提高，但塑性及韧性也相应降低。建筑工程用的钢筋常利用冷加工后的时效来提高屈服强度，从而节约钢材。时效处理措施应适当选择，一般强度较低的钢材采用自然时效，比如 HPB235 钢筋。而强度较高的钢材则采用人工时效，比如 HRB335、HRB400、HRB500 钢筋采用人工时效。

建筑工程中采用的钢筋，往往是冷加工和时效处理同时采用，连续进行。

(3)焊接性能。焊接是各种型钢、钢板、钢筋的重要连接方式。建筑工程的钢结构有 90％以上是焊接结构。焊接的质量取决于焊接工艺、焊接材料及钢的焊接性能。因此钢材应具有良好的焊接性。钢材在连接处局部加热使其达到塑性状态或熔融状态，借助本身金属分子的吸附力使两个钢件相连接。

可焊性是指钢材是否适应用通常的方法与工艺进行焊接的性能。可焊性好的钢材是指用一般焊接方法和工艺焊接，焊口处不易形成裂纹、气孔、夹渣等缺陷，焊接后钢材的硬脆倾向小，力学性能特别是强度不低于原有钢材。钢材可焊性能的好坏，主要取决于钢的化学成分。钢的含碳量高，将增加焊接接头的硬脆性，含碳量小于 0.25％的碳素钢具有良好的可焊性。加入合金元素，会降低可焊性。

应注意的问题：①冷拉钢筋的焊接应在冷拉之前进行；②钢筋焊接之前，焊接部位应清除铁锈、熔渣、油污等；③尽量避免不同进口钢筋之间或进口钢筋与国产钢筋之间的焊接。

6.3　钢的化学成分对钢材性能的影响

钢材中除了主要化学成分铁(Fe)以外，还含有少量的碳(C)、硅(Si)、锰(Mn)、磷(P)、硫(S)、氧(O)、氮(N)、钛(Ti)、钒(V)等元素，这些元素有冶炼生铁后存在钢内的，也有人为加入的合金元素，这些元素对钢材性质有不同的影响。对这些元素进行定量化验，可以判明钢是否符合技术要求。

1. 碳(C)

碳是决定钢材性能最主要的元素。在钢材中 C<0.8%的范围内，随着碳含量的增加，钢的抗拉强度及硬度相应增加，而塑性及韧性相应降低。当 C>1%的范围内，随着碳含量的增加，除硬度继续增加外，强度、塑性、韧性都降低，钢材变脆、可焊性下降，冷脆性增加，耐大气锈蚀性下降。

一般工程所用的碳素钢均为低碳钢，即含碳量小于 0.25%，工程中所用的低合金钢其含碳量小于 0.52%。

2. 硅(Si)

硅是作为脱氧剂而残留在钢中，是钢中的有益元素。当硅含量较低时即 Si<1%时，能显著提高钢材的强度和硬度以及耐蚀性，而对塑性、韧性影响不明显；但当硅含量超过 1%时，将显著降低钢的塑性及韧性，增大钢材的冷脆性，使可焊性变差。

3. 锰(Mn)

锰是炼钢时用来脱氧去硫而残留于钢中的，是钢中的有益元素。加入锰能消除硫和氧引起的热脆性，改善热加工性。可显著提高钢的强度和硬度，几乎不降低塑性和韧性。锰含量一般在 1%～2%范围内。若钢材中含锰量太高，则会降低钢材的塑性、韧性和可焊性。锰是我国低合金结构钢中的主要合金元素。

4. 磷(P)

磷是由炼铁原料中带入的有害元素，磷能使钢的强度提高，但塑性和韧性显著下降，可焊性变差，特别是温度愈低，对韧性和塑性的影响愈大，从而显著加大钢材的冷脆性。因此，对承受冲击荷载的构件、焊接构件及低温下使用的构件，都必须严格限制钢材中磷的含量。

5. 硫(S)

硫也是由炼铁原料中带入的有害元素。硫作为非金属硫化物夹杂于钢中，具有强烈的偏析作用，会降低钢材的各种机械性能。硫在钢的热加工时易引起钢材断裂，形成热脆现象。硫的存在还使钢的冲击韧性、疲劳强度、可焊性降低。为消除硫的危害，可在钢中加入适量的锰。建筑钢材要求硫含量应小于 0.045%。

6. 氧(O)

氧元素是在冶炼氧化过程中进入钢水经脱氧处理后残留下来。氧能使钢材的强度下降，热脆性增加，冷弯性能变坏，并使钢的热加工性能和焊接性能降低。因此，氧是一种有害元素，在脱氧处理中应尽量除去。

7. 氮(N)

氮对钢材性质的影响与碳、磷相似，使钢材的强度提高，塑性特别是韧性显著下降。氮使钢热加工、焊接性能和冷弯性能变坏，因此，氮也是一种有害元素。

8. 铝、钛、钒、铌(Al、Ti、V、Nb)

它们都是炼钢的强脱氧剂，也是最常见的合金元素。适量加入，能改善钢内组织，细化晶粒，显著提高强度及改善韧性，是常用的合金元素。

6.4 常用建筑钢材技术标准和选用

在建筑工程中，碳素结构钢和低合金结构钢是最常用的。

6.4.1 碳素结构钢

碳素结构钢是指一般结构钢和工程用的热轧钢板、钢管、型钢、棒材等。这类钢材在供应和验收时，其化学成分和力学性能均应符合现行的国家标准 GB/T700—2006《碳素结构钢》的规定，此规范规定了碳素结构钢的牌号表示方法、技术标准等。

(1)碳素结构钢的牌号。碳素结构钢按屈服点的数值(MPa)分为五个牌号，即 Q195、Q215、Q235、Q255 和 Q275；按硫、磷杂质含量由多到少分为 A、B、C、D 四个质量等级，D 级质量最好；按脱氧程度不同分为特殊镇静钢(TZ)、镇静钢(Z)和沸腾钢(F)。

碳素结构钢的牌号表示按顺序由代表屈服点的“屈”字汉语拼音首字母“Q”、屈服点数值(N/mm^2)、质量等级符号(A、B、C、D)和脱氧程度符号(F、Z、TZ)等四部分组成。各种符号的含义见表 6-1。

表 6-1 碳素结构钢符号含义

符　号	含　义
Q	屈服点
A、B、C、D	质量等级
F	沸腾钢
Z	镇静钢
TZ	特殊镇静钢

例如 Q235—A·F 表示屈服点为 235MPa 的 A 级沸腾碳素结构钢；Q235—B 表示屈服点为 235MPa 的 B 级镇静钢。当为镇静钢或特殊镇静钢时，则牌号表示“Z”与“TZ”符号可予以省略。

(2)碳素结构的技术要求。现行国家标准 GB/T700—2006《碳素结构钢》对碳素结构钢的化学成分、力学性质及工艺性质做出了具体的规定：

①化学成分。各中牌号的碳素结构钢化学成分应符合表 6-2 的规定。

②力学性能。碳素结构钢的拉伸和冲击试验指标应符合表 6-3 的规定，冷弯试验应符合表 6-4 的规定。

表 6-2 碳素结构钢的化学成分

牌号	统一数字代号	质量等级	厚度(直径) mm	脱氧方法	化学成分(质量分数)%，不大于				
					C	Si	Mn	P	S
Q195	U11952	—	—	F、Z	0.12	0.30	0.50	0.035	0.040
Q215	U12152	A	—	F、Z	0.15	0.35	1.20	0.045	0.050
	U12155	B							0.040
Q235	U12352	A	—	F、Z	0.22	0.35	1.40	0.045	0.050
	U12355	B			0.20[b]				0.045
	U12358	C		Z	0.17			0.040	0.040
	U12359	D		TZ				0.035	0.035

续表 6-2

牌号	统一数字代号	质量等级	厚度(直径)mm	脱氧方法	化学成分(质量分数)%,不大于				
					C	Si	Mn	P	S
Q275	U12752	A	—	F、Z	0.24	0.35	1.50	0.045	0.050
	U12755	B	≤40	Z	0.21			0.045	0.045
			>40		0.22				
	U12758	C	—	Z	0.20			0.040	0.040
	U12759	D		TZ				0.035	0.035

注:1.表中的数字为镇静钢、特殊镇静钢牌号的统一数字,沸腾钢牌号的统一数字代号如下:

Q195F - U11950

Q215AF - U12150　Q215BF - U12153

Q235AF - U12350　Q235BF - U12353

Q275AF - U12750

2.经需方同意,Q235B 的碳含量可不大于 0.22%。

表 6-3　碳素结构钢力学性能

牌号	等级	屈服强度 R_{eH}(mm)不小于 厚度(或直径)(mm)						抗拉强度 Rm (N/mm²)	断后伸长率 A(%)不小于 厚度(或直径)(mm)					冲击试验(V 型缺口)	
		≤16	>16～40	>40～60	>60～100	>100～150	>150～200		≤40	>40～60	>60～100	>100～150	>150～200	温度(℃)	冲击吸收功(纵向)(J)不小于
Q195	—	195	185	—	—	—	—	315～430	33	—	—	—	—	—	—
Q215	A	215	205	195	185	175	165	355～450	31	30	29	27	26	—	—
	B													+20	27
Q235	A	235	225	215	215	195	185	370～5000	26	25	24	22	21	—	—
	B													+20	27°
	C													0	
	D													−20	
Q275	A	275	265	255	245	225	215	410～540	22	21	20	18	17	—	—
	B													+20	27
	C													0	
	D													−20	

注:1. Q195 的屈服强度值仅供参考,不作交货条件。

2.厚度大于 100mm 的钢材,抗拉强度下限允许降低 20N/mm²。宽带钢(包括剪切钢板)抗拉强度上限不作交货条件。

3.厚度小于 25mm 的 Q235B 级钢材,如供方能保证冲击吸收功值合格,经需方同意,可不做检验。

表 6-4 碳素结构钢的冷弯性能

牌 号	试样方向	冷弯试验 180°, $B=2a$	
		钢材厚度(或直径)(mm)	
		≤60	>60~100
		弯心直径 d	
Q195	纵	0	—
	横	$0.5a$	
Q215	纵	$0.5a$	$1.5a$
	横	a	$2a$
Q235	纵	a	$2a$
	横	$1.5a$	$2.5a$
Q275	纵	$1.5a$	$2.5a$
	横	$2a$	$3a$

注：1. B 为试样宽度；a 为试样厚度(或直径)。
2. 板材厚度(或直径)大于 100mm 时，弯曲试验由双方商量确定。

③碳素结构钢的选用。碳素结构钢随牌号增大，含碳量增加，其强度和硬度也会增大，但塑性和韧性会降低。建筑工地主要应用 Q235 号钢，因 Q235 号钢既有较高的强度，又有良好的塑性和韧性，而且可焊性也很好，能满足一般钢结构的用钢要求，可用于轧制各种型钢、钢管、钢板与钢筋。其中 C、D 级可用于重要的焊接结构。Q195、Q215 号钢材强度较低，但塑性和韧性较好，易于冷加工，可制作铆钉、钢筋等。Q275 号钢材强度较高，但塑性、韧性、可焊性较差，不易焊接和冷加工。一般多用于机械零件及工具。

6.4.2 低合金结构钢

低合金高强度结构钢是普通低合金结构钢的简称。一般是在普通碳素钢的基础上，添加少量的一种或几种合金元素而成。合金元素有硅、锰、钒、钛、铌、铬、镍及稀土元素。加入合金元素后，可使其强度、耐腐蚀性、耐磨性、低温冲击韧性等性能得到显著提高和改善。国标《低合金高强度结构钢》(GB/T 1591—1994)规定了低合金高强度钢的牌号与技术性质。

(1)低合金高强度结构钢的牌号。低合金高强度结构钢按力学性能和化学成分分为 Q295、Q345、Q390、Q420、Q460 五个牌号；按硫、磷含量分为 A、B、C、D、E 五个质量等级，其中 E 级质量最好。其牌号的表示方法与碳素结构钢一样，由屈服点字母 Q、屈服点数值和质量等级三个部分组成。

如 Q295—A 的含义为：屈服极限为 295MPa，质量等级为 A 的低合金高强度结构钢。

(2)低合金高强度结构钢技术要求。按 GB/T 1591—1994 规定，低合金高强度结构钢的力学、工艺性质见表 6-5。

表 6-5　低合金高强度结构钢的力学性能

牌号	质量等级	屈服点(MPa) 厚度(直径,边长)(mm) ≤15 ≥	屈服点(MPa) 厚度(直径,边长)(mm) >16～35 ≥	屈服点(MPa) 厚度(直径,边长)(mm) >35～50 ≥	屈服点(MPa) 厚度(直径,边长)(mm) >50～100 ≥	抗拉强度(MPa)	伸长率 δ_5 ≥	V型冲击功(纵向)(J) 20℃ ≥	V型冲击功(纵向)(J) 0℃ ≥	V型冲击功(纵向)(J) −20℃ ≥	V型冲击功(纵向)(J) −40℃ ≥	180℃弯曲试验 d—弯心直径 a—试件厚度(直径) 钢材厚度(直径)(mm) ≤16	180℃弯曲试验 d—弯心直径 a—试件厚度(直径) 钢材厚度(直径)(mm) >16～100
Q295	A	295	275	255	235	390～570	23	34				$d=2a$	$d=3a$
	B												
Q345	A	345	325	295	275	470～630	21					$d=2a$	$d=3a$
	B						21	34					
	C						22		34				
	D						22			34			
	E						22				27		
Q390	A	390	370	350	330	490～650	19					$d=2a$	$d=3a$
	B						19	34					
	C						20		34				
	D						20			34			
	E						20				27		
Q420	A	420	400	380	360	520～680	18					$d=2a$	$d=3a$
	B						18	34					
	C						19		34				
	D						19			34	27		
	E						19						
Q460	A	460	440	420	400	550～720	17		34			$d=2a$	$d=3a$
	B						17			34			
	C						17				27		

(3)低合金高强度结构钢的选用。低合金高强度结构钢具有轻质高强、耐腐蚀、耐低温性好、抗冲击性强、使用寿命长等良好的综合性能，具有良好的可焊性和冷加工性，易于轧制各种型钢

(角钢、槽钢、工字钢)、钢管、钢筋，广泛用于钢结构和钢筋混凝土结构中。因此，低合金高强度结构钢可以用做高层及大跨度建筑(如大跨度桥梁、体育馆、厅馆、电视塔等)主体结构材料，与普通碳素结构钢相比可节约钢材，具有显著的经济效益。

6.4.3　建筑型钢

钢结构构件一般应直接选用各种型钢，碳素结构钢和低合金钢还可以加工成各种型钢、钢板、钢管等构件直接供工程选用。钢结构用钢材主要是热轧成型的钢板和各种型钢；薄壁轻型钢结构中主要采用薄壁型钢和小角钢；钢材所用的母材是碳素结构钢及低合金高强度结构钢。构件之间可直接连接或附连接钢板、角钢进行连接，连接方法主要有焊接和螺栓连接。

型钢按生产方法可分为热轧型钢和冷轧型钢两大类。

6.4.4　热轧型钢

我国建筑用热轧型钢主要采用碳素结构钢及低合金高强度结构钢，其强度适中，塑性及可焊性较好，成本低，适合建筑工程使用。国家标准《钢结构设计规范》(GB50017—2003)推荐使用的钢材有 Q235、Q345、Q390 和 Q420 四种。在工程上常用的热轧型钢有角钢、L 型钢、工字钢、槽钢、H 型钢等，如图 6－10 所示。

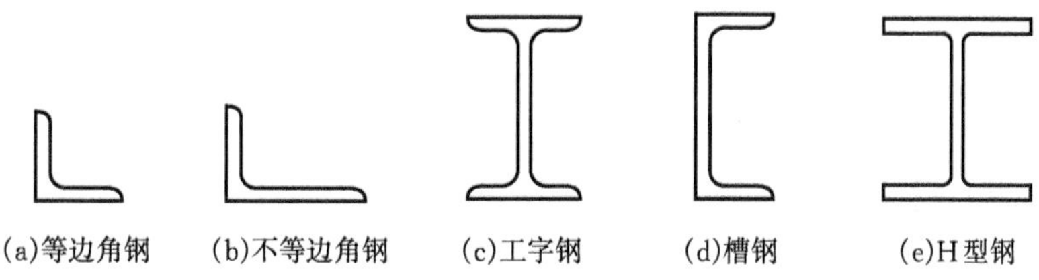

图 6－10　热轧型钢

1. 角钢

根据国家标准《热轧型钢》(GB/T 706—2008)的规定，角钢有等边和不等边的两种。角钢由两个互相垂直的肢组成，角钢的代号为 L，等边角钢(也叫等肢角钢)以边宽度和厚度表示，如 L100×10 表示肢宽 100mm、厚 10mm 的角钢。不等边角钢(也叫不等肢角钢)则以两边宽度和厚度表示，如 L100×80×10 表示长肢宽 100mm，短肢宽 80mm，厚 8mm 的不等肢角钢。我国目前生产的最大等边角钢的肢宽为 200mm，最大不等边角钢的两个肢宽为 200mm×125mm。角钢的长度一般为 4～19m。

图 6－11　角钢

图 6－12　工字钢

图 6－13　H 型钢

2. 工字钢

根据国家标准《热轧型钢》(GB/T 706—2008)的规定，工字钢分为普通工字钢(I)和轻型工字钢(QI)两种。工字钢用符号 I 及号数表示，号数为截面高度的厘米数。20～28 号的普通工字钢，同一号数中分为 a、b 两类，32 号以上，同一号数中则分为 a、b、c 三类。如 I32a 表示截面高度为 320mm、腹板厚度为 a 类的普通工字钢。轻型工字钢的翼缘相对于普通工字钢宽而薄，故回转半径相对较大，可节省钢材。我国生产的最大普通工字钢为 63 号。轻型工字钢为 70 号，长度为 5～7m。轻型工字钢现在已极少生产，工程中不宜再使用。

3. 槽钢

根据国家标准《热轧型钢》(GB/T 706—2008)的规定，槽钢分普通槽钢和轻型槽钢两种，型号用符号“[”和“Q[”及号数(截面高度的厘米数)表示。14～22 号的普通槽钢，同一号数分 a、b 两类，32 号以上，同一号数中则分 a、b、c 三类，其腹板厚度和翼缘宽度均分为递增 2mm，如[36a 表示截面高度为 360mm，腹板厚度为 a 类的普通槽钢。我国生产的最大槽钢为 40 号，长度为 5～19m，同样轻型槽钢现在已极少生产，工程中不宜使用。

4. H 型钢

根据国家标准《热轧 H 型钢和部分 T 型钢》(GB11263—1998)的规定，热轧 H 型钢分为三类：宽翼缘 H 型钢(HW)、中翼缘 H 型钢(HM)和窄翼缘 H 型钢(HN)。H 型钢型号的表示方法是先用符号 HW、HM 和 HN 表示 H 型钢的类型，后面加“高度(毫米)×宽度(毫米)”，例如 HW300×300，即为截面高度为 300mm，翼缘宽度为 300mm 的宽翼缘 H 型钢。

H 型钢的翼缘较宽阔而且等厚，因 H 型钢材在宽度方向的惯性矩和回转半径都大为增加，由于截面形状合理，使钢材能更高地发挥性能，且其内、外表面平行，便于和其他构件连接。H 型钢是一种经济断面钢材。

我国自 1998 年开始生产热轧 H 型钢，目前生产的 HW 型钢截面高度为 100～400mm，宽高比 B/H≈1；HM 型钢截面高度为 150～600mm，宽高比 B/H≈1/2～2/3；HN 型钢截面高度为 100～700mm，宽高比 B/H≈1/3～1/2。H 型钢是一种由工字钢发展而来的经济断面型材，与普通工字钢相比，它的翼缘内外表面平行，内表面无斜度，翼缘端部为直角，与其他构件连接方便。同时它的截面材料分布更向翼缘集中，截面力学性能优于普通工字钢，在截面面积相同的条件下，H 型钢的实际承载力比普通工字钢的大。其中 HW 型钢又由于翼缘宽，对弱轴(平行于腹板的轴)惯性矩较大，整体稳定性好。因此现在许多国家大都用 H 型钢代替普通工字钢，我国也正在积极推广采用 H 型钢。

6.4.5 冷弯型钢和压型钢板

1. 冷弯薄壁型钢

在建筑工程中使用的冷弯型钢，常用厚度为 1.5～6mm 的薄壁钢板或钢带(一般采用碳素结构钢或低合金结构钢)经冷轧(弯)或模压而成，故也称冷弯薄壁型钢。冷弯薄壁型钢的特点是壁薄，截面几何形状开展，因而与面积相同的热轧型钢相比，刚度较好，是一种高效经济的材料，但同样壁薄，对腐蚀影响较为敏感。因此，冷弯薄壁型钢多用于跨度小、荷载轻的结构中。具体如图 6-14 所示。

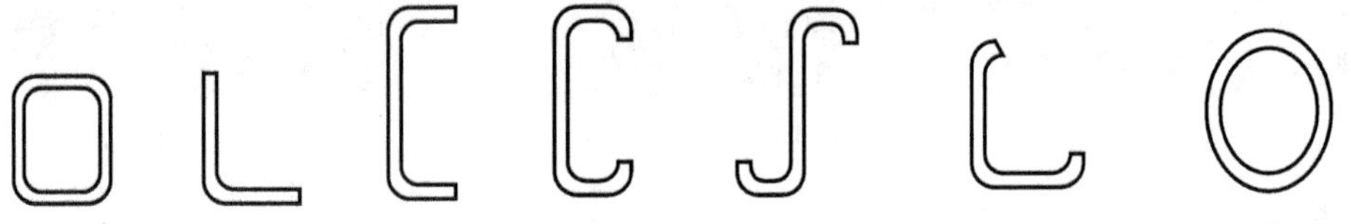

(a)方钢管 (b) 等肢角钢 (c)槽钢 (d)卷边槽钢 (e)卷边 Z 型钢 (f)卷边等肢角钢 (g)焊接薄壁钢管

图 6-14 冷弯薄壁型钢

2. 压型钢板

压型钢板是由厚度为 0.4～2mm 的钢板经冷轧(压)制而成的波纹状钢板，钢板表面经涂漆、镀锌、涂有机层镀锌钢板(又称彩色压型钢板)以防止锈蚀，提高了材料的耐久性。

压型钢板具有一定的抗弯能力，可作为非承重的压型钢板的模板使用，还可用于屋面板、墙面板及楼板。压型钢板既是楼板的拉筋，又替代了模板。这种压型钢板和混凝土组成合成板，是一种施工性好、经济性好的楼板形式。其类型如图 6-15、图 6-16 所示。

图 6-15 V 型压型钢板

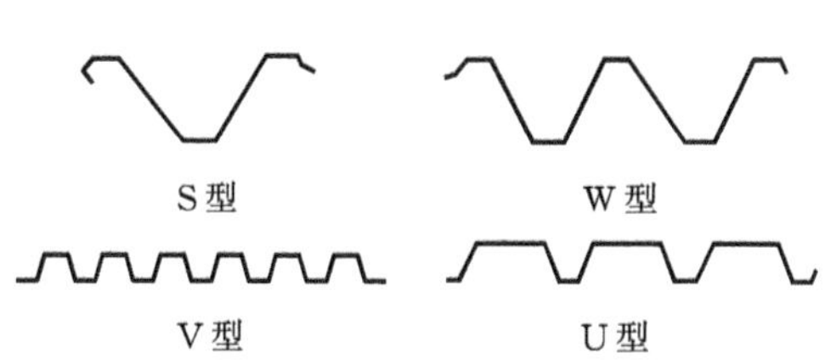

图 6-16 压型钢板部分板型

6.5 钢筋混凝土结构用钢

钢筋因具有较高的强度，所以常作为混凝土的增强材料，大量用于混凝土工程中。钢筋具有良好的塑性，便于生产过程中加工成型，并且与混凝土有良好的黏结性能，因此，钢筋是建筑工程中用量最大的钢筋品种。

钢筋按化学成分可分为碳素结构钢筋和普通低合金钢钢筋，按生产方法分为热轧钢筋、热处理钢筋、冷加工钢筋、预应力钢筋，按钢筋外形分为光面钢筋、螺纹钢筋和刻痕钢筋。

6.5.1 钢筋混凝土用热轧钢筋

钢筋混凝土结构用热轧钢筋应具有较高的强度，具有一定的塑性、韧性、冷弯和可焊性。

用加热钢坯轧成的条形钢筋，称为热轧钢筋，是主要用于钢筋混凝土结构的配筋。热轧钢筋从表面形状可分为光圆钢筋和带肋钢筋，如图 6-17 所示；而带肋钢筋又分为月牙肋钢筋和等高肋钢筋，月牙肋的纵横肋不相交，而等高肋纵横肋相交，如图 6-18 所示。

(a) 光圆钢筋

(b) 带肋钢筋

图 6-17 热轧钢筋

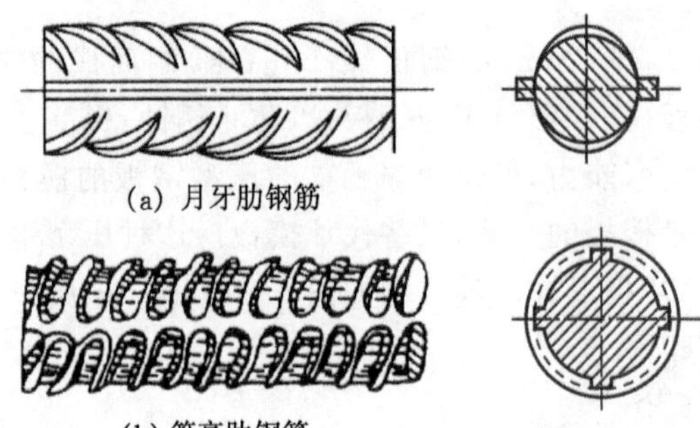

(a) 月牙肋钢筋

(b) 等高肋钢筋

图 6－18　带肋钢筋

1. 热轧钢筋的牌号

根据《钢筋混凝土用钢 第 1 部分：热轧光圆钢筋》(GB1499.1—2008)及《钢筋混凝土用钢 第 2 部分：热轧带肋钢筋》(GB1499.2—2007)规定热轧钢筋分为 HPB235、HPB300、HRB335、HRBF335、HRB400、HRBF400、HRB500、HRBF500 八个牌号。其中 HPB 代表热轧光圆钢筋(由碳素结构钢轧制)，HRB 代表热轧带肋钢筋(由低合金结构钢轧制)，HRBF 代表细晶粒热轧带肋钢筋。牌号中的"H"表示"热轧(hot rolled)"，"P"表示"光面(plain)"，"R"表示"带肋(ribbed)"，"B"表示"钢筋(bars)"，"F"表示"细晶粒(finegrains)"。HRBF 为热轧、带肋、钢筋、细晶粒四个名词的英文首位字母。牌号中的数字表示钢筋的屈服强度值。

2. 热轧钢筋的技术要求

(1)热轧光圆钢筋的力学性能和工艺性能应符合表 6－6 的规定。

表 6－6　热轧光圆钢筋的力学性能、工艺性能

牌号	钢筋种类	表面形状	公称直径 d(mm)	屈服强度(MPa)	抗拉强度(MPa)	伸长率 δ_5(%)	最大力总伸长率 A_{gt}(%)	冷弯试验	
								角度	弯心直径
HPB235	低碳钢	光圆	6～22	235	370	25.0	10.0	180°	$d=a$
HPB300	低碳钢	光圆	6～22	300	420	25.0	10.0	180°	$d=a$

(2)热轧带肋钢筋的力学性能及冷弯性能应分别符合表 6－7、表 6－8 的规定。

表 6－7　热轧带肋钢筋的力学性能

牌　号	屈服强度 Rm (MPa)	抗拉强度 Rm (MPa)	断后伸长率 A (%)	最大力总伸长率 A_{gt} (%)
	不小于			
HRB335 HRBF335	335	455	17	7.5
HRB400 HRBF400	400	540	16	
HRB500 HRBF500	500	630	15	

表 6-8 热轧带肋钢筋的冷弯性能

牌 号	公称直径 d(mm)	弯心直径
HRB335 HRBF335	6～25	3 d
	28～40	$4d$
	40～50	$5d$
HRB400 HRBF400	6～25	$4d$
	28～40	$5d$
	40～50	$6d$
HRB500 HRBF500	6～25	$6d$
	28～40	$7d$
	40～50	$8d$

3. 钢材的选用

HPB235 光圆钢筋的强度较低，但塑性及焊接性好，便于冷加工，广泛用做普通钢筋混凝土中的受力及构造钢筋；HRB335、HRBF335、HRB400、HRBF400 带肋钢筋的强度较高，塑性及可焊性也较好，广泛用做大中型钢筋混凝土结构的受力钢筋；HRB500、HRBF500 带肋钢筋强度高，但塑性与焊接性较差，适宜于做预应力钢筋。HRBF335、HRBF400、HRBF500 是新开发的钢材品种，根据 GB1499.2—2007 规定，采用以上的细晶粒热轧钢筋时，其焊接性能应进行专门的试验。

6.5.2 冷轧带肋钢筋

冷轧带肋钢筋是采用由普通低碳钢或低合金结构钢热轧盘条为母材，经冷轧后在其表面冷轧成二面或三面月牙形横肋的钢筋。冷轧带肋钢筋是热轧圆盘钢筋的深加工产品，是一种新型高效建筑钢材。根据《冷轧带肋钢筋》(GB13788—2000)规定，冷轧带肋钢筋代号为 CRB，按抗拉强度分为五级，分别是 CRB550、CRB650、CRB800、CRB970 和 CRB1170 五个牌号。符号 C、R、B 为 cold rolling ribbed steel bar 中分别代表冷轧、带肋、钢筋三个词的英文首位字母，后面的数字表示钢筋抗拉强度的最小值。冷轧带肋钢筋的公称直径范围为 4～12mm。冷轧带肋钢筋的力学性能和工艺性能应符合表 6-9 的要求。

表 6-9 冷轧带肋钢筋的力学性能及工艺性能

级 别	抗拉强度 (N/mm^2)	伸长率，不小于		反复弯曲次数	应力松弛($\sigma_{com}=0.7\sigma_b$)	
		δ_{10}	δ_{100}		1 000h 不大于(%)	10h 不大于(%)
CRB550	550	8.0	—	—	—	—
CRB650	650	—	4	3	8	5
CRB800	800	—	4	3	8	5
CRB970	970	—	4	3	8	5
CRB1170	1170	—	4	3	8	5

冷轧带肋钢筋具有以下特点：

(1)强度高、塑性好、综合力学性能优良。如Q235热轧钢筋抗拉强度370 MPa，经过加工的冷轧带肋钢筋的抗拉强度可大于550 MPa。伸长率也由2%增大到4%。

(2)握裹力强。冷轧带肋钢筋与混凝土的握裹力为同直径冷拔钢丝的3～6倍。

(3)节约钢材，降低成本。以冷轧带肋钢筋代替HPB235级冷拉钢筋用于钢筋混凝土构件，可节约钢材30%以上。

(4)提高构件的整体质量。用冷轧带肋钢筋制作的预应力空心楼板，其强度、抗裂度均优于冷拔低碳钢丝制作的构件。

冷轧带肋钢筋将逐步取代冷拔低碳钢丝的应用。CRB550级宜用作普通钢筋混凝土结构构件的受力主筋和构造钢筋；CRB650、CRB800宜用作中、小预应力混凝土结构构件的受力主筋；其他牌号宜用在预应力混凝土结构。

6.5.3 热处理钢筋

1.钢筋混凝土用余热处理钢筋

余热处理钢筋，是热轧后立即穿水，进行表面控制冷却，然后利用芯部余热自身完成回火处理所得的成品钢筋。余热处理钢筋的强度等级代号为KL400，采用月牙表面形状，公称直径为8～40mm。

2.预应力混凝土用热处理钢筋

热处理钢筋是将特定强度的热轧钢筋再通过加热、淬火和回火等调质工艺处理的钢筋。

热处理钢筋的代号为RB150，数字表示抗拉强度等级数值。按螺纹外形可分为纵肋和无纵肋两种。热处理后钢筋强度能得到较大幅度的提高，而塑性降低并不多。热处理钢筋是硬钢。其应力应变曲线没有明显的屈服点，伸长率小，质地硬脆。根据《预应力混凝土用热处理钢筋》(GB4463—1984)的规定，热处理钢筋有$40Si_2Mn$、$48Si_2Mn$和$45Si_2Cr$三个牌号，直径有6mm、8.2mm、10mm三种规格，其力学性能应符合表6-10的要求。牌号的含义依次是：平均含碳量的万分数、合金元素符号、合金元素平均含量（"2"表示含量为1.5%～2.5%，无数字表示含量<1.5%)、脱氧程度(镇静钢无该项)。如$40Si_2Mn$表示平均含碳量为0.40%、硅含量为1.5%～2.5%、锰含量为<1.5%的镇静钢。

表6-10 预应力混凝土用热处理钢筋的力学性能

公称直径	牌号	屈服强度(MPa)	抗拉强度(MPa)	伸长率δ_{10}(%)
		不小于		
6 8.2 10	$40Si_2Mn$ $48Si_2Mn$ $45Si_2Cr$	1 325	1 470	6

预应力混凝土用热处理钢筋的优点：强度高，可代替高强钢丝的使用；配筋根数少，节约钢材；锚固性好，不易打滑，预应力值稳定；施工简便，开盘后钢筋自然伸直，不需要调直及焊接。

热处理钢筋目前主要用于预应力钢筋混凝土轨枕，用以代替高强度钢丝。也用于预应力梁、板结构及吊车梁等，使用效果好。

6.5.4 预应力混凝土用钢丝及钢绞线

大型预应力混凝土构件，由于受力很大，常采用高强度钢丝或钢绞线作为主要受力钢筋。

1. 预应力混凝土用钢丝

预应力高强度钢丝是用优质碳素结构钢盘条，经酸洗、冷拉或再经回火处理等工艺制成，钢绞线是由 7 根直径为 2.5～5mm 的高强度钢丝，铰捻后经一定热处理清除内应力而制成。铰捻方向一般为左捻。如图 6-19、图 6-20 所示。

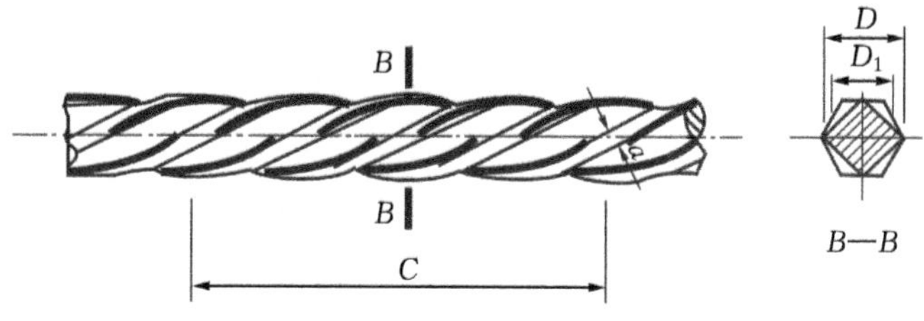

图 6-19 螺旋肋钢丝外形示意图

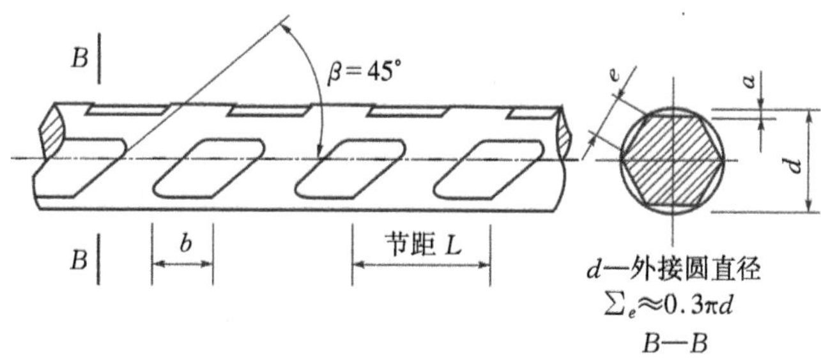

图 6-20 三面刻痕钢丝外形示意图

根据《预应力混凝土用钢丝》(GB5223—2002)的规定，预应力混凝土用钢丝按加工状态分为冷拉钢丝(WCD)和消除预应力钢丝两类。消除预应力钢丝按松弛性能又分为低松弛钢丝(WLR)和普通松弛钢丝(WNR)。按外形分为光圆钢丝(P)、螺旋肋钢丝(H)和刻痕钢丝(I)。经低温回火(回火是将淬火的钢材加热到相应温度以下，保温后在空气中冷却的热处理工艺)消除应力后钢丝的塑性比冷拉钢丝要高，刻痕钢丝是经压痕轧制而成，刻痕后与混凝土的握裹力增大，可减少混凝土裂缝。

预应力混凝土用钢丝具有强度高、柔性好、无接头等优点，施工简便，不需进行冷拉、焊接接头等加工，而且质量稳定、安全可靠。它主要用于大跨度屋架及薄腹梁、大跨度吊车梁、桥梁、电杆、轨枕等的预应力钢筋。

2. 预应力混凝土用钢绞线

预应力混凝土用钢绞线如图 6-21 所示。是以数根优质碳素结构钢丝绞捻和消除内应力的热处理后制成。根据《预应力混凝土用钢绞线》(GB5224—2005)的规定，钢绞线按捻制结构(钢丝股数)分为五种结构类型：1×2(用两根钢丝捻制)、1×3(用三根钢丝捻制)、1×3I(用三根刻痕钢丝捻制)、1×7(用七根钢丝捻制的标准型)和(1×2)C(用两根钢丝捻制又经模拔)。

预应力混凝土用钢绞线的最大负荷是随钢丝的根数不同而不同，7 根捻制结构的钢绞线，整根钢绞线的最大负荷可达 384kN，1 000h 的松弛率不大于 1%～4.5%。

预应力混凝土用钢绞线亦具有强度高、柔性好、无接头、节约钢材，且不需冷拉、质量稳定和

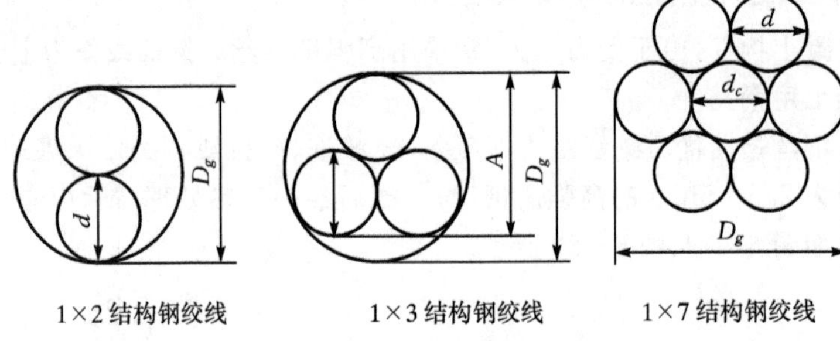

图 6-21　预应力钢绞线截面图

施工方便等优点，使用时按要求的长度切割，主要用于大跨度、大负荷的后张法预应力屋架、桥梁和薄腹梁等结构的预应力筋。

思考与练习

1. 通过对钢材的拉伸试验可测定出钢材的那几个阶段？试说明各指标的含义。

2. 什么是钢材的伸长率？

3. 什么是钢材的冷加工和时效？钢材经冷加工和时效后性能有何变化？冷加工和时效的目的是什么？

4. 碳素结构钢是如何划分牌号的？普通低合金高强度结构钢又是如何划分牌号的？

5. 钢筋混凝土用热轧钢筋有几个牌号？是如何表示的？各牌号钢筋的应用范围如何？

7. 一钢材试件，直径为 25mm，原标距为 125mm，做拉伸试验，当屈服点荷载为 201.0kN，达到最大荷载为 250.3kN，拉断后测的标距长为 138mm，求该钢筋的屈服点、抗拉强度及拉断后的伸长率。

第 7 章　建筑防水材料

本章学习要求

1. 了解建筑防水材料在建筑工程中的重要意义，了解建筑防水材料的分类

2. 掌握沥青材料的组成、技术性质和使用特点以及了解煤沥青等其他沥青的技术特点和使用范围

3. 了解防水卷材的使用意义和几种常见聚合物改性沥青防水卷材的特点和适用范围

4. 了解防水涂料的特点和几种常见防水涂料的适用范围

5. 了解常见的屋面瓦形式

7.1　建筑防水材料概述

防水材料是建筑工程的重要材料之一，是防止雨水、地下水与其他水分渗透的重要组成部分，在建筑、公路、桥梁、水利等土木工程中有着广泛的应用，防水材料质量的优劣会直接影响建筑物的使用性和耐久性。建筑物一般均由屋面、墙面、基础构成外壳，这些部位均是建筑防水的重要部位。凡建筑物或构筑物为了满足防潮、防渗、防漏功能所采用的材料均称之为建筑防水材料。沥青作为防水材料使用已有较长的历史，直至现在，仍用作各种建筑物的防水层。随着现代科学技术的发展，建筑防水材料的品种、数量越来越多，性能各异。依据建筑防水材料的外观形态，一般可将建筑防水材料分为防水卷材、防水涂料等，本章就这几种防水材料的使用特点向大家作以介绍。

7.1.1　沥青材料

沥青材料是含有沥青质材料的总称。沥青是由多种高分子碳氢化合物及其非金属衍生物组成的复杂混合物。

沥青作为一种有机胶凝材料，具有良好的黏性、塑性、耐腐蚀性和憎水性，在建筑工程中主要用作防潮、防水、防腐蚀材料，用于屋面、地下防水工程以及其他防水工程和防腐工程。此外，沥青还广泛应用于工业与民用建筑、道路和水利工程等处，是建筑工程中的一种重要材料，它是沥青基防水材料、高聚物改性沥青防水材料的重要组成材料，它的性能直接影响到防水材料的质量。

沥青按产源不同分类如下，如图 7－1 所示。

沥青
- 地沥青
  - 天然沥青：由沥青湖或含有沥青的砂岩、砂等提炼而成
  - 石油沥青：由石油原油蒸馏后的残留物加工而成
- 焦油沥青
  - 煤沥青：由煤焦油蒸馏后的残留物加工而成的
  - 页岩沥青：油页岩炼油工业的副产品

建筑工程主要应用石油沥青，做屋面工程用石油沥青较好。另外还使用少量的煤沥青，煤沥青则适用于地下防水层或用作防腐材料。

1. 石油沥青

石油沥青是石油经蒸馏提炼出各种轻质油（如汽油、煤油、柴油等）及润滑油以后残留物，或

再经加工而成的产品。

(1)石油沥青的组分与结构。

①石油沥青的组分。从工程使用的角度出发,通常将沥青中化学成分和物理性质相近,并且具有某些共同特征的部分,划分为一个组分(或称为组丛)。一般来说,石油沥青可划分为油分、树脂和沥青质三个主要组分。这三个组分可利用沥青在不同有机溶剂中的选择性溶解区分出来。不同组分对石油沥青性能的影响不同。油分赋予沥青流动性;树脂使沥青具有好的塑性和黏结性;沥青质则决定沥青的耐热性、黏性和硬性,其含量越多,软化点越高黏性越大,越硬脆。

②石油沥青的结构。在沥青中,油分与树脂互溶,树脂浸润沥青质。因此,石油沥青的结构是以沥青质为胶团,周围吸附部分树脂和油分,构成胶团,无数胶团分散在油分中而形成胶体结构。

当沥青质含量相对较少时,油分和树脂含量相对较高,胶团外膜较厚,胶团之间相对运动较自由,这时沥青形成溶胶结构。这种结构的沥青,黏性小而流动性大,塑性好,但温度稳定性较差。

当沥青质含量较多而油分和树脂较少时,胶团外膜较薄,胶团靠近并团聚,移动比较困难时沥青形成凝胶结构。具有凝胶结构的石油沥青弹性和黏结性较高,温度稳定性较好,但流动性和塑性较差。

当沥青质含量适当时,并有较多的树脂作为保护膜层时,胶团之间保持一定的吸引力,沥青形成溶—凝胶结构。这类沥青在高温时温度稳定性好,低温时的变形能力也好。

三种沥青的结构示意图如图 7 - 2 所示。

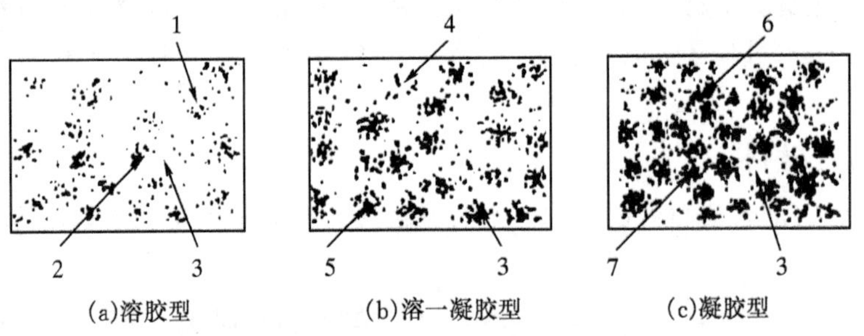

图 7 - 2　三种沥青结构示意图

1—溶胶中的胶粒;2—质点颗粒;3—分散介质油分;4—吸附层;
5—地沥青质;6—凝胶颗粒;7—结合的分散介质油分

(2)石油沥青的技术性质。

①防水性。石油沥青是憎水性材料,几乎完全不溶于水,且构造致密,与矿物材料表面有很好的黏结力,能紧密黏附于矿物材料表面,同时,它还具有一定的塑性,能适应材料或构件的变形,所以石油沥青具有良好的防水性,故广泛用作土木工程的防潮、防水材料。

②黏滞性(黏性)。石油沥青的黏滞性是指沥青在外力作用下抵抗变形的能力,是沥青性质的重要指标之一。在一定温度范围内,当温度升高时,则黏性随之降低,反之则随之增大。也可以说,它反映了沥青软硬、稀稠的程度,是划分沥青牌号的主要技术指标。

工程上,液体石油沥青的黏滞性用黏滞度(也称标准黏度)指标表示,它表征了液体沥青在流动时的内部阻力;对于半固体或固体的石油沥青则用针入度指标表示,它反映了石油沥青抵抗剪切变形的能力。黏滞度是在规定温度 t(t 通常为 20℃、25℃、30℃、60℃)、规定直径 d(d 为

3mm、5mm 或 10mm)的孔流出 50cm^3 沥青所需的时间秒数 T 。常用符号 $C_{\alpha}^{t}T$ 表示。在相同条件下流出时间越长，表示沥青黏度越大。其示意图见图 7-3。

针入度是在规定温度 25℃条件下，以规定质量(100±0.05)g 的标准针，在规定时间 5 s 内贯入试样中的深度，以 1/10mm 为单位。针入度测定示意图见图 7-4。

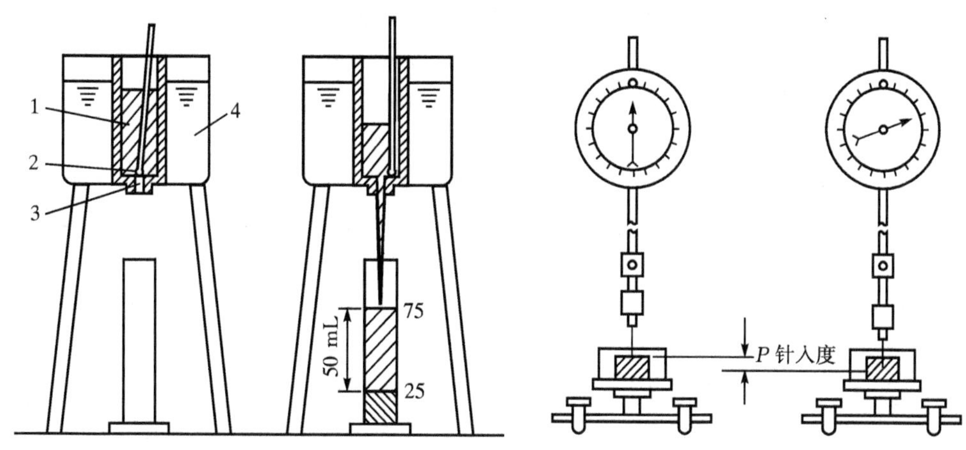

图 7-3 标准黏度计测定液体沥青示意图

1—沥青试样；2—活动球杆；3—流孔；4—水

图7-4 针入度法测定黏稠沥青针入度示意图

一般来说，石油沥青的黏性是用针入度值来表示的。针入度值越大，表示沥青越软，黏度越小。

③塑性。塑性是指石油沥青在外力作用时产生变形而不被破坏，除去外力后仍保持变形后的形状不变的性质。它是石油沥青性质的重要指标之一。

石油沥青的塑性用延度指标表示。沥青延度是把沥青试样制成“8”字形标准试模(中间最小面积为 1 cm^2)，在规定的拉伸速度(5cm/min)和规定温度(15℃)下拉断时的伸长长度，以厘米为单位。延度指标测定的示意图见图 7-5。延度值越大，表示沥青塑性越好。

一般来说，沥青中油分和沥青质适量，树脂含量越多，延度越大，塑性越好。温度升高，沥青的塑性随之增大。在常温下，沥青的塑性很好，能适应建筑的使用要求。

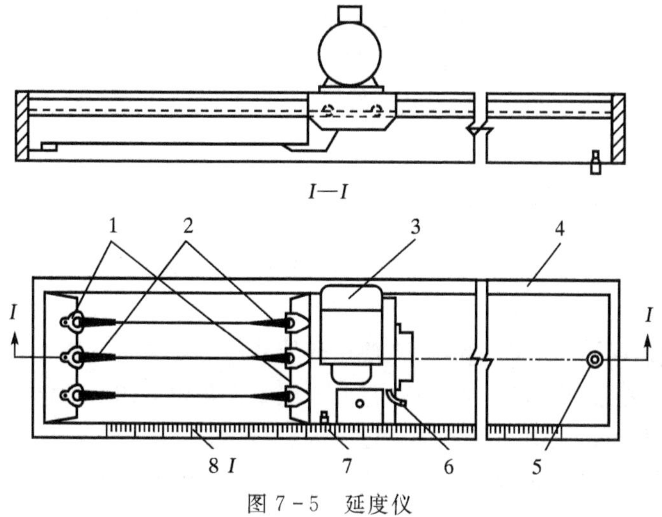

图 7-5 延度仪

1—试模；2—试样；3—电机；4—水槽；5—泄水孔；6—开关柄；7—指针；8—标尺

④温度稳定性。温度稳定性是指石油沥青的黏性和塑性随温度升降而变化的性能。当温度升高时，沥青由固态或半固态逐渐软化，而最终成为液态。与此相反，当温度降低时又逐渐由液态凝固为固态甚至变硬变脆。在工程使用时，往往加入滑石粉、石灰石粉或其他矿物填料来提高其温度稳定性，沥青中石蜡含量较高时，则会使温度稳定性降低。

a. 高温稳定性。高温稳定性用软化点指标衡量。软化点是指沥青由固态转变为具有一定流动性膏体的温度，可采用环球法测定，示意图见图 7-6。它是把沥青试样装入规定尺寸(直径约 16mm，高约 6mm)的铜环内。试样上放置一标准钢球(直径 9.5mm，质量 3.5g)，浸入水中或甘油中，以规定的升温速度(每分钟 5℃) 加热，使沥青软化下垂。当沥青下垂量达 25.4mm 时的温度(℃)，即为沥青软化点。软化点越高，表明沥青的耐热性越好，即温度稳定性越好。

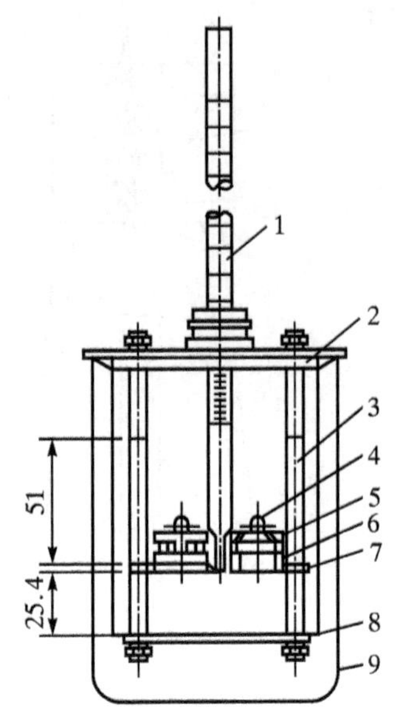

图 7-6　软化点试验仪

1—温度计；2—上盖板；3—立杆；4—钢球；5—钢球定位环；6—金属环；7—中层板；8—下底板；9—烧杯

沥青软化点不能太低，不然夏季易熔化发软；但也不能太高，否则不易施工，并且品质太硬，冬季易发生脆裂现象。石油沥青温度敏感性与沥青质含量和蜡含量密切相关。沥青质增多，则温度敏感性降低。工程上往往加入滑石粉、石灰石粉或其他矿物填料的方法来减小沥青的温度敏感性。沥青中含蜡量多时，其温度敏感性大。

沥青的针入度、软化点和延度是划分沥青标号的主要依据，称为沥青的三大指标。

b. 低温脆性。沥青温度降低时会表现出明显的塑性下降，在较低温度下甚至表现为脆性。特别是在冬季低温下，用于防水层或路面中的沥青由于温度降低时产生的体积收缩，很容易导致沥青材料的开裂。显然，低温脆性反映了沥青抗低温的能力。

不同沥青对抵抗这种低温变形时脆性开裂的能力有所差别。通常采用弗拉斯(Frass)脆点作为衡量沥青抗低温能力的条件脆性指标。沥青脆性指标是在特定条件下，涂于金属片上的沥青试样薄膜，因被冷却和弯曲而出现裂纹时的温度，以℃表示。低温脆性主要取决于沥青的组分，当树脂含量较多、树脂成分的低温柔性较好时，其抗低温能力就较强；当沥青中含有较多石蜡时，其抗低温能力就较差。

⑤大气稳定性。沥青的大气稳定性主要是指沥青在使用环境条件下抵抗老化的能力。沥青在使用环境条件下，由于各种因素(主要是阳光、空气、降水等)的综合作用而产生“不可逆”的化学变化，导致沥青中低分子组分逐渐向高分子组分转变，油分和树脂含量减少，沥青质含量增加，使沥青的塑性降低，黏性增大，逐步变得硬脆、开裂。这个过程称为沥青的“老化”。沥青材料大气稳定性的优劣主要决定于其组成和结构，使用环境和施工质量也是重要的影响因素。

以上 5 种性质是石油沥青的主要性质，是鉴定土木工程中常用石油沥青品质的依据。

除了上述性质要求外，还有含蜡量、溶解度、闪点与燃点。

(3)建筑石油沥青的技术标准。建筑石油沥青、防水防潮石油沥青和普通石油沥青的技术标准见表 7-1。

建筑石油沥青的牌号主要是根据针入度、延度和软化点指标划分并以针入度值表示。在同一品种建筑石油沥青中牌号越大，相应的针入度值越大（黏性越小），延度越大（塑性越大），软化点越低（温度敏感性越大）。

（4）石油沥青的选用。选用石油沥青的原则是根据工程性质与要求（房屋、道路、防腐）及当地气候条件、所处工程部位（屋面、地下）来选用。在满足使用的前提下，应选用牌号较大的石油沥青，以保证有较长的使用年限。

建筑工程中，特别是屋面防水工程，应防止沥青因软化而流淌。由于夏季太阳直射，屋面沥青防水层的温度高于环境气温 25℃～30℃。为避免沥青在夏季流淌，所选沥青的软化点应高于屋面温度 20℃～25℃，并适当考虑屋面的坡度。

建筑石油沥青的黏性较大、温度敏感性较小、塑性较小，主要用于生产或配制屋面与地下防水、防腐蚀等工程用的各种沥青防水材料（油毡、沥青胶等）。对不受较高温度作用的部位，宜选用牌号较大沥青。屋面防水工程般选用 10 号或 30 号建筑石油沥青，或将 10 号建筑石油沥青与 30 号建筑石油沥青、60 号道路石油沥青掺配使用。严寒地区屋面工程不宜单独使用。

表 7－1 建筑石油沥青、防水防潮石油沥青和普通石油沥青的技术标准

质量指标	建筑石油沥青《GB 494—85)		防水防潮石油沥青（SH 0002—90）				普通石油沥青（SY 1665—77）1998 年确认		
	30	10	3 号	4 号	5 号	6 号	75	65	55
针入度（25℃，100g，5s）（1/10mm）	25～40	10～25	25～45	20～40	20～40	30～50	>75	>65	>55
软化点（环球法），不小于（℃）	70	95	85	90	100	95	60	80	100
延度（25～C，5cm/min），不小于（cm）	3	1.5	—	—	—	—	2	1.5	1
针入度指数，不小于	—	—	3	4	5	6	—	—	—
溶解度（三氯乙烯、四氯化碳或苯），不小于（%）	99.5	99.5	98	98	95	92	98	98	98
蒸发质量损失（163～C，5h），不大于（%）	1	1	1	1	1	1	—	—	—
蒸发后针入度比，不小于（%）	65	65	—	—	—	—	—	—	—
闪点（开口），不小于（℃）	230	230	250	270	270	270	230	230	230
脆点，不大于（℃）	报告	报告	－5	－10	－15	－20			

防水防潮石油沥青的温度稳定性较高，特别适合用作油毡的涂覆材料及屋面与地下水的黏结材料。3 号防水防潮石油沥青适用于一般温度下的室内及地下工程防水；4 号防水防潮石油沥青适用于一般地区可行走的缓坡屋面防水；5 号防水防潮石油沥青适用于一般地区暴露屋顶及气温较高地区的屋面防水；6 号防水防潮石油沥青适用于一般地区，特别适用于寒冷地区的屋面及其他防水工程。

普通石油沥青石蜡含量较多（一般均大于 5%），温度敏感性大，建筑工程中不宜单独使用，只能与其他种类石油沥青掺配后使用。

(5)石油沥青的掺配。在选用沥青时，因生产和供应的限制，现有沥青不能满足要求时，可按使用要求，对沥青进行掺配，得到满足技术要求的沥青。在进行掺配时，为了不使掺配后的沥青胶体结构破坏，应选用表面张力相近和化学性质相似的沥青。试验证明同产源沥青容易保证掺配后的沥青胶体结构的均匀性。所谓同产源是指同属石油沥青，或同属煤沥青(或煤焦油)。

两种沥青掺配的比例可用下式估算：

$$Q_1 = \frac{T_2 - T}{T_2 - T_1} \times 100\%$$

$$Q_2 = 100 - Q_1$$

式中：Q_1 ——较软石油沥青用量(%)；

Q_2 ——较硬石油沥青用量(%)；

T ——掺配后的石油沥青软化点(℃)；

T_1 ——较软石油沥青软化点(℃)；

T_2 ——较硬石油沥青软化点(℃)。

以估算的掺配比例和其邻近的比例(±5%～±10%)进行试配(混合熬制均匀)，测定掺配后沥青的软化点，然后绘制掺配比——软化点关系曲线，即可从曲线上确定出所要求的掺配比例。同样地也可采用针入度指标按上法估算及试配。

如用三种沥青时，可先算出两种沥青的配比，再与第三种沥青进行配比计算，然后再试配。

不同牌号石油沥青掺配后要进行试配调整，按照计算的掺配比例和其邻近的比例(增减5%～10%)进行试配(混合熬制均匀)，测定掺配后沥青的软化点，然后绘制"掺配比—软化点"曲线，即可根据曲线变化来初步确定所要求的掺配比例。

【例7-1】 某工程需用软化点为88℃的石油沥青，现有10号及40号石油沥青，其软化点分别为95℃和60℃，试估算如何掺配才能满足工程需要？

解：估算掺配用量：

$$40号石油沥青用量 = \frac{95℃ - 88℃}{95℃ - 60℃} \times 100\% = 20\%$$

10号石油沥青用量=100%－20%=80%

即以20%的40号石油沥青和80%的10号石油掺配进行试配。

7.1.2 其他沥青及其制品

1.煤沥青

煤沥青是由煤干馏的产品——煤焦油——再加工获得的，是由芳香族化合物及其非金属(氧、硫、氮等)的衍生物组成的极其复杂和高度缩合的混合物，常温下呈黏稠液体至半固体。

煤沥青的组分有游离碳(固态碳质微粒)、硬树脂(类似石油沥青中的沥青质)、软树脂(类似石油沥青的树脂)及油分(为液态碳氢化合物)。

与石油沥青相比煤沥青有以下特点：

(1)密度大：一般为1.1～1.26g/cm^3。

(2)塑性差，容易因变形而开裂：由于煤沥青中含较多的自由碳和硬树脂，受力后易开裂，尤其在低温下易硬脆。

(3)大气稳定性差：由于煤沥青含有易挥发的不饱和芳香烃，在周围介质(热、光、氧气等)作用下，老化过程较快。

(4)温度感应性大：由于煤沥青中含较多可溶性树脂，热稳定性较差。

(5)有毒、有臭味,但防腐能力强。

(6)因表面活性物质较多,与矿料表面的粘附能力较好,用少量煤沥青掺入石油沥青中可以提高石油沥青与矿料表面的粘附力。

煤沥青一般用于地下防水工程和防腐工程,也可配制道路沥青混凝土。

石油沥青和煤沥青不能混合使用,它们的制品也不能相互粘贴或直接接触,否则会分层、成团而失去胶凝性,以致无法使用或降低防水效果。

2. 乳化沥青

乳化沥青是将极微小的沥青颗粒(1~6μm)均匀分散在含有乳化剂的水中所得到的稳定的悬浮体。生产乳化沥青,是将加热熔化的沥青流入含有乳化剂的水中,经机械强力搅拌而成。

(1)乳化沥青的组成材料。

①沥青。沥青是乳化沥青中的基本成分,在乳化沥青中占55%~70%。沥青的选择,应根据乳化沥青在路面工程中的用途而定。一般来说,几乎各种标号的沥青都可以乳化,相同油源和工艺的沥青,针入度较大者易于形成乳液。

②水。水是沥青分散的介质,其硬度和离子性对乳化沥青的形成和稳定性有较大的影响。一般要求水不应太硬。水中存在钙、镁等离子时,对于生产阳离子乳化沥青有利,但不利于生产阴离子乳化沥青;而碳酸离子和碳酸氢离子对两种乳化沥青的作用刚好相反。水中的粒状物质通常带有负电荷,由于对阳离子乳化剂的吸附,对生产阳离子乳化沥青不利。因此,应根据乳化沥青的离子类型、选择符合水质要求的水源。

③乳化剂。乳化剂在乳化沥青中所占的比例较低(一般为千分之几),但对乳化沥青的生产、贮存及施工起着关键性的作用。

④稳定剂。为了改善沥青乳液的均匀性、减缓沥青微粒之间的凝聚速度、提高乳液的稳定性、增强与石料的粘附能力,常在乳液中加入一定的稳定剂。掺加稳定剂还可能降低乳化剂的使用剂量。稳定剂分为无机稳定剂和有机稳定剂两类。

a. 无机稳定剂。常用的稳定效果最明显的无机盐类物质为NH_4Cl、$CaCl_2$和$MgCl_2$等。如$CaCl_2$可以降低季铵盐阳离子乳化剂的用量。对于胺型阳离子乳化剂,由于不能直接溶解于水,需要用盐酸将水的PH值调节至2左右,或用醋酸调节至4左右方能使用。但如果酸过量,则乳化性和稳定性将受到影响。

b. 有机稳定剂。常用的有聚乙烯醇,它与阳离子乳化剂复合使用对含蜡量高的沥青的乳化及储存稳定性起良好的作用。此外,还可采用甲基纤维素、聚丙烯酰胺、糊精、MP废液等。

(2)沥青乳化剂的分类。乳化剂一般为表面活性物质,称为表面活性剂,有天然产物和人工合成制品,现主要采用人工合成的表面活性剂。

乳化剂按其能否在溶液中解离生成离子或离子胶束而分为离子型乳化剂和非离子型乳化剂两大类。离子型乳化剂按其解离后亲水端所带的电荷的不同而分为阴离子型、阳离子型和两性离子型乳化剂等三类。

①阴离子型沥青乳化剂。阴离子型沥青乳化剂原料易得、生产工艺简单、价格低廉。早在20世纪20年代阴离子型沥青乳化剂就已开始广泛使用。目前该类型乳化剂的使用量虽不及阳离子型沥青乳化剂,但仍在使用。所生产的乳化沥青一般为中裂型,也有部分是慢裂型,可用于稀浆封层、贯入式、表面处治等。

②阳离子型沥青乳化剂。阳离子型沥青乳化剂比阴离子型沥青乳化剂的发展要晚一些,但经过多年的实践人们发现,阴离子沥青的微粒上带有负电荷,与湿润集料表面普通带有的负电荷

相同，由同性相斥的原因，使得沥青不能尽快地粘附到集料表面上，这样会影响路面的早期成型，延迟交通的开放。而阳离子型沥青乳化剂则克服了以上的缺点，所以，近年来阳离子型沥青乳化剂的发展要快得多，用量要大得多。

③两性离子型沥青乳化剂。两性离子型沥青乳化剂的特点是：其带电性是随着溶液的 PH 值变化而变化的，但其对氨基酸类乳化剂来说，由于有等电子的存在而在某个 PH 值时表现出不带电的状态，而溶解度最低，应用此类乳化剂应该注意。由于两性离子的带点状态可随环境的变化而变化，所以这类乳化剂可以在阴离子、阳离子以及不同 PH 值环境下应用。这类乳化剂属于高档乳化剂，成本较高，这可能是影响其推广应用的主要因素。国内有单位用此类乳化剂进行乳化沥青的试验研究，但未见有大量应用的报道。

(3)乳化沥青的生产工艺。乳化沥青的生产工艺：重交沥青──→加热到 130℃──→加入乳化剂、稳定剂和水──→高速剪切──→乳化沥青产品。

(4)乳化沥青的应用。乳化沥青可在常温下施工。它主要用于防水工程的底子，可代替冷底子油。乳化沥青也可用于粘贴玻璃纤维网，拌制沥青砂浆和沥青混凝土。建筑上主要使用皂液乳化沥青(ZBQ17001—84)及用化学乳化剂配制的乳化沥青(JC 408—91，代号 AE—2—C)，又称水性沥青基薄质防水涂料。

3. 改性沥青

改性沥青是采用各种措施使沥青的性能得到改善的沥青。

建筑工程中使用的沥青必须具有一定的物理性质和粘附性；在低温条件下应具有良好的弹性和塑性；在高温条件下要有足够的强度和稳定性；还应具有对构件变形的适应性和耐疲劳性等。通常，石油加工厂制备的沥青不一定能全面满足这些要求，致使目前沥青防水屋面渗漏现象严重，使用寿命短。

为此，常用橡胶、树脂和矿物填料等对沥青进行改性。橡胶、树脂和矿物填料等通称为石油改性材料。

4. 沥青基质制品

(1)冷底子油。冷底子油是用稀释剂(汽油、柴油、煤油、苯等)对沥青进行稀释的产物。它多在常温下用于防水工程的底层，故称冷底子油。它通常用 30%～40%的 10 号或 30 号石油沥青与 60%～70%的稀释剂(汽油、煤油、柴油)配制而成。

调制冷底子油时，先将石油沥青加热至 180℃～200℃脱水，至不起沫为止，然后冷却至 130℃～140℃，加入约占溶剂 10%的煤油(或柴油)，待降温至约 70℃时，再加入全部溶剂(汽油)，搅拌均匀即可。

冷底子油黏度小，具有良好的流动性。涂刷在混凝土、砂浆或木材等基面上，能很快渗入基层空隙中，待溶剂挥发后，便与基面牢固结合。冷底子油形成的涂膜较薄，一般不能单独作防水材料使用，只作为某些防水材料的配套材料。施工时应先在基层上先涂刷一道冷底子油，再刷沥青防水涂料或者铺油毡。冷底子油可封闭基层孔隙，使基层形成防水能力，并使基层表面变为憎水性，为黏结同类防水材料创造了有利条件。

冷底子油应涂刷于干燥的基面上，不宜在有雨、雾、露的环境中施工，通常要求与冷底子油相接触的水泥砂浆的含水率不大于 10%。

施工中冷底子油应随用随配，施工时要求被涂表面干燥，涂层薄而均匀，厚度约为 0.15～0.2mm，不得有漏图、露底、麻点。第一层干燥后方可喷涂第二层。注意通风，施工及贮存时应注意防火。

(2)沥青玛蹄脂。沥青玛蹄脂是沥青加上惰性粉状或纤维状的填充料配制而成的胶黏剂,用途是粘贴卷材,嵌缝补漏及作为防水、防腐蚀涂料。

沥青玛蹄脂常用 10 号或 30 号石油沥青配制。掺入填料不仅可节省沥青,更可提高沥青玛蹄脂的耐热性、黏结性及大气稳定性;使用纤维状填料还可以提高沥青玛蹄脂的柔韧性和抗裂性。常用的粉状填料有石灰石粉、滑石粉;常用的纤维状填料有石棉绒和石棉粉等。它们加入沥青中是为了提高沥青的耐热性,改善平时的脆性,增加其韧性并能节约沥青的用量。建筑石油沥青在熬制后稠度较稀,加入填充料制成玛蹄脂后的优越性显著。沥青玛蹄脂分冷用和热用两种。冷用的是将沥青熔化脱水后,加入 25%～30%的溶剂,再掺入 10%～30%的填料,拌匀即可,在常温下施工;热用的需将沥青加热脱水后与填料热拌,趁热施工。

①沥青玛蹄脂的技术要求。

a. 黏结性。沥青玛蹄脂的黏结性是保证被黏结材料与底层黏结牢固的性质。测定方法是在两张油纸间涂 2mm 厚的沥青玛蹄脂,然后慢慢撕开,若油纸与沥青玛蹄脂脱离的面积不超过黏结面积的 1/2,则黏结性合格。

b. 耐热性。沥青玛蹄脂的耐热性用耐热度来表示。测定方法是将用 2mm 厚的沥青玛蹄脂黏合的两张油纸放在 45°斜面上,在一定的温度下停放 5h,沥青玛蹄脂不流淌,油纸不互相滑动时的最高恒温温度即为耐热度。

c. 柔韧性。柔韧性是保证沥青玛蹄脂在使用中受基层变形影响时不致破坏的性质。测定方法在油纸上涂 2mm 厚的沥青玛蹄脂,绕规定直径的圆棒,在 2s 内均匀绕成半圆,然后检查弯曲拱面处,若无裂痕,为合格。

石油沥青玛蹄脂按其耐热度、黏结力和柔韧性划分标号,并用耐热度来表示。各标号的技术要求应满足表 7－2 的规定。

表 7－2 沥青玛蹄脂的质量要求(GB 50207—2002)

标号 指标名称	S—60	S—65	S—70	S—75	S—80	S—85
耐热度	用 2mm 厚的沥青玛蹄脂黏合两张沥青油纸,在不低于下列温度(单位为℃)中,在 1∶1 坡度上停放 5h 后,沥青玛蹄脂不应流淌,油纸不应滑动					
	60	65	70	75	80	85
柔韧性	涂在沥青油纸上的 2mm 的沥青玛蹄脂层,在 18℃±2℃时围绕下列直径(单位为 mm)的圆棒,用 2s 的时间以均衡速度弯成半周,沥青玛蹄脂不应有裂纹					
	10	15	15	20	25	30
黏结力	用手将两张粘贴在一起的油纸慢慢地一次撕开,从油纸和沥青玛蹄脂粘贴面的任何一面的撕开部分,应不大于粘贴面积的 1/2					

②沥青玛蹄脂的应用。沥青玛蹄脂主要用于粘贴防水卷材,也可用于涂刷防水涂层,并作为沥青砂浆防水层的底层及接头密封等。选用时应根据面层坡度及历年室外最高气温条件来选择标号,如表 7－3 所示,以保证夏季不流淌,冬季不开裂。

表 7-3　沥青玛蹄脂标号选用(GB 50207—2002)

材料名称	屋面坡度(%)	历年极端最高气温(℃)	沥青玛蹄脂标号
沥青玛蹄脂	1—3	＜38	S—60
		1—3	S—65
		1—3	S—70
	3—15	＜38	S—65
		1—3	S—70
		1—3	S—75
	15—25	＜38	S—75
		1—3	S—80
		1—3	S—85

7.2　防水卷材

7.2.1　防水卷材的基本要求

防水卷材是防水材料的重要品种之一，广泛用于屋面、地下和构筑物等的防水中。防水卷材主要包括沥青防水卷材、聚合物改性沥青防水卷材和合成高分子防水卷材三大系列，如图 7-7 所示。其中，沥青防水卷材是传统的防水材料，成本较低，应用广泛，但其拉伸强度和延伸率低，温度稳定性较差，高温易流淌，低温易脆裂，耐老化性较差，使用年限较短，属于低档防水卷材。聚合物改性沥青防水卷材和合成高分子防水卷材是新型防水材料，各项性能较沥青防水卷材优异，能显著提高防水功能，延长使用寿命，在土木工程中也得到了广泛应用。目前防水卷材已由沥青基向高聚物改性沥青基和橡胶、树脂等合成高分子防水卷材发展，油毡的胎体也从纸胎向玻璃纤维或聚酯胎方向发展，防水层的构造由多层向单层方向发展，施工方法由热熔法向冷贴法方向发展。

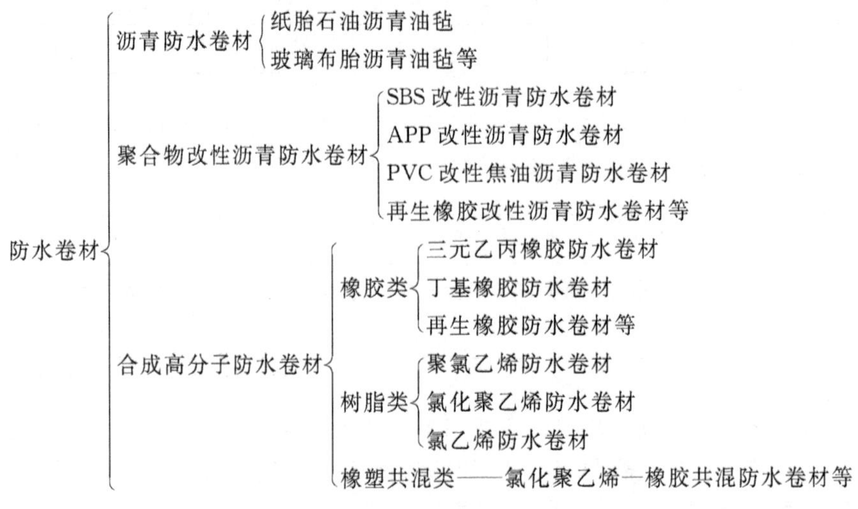

图 7-7　防水卷材的分类

防水卷材的品种很多，性能和特点各异，但作为防水卷材，要满足防水工程的要求，均应具备以下性能：

（1）防水性，指在水的作用下卷材的性能基本不变，在压力水作用下不透水的性能。常用不透水性、抗渗透性等指标表示。

（2）机械力学性能，指在一定荷载、应力或一定变形的条件下卷材不断裂的性能。常用拉力、拉伸强度和断裂伸长率等指标表示。

（3）温度稳定性，指在高温下卷材不流淌、不滑动、不起泡，在低温下不脆裂的性能。即在一定的温度变化下，保持防水性能的能力。常用耐热度、耐热性、脆性温度等指标表示。

（4）大气稳定性，指在阳光、热、水分和臭氧等的长期综合作用下卷材抵抗老化的性能。常用耐老化性、老化后性能保持率等指标表示。

（5）柔韧性，指在低温条件下卷材保持柔韧、易于施工的性能。柔韧性对保证施工质量十分重要，常用柔度、低温弯折性、柔性等指标表示。

7.2.2 常用的防水卷材

防水卷材按照材料的组成一般可分为沥青防水卷材、聚合物改性沥青防水卷材和合成高分子防水卷材三大类。

1. 沥青防水卷材

沥青防水卷材是用原纸、纤维织物、纤维毡等胎体浸涂沥青，用粉状、粒状、片状矿物粉或合成高分子膜、金属膜作为隔离材料制成的可卷曲的片状防水材料。沥青基防水卷材具有原材料广、价格低、施工技术成熟等特点，可以满足建筑物的一般防水要求，是目前用量最大的防水卷材品种。常用的有石油沥青纸胎油毡、石油沥青石棉纸油毡、石油沥青玻璃布油毡、石油沥青麻布油毡和石油沥青铝箔油毡等。

石油沥青纸胎油毡是最具代表性的沥青防水卷材，是用高软化点的石油沥青涂盖油纸两面，再涂撒隔离材料制成的一种纸胎防水卷材。油毡按原纸 $1m^2$ 的质量克数分为200号、300号和500号三种标号。纸胎油毡的防水性能与原纸的质量、浸渍材料和涂盖材料的重量有着密切关系。200号油毡适用于简易防水、临时性建筑防水、建筑防潮及包装等；350号和500号油毡适用于一般的屋面和地下防水。

纸胎油毡的抗拉能力低、易腐烂、耐久性差，为了改善沥青防水卷材的性能，通常是改进胎体材料。因此，玻璃布沥青油毡、玻纤沥青油毡、黄麻胎沥青油毡、铝箔胎沥青油毡等一系列沥青防水卷材被开发利用。常见的沥青防水卷材的特点及适用范围见表7-4。

表7-4 常见沥青防水材料的特点和适用范围

卷材名称	特 点	适用范围
石油沥青纸胎油毡	资源丰富、价格低廉，抗拉性能低、低温柔性差、温度敏感性大，使用年限较短，是我国传统的防水材料	三毡四油、二毡三油叠层铺设的屋面工程
石油沥青玻璃布油毡	抗拉强度较高、胎体不易腐烂，柔韧性好，耐久性比纸胎油毡高一倍以上	用作纸胎油毡的增强附加层和突出部位的防水层
石油沥青玻纤油毡	耐腐蚀性和耐久性好，柔韧性、抗拉性能优于纸胎油毡	常用于屋面和地下防水工程

续表 7－4

卷材名称	特　点	适用范围
石油沥青黄麻胎油毡	抗拉强度高，耐水性和柔韧性好，但胎体材料易腐烂	常用于屋面增强附加层
石油沥青铝箔胎油毡	防水性能好，隔热和隔水气性能好，柔韧性较好，且具有一定的抗拉强度	与带孔玻纤油毡配合或单独使用，用于热反射屋面和隔气层

2. 聚合物改性沥青防水卷材

聚合物改性沥青防水卷材是以聚合物改性沥青为涂盖层，纤维织物、纤维毡为胎体，粉状、粒状、片状或薄膜材料为覆面材料制成的可卷曲片状防水材料。

聚合物改性沥青防水卷材克服了传统沥青防水卷材的温度稳定性差、延伸率小的不足，具有高温不流淌、低温不脆裂、拉伸强度高、延伸率较大等优异性能。此类防水卷材一般单层铺设，也可复层使用，根据不同卷材可采用热熔法、冷黏法、自黏法施工。

聚合物改性沥青防水卷材常用的胎体有玻纤胎和聚酯胎。与原纸胎相比，玻纤胎不仅防潮性能好，而且容易被沥青浸透，但延伸率小、抗钉刺破强度低。聚酯胎的延伸率大，拉伸强度高，抗顶破强度、抗撕裂强度和抗钉刺破强度高，耐水性好，不腐烂，有弹性，容易施工，但尺寸稳定性较差。

(1)SBS 改性沥青防水卷材。SBS 改性沥青防水卷材属弹性体沥青防水卷材，弹性体沥青防水卷材是用沥青或热塑性弹性体(如苯乙烯—丁二烯—苯乙烯嵌段共聚物 SBS)改性沥青浸渍胎基，两面涂以弹性体沥青涂盖层，上表面撒以细砂、矿物粒(片)料或覆盖聚乙烯膜，下表面撒以细砂或覆盖聚乙烯膜所制成的一类防水卷材。

该类卷材使用玻纤毡和聚脂毡两种胎体，其延伸率高，可达 150%，大大优于普通纸胎油毡，对结构变形有很高的适应性；有效使用范围广，为－38℃～119℃；耐疲劳性能优异，疲劳循环 1 万次以上仍无异常，广泛适用于各类防水、防潮工程，尤其适用于高级和高层建筑物的屋面、地下室、卫生间等的防水防潮，以及桥梁、停车场、屋顶花园、游泳池、蓄水池、隧道等建筑的防水。又由于该卷材具有良好的低温柔韧性和极高的弹性延伸性，更适合于北方寒冷地区和结构易变形的建筑物的防水。其中，35 号及其以下品种用作多层防水；35 号以上的品种可用作单层防水或多层防水的面层，并可采用热熔法施工。

(2)APP 改性沥青防水卷材。APP 改性沥青防水卷材属塑性体沥青防水卷材，塑性体沥青防水卷材是用沥青或热塑性塑料(如无规聚丙烯 APP)改性沥青浸渍胎基，两面涂以塑性体沥青涂盖层，上表面撒以细砂、矿物粒(片)料或覆盖聚乙烯膜，下表面撒以细砂或覆盖聚乙烯膜所制成的一类防水卷材。该类卷材也使用玻纤毡和聚酯毡两种胎体，广泛适用于各类防水、防潮工程，尤其适用于高温或有强烈太阳辐射地区的建筑物防水。其中，35 号及其以下品种用作多层防水；35 号以上的品种可用作单层防水或多层防水层的面层，并可采用热熔法施工。

聚合物改性沥青防水卷材除 SBS 改性沥青防水卷材和 APP 改性沥青防水卷材外，还有 PVC 改性焦油沥青防水卷材、再生胶改性沥青防水卷材和废橡胶粉改性沥青防水卷材等。它们因聚合物和胎体的品种不同而性能各异，使用时应根据其性能特点合理选择。常见的聚合物改性沥青防水卷材的特点和适用范围见表 7－5。

表7-5 常见聚合物改性沥青防水卷材的特点和适用范围

卷材名称	特 点	适用范围
SBS改性沥青防水卷材	高温稳定性和低温柔韧性明显改善，抗拉强度和延伸率较高，耐疲劳性和耐老化性好	单层铺设的防水层或复合使用，适合寒冷地区和结构变形频繁的结构
APP改性沥青防水卷材	抗拉强度高、延伸率大，耐老化性、耐腐蚀性和耐紫外线老化性能好，使用温度(－15℃～130℃)	单层铺设或复合使用的防水层，适合紫外线强烈及炎热地区的屋面使用
PVC改性焦油沥青防水卷材	有良好的耐高温和耐低温性能，最低开卷温度为－18℃，可在低温下施工	单层或复合的防水层，有利于在冬季负温下施工
再生胶改性沥青防水卷材	有一定的延伸性和防腐能力，低温柔性较好，价格低廉	适合变形较大或档次较低的防水工程
废橡胶粉改性沥青防水卷材	抗拉强度、高温稳定性和低温柔性均比沥青防水卷材有明显改善	一般叠层使用，宜用于寒冷地区的防水工程

合成高分子防水卷材是以合成橡胶、合成树脂或它们两者的共混体为基料，加入适量的助剂和填充料等，经混炼、压延或挤出等工序加工而制成的可卷曲的片状防水材料，分为加筋增强型与非加筋增强型两种。

合成高分子防水卷材具有拉伸强度和抗撕裂强度高，断裂伸长率大，耐热性和低温柔性好，耐腐蚀，耐老化等一系列优异的性能，是新型高档防水卷材。常见的有三元乙丙橡胶防水卷材、聚氯乙烯防水卷材、氯化聚乙烯防水卷材、氯化聚乙烯—橡胶共混防水卷材等。

①三元乙丙(EPDM)橡胶防水卷材。三元乙丙橡胶防水卷材是以三元乙丙橡胶为主体，掺入适量的硫化剂、促进剂、软化剂和补强剂等，经过配料、密炼、拉片、过滤、压延或挤出成型、硫化等工序加工制成的高弹性防水卷材。三元乙丙橡胶由于其分子结构中的主链没有双键，当其受到臭氧、光和湿热作用时，主链不易断裂，故该卷材耐老化性能比其他类型卷材优越，使用寿命可达30年以上。此外，它还具有重量轻、使用温度范围宽、抗拉强度高、延伸率大、对基层变形适应性强、耐酸碱腐蚀等特点，而且其使用的温度范围广，并可以冷施工，目前在国内属高档防水材料，广泛适用于对防水要求高、使用年限长的工业与民用建筑的防水工程。

②聚氯乙烯(PVC)防水卷材。聚氯乙烯防水卷材是以聚氯乙烯树脂为主要原料，掺加填充料及适量的改性剂、增塑剂、抗氧化剂和紫外线吸收剂等，经过混炼、压延或挤出成型、冷却、分卷包装等工序制成的防水卷材。

聚氯乙烯防水卷材变形能力强，断裂延伸率大，对基层变形的适应性较强，并且具有低温柔性好，耐老化性能好的性能。根据基本原料的组成与特性，聚氯乙烯防水卷材分为S型和P型。其中，S型是以煤焦油与聚氯乙烯树脂混溶料为基料的防水卷材，P型是以增塑聚氯乙烯树脂为基料的防水卷材。聚氯乙烯防水卷材的尺寸稳定性、耐热性、耐腐蚀性、耐细菌性等均较好，适用于各类建筑的屋面防水工程和水池、堤坝等防水抗渗工程。

聚氯乙烯防水卷材的特点是价格便宜、抗拉强度和断裂伸长率较高，对基层伸缩、开裂、变形的适应性强；低温度柔韧性好，可在较低的温度下施工和应用；卷材的搭接除了可用粘接剂外，还可以用热空气焊接的方法，接缝处严密。

与三元乙丙橡胶防水卷材相比，除在一般工程中使用外，聚氯乙烯防水卷材更适应于刚性层上的防水层及旧建筑混凝土构件屋面的修缮工程，以及有一定耐腐蚀要求的室内地面工程屋面的防水、防渗工程等。

③氯化聚乙烯—橡胶共混防水卷材。氯化聚乙烯—橡胶共混防水卷材是以氯化聚乙烯树脂和合成橡胶为主体，掺入适量的硫化剂、促进剂、稳定剂等，经过配料、密炼、过滤、压延成型、硫化等工序加工制成的防水卷材。这种卷材具有氯化聚乙烯特有的高强度和优异的耐候性，同时还表现出橡胶的高弹性、高延伸率及良好的耐低温性能，适用于寒冷地区或变形较大的建筑防水工程。

合成高分子防水卷材除以上三种典型品种外，还有丁基橡胶、氯化聚乙烯、氯磺化聚乙烯等防水卷材。它们因所用的基材不同而性能差异较大，使用时应合理选择，常用的合成高分子防水卷材的特点和适用范围见表 7－6。

表 7－6　常见合成高分子防水卷材的特点和适用范围

卷材名称	特　点	适用范围
三元乙丙橡胶防水卷材	防水性能好，弹性和抗拉强度大，耐候性和耐臭氧性好，抗裂性强，使用温度范围宽，寿命长，重量轻，但价格高	单层或复合使用，适用于对防水要求高、耐用年限要求长的防水工程
丁基橡胶防水卷材	有较好的耐候性和耐油性，抗拉强度、延伸率和耐低温性能稍低于三元乙丙橡胶防水卷材	单层或复合使用，适用于防水要求较高和有耐油要求的工程
氯化聚乙烯防水卷材	强度高，延伸率大，收缩率低，耐候、耐臭氧、耐化学腐蚀性好，使用寿命长，重量轻，综合性能接近三元乙丙橡胶防水卷材	单层或复合使用，特别适用于紫外线强的炎热地区
氯磺化聚乙烯防水卷材	延伸率较大，弹性较好，耐高温和耐低温性好，耐腐蚀性能优良，有较好的难燃性	适用于有腐蚀介质影响和寒冷地区的防水工程
聚氯乙烯防水卷材	拉伸强度和撕裂轻度较高，延伸率较大，耐老化性能好，原材料丰富，价格便宜	单层或复合使用，适用于各种防水工程和有一定腐蚀的防水工程
氯化聚乙烯—橡胶共混防水卷材	不但具有高强度和优异的耐臭、耐老化性能，而且有高弹性、高延伸率和良好的低温柔性	单层或复合使用，特别适用于寒冷地区和变形较大的防水工程

7.3　防水涂料

我国已于 20 世纪 70 年代主要生产氯丁胶和橡胶改性沥青防水涂料。防水涂料是在常温下呈无固定形状的黏稠液态高分子合成材料，经涂布后，通过溶剂的挥发或水分的蒸发或反应固化后在基层表面可形成坚韧的防水膜的材料的总称。

7.3.1　防水涂料的组成、分类和特点

防水涂料实质上是一种特殊涂料，它的特殊性在于当涂料涂布在防水结构表面后，能形成柔

软、耐水、抗裂和富有弹性的防水涂膜，隔绝外部的水分子向基层渗透。因此，在原材料的选择上不同于普通建筑涂料，主要采用憎水性强、耐水性好的有机高分子材料，常用的主体材料采用聚氨酯、氯丁胶、再生胶、SBS 橡胶和沥青以及它们的混合物，辅助材料主要包括固化剂、增韧剂、增黏剂、防霉剂、填充料、乳化剂、着色剂等。

防水涂料根据组分的不同可分为单组分防水涂料和双组分防水涂料两类。根据成膜物质的不同可分为沥青基防水材料、高聚物改性沥青防水材料和合成高分子防水材料三类。如按涂料的介质不同，又可分为溶剂型、水乳型和反应型三类，不同介质的防水涂料的性能特点见表 7－7。

表 7－7 溶剂型、水乳型和反应型防水涂料的性能特点

项目	溶剂型防水涂料	水乳型防水涂料	反应型防水涂料
成膜机理	通过溶剂的挥发、高分子材料的分子链接触、缠结等过程成膜	通过水分子的蒸发，乳胶颗粒靠近，接触、变形等过程成膜	通过预聚体与固化剂发生化学反应成膜
干燥速度	干燥快，涂膜薄而致密	干燥较慢，一次成膜的致密性较低	可一次形成致密的较厚的涂膜，几乎无收缩
储存稳定性	储存稳定性好，应密封储存	储存期一般不宜超过半年	各组分应分开密封存放
安全性	易燃、易爆、有毒，生产、运输和使用过程中应注意安全使用，注意防火	无毒，不燃，生产使用比较安全	有异味，生产、运输和使用过程中应注意防火
施工情况	施工时应通风良好，保证人身安全	施工较安全，操作简单，可在较为潮湿的找平层上施工，施工温度不宜低于 5℃	施工时需现场按照规定配方进行配料，搅拌均匀，以保证施工质量

一般来说，防水涂料具有以下特点：

(1)防水涂料在常温下呈黏稠状液体，经涂布固化后，能形成无接缝的防水涂膜。

(2)防水涂料在常温下呈液态，特别适宜在立面、阴阳角、穿结构层管道、不规则屋面、节点等细部构造处进行防水施工，固化后能在这些复杂表面处形成完整的防水膜。

(3)涂膜防水层自重轻，特别适宜于轻型薄壳屋面的防水。

(4)防水涂料施工属于冷施工，可刷涂，也可喷涂，操作简便，施工速度快，环境污染小，同时也减小了劳动强度。

(5)涂膜防水层具有良好的耐水、耐候、耐酸碱特性和优异的延伸性能，能适应基层局部变形的需要。

(6)温度适应性强，防水涂层在－30℃～80℃条件下均可使用。

(7)涂膜防水层可通过加贴增强材料来提高抗拉强度。

(8)容易修补，发生渗漏可在原防水涂层的基础上修补。

防水涂料的主要优点是易于维修和施工，特别适用于管道较多的卫生间、特殊结构的屋面以及旧结构的堵漏防渗工程。

7.3.2 常用的防水涂料

防水涂料按成膜物质的主要成分分为沥青类、聚合物改性沥青类和合成高分子类三类，按液态类型分为溶剂型、水乳型和反应型三类。

1. 沥青基防水涂料

沥青基防水涂料是以沥青为基料配制而成的水乳型或溶剂型防水涂料。这类涂料对沥青基本没有改性或改性不多,有石灰乳化沥青、膨润土沥青乳液和水性石棉沥青防水涂料等。

石灰乳化沥青涂料是以石油沥青(主要用 60 号)为基料,以石灰膏(氢氧化钙)为乳化剂,在热态状态下用机械强制搅拌下将沥青乳化制成的厚质防水涂料。石灰乳化沥青涂料为水性、单组分涂料,具有无毒、不燃、可在潮湿基层上施工等特点。

本品属于水性涂料,可在潮湿基层施工,冷作业,工地配制简单、方便,价格低廉,有一定防水、防渗能力。由于生产工艺简单,一般都在施工现场配制使用。

2. 聚合物改性沥青防水涂料

聚合物改性沥青防水涂料是以沥青为基料,用合成高分子聚合物进行改性,制成的水乳型或溶剂型防水涂料。这类涂料在柔韧性、抗裂性、拉伸强度、耐高低温性和使用寿命等方面比沥青基防水涂料有很大改善。聚合物改性沥青防水涂料有水乳型氯丁橡胶沥青防水涂料、再生橡胶改性沥青防水涂料、SBS 橡胶改性沥青防水涂料。

水乳型氯丁橡胶沥青防水涂料是以阳离子氯丁橡胶乳液与阳离子石油沥青乳液混合,稳定分散在水中而制成的一种水乳型防水涂料。由于用氯丁橡胶进行改性,与沥青基防水材料相比,水乳型氯丁橡胶沥青防水涂料无论在柔性、延伸性、拉伸强度,还是耐高低温性能、使用寿命等方面都有很大改善,具有成膜快、强度高、耐候性好、抗裂性好,且难燃、无毒等特点。

3. 合成高分子防水涂料

合成高分子防水涂料是以合成橡胶或合成树脂为主要成膜物质制成的单组分或多组分的防水涂料。这类涂料具有高弹性、高耐久性及优良的耐高、低温性能,品种有聚氨酯防水涂料、丙烯酸酯防水涂料和有机硅防水涂料等。

聚氨酯防水涂料是以化学反应成膜,几乎不含溶剂,体积收缩小,易做成较厚的涂膜,整体性好;涂膜具有橡胶弹性,延伸性好,耐高、低温性好,耐油、耐化学药品,抗拉强度和抗撕裂强度均较高;对基层变形有较强的适应性。该涂料固化前为黏稠状液体,可在任何复杂的基层表面施工。它适用于各种有保护层的屋面防水工程、地下防水工程、浴室、卫生间以及地下管道的防水、防腐等。

7.4 屋面瓦

房子的屋面系统大致可以分成坡屋面和平屋面两个系统。坡屋面系统的历史可以追溯到远古,我国自有史记载以来至清末,房屋建筑几乎都是坡屋面的。国外也大致如此,不过更具特色和多样性,如有各种尖屋顶、圆球屋顶等。平屋面系统实际是从古代城堡结构演化而来,伴随着现代混凝土构件的发展,在许多高层建筑上获得了广泛的应用。坡形屋面基本都使用了屋面瓦。

瓦作为最古老的建筑材料之一,千百年来被广泛使用。瓦是最主要的屋面材料,它不仅起到了遮风挡雨和室内采光的作用,而且有着重要的装饰效果,随着现代新材料的不断涌现,瓦的其他功能也不断出现。

屋面瓦种类很多,主要的分类方法是根据其原料来分类,有黏土瓦、彩色混凝土瓦、石棉水混波瓦、玻纤镁质波瓦、玻纤增强水泥(GRC)波瓦、玻璃瓦、彩色聚氯乙烯瓦、玻纤增强聚酯采光制品、聚碳酸酯采光制品、彩色铝合金压型制品、彩色涂层钢压型制品、彩钢沥青油毡瓦、采钢保温材料夹芯板、琉璃瓦等。其中黏土瓦、彩色混凝土瓦、玻璃瓦、玻纤镁质波瓦、玻纤增强水泥波瓦、油毡瓦主要用于民用建筑的坡型屋顶,聚碳酸酯采光制品、彩色铝合金压型制品、彩色涂层钢压型制品、采钢保温材料夹芯板等多用于工业建筑,石棉水混波瓦、钢丝网水泥瓦等多用于简易或临时性建筑。琉璃瓦主要用于园林建筑和仿古建筑的屋面或墙瓦。

人们长时间以来一直多使用黏土瓦,但是由于黏土瓦的自重大、不环保、能耗大、质量差、装饰效果差等缺点,现已经逐渐被其他产品替代。下面主要介绍民用建筑中包括黏土瓦在内的当前经常使用到的几种屋面瓦。

7.4.1 黏土瓦

坡屋面的主材料各式各样,有木板、树皮、竹条、茅草、麦秆,甚至还有石片等等。但这些材料防水性差、寿命很短,直到人工烧制的黏土瓦出现后,才算有了真正的屋面材料。所谓"秦砖汉瓦",说的是我国两千多年前就出现黏土瓦。

黏土瓦是以杂质少、塑性好的黏土为主要原料,经过加水搅拌、制胚、干燥、烧结而成,按用途可分为平瓦和脊瓦,按其颜色分为青瓦和红瓦。根据国标《黏土瓦》(GB 1170—89)规定,平瓦有Ⅰ、Ⅱ、Ⅲ三个型号,各型号的尺寸分别为400mm×240mm、380mm×225mm、360mm×220mm。单片瓦最小抗折荷载不得小于680 N。覆盖$1m^2$屋面的瓦,吸水后不得超过55kg,抗冻性要求经过15次冻循环后无分层、开裂及剥落等现象,抗渗性要求不得出现滴水。脊瓦分一等品和合格品两个等级,其长度和宽度尺寸分别大于等于300、180,单块脊瓦的抗折、抗冻性能同平瓦一样。黏土主要用于民用建筑及农村建筑的坡型屋面。

1. 产品分类、等级和规格

(1)按生产工艺分类:

①压制瓦经过模压成型后焙烧而成的平瓦、脊瓦,称为压制平瓦、压制脊瓦。

②挤出瓦经过挤出成型后焙烧而成的平瓦、脊瓦,称为挤出平瓦、挤出脊瓦。

③手工脊瓦用手工方法成型后焙烧而成的脊瓦,称手工脊瓦。

(2)按用途分类:

①黏土平瓦用于屋面作为防水覆盖材料的瓦,包括压制平瓦和挤出平瓦(简称平瓦)。

②黏土脊瓦用于房屋屋脊作为防水覆盖材料的瓦,包括压制脊瓦、挤出脊瓦和手工脊瓦(简称脊瓦)。

③产品等级按尺寸偏差、外观质量和物理力学性能分为优等品、一等品和合格品三个等级。

2. 尺寸偏差测量

(1)压制平瓦测量有效长度,挤出平瓦测量实际长度;平瓦宽度均测量有效宽度精确至1mm,不足1mm者以1mm计。

(2)平瓦的尺寸检查应在其实际长度和宽度的中间部位测量。

3. 外观质量检查。

(1)翘曲检查。

①平瓦的翘曲应用翘曲检查尺检查。

②平瓦的翘曲主要检查瓦面、瓦侧,将翘曲检查尺插入直尺与平瓦空隙,测其最大翘曲处的翘曲值。

③脊瓦翘曲检查来专门制作的样板;检查时,将脊瓦瓦头扣在样板A上自然放置,测其两底边与样板底面的最大间隙;同时,以样板B扣于瓦尾处,测B两脚距A底面的间隙,上述最大间隙值δ为脊瓦的翘曲值。

(2)裂纹检查测量瓦上裂纹两端点之间的最大直线距离,贯穿裂纹是指瓦正面裂透至背面的裂纹;对弯线、梅花形裂纹则计算最大直线距离;裂纹条数在两条以上时,择其最大者计。

(3)缺棱掉角检查应测量缺损在瓦面上的最大破坏长度,若缺棱掉角在瓦厚度方向上的最大深度不足 4mm,则不按缺棱掉处理。

(4)检查欠火瓦、哑音瓦根据瓦的颜色和敲击声鉴别,确实无法判定时,由抗冻试验判定。测量瓦上石灰爆裂点的最大直径,不大于 10mm 者,不计为石灰爆裂瓦。

4. 抗折荷重试验

取试样 5 片,将自然干燥的瓦正面向上平放于跨度为 L_0 的试验机两支架上,平瓦试验须使一支座紧靠于后爪的挂瓦条处,然后于中央施加集中荷重,支架与加荷杆均采用直径为 20～30mm的圆轴,三根轴须互相平行,并使荷重垂直于瓦面,以约 100 N/s 的速度均匀加荷,直至试样断裂为止。其断裂时的荷重值为瓦的抗折荷重。其中,5 片瓦和抗折荷重平均值,称平均抗折荷重值,称平均抗折荷重值;5 片瓦中最小和单片抗折荷重值,称最小抗折荷重值。

5. 抗冻性试验

取试样 5 片,在净水中浸泡 24h 后,放入预先降至－15℃以下的冷冻箱中,保持在－20℃～－15℃条件下冰冻 3h,取出后放入 15℃～20℃的水中融化 2h,称为一次冻融循环。如此反复进行 15 次冻融循环,观察并记录瓦是否出现分层、开裂、剥落等损伤现象。

6. 饱和吸水质量试验

取试样 5 片,浸入净水 24h 后,用湿毛巾擦去表面水滴,称量,精确到 1g,取其平均值,乘以覆盖 $1m^2$ 屋面所需的瓦数,即称为瓦的饱和吸水质量值。

7. 抗渗性试验

取试样 3 片,将自然干燥的平瓦清扫干净后,在平瓦的正面四周搭接外缘设置一圈高度为 25mm 的密封挡,作为围水框。以此形成的围水面积应接近于平瓦实用面积。将制作好的试件支承在便于观察的支架上,并使其保持水平,支座不得支于观察面积内。待平稳后,缓慢地向围水框内注入清洁的水,水位高度距瓦面最浅处须大于 15mm。保持此状态 3h,观察平瓦背面有无水滴产生。

7.4.2 混凝土瓦

混凝土瓦是由混凝土制成的屋面瓦和配件瓦的统称。混凝土屋面瓦是由混凝土制成的,铺设于屋顶坡面完成瓦屋面功能的建筑构件。它是以水泥、砂或无机的硬质细骨料为主要原料,经过配料、搅拌、成型、养护制成,根据国标 GB8001—87 规定,其标准尺寸为 400mm×240mm、385mm×235mm 两种。彩色混凝土瓦,俗称水泥彩瓦,在欧美已有 100 多年的历史,在 20 世纪 80 年代末开始引进到国内。混凝土瓦具有耐久性好、成本低等优点,但是自重大,主要用于民用建筑及农村建筑坡型屋面。

7.4.3 沥青瓦

油毡瓦是以玻璃纤维毡为胎基,经浸涂石油沥青后,一面覆盖彩色矿物粒料,另一面撒以隔离材料所制成的瓦状屋面防水片材。油毡瓦的规格为长×宽:1000mm×333mm,厚度不小于 2.8mm。油毡瓦按规格尺寸允许偏差和物理性能分为优等品(A)、合格品(C)。油毡瓦适用于坡屋面的多层防水层和单层防水层的面层。

产品按下列顺序标记:产品名称、质量等级、本标准号。

1. 技术要求

(1)外观。

① 油毡瓦包装后,在环境温度在 10℃～45℃时,应易于打开,不得生产脆裂和有破坏油毡瓦

面的粘连。

②玻璃纤维毡必须完全用沥青浸透和涂盖，不能有未经覆盖的纤维。

③油毡瓦不应有孔洞、边缘切割不齐、裂纹断缝等缺陷。

④矿物粒料的颜色和粒度必须均匀，紧密地覆盖在油毡瓦的表面。

⑤自粘接点距末端切槽的一端不大于 190mm，并与油毡瓦的防粘纸对齐。

(2)重量：每平方米油毡瓦的平均重量不小于 2.5kg。

(3)规格尺寸允许偏差：优等品±3mm、合格品±5mm。

2. 物理性能

沥青瓦的物理性能见表 7-8。

表 7-8 沥青瓦的物理性能

项目	等级	
	优等品	合格品
可溶物含量，g/m^2	1 800	1 450
拉力(25±2℃纵向)N，不小于	340	300
耐热度，85±2℃受热 2h	涂盖层应无滑动和集中性气泡	
柔度，不大于 10℃绕 r=35mm	圆棒或弯板无裂纹	

3. 检验规则

(1)出厂检验：油毡瓦的外观、重量、规格尺寸允许偏差和物理性能。

(2)组批规则：以同一等级的产品 500 捆为一批，不足 500 捆者也按一批验收。

(3)抽样与判定规则：

①外观、尺寸允许偏差。在每批产品中任取 5 捆开包，每捆中任取 2 片进行外观、规格尺寸允许偏差检查，全部指标达到要求时即为合格。若其中有一项达不到要求，应在受检产品中再取 5 捆复查，每捆任取 2 片，全部达到指标要求亦为合格，若仍未达到要求，则判该批产品外观、规格尺寸允许偏差不合格。

②重量。将外观检查合格的 3 捆油毡瓦称重，每平方米油毡瓦平均重量均达到规定指标时即为重量合格；若发现有低于规定指标时，应在该批产品中再抽 3 捆复查，达到指标时亦为重量合格，若仍不合格，判该批产品重量不合格。

③物理性能。

a. 抽样。从外观、重量和规格尺寸允许偏差合格的油毡瓦中任取 2 片进行物理性能试验。

b. 可溶物含量、拉力各个试件测定结果的算术平均值达到规定指标；耐热度：3 个试件全部达到规定指标；柔度：6 个试件至少有 5 个试件达到规定指标；则判该项合格。

c. 判定。各项检验结果符合物理性能指标时，则判该批产品物理性能合格，若有任一项不符合指标要求，应在该批产品中任取 4 片油毡瓦进行单项复验，均达到指标要求时，则判该批产品为物理性能合格。若仍不合格，则判该批产品物理性能不合格。

d. 总判定。外观、重量、规格尺寸允许偏差、物理性能全部达到相应规定等级指标时，判该批产品为相应等级产品。

4. 出厂要求

产品出厂时，生产厂需将该批产品出厂检验结果与合格证提供给用户。

5. 包装、标志、贮存与运输

(1)包装。油毡瓦以21片为一捆进行包装,并注明产品等级,内放标志说明。标志包括生产厂名,商标,产品标记、制造日期和班次,贮存与运输注意事项。

(2)贮存与运输。

①不同颜色、不同等级的产品不应混放。

②油毡瓦应平放,高度不得超过15捆,应避免雨淋、日晒、受潮,并要注意通风。

③由于运输与贮存不当,或自生产之日起产品存放超过一年发生质量问题时,生产单位不予处理。

④运输时,油毡瓦必须平放,必要时加盖苫布。

油毡瓦虽然有很多优势,但我们也必须正视其缺点。第一,沥青瓦易老化。第二,沥青瓦是采用黏结加钉子的铺盖方法。在木板屋面上黏结沥青瓦再辅以钉子尚能承受一定的风力,但在现浇混凝土屋面上由于钉钉困难,所以主要依靠黏结,但是往往黏结不牢或胶水失效,一遇较大的风力,就会被吹落。第三,沥青瓦阻燃性差。

7.4.4 其他种类屋面瓦

1. 琉璃瓦

历史同样十分悠久的是琉璃瓦,它是由陶土制作成形,表面涂一层彩色釉,再高温烧结而成。由于有了一层釉,外表要比黏土瓦光亮和漂亮多了,当然价格也高得多,形状也有多种。传统的筒状琉璃瓦古代多用于皇宫、庙宇等高贵建筑上。目前城市里已很少使用这种琉璃瓦,但江南农村私人建房使用还较多。古筒瓦是琉璃瓦的一种,有着非常悠久的历史,筒瓦分为釉光和亚光两种,目前主要用于古建筑维修和园林绿化用瓦。

黏土瓦和琉璃瓦单片面积都较小,单位面积需要覆盖的瓦片多,搭接也多,故而单位面积的重量也高,通常每平方米高达55kg以上,黏土瓦吸水大,雨天重量还要高得多。

2. 玻纤瓦

美国欧文斯科宁公司为世界上玻璃纤维的发明者,是全球领先的建筑材料和符合材料制造商。在屋面系统,欧文斯科宁公司1958年把玻璃纤维胎基首次应用到油毡瓦上,并提出屋面系统解决方案。

思考与练习

1. 石油沥青的组分有哪些?各组分相对含量的变化对石油沥青的性质有何影响?
2. 石油沥青有哪些主要技术性质?它们各有什么指标表示?
3. 石油沥青的选用原则有哪些?
4. 什么是煤沥青?什么是乳化沥青?各有什么使用特点?
5. 什么是冷底子油?什么是沥青玛蹄脂?它们在使用上要注意哪些问题?
6. 防水卷材的分类有哪些?防水卷材有哪些特点?
7. 简述常见沥青防水材料、常见聚合物改性沥青防水卷材和常见合成高分子防水卷材的特点和适用范围。
8. 什么是防水涂料?它的使用特点有哪些?
9. 说出几种防水涂料及其使用特点。
10. 说出常见的几种屋面瓦的形式。

第 8 章　吸声材料和绝热材料

本章学习要求

1. 掌握吸声材料的作用原理，以及选择及布置吸声材料和吸声结构的基本能力
2. 掌握绝热材料的作用原理、影响导热系数的主要因素，以及选择绝热材料的基本能力
3. 熟悉常用的保温隔热材料和吸声材料
4. 了解隔声材料的作用原理

绝热材料和吸声材料都是建筑功能性材料的重要品种。有效地运用绝热材料，可降低建筑物的能源消耗；应用吸声材料，则可减少噪声对人体和环境的危害。随着人民生活水平的逐步提高，人们对建筑物的质量要求越来越高。建筑用途的扩展，使对其功能方面的要求也越来越严。因此，作为建筑功能材料重要类型之一的建筑绝热、吸声材料的地位和作用也越来越受到人们的关注和重视。

8.1　吸声材料

建筑声学材料通常分为吸声材料和隔声材料，主要是用以改善室内收听声音的条件和控制噪声。吸声材料可较大程度吸收由空气传递的声波能量，在播音室、音乐厅、影剧院等的墙面、地面、天棚等部位采用适当的吸声材料，能改善声波在室内的传播质量，保持良好的音响效果和舒适感。隔声材料是能较大程度隔绝声波传播的材料。

8.1.1　吸声材料的作用原理

物体因振动而发声。发出声音的发声体称为声源。当声源振动时，使邻近空气随之振动并产生声波，通过空气介质向周围传播。声在传播中，一部分逐渐扩散，一部分因空气分子的吸收而削弱，这种减弱现象在室外很明显。但在室内因空气分子的吸收而削弱的现象不起主要作用，主要是被材料所吸收。

当声波入射到建筑构件(如墙、顶棚)时，声能的一部分被反射，一部分会穿透材料，而其余部分则在材料内部的孔隙中引起空气分子与孔壁的摩擦和粘滞阻力，使相当一部分声能转化为热能而被吸收。

8.1.2　吸声材料的技术指标

评定材料吸声性能的指标，通常采用吸声系数。吸声系数是指被材料吸收的声能(包括穿透材料的声能在内)与原先传递给材料的全部声能之比，是评定材料吸声性能好坏的主要指标，其表达式为：

$$\alpha = \frac{E}{E_0} \times 100\%$$

式中：α——材料的听声系数；

E_0——传递给材料的全部入射声能；

E——被材料吸收(包括穿透)的声能。

假如入射声能的 70%被吸收(包括穿透材料的声能在内)，30%被反射，则该材料的吸声系

数 α 就等于 0.7。当入射声能 100%被吸收而无反射时，吸收系数等于 1。当门窗开启时，吸收系数相当于 1。一般材料的吸声系数在 0～1 之间。

材料的吸声特性，除与材料本身性质、厚度及材料表面的条件有关外，还与声波的入射角及频率有关。因此吸声系数指的是一定频率的声音从各个方向入射的吸收平均值，通常采用的声波为 125、250、500、1 000、2 000、4 000Hz。一般对上述 6 个频率的平均吸声系数大于 0.2 的材料，称为吸声材料。因吸声材料可较大程度吸收由空气传播的声波能量，在播音室、音乐厅、影剧院等的墙面、地面、天棚等部位采用适应的吸声材料，能改善声波在室内的传播质量，保持良好的音响效果和舒适感。

一般来讲，坚硬光滑、结构紧密的材料吸声能力差，反射能力强，如水磨石、大理石、混凝土、水泥粉刷墙面等；粗糙松软、具有互相贯穿内外微孔的多孔材料吸声能力好，反射性能差，如玻璃棉、矿棉、泡沫塑料、木丝板、半穿孔吸声装饰纤维板和微孔砖等。

8.1.3 影响多孔材料吸声性能的因素

任何材料都有一定的吸声能力，只是吸声能力的大小不同而已。一般而言，材料内部的开放连通的气孔越多，吸声性能越好。多孔吸声材料的吸声效果主要受材料的表观密度、孔隙特征、设置位置及厚度等因素的制约。

1. 孔隙率及孔隙特征

孔隙越多，越均匀细小且相互连通，吸声效果越好，而粗大孔、封闭的微孔对吸声性能是不利的，这与绝热材料有完全不同的要求。绝热材料要求气孔封闭，不相连通，这样可以有效地阻止热对流的进行；这种气孔越多，绝热性能愈好。而吸声材料则要求气孔开放，互相连通，可通过摩擦使声能大量衰减；这种气孔越多，吸声性能越好。

2. 表观密度和厚度

同种多孔材料，随表观密度增大，其低频吸声效果提高，而高频吸声效果降低。材料的厚度增加，低频吸声效果提高，而对高频影响不大。

3. 材料背后的空气层

空气层相当于增加了材料的有效厚度，因此它的吸声性能一般来说随空气层厚度增加而提高，特别是改善对低频的吸收，它比增加材料厚度来提高低频的吸声效果更有效。

8.1.4 常用吸声材料

吸声材料和吸声结构的种类很多，按其材料结构状况可分为以下几类，详见表 8-1。

表 8-1 吸声材料(结构)类型

结构类型	多孔吸声材料	纤维状
		颗粒状
		泡沫状
	共振吸声结构	单个共振器
		穿孔板共振吸声结构
		薄板共振吸声结构
		薄膜共振吸声结构
	特殊吸声结构	空间吸声体、吸声尖劈等

1. 多孔吸声材料

多孔吸声材料的构造特征是：材料从表到里具有大量内外连通的微小孔隙和连续气泡，有一定的通气性。这些结构特征和隔热材料的结构特征有区别，隔热材料要求封闭的微孔。当声波入射到多孔材料表面时，声波顺着微孔进入材料内部，引起孔隙内的空气的振动，由于空气与孔壁的摩擦，空气黏滞阻力和材料内部的热传导作用，使振动空气的动能不断转化成微孔热能，从而随声能衰减。在空气绝热压缩时，空气与孔壁间不断发生热交换，由于热传导的作用，也会使声能转化为热能。

凡是符合多孔吸声材料构造特征的，都可以当成多孔吸声材料来利用。目前，市场上出售的多孔吸声材料的品种很多：有呈松散状的超细玻璃棉、矿棉、海草、麻绒等；有已加工成毡状或板状材料，如玻璃棉毡、半穿孔吸声装饰纤维板、软质木纤维板、木丝板；另外还有微孔吸声砖、矿渣膨胀珍珠岩吸声砖、泡沫玻璃等。

2. 薄膜、薄板共振吸声结构

薄膜、薄板共振吸声结构是由于皮革、人造革、塑料薄膜等材料具有不透气、柔软、受张拉时有弹性等特点，将其固定在框架上，背后留有一定的空气层，即构成薄膜共振吸声结构。某些薄板固定在框架上后，也能与其后面的空气层构成薄板共振吸声结构。当声波入射到薄膜、薄板结构时，声波的频率与薄膜、薄板的固有频率接近时，膜、板产生剧烈振动，由于膜、板内部和龙骨间摩擦损耗，使声能转变为机械运动，最后转变为热能，从而达到吸声的目的。由于低频声波比高频声波容易使薄膜、薄板产生振动，所以薄膜、薄板吸声结构是一种很有效的低频吸声结构。

3. 共振吸声结构

共振吸声结构又称共振器。它形似一个瓶子，结构中间封闭有一定体积的空腔，并通过有一定深度的小孔与声场相联系，当瓶腔内空气受到外力激荡时，空腔内的空气会按一定的共振频率振动，此时开口颈部的空气分子在声波作用下，会像活塞一样往复振动，由于摩擦而消耗声能，因此起到了吸声的效果。如腔口蒙上一层细布或疏松的棉絮，可有助于加宽吸声频率范围和提高吸声量。也可同时用几种不同共振频率的共振器，加宽和提高共振频率范围内的吸声量。共振吸声结构在厅堂建筑中应用极广。

4. 穿孔板组合共振吸声结构

在各种穿孔板、狭缝板背后设置空气形成吸声结构，其实也属于空腔共振吸声结构，其原理同共振器相似，它们相当于若干个共振器并列在一起，这类结构取材方便，并有较好的装饰效果，所以使用广泛。穿孔板具有适合于中频的吸声特性。穿孔板还受其板厚、孔径、穿孔率、孔距、背后空气层厚度的影响，它们会改变穿孔板的主要吸声频率范围和共振频率。若穿孔板背后空气层还填有多孔吸声材料，则吸声效果会更好。

5. 帘幕

纺织品中除了帆布一类因流阻很大、透气性差而具有膜状材料的性质以外，大都具有多孔材料的吸声性能，只是由于它的厚度一般较薄，仅靠纺织品本身作为吸声材料使用得不到多大的吸声效果。如果帘幕、窗帘等离开墙面和窗玻璃有一定的距离，恰如多孔材料背后设置了空气层，尽管没有完全封闭，但对中高频甚至低频的声波会具有一定的吸声作用。

6. 空间吸声体

空间吸声体是一种悬挂于室内的吸声结构。它与一般吸声结构的区别在于它不是与顶棚、墙体等壁面组成吸声结构，而是自成体系。空间吸声体常用的形式有平板状、圆柱状、圆锥状等，它可以根据不同的使用场合和具体条件因地制宜地设计成各种形状，既能获得良好的声学效果，也能获得良好的建筑艺术效果。

常用的吸声材料及其吸声系数如表 8-2 所示，供选用时参考。

表 8-2 建筑上常用吸声材料及其吸声系数

<table>
<tr><th colspan="2" rowspan="2">分类及名称</th><th rowspan="2">厚度(cm)</th><th rowspan="2">表观密度(kg/m³)</th><th colspan="6">各种频率下的吸声系数</th><th rowspan="2">装置情况</th></tr>
<tr><th>125</th><th>250</th><th>500</th><th>1 000</th><th>2 000</th><th>4 000</th></tr>
<tr><td rowspan="7">无机材料</td><td>吸声砖</td><td>6.5</td><td>—</td><td>0.05</td><td>0.07</td><td>0.10</td><td>0.12</td><td>0.16</td><td>—</td><td rowspan="3">贴实</td></tr>
<tr><td>石膏板(有花纹)</td><td>—</td><td>—</td><td>0.03</td><td>0.05</td><td>0.06</td><td>0.09</td><td>0.04</td><td>0.06</td></tr>
<tr><td>水泥蛭石板</td><td>4.0</td><td>—</td><td>—</td><td>0.14</td><td>0.46</td><td>0.78</td><td>0.50</td><td>0.60</td></tr>
<tr><td>石膏砂浆(掺水泥、玻璃纤维)</td><td>2.2</td><td>—</td><td>0.24</td><td>0.12</td><td>0.09</td><td>0.30</td><td>0.32</td><td>0.83</td><td>粉刷在墙上</td></tr>
<tr><td>水泥膨胀珍珠岩板</td><td>5</td><td>350</td><td>0.16</td><td>0.46</td><td>0.64</td><td>0.48</td><td>0.56</td><td>0.56</td><td rowspan="2">贴实</td></tr>
<tr><td>水泥砂浆</td><td>1.7</td><td>—</td><td>0.21</td><td>0.16</td><td>0.25</td><td>0.4</td><td>0.42</td><td>0.48</td></tr>
<tr><td>砖(清水墙面)</td><td></td><td>—</td><td>0.02</td><td>0.03</td><td>0.04</td><td>0.04</td><td>0.05</td><td>0.05</td><td>粉刷在墙上</td></tr>
<tr><td rowspan="6">木质材料</td><td>软木板</td><td>2.5</td><td>260</td><td>0.05</td><td>0.11</td><td>0.25</td><td>0.63</td><td>0.70</td><td>0.70</td><td>贴实</td></tr>
<tr><td>木丝板</td><td>3.0</td><td>—</td><td>0.10</td><td>0.36</td><td>0.62</td><td>0.53</td><td>0.71</td><td>0.90</td><td rowspan="5">钉在木龙骨上，后面留10cm空气层和留5cm空气层两种</td></tr>
<tr><td>三夹板</td><td>0.3</td><td>—</td><td>0.21</td><td>0.73</td><td>0.21</td><td>0.19</td><td>0.08</td><td>0.12</td></tr>
<tr><td>穿孔五夹板</td><td>0.5</td><td>—</td><td>0.01</td><td>0.25</td><td>0.55</td><td>0.30</td><td>0.16</td><td>0.19</td></tr>
<tr><td>木花板</td><td>0.8</td><td>—</td><td>0.03</td><td>0.02</td><td>0.03</td><td>0.03</td><td>0.04</td><td>—</td></tr>
<tr><td>木质纤维板</td><td>1.1</td><td>—</td><td>0.06</td><td>0.15</td><td>0.28</td><td>0.30</td><td>0.33</td><td>0.31</td></tr>
<tr><td rowspan="5">多孔材料</td><td>泡沫玻璃</td><td>4.4</td><td>1260</td><td>0.11</td><td>0.32</td><td>0.52</td><td>0.44</td><td>0.52</td><td>0.33</td><td rowspan="2">贴实</td></tr>
<tr><td>脲醛泡沫塑料</td><td>5.0</td><td>20</td><td>0.22</td><td>0.29</td><td>0.40</td><td>0.68</td><td>0.95</td><td>0.94</td></tr>
<tr><td>泡沫水泥(外粉刷)</td><td>2.0</td><td>—</td><td>0.18</td><td>0.05</td><td>0.22</td><td>0.48</td><td>0.22</td><td>0.32</td><td>紧贴墙面</td></tr>
<tr><td>吸声蜂窝板</td><td>—</td><td>—</td><td>0.27</td><td>0.12</td><td>0.42</td><td>0.86</td><td>0.48</td><td>0.30</td><td rowspan="2">贴实</td></tr>
<tr><td>泡沫塑料</td><td>1.0</td><td>—</td><td>0.03</td><td>0.06</td><td>0.12</td><td>0.41</td><td>0.85</td><td>0.67</td></tr>
<tr><td rowspan="4">纤维材料</td><td>矿渣棉</td><td>3.13</td><td>210</td><td>0.01</td><td>0.21</td><td>0.60</td><td>0.95</td><td>0.85</td><td>0.72</td><td rowspan="3">贴实</td></tr>
<tr><td>玻璃棉</td><td>5.0</td><td>80</td><td>0.06</td><td>0.08</td><td>0.18</td><td>0.44</td><td>0.72</td><td>0.82</td></tr>
<tr><td>酚醛玻璃纤维板</td><td>8.0</td><td>100</td><td>0.25</td><td>0.55</td><td>0.80</td><td>0.92</td><td>0.98</td><td>0.95</td></tr>
<tr><td>工业毛毡</td><td>3.0</td><td>—</td><td>0.10</td><td>0.28</td><td>0.55</td><td>0.60</td><td>0.60</td><td>0.56</td><td>紧贴墙面</td></tr>
</table>

8.1.5 吸声材料的选用原则

(1)为发挥吸声材料的作用,必须选择材料的气孔是开口的,且是互相连通的。这样的气孔越多,吸声性能就越好。通过选用不同的材料、生产工艺、加热和加压制度,可获得不同气孔特征的产品。

(2)大多数吸声材料强度低,因此,吸声材料应设置在墙裙以上,以免碰撞损坏。多孔吸声材料易吸湿,安装时应考虑胀缩的影响。

(3)应尽可能选用吸声系数较高的材料,这样可以使用数量较少的材料达到较高的经济效果。

8.1.6 隔声材料

能减弱或隔断声波传递的材料称为隔声材料。人们要隔绝的声音，按其传播途径有空气声（通过空气的振动传播的声音）和固体声（通过固体的撞击或振动传播的声音）两种，两者隔声的原理不同。

隔绝空气声，主要是遵循声学中的"质量定律"，即材料的密度越大，越不易受声波作用而产生振动，其隔声效果就越好。所以，应选用密实的材料（如钢筋混凝土、钢板、实心砖等）作为隔绝空气声的材料。而吸声性能好的材料，一般为轻质、疏松、多孔材料，其隔声效果不一定好。

隔绝固体声的最有效措施是断绝其声波继续传递的途径，即在产生和传递固体声波的结构（如梁、框架与楼板、隔墙，以及它们的交接处等）层中加入具有一定弹性的衬垫材料，如地毯、毛毡、橡胶或设置空气隔离层等，以阻止或减弱固体声波的继续传播。

8.2 绝热材料

绝热材料是指对热流具有显著阻抗性的材料或材料复合体。对于处于寒冷地区的建筑物，为保持室内温度的恒定，减少热量的损失，要求围护结构具有良好的保温性能；而对于炎热夏季使用空调的建筑物则要求围护结构具有良好的隔热性能。在建筑中，习惯上将用于控制室内热量外流的材料叫做保温材料；把防止室外热量进入室内的材料叫做隔热材料。保温、隔热材料统称为绝热材料。绝热材料通常是轻质、疏松、呈多孔状或纤维状，以其内部不流动的空气来阻隔热的传导。

8.2.1 绝热材料的作用原理

在理解保温隔热的原理之前，先了解传热的原理。传热是指热量从高温处向低温处的自发流动，是由于温差而引起的能量转移。在自然界中，无论是在一种介质内部，还是两种介质之间，只要有温差存在，就会出现传热过程。传热的方式有三种：传导传热、对流传热、辐射传热。传导传热是物体内质点（分子、原子、自由电子等）作热运动时相互碰撞而引起的热量传递过程，其特点是物体各部分之间不发生宏观的相对位移；对流传热只能在液体和气体中出现，当较热的流体因遇热膨胀而密度减小，产生上升运动，冷的流体便从周围补充过来，形成分子的循环流动，从而引起了热量的传递，其特点是传热过程中伴随着流体的宏观运动；辐射传热是依靠物体表面对外发射电磁波而传递能量的现象，其特点是传热过程中，不仅要产生能量的转移，而且还伴随着能量形式之间的转化，即从热能转化为辐射能或者从辐射能转化为热能，同时，辐射传热不需要借助于任何介质。因此，要实现保温隔热，就要使材料的导热、对流、热辐射降到尽可能小。

实际传热过程中，很少存在着某种单一的传热方式，往往同时存在着两种或三种传热方式。建筑材料的传热主要是靠传导传热，由于建筑材料内部孔隙中含有水分和空气，所以同时也有对流和辐射传热，但对流和辐射所占比例很小。

8.2.2 绝热材料的技术指标

衡量绝热材料性能优劣的主要指标是导热系数 λ。λ 的物理意义是单位时间内，当材料层单位厚度内的温差为 1℃时，通过单位面积的热量。λ 值越小，材料传送的热量就越少，其导热能力越差，保温隔热性能越好。因此，设计和生产保温隔热材料主要就是尽量降低材料的导热系数。

8.2.3 影响材料导热性的主要因素

材料的导热系数是保温隔热材料的主要性能，因此，影响导热系数的因素也是影响保温隔热材料性能的主要因素。材料的导热系数决定于材料的组分、内部结构、表观密度,也决定于传热时的环境温度和材料的含水量等。

1. 化学组成及结构

不同化学成分的材料其导热系数有很大的差异。通常,金属导热系数最大,非金属次之,液体较小,气体最小。非金属中有机材料一般又比无机材料导热系数小。化学成分相同而结构不同的材料导热系数也不同,一般晶体材料的导热系数较大,微晶体次之,玻璃体最小。但对于多孔保温隔热材料而言,由于孔隙率较高,气体的导热系数起主要作用,而固体部分无论是晶态或玻璃态对导热系数影响都较小。

2. 表观密度、孔隙率和孔隙特征

由于固体物质的导热系数比空气的大很多,故表观密度小的材料孔隙率大,导热系数就小,即导热系数随孔隙率的增大而减小。当孔隙率相同时,孔隙尺寸小而封闭的材料由于空气对流作用的减弱因而比孔隙尺寸粗大且连通的孔有更小的导热系数。如果孔隙中开口孔较多且不做处理时,虽然孔隙率高,也会大大降低保温隔热性能。对于松散纤维状材料,当表观密度低于某一极限时,导热系数反而会增大,这是由于孔隙增大而且互相连通的孔隙大大增多,而使对流作用加强的结果。

3. 所处环境的温度和湿度

材料的导热系数随温度的升高而增大。因为温度升高时,材料固体分子的热运动增强,同时材料孔隙中空气的导热和孔壁间的热辐射作用也会所有增强,材料的导热系数将随之增大。但是当温度在 0～50℃ 范围内变化时,这种影响并不显著,只有在高温或负温下,才考虑温度的影响。

当材料吸湿受潮后,其导热系数增大,在多孔材料中最为明显。由于孔隙中增加了水蒸气的扩散和水分子的传热作用,致使材料导热系数增大(水的导热系数 $\lambda_{水}=0.58W/(m \cdot K)$ 比空气的导热系数 $\lambda_{空气}=0.029W/(m \cdot K)$ 大 20 倍左右)。而当材料受冻,水变成冰后,其导热系数将更大($\lambda_{冰}=2.33W/(m \cdot K)$)。因此保温隔热材料使用时要注意防潮防冻。

4. 热流方向的影响

对于各向异性的材料,如木材等纤维质材料,当热流平行于纤维延伸方向时,受到的阻碍力小,而当热流垂直于纤维方向时受到的阻力最大。

上述各项因素中,以表观密度和湿度的影响最大,因此在测定材料的导热系数时,必须测定材料的表观密度。至于湿度,多数绝热材料可取空气相对湿度为 80%～85%时材料的平衡湿度作为参考值,尽可能在这种湿度条件下来测定材料的导热系数。

8.2.4 常用绝热材料

1. 常用绝热材料的种类

常用的绝热材料按其成分可分为有机和无机两大类。无机绝热材料是用矿物质原料做成的呈松散状、纤维状或多孔(微孔、气泡)状的材料,可加工成板、卷材或套管等形式的制品;有机保温材料是用有机原料(如各种树脂、软木、木丝、刨花等)制成。有机绝热材料的表观密度常小于无机绝热材料。一般来说,无机绝热材料不易腐烂,不会燃烧,有的能耐高温,但密度较大;有机保温材料质轻,保温性能好,但吸湿性较强,不耐久,不耐高温,易燃,只能用于低温情况下保温隔热处理。

(1)无机绝热材料。

①无机散粒绝热材料。常用的无机散粒绝热材料有膨胀珍珠岩和膨胀蛭石等。

a. 膨胀珍珠岩及其制品。膨胀珍珠岩是由天然珍珠岩煅烧而成的,呈蜂窝泡沫状的白色或灰白色颗粒，是一种高效能的绝热材料。其堆积密度为 40～500kg/m^3，导热系数为 0.047～0.070 W/(m·K)，最高使用温度可达 800℃，最低使用温度为－200℃。其具有吸湿小、无毒、不燃、抗菌、耐腐、施工方便等特点。在建筑上，广泛用于围护结构、低温及超低温保冷设备、热工设备等处的隔热保温材料，也可用于制作吸声制品，是国内使用最为广泛的一类轻质保温隔热材料。

膨胀珍珠岩制品是以膨胀珍珠岩为主，配合适量胶凝材料(水泥、水玻璃、磷酸盐、沥青等)，经拌和、成型、养护(或干燥，或固化)后而制成的具有一定形状的板、块、管壳等制品。

b. 膨胀蛭石及其制品。蛭石是一种天然矿物，在 850℃～1 000℃的温度下煅烧时，体积急剧膨胀(可膨胀 5～20 倍)，由于其受热失水膨胀时呈扭曲状，形态酷似水蛭而得名。膨胀蛭石的主要特点是：表观密度 80～900kg/m^3，导热系数 0.046～0.070W/(m·K)，可在 1 000～1 100℃温度下使用，不蛀、不腐，但吸水性较大。膨胀蛭石可以呈松散状铺设于墙壁、楼板、屋面等夹层中，作为绝热、隔声之用。使用时应注意防潮，以免吸水后影响绝热效果。

膨胀蛭石也可与水泥、水玻璃等胶凝材料配合，浇制成板，用于墙、楼板和屋面板等构件的绝热。

②无机纤维状绝热材料。常用的无机纤维有石棉、矿棉、玻璃棉等，可制成板或筒状制品。由于不燃、吸音、耐久、价格便宜、施工简便，而广泛用于住宅建筑和热工设备的表面。

a. 石棉及其制品。石棉是一种天然矿物纤维，主要化学成分是含水硅酸镁，具有耐火、耐热、耐酸碱、绝热、防腐、隔音及绝缘等特性。常制成石棉粉、石棉纸板、石棉毡等制品，用于建筑工程的高效能保温及防火覆盖等。

b. 玻璃棉及其制品。玻璃棉是用玻璃原料或碎玻璃经熔融后制成的一种纤维状材料。一般的堆积密度为 40～150kg/m^3，导热系数小，价格与矿棉制品相近。玻璃棉及其制品可制成沥青玻璃棉毡、板及酚醛玻璃棉毡和板，使用方便，因此是广泛用在温度较低的热力设备和房屋建筑中的保温隔热材料，还是优质的吸声材料。

c. 矿棉及其制品。矿棉一般包括矿渣棉和岩石棉。矿渣棉所用原料有高炉硬矿渣、铜矿渣和其他矿渣等，另加一些调整原料(含氧化钙、氧化硅的原料)。岩石棉的主要原料是天然岩石，经熔融后吹制而成的纤维状(棉状)产品。

矿棉具有轻质、不燃、绝热和电绝缘等性能，且原料来源丰富，成本较低，可制成矿棉板、矿棉防水毡及管套等，可用作建筑物的墙壁、屋顶、顶棚等处的保温隔热和吸声。

③无机多孔类绝热材料。多孔类材料是指材料体积内含有大量均匀分布的气孔(开口气孔、封闭气孔或二者皆有)。主要有泡沫类和发气类产品。

a. 泡沫混凝土是由水泥、水、松香泡沫剂混合后经搅拌、成型、养护而成的一种多孔、轻质、保温、隔热、吸声材料。也可用粉煤灰、石灰、石膏和泡沫剂制成粉煤灰泡沫混凝土。泡沫混凝土的表观密度约为 300～500kg/m^3，导热系数约为 0.082～0.186W/(m·K)。

b. 加气混凝土是由水泥、石灰、粉煤灰和发气剂(铝粉)配制而成的一种保温隔热性能良好的轻质材料。由于加气混凝土的表观密度小(500～700kg/m^3)，导热系数值[0.093～0.164W/(m·K)]比黏土砖小，因而 240mm 厚的加气混凝土墙体，其保温隔热效果优于 370mm 厚的砖墙。此外，加气混凝土的耐火性能良好。

c. 泡沫玻璃由玻璃粉和发泡剂等经配料、烧制而成。泡沫玻璃气孔率达 80%～95%，气孔直径为 0.1～5mm，且大量为封闭而孤立的小气泡。其表观密度为 150～600kg/m^3，导热系数为 0.058～0.128W/(m·K)，抗压强度为 0.8～15MPa。采用普通玻璃粉制成的泡沫玻璃最高使用温度为300～400℃，若用无碱玻璃粉生产时，则最高使用温度可达800℃～1 000℃。泡沫玻璃耐久性好，易加工，可满足多种绝热需要。

d. 硅藻土由水生硅藻类生物的残骸堆积而成。其孔隙率为50%～80%，导热系数约为0.060W/(m·K)，因此具有很好的绝热性能。硅藻土最高使用温度可达900℃，可用作填充料或制成制品。

(2)有机绝热材料。

①泡沫塑料。泡沫塑料是以各种树脂为基料，加入一定剂量的发泡剂、催化剂、稳定剂等辅助材料，经加热发泡而制成的一种具有轻质、绝热、吸声、防震性能的材料。目前我国生产的有聚苯乙烯泡沫塑料，其表观密度为20～50kg/m³，导热系数为0.038～0.047 W/(m·K)，最高使用温度约70℃；聚氨乙烯泡沫塑料，其表观密度为12～75kg/m³，导热系数为0.031～0.045 W/(m·K)，最高使用温度为70℃，遇火能自行熄灭；聚氨酯泡沫塑料，其表观密度为30～65kg/m³，导热系数为0.035～0.042 W/(m·K)，最高使用温度可达120℃，最低使用温度为－60℃。此外，还有脲醛泡沫塑料及制品等。该类绝热材料可用作复合墙板及屋面板的夹芯层及冷藏和包装等绝热需要。

②窗用绝热薄膜。窗用绝热薄膜用于建筑物窗户的绝热，可以遮蔽阳光，防止室内陈设物褪色，降低冬季热量损失，节约能源，增加美感。其厚度为12～50μm，使用时，将特制的防热片(薄膜)贴在玻璃上，其功能是将透过玻璃的大部分阳光反射出去，反射率高达80%。防热片能够减少紫外线的透过率，减轻紫外线对室内家具和织物的有害作用，减弱室内温度变化程度。窗用绝热薄膜也可以避免玻璃碎片伤人。

③植物纤维类绝热板。该类绝热材料可用稻草、木质纤维、麦秸、甘蔗渣等为原料经加工而成。其表观密度约为200～1 200kg/m³，导热系数为0.058～0.307 W/(m·K)，可用于墙体、地板、顶棚等，也可以用于冷藏库，包装箱等。

2. 常用绝热材料的技术性能

常用绝热材料技术性能见表8－3。

表8－3 常用绝热材料技术性能及用途

材料名称	表观密度(kg/m³)	强度(MPa)	导热系数[W/(m·K)]	最高使用温度(℃)	用途
超细玻璃棉毡 沥青玻纤制品	30～80 100～150		0.035 0.041	300～400 250～300	墙体、屋面、冷藏库等
矿渣棉纤维	110～130		0.044	≤600	填充材料
岩棉纤维	80～150	f_t>0.012	0.044	250～600	填充墙体、屋面、热力管道等
岩棉制品	80～160		0.04～0.052	≤600	
膨胀珍珠岩	40～300		常温 0.02～0.044 高温 0.06～0.17 低温 0.02～0.038	≤800	高效能保温保冷填充材料
水泥膨胀珍珠岩制品	300～400	f_c:0.5～1.0	常温 0.05～0.081 低温 0.081～0.12	≤600	保温隔热用
水玻璃膨胀珍珠岩制品	200～300	f_c:0.6～1.7	常温 0.056～0.093	≤650	保温隔热用
沥青膨胀珍珠岩制品	200～500	f_c:0.2～1.2	0.093～0.12		用于常温及负温部位的绝热

续表 8-3

材料名称	表观密度（kg/m^3）	强度（MPa）	导热系数［W/(m·K)］	最高使用温度(℃)	用途
膨胀蛭石	80～900		0.046～0.070	1000～1100	填充材料
水泥膨胀蛭石制品	300～550	f_c:0.2～1.15	0.076～0.105	≤600	保温隔热用
微孔硅酸钙制品	250	f_t>0.3	0.041～0.056	≤650	围护结构及管道保温
轻质钙塑板	100～150	f_c:0.1～0.3 f_t:0.11～0.7	0.047	650	保温隔热兼防水性能，并具有装饰性能
泡沫玻璃	150～600	f_c:0.55～15	0.058～0.128	300～400	砌筑墙体及冷藏库绝热
泡沫混凝土	300～500	f_c≥0.4	0.081～0.19		围护结构
加气混凝土	400～700	f_c≥0.4	0.093～0.016		围护结构
木丝板	300～600	f_v:0.4～0.5	0.11～0.26		顶棚、隔墙板、护墙板
软质纤维板	150～400		0.047～0.093		同上，表面较光洁
软木板	105～437	f_v:0.15～2.5	0.044～0.079	≤130	吸水率小，不霉腐、不燃烧，用于绝热隔热
聚苯乙烯泡沫塑料	20～50	f_c:0.15～0.36	0.031～0.047	70	屋面、墙体保温，冷藏库隔热
硬质聚氨酯泡沫塑料	30～40	f_c:0.25～0.5	0.022～0.055	−60～120	屋面、墙体保温，冷藏库隔热
聚氯乙烯泡沫塑料	12～27	f_c:0.31～1.2	0.022～0.035	−196～70	屋面、墙体保温、冷藏库隔热

8.2.5 绝热材料的选用原则

在设计和建造节能建筑时都要选用保温隔热材料，如何选择保温隔热材料呢？以下介绍一些选用保温隔热材料的基本原则。

(1)保温隔热材料的使用温度范围。要根据工程是在高温下、常温下还是低温下使用的具体条件来选用保温隔热材料。一定要使选用的保温隔热材料在设计的使用情况条件下不会有较大的变形和损坏，而且要达到设计的保温效果和设计的使用寿命。

(2)保温隔热材料要有较小的导热系数。在相同保温效果的前提下，导热系数小的材料其保温层厚度就可以更小，保温结构所占的空间就会更小。如果在较高的温度下使用保温隔热材料，不要选取用密度太小的保温隔热材料，因为在高温条件下密度太小的保温隔热材料其导热系数可能会更大。

(3)保温材料要有良好的化学稳定性。若有强腐蚀性介质的环境，要求保温隔热材料不会与这些腐蚀性介质起反应(如聚苯乙烯泡沫塑料就易与涂料或油漆中的有机溶剂起化学反应)，以保证保温工程质量和保温节能效果。

(4)保温隔热材料的机械强度要与使用环境相匹配。有时保温隔热材料需要承受一定的荷载(如风、雪、施工人员),或承受设备压力或外力,所以要求保温隔热材料要具有一定的机械强度。

(5)保温隔热材料的使用年限要与被保温主体的正常维修期基本适应。保温隔热材料的使用年限与被保温主体的正常维修期适应可避免造成不必要的浪费。

(6)保温隔热材料的单位体积价格要与其使用功能相称。要以功能价格即单位热阻价格来评价其贵贱。

(7)要选用吸水率小的保温隔热材料。要选用不吸水的保温隔热材料,或选用防水型或憎水型保温隔热材料。如果选用易吸水、易受潮的材料,一定要采取有效、可靠的防水、防潮、排湿的措施。

(8)应选用不燃或难燃的保温隔热材料。在防火要求不高或有良好的防护隔离层时也可选用阻燃性好的保温隔热材料。

(9)保温隔热材料应有良好的施工性。要使施工安装简便易行,既操作简便,又易于保证工程质量。

思考与练习

1.何谓吸声材料?材料的吸声性能用什么指标表示?

2.多孔吸声材料的吸声机理?及影响多孔材料吸声性能的因素主要有哪些?

3.吸声材料与隔声材料有何不同之处。

4.何谓绝热材料?

5.用什么技术指标来评定材料绝热性能的好坏?

6.影响材料绝热性能的主要因素有哪些?

7.为什么使用绝热材料时要特别注意防水防潮?

8.绝热材料有哪些类型?

第9章　膜　材

本章学习要求

1. 掌握膜材料的概念和类型
2. 要求掌握膜材料的基本性质、基本力学性能
3. 了解膜结构的发展与应用

膜材料是一种特殊的建筑材料，具有区别于其他建筑材料的显著特征。因此，以膜材料作为主要覆盖体系的膜建筑结构就具有特定的建筑物理特征。它集建筑学、结构力学、精细化工与材料科学、计算机技术等为一体，可以实现丰富的空间曲面造型，具有很高的技术含量。

9.1　膜材的概念和类型

9.1.1　膜材的概念

膜材料是一种高强度柔韧性薄膜，包括织物膜材和热塑性化合物膜材（非织物膜材）。

织物膜材是由纤维材料编制成织物基层，在其基层两面加工固定树脂等材料为涂层而形成的一种新型材料。热塑性化合物膜材是由热塑成形，即各种不同的材料配合加热软化、冷却形成不同特性的新型改性化合物薄膜材料。

1. 织物膜材的构成

织物膜材是建筑工程中广泛应用的膜材，其基本构成如图9-1所示，主要包括纤维基层、涂层、表面涂层，以及胶黏剂等。纤维基层由各种织物纤维编织而成，决定膜材的结构力学特性。涂层保护基层，且具有自洁、抗污染、耐久性等作用。涂层可为单层或多层、单面或双面。对多层涂层而言基底涂层主要起保护基层纤维的作用，表面涂层起自洁、抗老化等作用。纤维基层、各涂层以及面层之间用胶粘剂胶合。胶粘剂主要有聚亚胺脂和聚碳酸酯，聚亚胺脂比较便宜，而聚碳酸酯抗紫外线能力强，因而两者各适合室内和室外膜材。涂层织物膜材是目前主要建筑膜材，非涂层织物膜材可用于室内或临时性帐篷等。

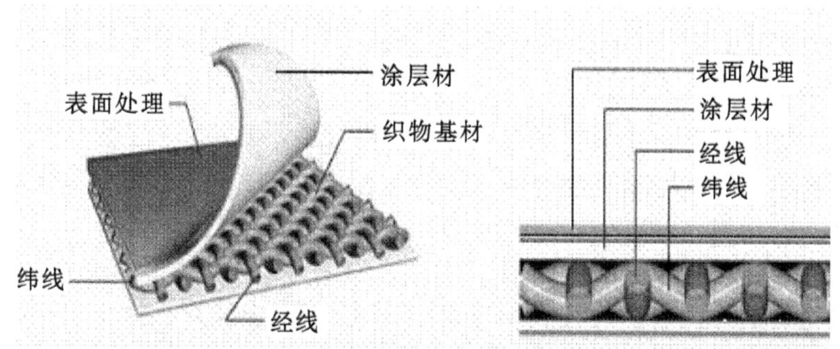

图9-1　织物膜构成

2. 热塑性化合物膜材（非织物膜材）的构成

热塑性化合物膜材是一种新型膜材，与织物膜材的区别在于热塑成形。其主要通过精细化

工工艺、新型材料配合而生产的性能更趋稳定的高科技材料。

9.1.2 膜材的类型

1. 膜材发展概况

膜材主要是随现代精细化工科技的进步而不断发展。早期的膜材，以聚氯乙烯为表面涂层、聚酯纤维为基层的膜材为主，现称C类膜材(PVC/PES)。这种建筑与结构受力性能不理想，同时以玻璃纤维为基层、氯丁橡胶为涂层的膜材和棉纱天然纤维膜材较少应用。

20世纪60年代，玻璃纤维织物膜材技术得到发展，并在较大范围应用，但表面涂层材料仍为聚乙烯基类，现称B类膜材。膜材强度较高、模量大、徐变小，但建筑自洁性、耐久性仍不理想。同期，C类膜材制造技术不断进步，结构与建筑特性逐渐改善。

20世纪70年代初，具有优异建筑性能的聚四氯乙烯(化学名PTFE)表面涂层材料由NASA研制成功，同时B纱、DE纱玻璃纤维织物膜材技术日趋成熟，使得以玻璃纤维为基层、PTFE为涂层的现代织物膜材问世，现称A类膜材，并不断被研制改进开始应用于工程。

20世纪80年代，由于航天科技发展与需求，精细化工技术发展，氯化物纤维(PTFE、FEP、PFA等)、碳纤维(CF)、聚酯纤维(PBO、PET等)等织物膜相继研制问世，这些膜材具有高强、高比强、高模量、耐强辐射、耐原子氧化、性态稳定，但目前主要应用于航空航天、半导体电子工业等特殊领域，很少应用在建筑工程领域。

A类膜材发展趋势：提高柔韧性，改善制成工艺，使用环保材料，增加性价比。C类膜材发展趋势：研制新型高性能合成纤维，改善基层编织工艺，提高受力稳定性，研制新型环保涂层材料，提高建筑自洁性、耐久性。

虽然目前有众多膜材应用于建筑工程，但以玻璃纤维(B、DE纱)为基层、PTFE为涂层的A类膜材和以聚酯纤维为基层、聚乙烯基类为涂层(PVC类)的C类膜材仍然被认为是标准的建筑膜材。

2. 膜材的类型

(1)织物膜材类型。根据膜材基布纤维与涂层材料，织物膜材主要类型有以下几种。

①聚酯纤维基层聚氯乙稀树脂(PVC)涂层膜材(简写PVC/PES)。PVC涂层是聚酯纤维织物膜材的常用涂层，可采用涂覆或层压粘合于基层表面。许多厂商能提供此类膜材。PVC膜柔软、耐腐、抗火阻燃、耐污染、抗老化，有白、红、绿、蓝等多种颜色。抗拉强度可达200KN/m^2，撕裂强度36 KN/m^2，极限弹性拉伸20%，透光率0.8%～4%或更高，使用寿命可达20年。表面涂层以聚氟化物为主，常用有三种：PVDF、PVF、Acrylic。使用年限较短膜材可采用Acrylic、U-rethane涂层聚酯纤维。

聚乙烯对苯二酸酯(PET)是属于聚酯纤维的一种现代高性能膜材，用于现代大型飞艇、航天可展天线等气囊膜结构体系，轻质、高强，在－70℃～150℃范围可维持稳定性态。膜材密度为1.38g/cm^3，强度约173MPa，模量约3.8Gpa，极限伸长率50%～130%。

②芳烃聚酰胺纤维基层聚氯乙稀树脂(PVC)涂层膜材。芳烃纤维基层PVC涂层膜材是抗拉强度最高的合成纤维织物膜材。其破断强度达到490KN/m^2，弹性模量大，尺寸稳定，极限伸长仅5%。这种膜材可用于大型建筑，如加拿大Montreal体育场。气密性好是此类膜材的最大优点，因此，它常用于充气膜结构。膜材充气为高压气管(囊)，可以作为梁、拱、网格一样的支撑结构。首先将纤维编织成弯曲的辫子形，内粘合Urethane表面涂层外涂覆PVC涂层，制成无缝充气管。由于高气压，充气管有爆炸的危险。在要求高强度，但弹性变形和透光率次要时常使用此类膜材，如展览等临时性或永久性建筑。

③玻璃纤维基层聚四氟乙烯树脂(PTFE)涂层膜材(简写 PTFE/GF)。玻璃纤维基层 PTFE 涂层膜材是寿命最长的涂层建筑膜材之一。1974 年,首次用此类膜材作为加利维尼亚拉维恩学生活动中心屋面,该屋面近 40 年依旧完好。PTFE 用于永久性膜材,不便重新组装利用。PTFE 不燃,可满足世界各国建筑 A 级防火要求。新安装的膜材呈麦黄色,日照数月之后,膜材逐渐漂白。常规的 PTFE 膜材伸长变形较小,拉伸强度 150KN/m²,撕裂强度 1KN/m²,透光率 13%,网状膜可达 65%以上,防潮、防霉、耐污,PTFE 模材有微孔隙透气。PTFE 膜材一般加工中易出折痕,且难以消除,因此适合于大型建筑工程,如英国千年穹顶、美国丹佛机场、亚特兰大奥运会主会场乔治亚穹顶、中国上海八万人体育场。

④玻璃纤维基层硅酮(Silicone)涂层膜材。1981 年乔治亚 Callaway 花园屋面和 1987 年韩国首尔奥运会拳击馆整体张拉穹顶为玻璃纤维基层硅酮涂层膜材。硅胶比 PTFE 模材柔韧,抗弯曲性能好,因此在加工、制作与运输时不易损害。此类膜材透光率高达 20%以上,室内膜材可达 90%,没有微孔隙的 PTFE 膜材散气效果好。采用多层膜材的屋面,既可满足日光照明,又可有效保温、隔热。就造价与加工制作而言,玻璃纤维硅酮涂层膜材介于玻璃纤维 PTFE 涂层膜材与聚酯纤维 PVC 涂层膜材之间。

⑤聚酯纤维基层硅酮(Silicone)涂层膜材。理想的膜材最好具有聚酯纤维 PVC 涂层膜材的低成本易加工、拉伸与撕裂强度高的特性,同时又具有玻璃纤维硅树脂涂膜材透明、耐久以及 PTFE 涂层的高反射率与自洁性等优点。采用聚酯纤维基层、硅树脂基础涂层、PTFE 或 ETFE 作为表面涂层的织物膜材,即综合了三者的优点。

⑥聚合树脂(PBO)纤维基层聚氯乙烯(PVF)涂层膜材

PBO 纤维基层 PVF 涂层的膜材轻质、高强、弹性系数大,尺寸稳定,伸长变形小,自洁性好,气密性优,可用于充气结构,如气艇、气承管、航天领域等。

在玻璃纤维 PTFE 膜之前,曾出现玻璃纤维 PVC 涂层膜应用,但很快被前者取代。由于精细化工技术日益发展,可研发适合各种特殊要求的新型膜材,为膜材在不同建筑技术需求下的应用提供多样选择。

(2)热塑性化合物膜材(非织物膜材)类型。按组成膜材的主要成分,热塑性化合物模材主要类型有以下几种。

①氟化物热塑性薄膜。

该膜材的主要特点是:耐高温,耐酸碱,耐油,耐化学品腐蚀,阻燃性能,耐溶剂性优良,耐高温水蒸气,具有优异的耐候性,耐臭氧性,不透气可用于真空密封,耐中等剂量辐射,有较低的高温压缩永久变形。

②乙烯-四氟乙烯共聚物(ETFE)薄膜。乙烯-四氟乙烯共聚物(ETFE)薄膜具有以下特点:耐久性好;气候适应性强,在－200℃～150℃均可使用,通过 15 年以上恶劣气候,力学和光学性能均不改变;抗拉强度高,破断伸长率达 300%以上;高安全性,阻燃材料,熔后收缩但无滴落物。如遇火灾其危害性较小,冰雹气候,即使玻璃碎了,ETFE 也仅留下小小凹痕。该种膜材表面非常光滑,极佳自洁性能,灰尘、污迹随雨水冲刷而除去。该种膜材具有耐擦伤性,耐磨性,耐高温,耐腐蚀,绝缘性,属于高安全性材料,并且重量薄轻,抗震性优越,施工便利。应用如图 9－2。

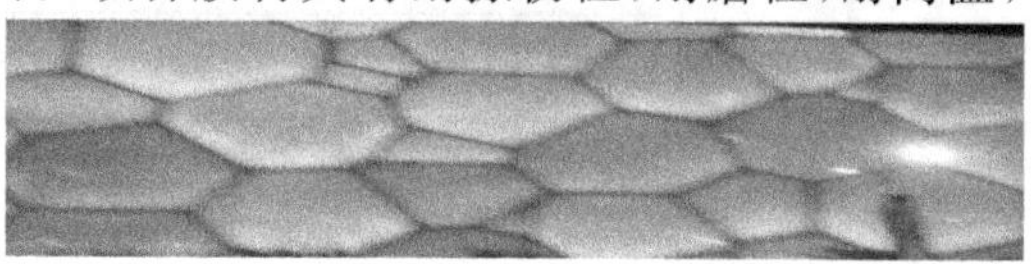

图 9－2 水立方外墙上用的 ETFE 膜

③四氟乙烯(TFE)、六氟丙烯(HFP)与偏氟乙烯(VDF)的共聚物(简称 THV)。THV 加工温度低、加工温度区间宽、加工温度远低于分解温度,可

以适应于挤出、共挤出、注射模塑和吹塑模塑、层压薄膜、浸渍、涂覆和共混等多种加工方式，可生产出膜、管、容器、异型材料和模塑材料。耐化学性能优越，对许多腐蚀性化学品有极好的防渗透功能，具有极好的光透明性和低折射率，可以允许从紫外线到红外线所有频率光的穿透。

9.2 膜材料的基本性质及性能

建筑膜材属薄且柔性很大的高分子化学建材，与一般传统结构中的建筑材料有很大的区别。膜材本身不能抗弯、抗压，抗剪能力也很弱，必须通过预张拉才具有抵抗外载的能力。此外，膜材强度也会由于紫外线的照射、吸湿受潮及温度影响等因素而不断下降。织物膜材料的特征和性能主要取决于基层，而进一步的性能如防火、防水、抗紫外线侵蚀以及对机械、化学等因素的不敏感性都必须依靠涂层来加强。

9.2.1 织物膜材基本性质

虽然织物膜材的具体构成复杂，种类较多，但织物膜材成品的基本技术参数主要包括：

(1)单位重量：以纤维纤度表示(dtex)，单位面积重量一般大于 100g/m²。

(2)膜材厚度：基材纤维与涂覆层厚度之和，常在 0.3～1.2mm 之间。

(3)涂层厚度：纤维顶面与涂层表面的距离，100～300μm，其重量在 400～1 100g/m²。

(4)纤维织法：纤维的编制方式，如平织、篮式编织、巴拿马式编织。

(5)幅宽：膜材卷材的宽度，常在 500～4 500mm。

9.2.2 建筑膜材物理特性

建筑膜材不同，其物理特性不尽相同，甚至差异巨大。建筑膜材物理特性主要包括：

(1)使用寿命。膜材在正常使用条件下，强度或外观不能达到使用要求的最高年限。一般超越使用年限后，膜材仍具有足够的强度安全性，但膜材外观已不符合建筑美观要求。

(2)老化。膜材涂层、纤维、强度、外观颜色与光亮度等随时间延长而逐渐退化的过程，这是一个综合性指标。

(3)自洁性。膜材不吸尘、防污染、防霉菌而具有维持膜面自身清洁的综合特性。膜材仍需要一定的清洗维护，一般每年一次。

(4)光特性。膜材对各种波段光线的作用特性，包括对可见光、紫外线、红外线的反射、透射、吸收已经散射特性。不同膜材对相同波段光线以及对不同波段光线具有不同的特性。表 9-1 给出了常见膜材对太阳光的反射、吸收、透射参数。白玻璃的透光率达 70%～80%，有闪光。

表 9-1 常见膜材光、热特性

特性	膜材类型	(1)	(2)	(3)	(4)	(5)
太阳光	反射	30%～75%	65%～75%	60%～65%	60%～70%	60%～70%
	吸收	13%～68%	13%～19%	12%～20%	28%～34%	28%～35%
	透射	2%～12%	6%～22%	15%～28%	4%～6%	2%～5%
传热系数	夏天	4.28	4.62	4.62	2.57	0.456～0.799
	冬天	6.56	6.85	6.85	3.08	0.456～0.799

注释：(1)聚酯纤维 PVC 涂层膜；(2)玻璃纤维 PTFE 涂层膜；(3)玻璃纤维 Silicone 涂层膜；

(4)玻璃纤维 PTFE 涂层膜、内膜双层膜，250mm 空气层；(5)玻璃纤维 PTFE 涂层膜、半透明隔热层。

(5)阻燃性。膜材为不可燃物,具有优异的阻止火焰扩散的特性。A、B、C类建筑膜材已通过美国、德国、日本等国家建筑A、B_1级防火规范。

(6)抗折性。抗折性指膜材弯曲的最小曲率半径,聚酯纤维膜抗折性好,玻璃纤维基层膜材抗折性较差,要求弯曲最小半径大于100mm。

(7)加工性。加工性主要指裁剪、焊接、加工制作特性,还包括膜片连接强度、粘结能力与粘结缝的蠕变性等。

(8)热物理特性。热物理特性包括膜材结构屋面总的传热系数与膜材自身导热特性。

①传热系数。在稳态条件下,膜结构内外两侧空气温度差为1℃时,1h内通过1㎡面积传递的热量,法定单位为瓦特每平方米开尔文[w/(㎡.k)],非法定单位为千卡每平方米小时摄氏度[Kcal/(㎡.h.℃)]1w/(㎡.k)=1Kcal/(㎡.h.℃)。单层膜传热系数一般5~6 w/(㎡.k)。表9-1给出了常见膜材在夏天、冬天的传热系数,以及内外双层膜、加玻璃纤维棉隔热层膜材屋面传热系数,单位w/(㎡.k)。

②导热系数。在稳态条件下,1m厚的物体,两侧表面温度差为1℃时,1h内通过1㎡面积传递的热量,法定单位为瓦特每米开尔文[W/(m.K)],非法定单位为千卡每米小时摄氏度[kcal/(m.h.℃)],1 kcal/(m.h.℃=1.163W/(m.K)。导热系数除以膜材厚度得传热系数。单层玻璃板的导热系数为0.76W/(m.K)。

③传热阻(热阻系数)。表征膜面维护结构阻抗传热能力的物理量,为传热系数的倒数,单位为“(m.K)/W”。

(9)声响特性。膜材的声响特性类似它的光特性,包括对不同频率声波的反射(回声)、投射损耗(吸声)特性,回声、吸声强弱与膜材和声波频率相关。

膜对一般声波回声强,吸声弱。63Hz以下声波一般能吸收掉,不会产生回声。回声大小在于控制内部噪声水平,噪声降低系数(NRC)反应膜材回声品质。对外部环境噪声标准(NC)要求由膜材吸声(透射损耗)决定,建筑的噪声标准由建筑功能而定,如体育场要求NV-50,剧场则要求NC-20。膜对100~5 000Hz声波段,吸声大致5~30dB。回声与吸声特性综合决定了膜内建筑空间的音响品质与隔音效果。

安装轻质、具有微空隙的专用内膜可降低回声增加吸声;在双层膜材之间设玻璃纤维隔热层可进一步提高吸声量;在膜面上按一定间隔悬挂生屏也可增加吸声,同时改变膜结构空间曲面几何尺寸,从而改善建筑回声效果。但是,在选择具体技术方案时,必须充分评价这些方法对日光、隔热、音响与防火的影响。

(10)适温区间。膜材适宜的正常使用温度范围,一般为-30~70℃。

(11)防水、防潮、防霉菌性能。膜材的蒸汽渗透系数决定它的防水与防潮性性能。

9.2.3 建筑膜材的力学性能

1.单向拉伸强度

为保持膜结构的结构形状,需要给膜材料导入适当的预应力,为了使膜结构能承受各种风荷载、雪荷载,膜材料的拉伸强度是非常重要的,但是由于膜材料的基层是纺织物,在其纺纱、捻线、织造及涂层加工中,有各种原因会造成膜材料的拉伸强度不稳定,为了防止拉伸强度变动过大,一般规定变动率在10%以下,经向与纬向的拉伸强度差在20%以内,膜材料的拉伸强度基本上取决于基层的强度。拉伸强度一般通过拉伸试验来确定。

拉伸试验通常包括单轴张拉试验或双轴张拉试验。单轴张拉试验较易实现,但与实现膜材的受力情况有差异;双轴张拉试验测定条件与实际情况更为吻合,但实现难度较大。图9-3所示为膜材单轴和双轴拉伸试验示意图。

单轴试验时，膜材宽度一定，分别按经线和纬线方向取一定标距的膜材，两端通过卡钳夹住或通过滚轴固定后施加拉力，由试验所得到的应力—应变曲线的斜率就是膜材的弹性模量，所测得的荷载方向和垂直方向上的应变之比即为泊松比。端部构造和施加拉力的方式必须使得膜材尽可能地均匀受力。

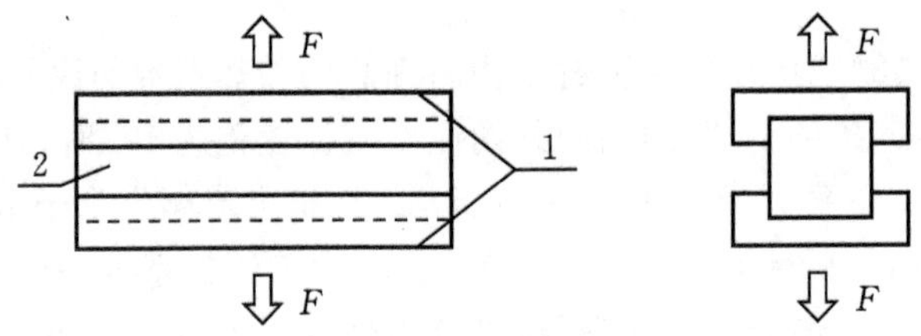

图 9-3　膜材单轴和双轴拉伸试验示意图

双轴拉伸试验的试件为一个十字形，经纬向相交的四个角区必须要有一定的圆弧，试验区尺寸可取为 200mm×200mm，测试区可取 100mm×100mm，自试验区边缘至端部长度可取为 300mm。四个端部通过卡钳或滚轴固定，试件经纬方向分别对应相互垂直的两个拉力方向。在加载时，经纬方向的拉力按一定比例同步加载。图 9-4 所示是双轴拉伸实验设备。

图 9-4　双轴拉伸试验设备

2. 双向伸长特性

膜材料是正交异向型，而且是非线性材料，特别是初期的双向应力—应变关系，是涂层与基层间相互作用而产生的复杂运动，一般膜结构处于双向应力状态下，特别是在设计阶段决定膜材料收缩率时，必须考虑膜材料的双向伸长特性。

3. 抗折叠性和撕裂强度

膜材是在工厂成型后运到工地的，在运输过程中必须将膜材折叠或打卷，到现场后再打开包装、搬运到吊装点，然后吊装与其他构件连接。整个过程都将对膜材进行弯曲甚至折叠，这些操作都有可能造成对膜材纤维基层和涂层的损坏。特别是对以玻璃纤维为基层的膜材，由于玻璃纤维是脆性材料，使得玻璃纤维的膜材在折叠时更容易受损。所以膜材的抗折叠性能也是膜材性能的一个极为重要的指标。图 9-5 所示为膜材抗折叠性能试验的一种方法。

膜材的撕裂强度是应用于膜结构的重要力学参数。膜材的撕裂强度是在最大设计压力下控

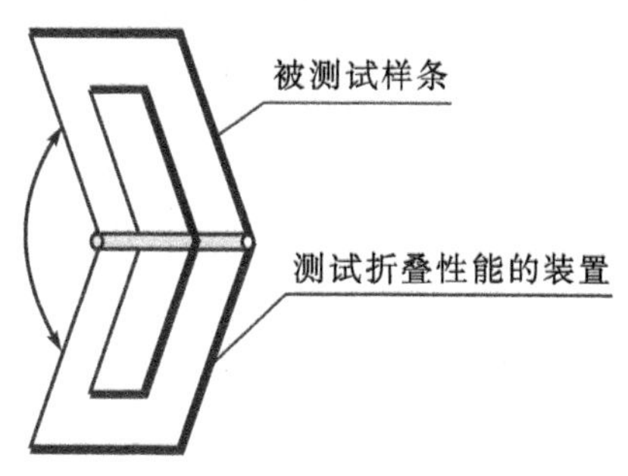

图9-5 膜材抗折叠性能试验

制膜面撕裂传播的度量指标。选择撕裂不传播的膜材实际上是很困难的，因此需要在结构构造上采取一定的措施，控制膜面撕裂传播。玻璃纤维有很高的拉伸强度，但撕裂强度较低，这是由于具有高弹性模量的玻璃纤维和PTFE涂层高度粘合在一起而造成的。影响膜材抗撕裂性能的原因和膜材基层织物与涂层的结合方式以及基层织物的编织方式等有关。

4. 剥离强度

剥离强度是用来表示基层与涂层材料之间，或者热熔接时接合剂与涂层之间的强度。尽管实际的膜结构并不受到剥离力，但是在膜材料的结合部，膜材料是不连续的，接合部的强度是靠涂层之间的接合力及基层与涂层之间的剥离强度来维持的。也就是说，剥离强度与接合部的剪切力及剪切蠕变特性相关。对拉伸强度越大的膜材料的剥离强度要求就越高。一般规定，每20mm膜材料的剥离强度为每10mm膜材料的拉伸强度的2%以上，并在20N以上。

5. 蠕变、应力松弛特性

由于膜材料在一定的张力作用下会产生蠕变，在一定的应变下会出现应力松弛现象，特别是在夏季，膜材料的表面温度有可能上升至60℃～70℃，再加上一定的张力，更会促进蠕变。因此，为了防止夏季高温时膜材料接合部的剥落，对接合部的蠕变特性要慎重考虑，为确保接合部的接合强度，一般对B类和C类膜材料在60℃环境下，对A类膜材料在150℃环境下，连续6h施加1/10拉伸强度的负载，检查接合部是否有异常或剥落；并在20℃的环境下，连续24h施加1/4拉伸强度的负载进行检验。

9.3 膜结构的发展与应用

建筑材料的更新发展，促进建筑结构形势的发展。膜结构(Memane)是20世纪中期发展起来的一种新型建筑结构形式，是由多种高强薄膜材料(PVC或Teflon)及加强构件(钢架、钢柱或钢索)，通过一定方式使其内部产生一定的预张应力，以形成某种空间形状作为覆盖结构，并能承受一定的外荷作用的一种空间结构形式。设计合理的支撑体系，配以性质优良的建筑膜材，它的柔韧性及具有透光和防紫外线功能，可以构成单曲面、多曲面等不同建筑结构外形，在一些大型建筑和艺术建筑中得到广泛的应用，它满足了建筑师们对建筑与美学高度统一的要求。正是由于这一特征，建筑师们从帐篷这一最古老而简单建筑结构出发，塑造出形式美观，具有鲜明标志特征，在当今世界范围内的建筑设计中占有举足轻重地位的膜结构建筑。如大阪万国博览会中的美国馆，北京奥运会场馆“鸟巢”和“水立方”等。

9.3.1 膜结构的类型及特点

1. 膜结构的类型

从结构形式上大致可分为骨架式、张拉式、充气式膜结构三种形式。

(1)骨架式膜结构。骨架式膜结构是以钢材或集成材构成屋顶骨架后，在其上方张拉膜材的构造形式。因其下部支撑结构安全性高，屋顶造型比较单纯，开口部不易受限制，且经济效益高等特点，广泛适用于任何大小规模的空间。

(2)张拉式膜结构。张拉式膜结构是以膜材、钢索及支柱构成，利用钢索与支柱在膜材中导入张力以达到安定的结构形式。它除了可实践具有创意、创新且美观的造型外，也是最能展现膜结构精神的构造形式。近年来，大型跨距空间也多采用以钢索与压缩材料构成钢索网来支撑上部膜材的形式。其施工精度要求高，结构性能强，且具丰富的表现力。

(3)充气式膜结构。充气式膜结构是将膜材固定于屋顶结构周边，利用送风系统让室内气压上升到一定压力后，使屋顶内外产生压力差，形成支撑抵抗外力的结构形式。因利用气压和辅助钢索做为支撑，无需任何梁、柱，故可获得更大的空间，施工快捷，经济效益高。但需进行 24 小时送风系统运行，其运行及机器维护成本较高。

2. 膜结构的主要特点

(1)艺术性。膜结构以造型学、色彩学为依托，可结合自然条件及民族风情，根据建筑师的创意建造出传统建筑难以实现的曲线及造型。膜结构是建筑师的浪漫设想，也是享受大自然般的浪漫空间。

(2)经济性。对于大跨度空间结构来说，如果采用膜结构，其成本只相当于传统建筑的 1/2 或更少，特别是在建造短期应用的大跨度建筑时，就更为经济，而且膜结构能够拆卸，易于搬迁。

(3)节能性。由于膜材本身具有良好的透光率(10%～20%)，建筑空间白天可以得到自然的漫射光，可以节约大量用于照明的能源。

(4)自洁性。膜材表面加涂的防护涂层(如 PVDF、PTFE 等)，具有耐高温的特点，而且本身不发粘，这样落到膜材表面的灰尘可以靠雨水的自然冲洗而达到自洁的效果。

(5)大跨度无遮挡的可视空间。膜结构一改传统建筑材料而使用膜材，其重量只是传统建筑的 1/30，而且膜结构可以从根本上克服传统结构在大跨度(无支撑)建筑上实现时所遇到的困难，可创造巨大的无遮挡的可视空间。

(6)工期短。膜建筑工程中所有加工和制作均在工厂内完成，可减少现场施工时间，避免出现施工交叉，相对传统建筑工程工期较短。

9.3.2 膜结构的发展与应用

世界上第一座充气膜结构建成于 1946 年，设计者为美国的沃尔特·勃德(W. Bird)，这是一座直径为 15m 的充气穹顶。1967 年在德国斯图加特召开的第一届国际充气结构会议，无疑给充气膜结构的发展注入了兴奋剂。在 1970 年大阪世界博览会上，其中具有代表性的有盖格尔设计的美国馆(137m×78m 卵形)，以及川口卫设计的香肠形充气构件膜结构。后来人们认为 1970 年大阪世界博览会是把膜结构系统地、商业性地向外界介绍的开始。大阪世界博览会展示了人们可以用膜结构建造永久性建筑。而 20 世纪 70 年代初美国盖格尔—勃格公司开发出的符合美国永久建筑规范的特氟隆(Teflon)膜材料为膜结构广泛应用于永久、半永久性建筑奠定了物质基础。之后，用特氟隆材料做成的室内充气式膜结构相继出现在大中型体育馆中，如 1975 年建成的密歇根州庞蒂亚克“银色穹顶”(椭圆形 220m×159m)，1988 年建成的日本东京体育馆(室内净面积 4.6767m^2)。

张拉形式膜结构的先行者是德国的奥托(F. Otto),他在 1955 年设计的张拉膜结构跨度在 25m 左右,用于联合公园多功能展厅。由于张拉膜结构是通过边界条件给膜材施加一定的预张应力,以抵抗外部荷载的作用,因此在一定初始条件(边界条件和应力条件)下,其初始形状的确定、在外荷载作用下膜中应力分布与变形以及怎样用二维的膜材料来模拟三维的空间曲面等一系列复杂的问题,都需要有计算来确定,所以张拉膜结构的发展离不开计算机技术的进步和新算法的提出。目前国外一些先进的膜结构设计制作软件已非常完善,人们可以通过图形显示看到各种初始条件和外荷载作用下的形状与变形,并能计算任一点的应力状态,使找形(初始形状分析)、裁剪和受力分析集成一体化,使得膜结构的设计大为简便,它不但能分析整个施工过程中各个不同结构的稳定性和膜中应力,而且能精确计算由于调节索或柱而产生的次生应力,完全可以避免各种不利情况下产生的不测后果。因此计算机技术的迅猛发展为张拉膜结构的应用开辟了广阔的前景。而特氟隆膜材料的研制成功也极大地推动了张拉膜结构的应用。比较著名的有沙特阿拉伯吉达国际航空港、沙特阿拉伯利雅得体育馆、加拿大林德塞公园水族馆、英国温布尔登室内网球馆、美国新丹佛国际机场等。

在随后的几十年,建筑膜结构得到了迅猛的发展。膜结构大部分由钢材和索构成,另外与结构相结合的膜材也逐渐走向功能化、智能化。膜材具有造型轻巧自由、美观;透光、节能、环保,优良的阻燃性能,防污自洁性能,安全、寿命长等优点。基于这些优点,建筑膜材脱颖而出,膜结构被称为“21 世纪的建筑”,应用于大型体育场馆、入口廊道、购物场、娱乐场、停车场、展览会场、植物观光园等建筑。

目前建筑膜材广泛认可的标准是日本 JISA-93 所规定的 A、B、C 三类,是根据其防火性能的优劣来划分的。A 类最好,以玻璃纤维织物为基材涂 PTFE 而成;B 类次之,以玻璃纤维织物为基材涂 PVC 而成;C 类是三类中最差的,以聚酯(涤纶)织物为基材涂 PVC 而成。按涂层材料分,有聚四氟乙烯(PTFE)、聚偏氟乙烯(PVDF)、聚氟乙烯(PVF)、聚氯乙烯(PVC)、聚氨酯(PU)、橡胶等。

我国现代空间结构的发展受到了西方国家先进技术的影响。近几年来,在膜结构应用上显示了活跃的趋势。虽然一开始工程规模不大,但已逐渐扩展到更大的面积和跨度。我国所采用的技术与材料在某种程度上还要依靠国外,但预计会有更多的工程依靠自己的力量来完成。在过去十年中,我国的许多城市都在筹划建设新的体育设施。由于其重量很轻的优点,膜结构往往被采用。体育建筑可以说是膜结构在中国应用的突破口。其中规模最大、最具影响力的膜结构建筑要数 1997 年竣工的上海八万人体育场看台罩棚张拉膜结构工程。但该膜结构为美国 Weidlinger 公司设计制作,这是中国第一次将膜材制成的屋顶用在大面积的永久性建筑上,具有深远的影响。当时涂 PTFE 的玻璃纤维膜材和工程安装还借助于国外的力量。由此也可以看出我国在该领域与国外先进国家的差距很大。

颐中体育场坐落在山东省的滨海城市青岛,这是中国第一个靠自己力量设计与施工的大型膜结构体育场,外包尺寸为 266m×180m,可容纳 6 万观众。悬挑 40m 的屋盖是一个包括膜、索和钢支承结构的典型张拉体系,整个屋盖由 70 个锥形索膜单元组成,总面积为 30000m^2。

北京奥运会场馆“鸟巢”和“水立方”膜结构采用 ETFE 膜材,是目前国内最大的 ETFE 膜材结构建筑,膜材采用进口产品。“鸟巢”采用双层膜结构,外层用 ETFE 防雨雪防紫外线,内层用 PTFE 达到保温、防结露、隔音和光效的目的。“水立方”采用双层 ETFE 充气膜结构,共 1 437 块气枕,每一块都好像一个“水泡泡”,气枕可以通过控制充气量的多少,对遮光度和透光性进行调节，有效地利用自然光，节省能源，并且具有良好的保温隔热、消除回声的功能，为运动员和观众提供温馨、安逸的环境。

目前国内膜结构发展振奋人心，随着一些大型体育馆、候机大厅的建设以及2010年上海世博会和广州亚运会等国际盛会的举办，为我国膜结构的发展带来了机遇和挑战。尤其在膜材方面，我国起步晚，技术水平低，大部分膜材还主要依靠进口。PTFE、PVC和表面改性的PVC、ETFE等膜材是市场的主流，应用比较广泛。我国现已有PTFE膜材的自主知识产权，性能也基本达到国外同类产品的要求。很多公司、科研单位以及高校都在进行PVC表面涂层材料的研究，如PVDF、纳米TiO_2表涂剂等的研究已初见成效，另外在表面防污自洁处理方面的研究如仿生荷叶构筑微粗糙表面也开始起步。在引进世界一流的生产设备和工艺技术的同时，加紧消化吸收并改进创新，尽快开发适合我国市场需求的膜材表面处理技术，对提升我国整个建筑产业用品档次和市场竞争力都具有重要意义。

膜结构是随着现代科学技术发展起来的全新建筑技术表现形式，是材料科学、建筑学、结构力学以及现代环境学高速发展的综合产物。生活在现代都市的人们已经从过去以谋生为目的的社会行为走上了以乐生为目的的新台阶，在精神上追求健康向上、愉快和富有人性的文化环境。现代建筑环境是现代城市、现代文化与社会、现代人的生活和观念的综合表象。在展现人的个性化、自娱性和多元性环境空间方面，膜结构以其独具魅力的建筑形式，必将会在环境建设中得到越来越广泛的应用。由于蒸蒸日上的经济的强大支持，世界上最大的航空港、节能环保的建筑及世界上最高的室外观光台等膜结构建筑将落户我国。膜结构具有优良的性能、充分利用阳光和空气以及与自然环境融合等特长，它是21世纪绿色建筑体系的宠儿。

思考与练习

1. 膜材的概念是什么？举例说明膜材在实际工程中的应用。
2. 膜材有哪些类型？膜材都有哪些基本性质？
3. 膜材的基本力学性能包括哪些？

第 10 章　饰面石板材

本章学习要求

1. 了解饰面石板材的基本类别
2. 理解各种石材的化学成分及其特点
3. 掌握大理石材的主要技术要求
4. 掌握花岗石材的主要技术要求
5. 掌握人造石材的主要技术要求
6. 掌握大理石材、花岗石材及人造饰面石材的基本性能及应用

石材是一种古老的建筑装饰材料。在比萨斜塔、金字塔、赵州桥、故宫宫殿基座和栏杆、人民英雄纪念碑等建筑中得到了早期的应用。饰面石板材是指用饰面石材加工成的板材，主要用作建筑物的内外墙面、地面、柱面、台面等。饰面石板材分为天然石板材和人造石板材两大类。

天然石板材是由岩石经加工而得，如大理石饰面板、花岗石饰面板、玉石饰面板等；人造石板材是由骨料、胶凝材料经加工制成的，如人造大理石饰面板、人造花岗石饰面板、水磨石饰面板等。装饰石材种类繁多，为了统一管理，《中华人民共和国建材行业标准》规定了建筑石材的产品分类、技术要求、试验方法、检验规则、标志、包装、运输、贮存等。下面根据规范要求，介绍饰面石板材的有关知识。

石板材特点是：资源丰富、强度高、耐水、耐磨性能好、耐久性好、装饰效果好，但加工难度大、自重大，因此开采和运输不方便。

10.1　饰面石板材加工

10.1.1　加工方式

从矿山开采的石材荒料经加工成为各种石材制品。其加工方式主要分为磨切(用刀具加工，可先切后磨，或先磨后切)和凿切(用凿子、剁斧、钢錾、气锤，石材表面凹凸不平)两类。每种加工方式分两个阶段：

锯割加工：为首道工序，用锯机将荒料锯割成半成品的板材。

表面加工：研磨加工(粗磨、细磨、半细磨、精磨、抛光等)、刨切加工、烧毛加工、凿毛加工。

10.1.2　荒料分类

(1)按整形方法分：锯面荒料(SS：六个面用锯切方法整形的荒料)和劈面荒料(CS：有一面或数面用劈凿方法整形的荒料)。

(2)按体积分：Ⅰ(体积≥3(4)m^3)、Ⅱ($1m^3$≤体积<3(4)m^3)、Ⅲ($0.35m^3$≤体积<$1m^3$)。

注：括号外为大理石，内为花岗岩。

10.2　大理石板材

大理石又称云石，是重结晶的石灰岩，主要成分是 $CaCO_3$。石灰岩在高温高压下变软，并在

所含矿物质发生变化时重新结晶形成大理石。其矿物组成主要是石灰石、方解石和白云石，颜色很多，通常有明显的花纹，矿物颗粒很多。摩氏硬度在2.5到5之间。大理石是地壳中原有的岩石经过地壳内高温高压作用形成的变质岩。地壳的内力作用促使原来的各类岩石发生质的变化，即原来岩石的结构、构造和矿物成分发生改变。

在室内装修中，电视机台面、窗台、室内地面等适合使用大理石。大理石是天然建筑装饰石材的一大门类，一般指具有装饰功能，可以加工成建筑石材或工艺品的已变质或未变质的碳酸盐岩类。它是由中国云南大理市点苍山所产的具有绚丽色泽与花纹的石材而得名。大理石泛指大理岩、石灰岩、白云岩，以及碳酸盐岩经不同蚀变形成的夕卡岩和大理岩等。大理石主要用于加工成各种形材、板材，作装饰建筑物的墙面、地面、台、柱，是家具镶嵌的珍贵材料。大理石还常用于纪念性建筑物如碑、塔、雕像等的材料。大理石还可以雕刻成工艺美术品、文具、灯具、器皿等实用艺术品。大理石的质感柔和美观庄重，格调高雅，花色繁多，是装饰豪华建筑的理想材料，也是艺术雕刻的传统材料。

大理石的特点主要为层状结构、纹理、属于中硬性石材，质地较密实、抗压强度较高、吸水率小，硬度较低、耐磨性差，易损坏、抗风化性差，不宜用于建筑物外墙面装饰。分析其原因为空气中的 SO_2 与水生成亚硫酸、硫酸，再与 $CaCO_3$ 反应生成二水石膏，产生体积膨胀，强度降低，从而失去光泽和装饰性。

10.2.1 大理石的分类

大理石是以大理岩为代表的一类岩石，包括碳酸盐岩和有关的变质岩，相对花岗石来说一般质地较软。常见岩石有大理岩、石灰岩、白云岩、夕卡岩等。大理石的品种划分，命名原则不一，有的以产地和颜色命名，如丹东绿、铁岭红等；有的以花纹和颜色命名，如雪花白、艾叶青；有的以花纹形象命名，如秋景、海浪；有的是传统名称，如汉白玉、晶墨玉等。因此，因产地不同常有同类异名或异岩同名现象出现。

1. 根据抛光面的颜色分类

我国所产的大理石依其抛光面的基本颜色，大致可分为白、黄、绿、灰、红、咖啡、黑色七个系列。每个系列依其抛光面的色彩和花纹特征又可分为若干亚类，如：汉白玉、松香黄、丹东绿、杭灰等。大理石的花纹、结晶粒度的粗细千变万化，有山水型、云雾型、图案型（螺纹、柳叶、文像、古生物等）、雪花型等。现代建筑是多姿多彩不断变化的，因此，对装饰用大理石也要求多品种、多花色，能配套用于建筑物的不同部位。一般对单色大理石要求颜色均匀；彩花大理石要求花纹、深浅逐渐过渡；图案型大理石要求图案清晰、花色鲜明、花纹规律性强。

2. 根据碳酸钙镁含量不同分类

(1)白云石：菱镁矿（碳酸钙镁）含量40%以上；

(2)镁橄榄石：菱镁矿（碳酸钙镁）含量在5%到40%之间；

(3)方解石：菱镁矿（碳酸钙镁）含量少于5%。

10.2.2 大理石的性能、等级及标记

1. 性能

大理石板材的表观密度为2 500～2 600kg/cm^3，抗压强度为93～100MPa，抗弯强度为7.8～16 MPa，肖氏硬度为45度，吸水率不大于0.75%。

2. 等级

按板材的规格尺寸允许偏差，平面度允许极限公差，角度允许极限公差，外观质量、镜面光泽

度等技术要求，将大理石板材分为优等品(A)、一等品(B)、合格品(C)三个等级。

3. 分类及标记

大理石按照形状分类主要分为普型板(PX)、圆弧板(HM)和异型板(YX)。

大理石板材命名顺序是：荒料产地地名、花纹色调特征名称、大理石(M)。大理石板材标记顺序是：命名、分类、规格尺寸、等级、标准号。例如北京房山白色大理石荒料生产的普通型规格尺寸为 $600\times600\times20mm^3$。

命名：房山汉白玉大理石

标记：M1101　PX　600×600×20　A　JC/T 79—2001

10.2.3 大理石的技术要求

大理石的验收技术要求包括：规格尺寸、平面度、角度、外观质量。

1. 规格尺寸允许偏差及测量方法

允许偏差是指符合等级要求的板材实际尺寸与标准尺寸之间容许的误差。普通型板材规格尺寸允许偏差见表 10－1；异型板材规格尺寸允许偏差由供需双方商定。板材厚度小于或等于 15mm 时，同一块板材上的厚度允许极差为 1.0mm；板材厚度大于 15mm 时，同一块板材上的厚度允许极差为 2.0mm。

表 10－1　普通型板材规格尺寸允许偏差(mm)

部位		尺寸允许偏差值		
		优等品	一等品	二等品
长、宽度		0 −1.0	0 −1.0	0 −1.5
厚度	≤15	±0.5	±0.8	±1.0
	>15	+0.5 −1.5	+1.0 −2.0	±2.0

规格尺寸测量方法是用刻度值为 1.0mm 的钢直尺测量板材的长度和宽度；用读数值为 0.1mm 的游标卡尺测量板材的厚度。长度、宽度分别测量 3 条直线。厚度测量 4 条边的 4 个中点，分别用偏差的最大值和最小值来表示长度、宽度、厚度的尺寸偏差。用同块板材上厚度偏差的最大值和最小值之间的差值表示同块板材上的厚度极差。读数精确至 0.2mm。

2. 平面度允许极限公差及测量方法

平面度允许极限公差是指板材的平面容许高低之差。平面度允许偏差见表 10－2。

表 10－2　平面度允许极限公差

板材长度范围	允许极限公差值		
	优等品	一等品	合格品
≤400	0.20	0.30	0.50
>400～<800	0.50	0.60	0.80
>800～<1000	0.70	0.80	1.00
≥1000	0.80	1.00	1.20

平面度的测量方法是将直线度公差为0.1mm的钢平尺贴放在被检平面的两条对角线上，用塞尺测量尺面与板面间的间隙。被检面对角线长度大于1000mm时，用长度为1000mm的钢平尺沿对角线分段检测。用最大间隙的塞尺片读数表示板材的平面度极限公差。读数精确至0.05mm。

3. 角度允许极限公差及测量方法

角度允许极限公差是指板材实际角度与标准角度的尺寸偏差程度。角度允许偏差见表10-3。异型板材角度允许极限公差由供需双方商定。

表10-3　角度允许极限公差

<table>
<tr><th rowspan="2">板材长度范围</th><th colspan="3">允许极限公差值</th></tr>
<tr><th>优等品</th><th>一等品</th><th>合格品</th></tr>
<tr><td>≤400</td><td>0.30</td><td>0.40</td><td>0.60</td></tr>
<tr><td>>400</td><td>0.50</td><td>0.60</td><td>0.80</td></tr>
</table>

角度的测量方法是用内角边长为450mm×400mm的内角垂直度公差为0.13mm的90°钢角尺。将角尺长边紧贴板材的长边，短边紧靠板材短边，用塞尺测量板材与角尺短边之间的间隙。当被检角大于90°时，测量点在角尺根部；当被检角小于90°时，测量点在距根部400mm处。当角尺长边大于板材长边时，用上述方法测量板材的两对角；当角尺的长边小于板材长边时，用上述方法测量板材的四个角。以最大间隙的塞尺片读数表示板材的角度极限公差，读数精确至0.05mm。拼缝板材，正面与侧面的夹角不得大于90°，否则，施工时板缝大小不易控制。

4. 外观质量要求及检测方法

天然大理石同一批板材的花纹色调基本调和。花纹色调的检验方法是将选定的协议板材与被检板材同时放在地面上，距1.5m处目测。

检测时，距板材1.5m处明显可见的缺陷视为有缺陷；距板材1.5m处不明显，但在1m处可见的缺陷视为无明显缺陷；距板材1m处看不见的缺陷视为无缺陷。缺棱掉角用刻度值为0.5mm的钢直尺测量其长度和宽度。外观质量要求见表10-4。

表10-4　天然大理石板材的外观缺陷要求

<table>
<tr><th>缺陷名称</th><th>优等品</th><th>一等品</th><th>合格品</th></tr>
<tr><td>翘曲</td><td rowspan="8">不允许</td><td rowspan="8">不明显</td><td rowspan="6">有，但不影响使用</td></tr>
<tr><td>裂纹</td></tr>
<tr><td>砂眼</td></tr>
<tr><td>凹陷</td></tr>
<tr><td>色斑</td></tr>
<tr><td>污点</td></tr>
<tr><td>正面棱缺陷长≤8mm，宽≤3mm</td><td>1处</td></tr>
<tr><td>正面棱缺陷长≤3mm，宽≤3mm</td><td>1处</td></tr>
</table>

10.2.4 运输与贮存

板材在运输过程中应防湿，严禁滚摔、碰撞。板材应在室内贮存，室外贮存应加遮盖。板材应按品种、规格、等级或工程料部位分别码放。板材直立码放时，应光面相对，倾斜度不大于15°，层间加垫，垛高不超过1.5m；板材平放时，应光面相对，地面必须平整，垛高不超过1.2m。包装箱码放高度不超过2m。

10.3 花岗石板材

花岗石是一种由火山爆发的熔岩在受到相当压力的熔融状态下隆起至地壳表层，岩浆不喷出地面，而在地底下慢慢冷却凝固后形成的构造岩，二氧化硅含量较高，是一种深成酸性火成岩，属于岩浆岩。花岗石由长石、石英和云母组成，岩质坚硬密实。

花岗岩是独一无二的材料，其物理特点主要表现如下：花岗岩的物理渗透性几乎可以忽略不计，在0.2%～4%之间；花岗岩具有高强度的耐热稳定性，花岗岩因其密度很高而不会因温度及空气成分的改变而发生变化；花岗岩具有很强的抗腐蚀性，很广泛的被运用在储备化学腐蚀品上；花岗岩的颜色及材质都是高度一致的；花岗岩是最硬的建筑材料，也由于它的超强硬度而使它具有很好的耐磨性。

10.3.1 品种分类

花岗石由于成分复杂，形成条件多样，所以种类繁多，有多种的分类方式。

(1)按所含矿物种类分：分为黑色花岗石、白云母花岗石、角闪花岗石、二云母花岗石等；

(2)按结构构造分：可分为细粒花岗石、中粒花岗石、粗粒花岗石、斑状花岗石、似斑状花岗石、晶洞花岗石及片麻状花岗石等；

(3)按所含副矿物分：可分为含锡石花岗石、含铌铁矿花岗石、含铍花岗石、锂云母花岗石、电气石花岗石等。

(4)花岗石磨光板品种：长石化、云英岩化、电气石化等自变质作用装饰花岗石磨光板材光亮如镜，有华丽高贵的装饰效果。常见的花岗石磨光板品种有：

①红色系列：四川红、石棉红、岑溪红、虎皮红、樱桃红、平谷红、杜鹃红、玫瑰红、贵妃红、鲁青红、连州大红等。

②黄红色系列：岑溪桔红、东留肉红、连州浅红、兴洋桃红、兴洋 桔红、浅红小花、樱花红、珊瑚花、虎皮黄等。

③花白系列：白石花、白虎涧、黑白花、芝麻白、花白、岭南花白、济南花白、四川花白等。

④黑色系列：淡青黑、纯黑、芝麻黑、四川黑、烟台黑、沈阳黑、长春黑等。

⑤青色系列：芝麻青、米易绿、细麻青、济南青、竹叶青、菊花青、青花、芦花青、南雄青、攀西兰等。

10.3.2 花岗石板材分类、等级和标记

1. 分类

花岗石板材按形状分：普型板(PX)、圆弧板(HM)和异型板(YX)；按表面加工程度分：亚光板材(YG)、镜面板材(PL)、粗面板材(RU)。

2. 等级

花岗石板材按规格尺寸偏差、平面度公差、角度公差与外观质量分为：优等品(A)、一等品(B)、合格品(C)。

3. 命名与标记

花岗石板材的命名顺序：荒料产地地名、花纹色调特征名称、花岗石。

花岗石板材的标记顺序：编号、类别、规格尺寸、等级、标准号。例如：山东济南黑色花岗石荒料生产的 400×400×20mm³、普型、镜面、优等品板材。

命名：济南青花岗石

标记：G3701　PX　PL　400×400×20　A　GB/T18601

注：3701——前两位数字代表各省、自治区、直辖市行政区代码，后两位数字代表各省等石材品种序号。

10.3.3　花岗石板材技术要求

1. 规格尺寸允许偏差

普通型板材规格尺寸允许偏差见表 10－5；异型板材规格尺寸允许偏差由供需双方商定。板材厚度小于或等于 15mm 时，同一块板材上的厚度允许极差为 1.5mm；板材厚度大于 15mm 时，同一块板材上的厚度允许极差为 3.0mm。其规格尺寸和允许偏差的测定方法同大理石。

表 10－5　天然花岗石普通型板材规格尺寸允许偏差(mm)

分类		细面和镜面板材			粗面板材		
等级	优等品	一等品	二等品	优等品	一等品	二等品	
长、宽度		0 −1.0	0 −1.5		0 −1.0	0 −1.0	0 −1.0
厚度	≤15	±0.5	±1.0	±1.0 −2.0		—	
	>15	+0.5 −1.5	+1.0 −2.0	±2.0	+1.0 −2.0	+2.0 −3.0	+2.0 −4.0

2. 平面度允许极限公差

平面度允许偏差见表 10－6。或按供需双方协议样板执行。平面度允许偏差测定方法同大理石板材。

表 10－6　天然花岗石板材平面度允许极限公差(mm)

板材长度范围	细面和镜面板材			粗面板材		
	优等品	优等品	一等品	合格品	一等品	合格品
≤400	0.20	0.40	0.60	0.80	1.00	1.20
400～1 000	0.50	0.70	0.90	1.50	2.00	2.20
≥1 000	0.80	1.00	1.20	2.00	2.50	2.80

3. 角度允许极限公差及测量方法

角度允许偏差见表 10－7。拼缝板材正面与侧面的夹角不得大于 90°。异型板材角度允许极限公差由供需双方商定。角度允许极限公差测定方法同大理石板材。

4. 外观质量要求

外观质量要求见表 10－8。测定方法同大理石板材。

同一批板材的色调花纹应基本调和。镜面板材的正面应具有镜面光泽，能清晰的反映出景物。

表 10－7 天然花岗石板材角度允许极限公差(mm)

板材长度范围	细面和镜面板材			粗面板材		
	优等品	优等品	一等品	合格品	一等品	合格品
≤400	0.40	0.60	0.80	0.60	0.80	1.00
＞400	0.40	0.60	1.00	0.60	1.00	1.20

表 10－8 天然花岗石板材的外观质量要求

缺陷名称	规定内容	优等品	一等品	合格品
缺棱	长度不超过 10mm(长度小于 5mm 不计)，周边每米长(个)	不允许	1	2
缺角	面积不超过 5mm×2mm(面积小于 2mm×2mm 不计)，每块板(个)			
裂纹	长度不超过两端顺延至板边总长度的 1/10，每块板			
色斑	面积不超过 20mm×30mm(面积小于 15×30mm 不计)，每块板			
色线	面积不超过两端顺延至板边总长度的 1/10(长度小于 40mm 的不计)，每块版(条)		2	3
坑窝	粗面板材的正面出现坑窝		不明显	有，但不影响使用

10.3.4 装饰石材放射性控制使用标准

装饰石材主要有大理石和花岗石两种。大理石的放射性一般低于花岗石，大部分可用于室内装修，而花岗石则不宜在室内大量使用，尤其是在卧室、老人、儿童房。

据检测，色彩对放射性也有一定影响。红、绿色放射性最高，白、黑色则最低。所以应谨慎选择红色系、棕色系、绿色系或带有红色大斑点的花岗石材。

装饰石材按照国家无机非金属装饰材料放射性指标限量标准划分为三类：

(1)A 类装修材料：装修材料中天然放射性核素镭－226、钍－232、钾－40 的放射性比活度同时满足 I Ra≤1.0，I r≤1.3 的要求。该材料使用范围不受限制。

放射性比活度(Specific activity)是指物质中的某种放射性活度除以物质的质量而得的商。I Ra 表示内照射指数，I r 表示外照射指数。

(2)B 类装修材料：不满足 A 类装修材料要求但同时满足 I Ra≤1.3，I r≤1.9 的要求。该材料不可用于 I 类民用建筑工程(如住宅、病房、老年建筑、幼儿园、学校教室)的内部装饰。可用于其他部位饰面。

(3)C 类装修材料：不满足 A 类 B 类装修材料要求，但满足 I r≤2.8 的要求。该材料只可用于建筑物的外饰面及室外其他用途。

I_r≥2.8 的花岗石只可用于碑石、海堤、桥墩等地方。

铺好石材后，要注意稀释污染，最简单的方法就是加强通风。刚刚装修好的房间最好请专业机构进行检测，如果检测不合格，可以用降辐射涂料或安装无铅防护板，防止氡从建材中释放。如果放射性指标过高，则必须立即更换石材。

10.3.5 运输与贮存

板材运输过程中应防湿，严禁滚摔、碰撞。板材应在室内贮存，室外贮存应加遮盖。板材应按品种、规格、等级或工程料部位分别码放。板材直立码放时，应光面相对，倾斜度不大于15°，层间加垫，垛高不超过1.5m；板材平放时，应光面相对，地面必须平整，垛高不超过1.2m。包装箱码放高度不超过2m。

10.4 人造饰面板材

天然石材虽然有很多优良的性能，但由于其资源分布不均，加工后成品率低，所以成本较高。在大型装饰工程中，石材的成本对工程造价起着决定作用。随着现代建筑装饰业的发展，人造饰面板材应运而生。

人造饰面石材重量轻、强度高、耐腐蚀、耐污染、施工方便、花纹图案可以人为控制，是现代建筑行业理想的装饰材料。

人造饰面石材是采用无机或有机胶凝材料作为黏结剂，以天然砂、碎石、石粉或者工业渣等为粗、细填充料，经成型、固化、表面处理而成的一种人造材料。它具有以下特点：

(1)质量轻、强度大、厚度薄。某些种类的人造石材体积密度只有天然石材的一半，强度却较高，抗折强度可达30 MPa，抗压强度可达110 MPa。人造饰面石材厚度一般小于10mm，最薄的可达8mm。通常不需专用锯切设备锯割就可一次成型为板材。

(2)色泽鲜艳、花色繁多、装饰性好。人造石材的色泽度可根据设计意图制作，可仿天然花岗石、大理石或玉石，色泽花纹可达到以假乱真的程度。人造石材的表面光泽度高，某些产品的光泽度指标可大于100，甚至超过天然石材。

(3)耐腐蚀、耐污染。天然石材或耐酸或耐碱，而聚酯型人造石材，既耐酸也耐碱，同时对各种污染具有较强的耐污力。

(4)便于施工、价格便宜。人造石材可钻、可锯、可黏结，加工性能好，还可制成弧形、曲面等天然石材难以加工的几何形状。一些仿珍贵天然石品种的人造石材价格只有天然石材的几分之一。

人造石材的缺点是耐久性差，有的品种表面耐刻划能力差，某些板材使用过程中发生翘曲变形等，随着对人造饰面石材制作工艺、原料配比的不断改进、完善，这些缺点是可以逐步克服的。

人造饰面石材按生产所用材料及生产工艺，一般可分为四类：

1. 水泥形人造饰面板材

水泥形人造饰面板材是以各种水泥作为黏结剂，沙为细骨料，碎大理石、花岗石、工业废渣等为粗骨料，经配料、搅拌、成型、加压蒸养、磨光、抛光而制成，俗称水磨石。这种人造石材成本低，但耐酸腐蚀能力差，若养护不好，容易出现微裂纹，产生龟裂，只适合作板材。

水泥形人造饰面石材分预制和现浇两种，由铜条、铝条、塑料条、玻璃条嵌缝并划成各种各样的色彩和花饰的图案。由于掺合料的不同(各色石子或大理石碎片)，色彩掺和剂的不同，地面效果也形形色色。水泥形人造饰面板材地面便于洗刷、耐磨，常用于人流集中的大空间。

2. 聚酯型人造饰面石材

聚酯型人造饰面石材(简称人造大理石)是以不饱和聚酯为黏结剂，与石英砂、大理石、方解石粉等搅拌混合，在室温下凝固成型，在经脱模、烘干、抛光后制成的一种人造石材。使用不饱和聚酯，产品光泽好、色浅、颜料省、易于调色。同时这种树脂黏度低、易于成型、固化快。成型方法有浇注成型法、压缩成行法和大块荒料成性法。

聚酯型人造石材的主要特点是光泽度高、质地高雅、强度硬度高、重量轻（比天然石轻 25%左右）、厚度薄、耐磨、耐水、耐寒、耐热、耐污染、耐腐蚀性好、花色可设计性强，并具有较好的可加工性，能制成弧形、曲面等形状，施工方便。缺点是填料级配若不合理，产品容易出现翘曲变形。

聚酯型人造石材是模仿大理石、花岗岩的表面纹理加工而成的，具有类似大理石、花岗岩的机理特点：色泽均匀、结构紧密。高质量的聚酯型人造石材的物理力学性能等于或优于天然大理石，但在色泽和纹理上不及天然石材美丽自然柔和。聚酯型人造饰面石材其物理、化学性能好，花纹容易设计，有重现性，适用多种用途，比较常用，但价格相对较高。

3. 复合型人造饰面石材

复合型人造饰面石材是以无机材料和有机高分子材料复合组成。用无机材料将填料黏结成型后，再将坯体浸渍于有机单体中，使其在一定条件下聚合。对板材而言，底层用低廉而性能稳定的无机材料，面层用聚酯和大理石粉制作。由于生产工艺复杂，实际应用很少。

4. 烧结型人造饰面石材

烧结型人造饰面石材的制造与陶瓷等烧土制品的生产工艺类似，是将斜长石、石英、辉石、方解石粉和赤铁矿粉及部分高岭土按比例混合（一般配比为黏土 40%、石粉 60%），制备坯料，用半干压法成形，经窑炉 1 000℃左右的高温焙烧而成。该种人造石材因采用高温焙烧，所以能耗大，造价较高，实际应用得较少。

人造饰面石材主要用于室内墙面、地面、柱面、楼梯面板、服务台面等部位的装饰，也可制作各种卫生洁具，如洗面盆、浴缸、便器的等。此外，人造饰面石材还可用于制造工艺品，如仿石雕、玉雕品等，用于室内装饰。

因人造饰面石材原材料的影响，不少用于室外工程的人造饰面石材效果不理想。主要原因是老化快，色彩变化大，光泽度变化大，使用一段时间后，饰面板就严重变形，四个角往上翘，有的工程不得不用膨胀螺栓将其固定。因此，人造饰面石材不宜大面积用于室外装饰。

思考与练习

1. 大理石饰面材料常用于哪些建筑中的哪些部位？
2. 大理石、花岗石各分几个等级？其标记顺序是什么？
3. 简述大理石的规格尺寸允许偏差的测量方法。
4. 简述大理石、花岗石外观质量检测方法。
5. 大理石和花岗石有何区别？
6. 为什么大理石饰面板材不宜用于室外？
7. 人造饰面石材具有哪些特点？

第 11 章　矿物质装饰板

本章学习要求

1. 了解石膏装饰板的类型
2. 掌握石膏装饰板的技术性能
3. 掌握矿物质装饰吸声板的性能与应用
4. 了解装饰石膏饰品的类型

11.1　石膏装饰板

11.1.1　装饰石膏板

装饰石膏板是以建筑石膏为主要原料，掺入适量纤维增强材料和外加剂，与水一同搅拌成均匀的料浆，经浇注成型、干燥后制成的一种装饰薄板。装饰石膏板包括平板、孔板、浮雕板、防潮板(包括防潮平板、孔板、浮雕板)等品种。其中，平板、孔板和浮雕板是根据板面形状命名的。孔板除具有较好的装饰效果外，还具有一定的吸声性能，当孔为穿孔时吸声效果更为明显。防潮板有时也称为防水板，这主要是根据石膏板在特殊场合的使用功能命名的。由于石膏制品通常是不防水的，即使作了防水处理，其使用范围也只局限于空气湿度相对较高的场所。因此，对于内掺或外涂防水剂的装饰石膏板，称为防潮板比称为防水板更加确切一些。

装饰石膏板主要用于建筑物室内墙面和吊顶装饰。

1. 分类与规格尺寸

根据板材正面形状和防潮性能的不同，其分类代号见表 11－1。

表 11－1　装饰石膏板的代号及分类

分类	普通版			防潮板		
	平板	孔板	浮雕板	平板	孔板	浮雕板
代号	P	K	D	FP	FK	FD

装饰石膏板的规格尺寸有 500mm×500mm×9mm、600mm×600mm×11mm。其形状为正方形，其棱边断面形式有直角和倒角型两种。产品标记顺序为：产品名称、板材分类代号、板的边长及标准号。例如，板材规格为 500mm×500mm×9mm 的防潮孔板，其标记为：装饰石膏板 FK500GB 9777。

2. 技术要求

(1)在外观质量方面，装饰石膏板正面不应有影响装饰效果的气孔、污痕、裂纹、缺角、色彩不均匀和图案小完整等缺陷。

(2)尺寸允许偏差、不平度和直角偏离度应不大于表 11－2 的规定。

表 11-2 板材尺寸允许偏差(mm)

项目	优等品	一等品	合格品
边长	0 -2	+1 -2	
厚度	±0.5	±1.0	
不平度	1.0	2.0	3.0
直角偏离度	1.0	2.0	3.0

(3)板材单位面积质量应不大于表 11-3 的规定。

表 11-3 单位面积质量(kg/m^2)

板材代号	厚度(mm)	优等品		一等品		合格品	
		平均值	最大值	平均值	最大值	平均值	最大值
P、K	9	8.0	9.0	10.0	11.0	12.0	13.0
FP、FK	11	10.0	11.0	12.0	13.0	14.0	15.0
D、FD	9	11.0	12.0	13.0	14.0	15.0	16.0

(4)在板材与水的性能方面,板材的含水率、防潮板的吸水率及受潮程度应不大于表 11-4 的规定。

表 11-4 板材与水的性能

项目	优等品		一等品		合格品	
	平均值	最大值	平均值	最大值	平均值	最大值
含水率	2.0	2.5	2.5	3.0	3.0	3.5
防潮板吸水率	5.0	6.0	8.0	9.0	10.0	11.0
受潮挠度	5.0	7.0	10.0	12.0	15.0	17.0

(5)板材的断裂荷载应符合表 11-5 的要求。

表 11-5 板材的断裂荷栽(N)

板材代号	优等品		一等品		合格品	
	平均值	最大值	平均值	最大值	平均值	最大值
P、K、FP、FK	176	159	147	132	118	106
D、FD	186	168	167	150	147	132

11.1.2 嵌装式装饰石膏板

嵌装式装饰石膏板板材背面四边加厚,并带有嵌装企口,板材正面可以为平面、带孔或带浮雕图案,代号为 QZ。嵌装式装饰石膏板适用于宾馆、酒店、写字楼、会议大厅、影剧院、商场等公共建筑的吊顶装饰。

1. 产品规格

(1)形状。嵌装式装饰石膏板为正方形，其棱边断面形式有直角形和倒角形。

(2)规格尺寸。主要规格尺寸有 600mm×600mm，边厚大于 28mm；500mm×500mm，边厚大于 25mm；也可根据用户要求生产其他规格的板材。

(3)产品标记。产品标记顺序为：产品名称、代号、边长和标准号。例如，边长为 600mm×600m 的嵌装式装饰石膏板，则标记为：嵌装式装饰石膏板 QZ600GB 9778。

2. 技术要求

(1)外观质量。嵌装式装饰石膏板正面不得有影响装饰效果的气孔、污痕、裂纹、缺角、色彩不均和图案不完整等缺陷。

(2)尺寸允许偏差、不平度与直角偏离度。板材边长(L)、铺设高度(H 是指板材边部正面与龙骨安装面之间的垂直距离)和厚度(S)(见图 11-1)的允许偏差、不平度和直角偏离度应符合表 11-6 的规定。

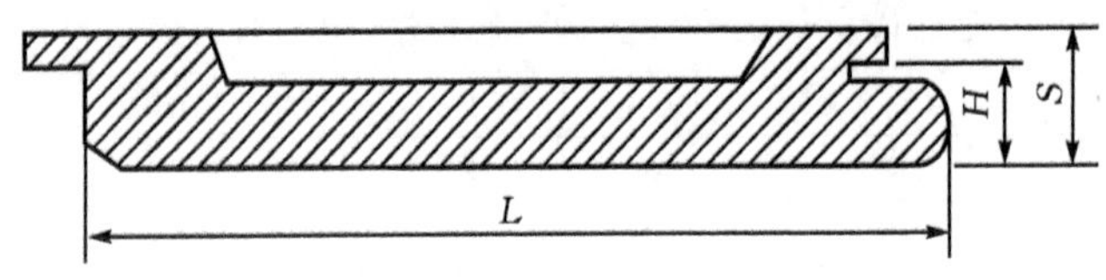

图 11-1　产品构造示意图

表 11-6　尺寸允许偏差、不平度与直角偏离度(mm)

项目		优等品	一等品	合格品
边长 L(mm)		±1		+1
				−1
铺设高度 H(mm)		±0.5	±1.0	±1.5
边厚	L=500mm	>25		
	L=600mm	>28		
不平整度(mm)		1.0	2.0	3.0
直角偏离度(mm)		±1.0	±1.2	±1.5

(3)单位面积质量。板材的单位面积质量平均值应不大于 16.0kg/m^2，单块最大值应不大于 18.0kg/m^2。

(4)含水率和断裂荷载应符合表 11-7 的规定。

表 11-7　含水率和断裂荷载

项目	等级	优等品	一等品	合格品
断裂荷载(N)	平均值	196	176	157
	最小值	176	157	127
含水率(%)	平均值	2.0	3.0	4.0
	最大值	3.0	4.0	5.0

11.1.3 纸面装饰石膏板

纸面装饰石膏板是以纸面石膏板为基板，经加工使其表面有圆孔、长孔、毛毛虫等花纹图案的装饰石膏板；也可采用丝网印刷技术在纸面石膏板表面制成具有各种花色图案，或在纸面石膏板表面喷涂各种花色图案或粘贴装饰壁纸、贴墙布等。纸面验饰石膏板具有轻质、可调节室内温度的特点，其用途与装饰石膏板相同。

11.1.4 高强石膏装饰板

高强石膏装饰板又称机压高强石膏装饰板，它是以建筑石膏为主要原料，采用先进的工艺和科学的配方在特定的压力下强行挤压成高强度、高密度的石膏装饰板。这种板的表面涂层经电子辐射固化处理后，与普通石膏板相比，机械强度提高了 3 倍，表面耐磨性增加百倍以上，具有高强、轻质、保温、隔声、隔热、防水、防火、防尘、无毒等特点。它适用于各种建筑室内吊顶和墙面装饰，有各种图案、色彩、平板、仿大理石板、印花板、压花板、浅浮雕板、深浮雕板等。

11.2 矿物质装饰吸声板

11.2.1 矿棉装饰吸声板

以矿渣棉为基材，加入适量的胶粘剂、防潮剂、防腐剂，经过加压、烘干，制成的具有吸声和装饰功能的半硬质板状材料，称为矿棉装饰吸声板。此类板的规格一般为 500mm×500mm，厚度为 10～20mm，有的表面贴敷聚氯乙烯膜层，压制出凹凸的花纹图案，有的表面打出不穿透的孔，来提高吸声及装饰效能。

矿棉装饰吸声板不仅吸声性能优良，具有优异的保温和装饰效果，并且具有不燃、不霉、不蛀、不变形、吸水率低、轻质等一系列优点，是一种多功能的新型装饰材料，被广泛应用于礼堂、剧院、地铁、隧道、商场、车站、机场、宾馆以及高级住宅的吊顶装饰和保温，并可改善建筑物使用的声学功能，是理想的吸声材料，同时也是高效的节能材料。

1. 矿棉装饰吸声板的技术性能

(1)品种与规格。矿棉装饰吸声板品种通常有治花、浮雕、立体、印刷、贴面等，规格有长方形和正方形。品种和规格尺寸分别见表 11－8、表 11－9。

表 11－8 矿棉吸声板品种分类与代号(JC 67L1997)

分类	普通板					防潮板				
	滚花	印刷	立体	浮雕	贴面	滚花	印刷	立体	浮雕	贴面
代号	GH	YS	LT	FD	TM	FGH	FYS	FLT	FFD	FTM

表 11－9 矿棉吸声板规格尺寸(mm)

长 度	宽 度	厚 度
500,1 000	500	9,12,15,18
600,1 200	300,600	
1 800	375	

(2)产品标记。标记顺序为:产品名称、分类代号、规格尺寸、本标准号、企业产品自编号。例如长度为 500mm、宽度为 500mm、厚度为 15mm 的普通型滚花矿棉装饰吸声板可标记为：矿棉装饰吸声板 GH500 ×500×150 JC670 企业自编号。

(3)外观质量要求。矿棉装饰吸声板的正面不应有影响装饰效果的污痕、色彩不匀、图案不完整等缺陷。产品不得有裂纹、碎片、翘曲、扭曲,不得有妨碍使用及装饰效果的缺棱缺角。

(4)尺寸允许偏差。矿棉装饰吸声板的尺寸允许偏差见表 11－10。

表 11－10　尺寸允许偏差(mm)

<table>
<tr><td rowspan="2"></td><td colspan="3">允许偏差</td></tr>
<tr><td>精密</td><td>一般</td><td>半精密</td></tr>
<tr><td>长度</td><td rowspan="2">±0.5</td><td rowspan="2">±2.0</td><td>±2.0</td></tr>
<tr><td>宽度</td><td>±0.5</td></tr>
<tr><td>厚度</td><td>±0.5</td><td colspan="2">±1.0</td></tr>
<tr><td>直角偏差</td><td>1/1 000</td><td colspan="2">5/1 000</td></tr>
</table>

(5)体积密度。矿棉吸声板的体积密度应不大于 $500kg/m^3$。

(6)含水率。矿棉吸声板的含水率应不大于 3%。

(7)弯曲破坏荷载。矿棉吸声板的弯曲破坏荷载应符合表 11－11 的规定。

表 11－11　弯曲破坏荷载

厚度(mm)	弯曲破坏荷载(N)
9	≥40
12	≥60
15	≥90
18	≥130

(8)燃烧性能。矿棉吸声板的燃烧性能,按照 GB8625 规定的方法测定,应达到 B_1 级;按 GB2406 测定的产品,氧指数应大于 50。除非另有规定,GB8625 为仲裁试验方法。要求燃烧性能达到 A 级的产品,由供需双方商定。

(9)降噪系数。矿棉吸声板的降噪系数应符合表 11－12 的规定,并根据频率分别为 125、250、500、1 000、2 000、4 000Hz 时的吸声系数给出频率特性曲线,并注明试验方法。除非另有规定,混响室法为仲裁试验方法。

表 11－12　降噪系数

<table>
<tr><td rowspan="2">类　别</td><td colspan="2">降 噪 系 数</td></tr>
<tr><td>混响室法(刚性壁)</td><td>驻波管法(后空腔 50mm)</td></tr>
<tr><td>滚　花</td><td>≥0.45</td><td>≥0.25</td></tr>
<tr><td>其　余</td><td>≥0.30</td><td>≥0.15</td></tr>
</table>

降噪系数是在 250、500、1 000、2 000Hz 时测得的吸声系数的平均值,计算至小数点后两位,末位数取 0 或 5。吸声系数是在结定的频率和条件下,吸收及透射的声能通量之比。

(10)受潮挠度。矿棉吸声板的受潮挠度应不大于 3.5mm。

11.2.2 玻璃棉装饰吸声板

玻璃棉装饰吸声板是以玻璃棉为主要原料，加入适量胶粘剂、防潮剂、防腐剂等，经加压、烘干、表面加工等工序而制成的吊顶装饰板材。其表面处理通常采用贴附具有图案花纹的PVC薄膜、铝箔，由于薄膜或铝箔具有大量开口孔隙，因而具有良好的吸声效果。

玻璃棉装饰吸声板具有轻质、吸声、防火、隔热、保温、装饰美观、施工方便等特点，适用于宾馆、大厅、影剧院、音乐厅、体育馆、会场、船舶及住宅的室内吊顶。

11.2.3 膨胀珍珠岩装饰吸声板

膨胀珍珠岩装饰吸声板，是以膨胀珍珠岩和胶凝材料为主要原料，加入其他辅料制成的正方形板。按照所用的胶凝材料不同，可分为水玻璃珍珠岩板、石膏珍珠岩板、水泥珍珠岩板等多种。

膨胀珍珠岩装饰吸声板，通常为300mm×300mm×10m、500mm× 500mm×20mm，尚无统一的标准；其表面形态有的制成各种立体花纹图案，有的以不同几何形状构成多种图案。膨胀珍珠岩装饰吸声板具有质轻、不燃、吸声、施工方便的特点，多用于墙面或顶棚的装饰与吸声工程。

11.3 装饰石膏线角及花饰

装饰石膏线角、花饰、造型等石膏艺术制品统称为石膏浮雕装饰制品。它可划分为：平板、浮雕板系列，浮雕饰线系列，艺术顶棚、灯圈、角花系列，艺术廊柱系列，浮雕壁画、画框系列，艺术系列及人体造型系列。这些制品均需要用优质建筑石膏为基料，配以纤维增强材料、胶粘剂等，与水拌制成料浆，经注模成型、硬化、干燥而成。

石膏浮雕装饰制品是目前国内十分流行的一种室内装饰材料。它具有造型生动、高雅、豪华、立体感强、可随意改变色彩及不变形、不褪色、不老化、无毒、防潮、阻燃等特点。与其成套产品装饰时，可从中心的浮雕灯圈、浮雕角花到四周的浮雕脚线形成三个层次。不同层次浮雕装饰制品的图案自成体系，但又可以相互呼应与衬托，使整个室内顶面呈现出完美的造型。若再喷涂上相应的色彩，则装饰效果更佳，具有特殊的风格和情调。这种石膏浮雕装饰制品不仅适用于会议室、餐厅、酒吧等公共建筑用，也十分适宜民用住宅室内顶棚的装饰。如图11-2所示。

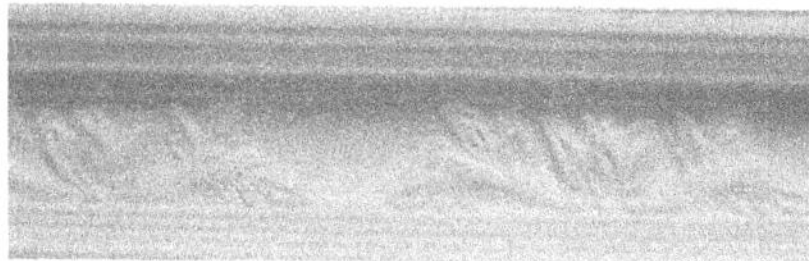

图11-2 石膏浮雕装饰制品

11.3.1 装饰石膏线角

装饰石膏线角的断面形状似为一字形或L形的长条状装饰部件，多用高强石膏或加筋建筑石膏制作，用浇注法成型；其表面呈现雕花型和弧型；规格尺寸很多，线角的宽度一般为45～300mm，长度一般为1 800～2 300mm。它主要在室内装修中组合使用。如采用多层线角贴合，形成吊顶局部变高的造型处理；线角与贴墙板、踢脚线合用可构成代替木材的石膏墙裙，即上部用线角封顶，中部为带花饰的防水石膏板，底部用条板作踢脚线，贴好后再刷涂料；在墙上用线角镶裹壁画、彩饰后形成画框等。如图11-3所示。

图11-3 浮雕艺术石膏线角

线角的安装固定多用石膏胶黏剂直接粘贴。粘贴后用铲刀将线角压出的多余胶黏剂清理干净,用石膏腻子封平挤缝处,砂纸打磨光滑,最后刷涂料。

11.3.2 其他石膏装饰

1. 艺术顶棚、灯圈、角花

艺术顶棚、灯圈、角花一般在灯座处及顶棚和角花多为雕花型或弧线型石膏饰件,灯圈多为圆形花饰,直径 0.9~2.5mm,美观、雅致。如图 11-4、图 11-5 所示。

图 11-4 浮雕艺术石膏花角

图 11-5 浮雕艺术石膏灯圈

2. 艺术廊柱

艺术廊柱仿照欧洲建筑流派风格造型,分上、中、下三部分,上部为柱头,有盆状、漏斗状或花篮状等,中部为空心圆柱体,下部为基座;多用于营业门面、厅堂及门窗洞口处。如图 11-6 所示。

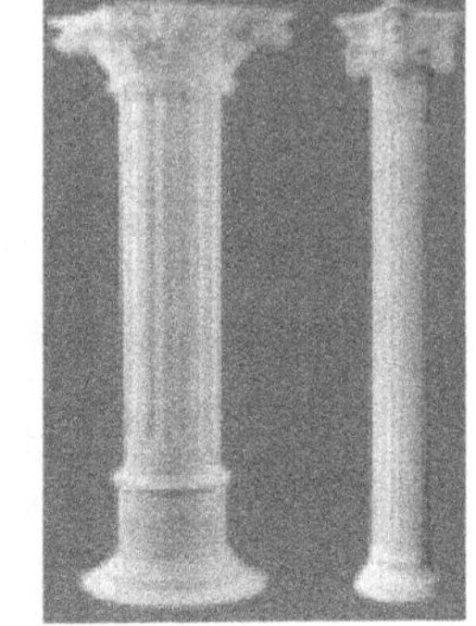

图 11-6 装饰石膏柱

3. 石膏花台

石膏花台的形体为 1/2 球体,可悬置空中,上插花束而呈半球花篮状;又可为 1/4 球体贴墙面而挂,或 1/8 球体置于墙壁阴角。

4. 石膏壁画

石膏壁画是集雕刻艺术与石膏制品于一体的饰品,整幅图面可大到 1.8m×4m,画面有山水、松竹、腾龙、飞鹤等。它是由多块小尺寸预制件拼合而成的。

5. 装饰石膏柱和装饰石膏壁炉

装饰石膏柱和装饰石膏壁炉是以西方现代装饰技术,将东方传统建筑风格与罗马雕刻、德国新古典主义及法国复古制作融为一体,糅合精湛华丽的雕饰,把高雅而豪华的气派带入居室和厅堂,实现美观、舒适与实用的完美结合。

6. 石膏造型

单独或配合廊柱用的人或动物造型也常采用石膏材料制成。

思考与练习

1. 什么是装饰石膏板,其类型有哪些?
2. 嵌装式装饰石膏板的技术要求有哪些?
3. 矿物质装饰吸声板是什么,类型有哪些?
4. 石膏浮雕装饰制品主要有哪些?

第 12 章　建筑陶瓷

本章学习要求

1. 掌握常用建筑陶瓷类型的技术性能及合理选用
2. 理解常用建筑陶瓷类型的检验及贮运方法
3. 了解釉面砖等建筑陶瓷的施工方法

砂浆、混凝土、钢材等建筑材料主要用于建筑结构和基础当中，砖、砌块等建筑材料主要用于建筑墙体的建造，但这些材料并不能完全满足人们对建筑物的舒适性及美观的要求。建筑不仅能够为人们遮蔽风雨，而且其中蕴藏了人们对艺术和美的不懈追求，因此，建筑装饰材料就成为建筑材料中不可缺少的一部分，而建筑陶瓷正是这类材料中的主要一种。

以一般住宅建筑为例，目前大多住宅建筑在交工验收后被称为“毛坯房”，都不能直接居住，需要进行装饰装修，在装修过程中最能体现成效的就是对房间墙面、地面的装修，对于绝大对数收入一般的中产阶级而言，建筑陶瓷的选择和铺贴就成为装修过程中的重要一环。究竟什么是建筑陶瓷？常用的建筑陶瓷都有哪些类型？这些建筑陶瓷有哪些性能，如何合理选择？这些问题就是本章将要讲述的主要内容。

建筑陶瓷是以黏土为主要原料，经配料、制坯、干燥、焙烧而制成的，用于建筑工程的制品。建筑陶瓷具有色彩鲜艳、图案丰富、坚固耐久、防火防水、耐磨耐蚀、易清洗、维修费用低等优点，是主要的建筑装饰材料之一。

12.1　陶瓷的概念与分类

陶瓷是陶器和瓷器的总称。我国早在约公元前 8 000～2 000 年(新石器时代)就发明了陶器。

12.1.1　陶瓷的概念

陶瓷的传统概念是指所有以黏土为主要原料以及各种天然矿物经过粉碎混炼、成型和煅烧制得的材料以及各种制品。由最粗糙的土器到最精细的精陶和瓷器都属于这一范围。广义的陶瓷是用陶瓷生产方法制造的无机非金属固体材料和制品的通称。

12.1.2　陶瓷的分类

陶瓷制品的品种繁多，它们之间的化学成分、矿物组成、物理性质以及制造方法，常常互相接近交错，无明显的界限，而在应用上却有很大的区别。因此很难硬性地归纳为几类，详细的分类法各家说法不一，到现在国际上还没有一个统一的分类方法。其分类如下：

1. 按用途的不同分类

按用途的不同陶瓷可分为日用陶瓷、艺术(工艺)陶瓷和工业陶瓷三类。

(1)日用陶瓷，如餐具、茶具、缸，坛、盆、罐、盘、碟、碗等。

(2)艺术(工艺)陶瓷，如花瓶、雕塑品、园林陶瓷、器皿、陈设品等。

(3)工业陶瓷指应用于各种工业的陶瓷制品，又分以下四个方面：

①建筑/卫生陶瓷，如砖瓦、排水管、面砖、外墙砖、卫生洁具等。

②化工(化学)陶瓷指用于各种化学工业的耐酸容器、管道、塔、泵、阀以及搪砌反应锅的耐酸砖、灰等。

③电瓷指用于电力工业高低压输电线路上的绝缘子、电机用套管、支柱绝缘与低压电器和照明用绝缘子以及电讯用绝缘子、无线电用绝缘子等。

④特种陶瓷是随着现代电器,无线电、航空、原子能、冶金、机械、化学等工业以及电子计算机、空间技术、新能源开发等尖端科学技术的飞跃发展而发展起来的,用于各种现代工业和尖端科学技术的特种陶瓷制品,如高铝氧质瓷、镁石质瓷、钛镁石质瓷、锆英石质瓷、锂质瓷以及磁性瓷、金属陶瓷等。这些陶瓷所用的主要原料不再是黏土、长石、石英,有的坯体也使用一些黏土或长石,然而更多的是采用纯粹的氧化物和具有特殊性能的原料,制造工艺与性能要求也各不相同。

2. 按所用原料及坯体的致密程度分类

按所用原料及坯体的致密程度可将陶瓷分为以下三个类型,如表 12-1 所示。

表 12-1　陶瓷的类型

分类	概念特点	运用范围
陶　器	坯体结构较疏松,致密度较差的陶瓷制品	日用器皿、缸器、建筑卫生装饰用品
炻　器	介于陶器与瓷器之间的一种陶瓷品种	日用器皿、建筑卫生用品、工业用品
瓷　器	坯体致密,基本上不吸水,半透明,断面呈石状或贝壳状,瓷质细腻,玻化程度高	日用餐茶具、陈设瓷及部分工业瓷

(1)陶器。陶器又可细分为粗陶和精陶两类。

①粗陶。粗陶是最原始最低级的陶瓷器,一般以一种易熔黏土制造。在某些情况下也可以在黏土中加入熟料或砂与之混合,以减少收缩。如土陶盆、罐、缸、瓮以及耐火砖等具有多孔性着色坯体的制品。

②精陶。精陶是陶器中最完美和使用最广的一种。近代很多国家用以大量生产日用餐具(杯、碟、盘等)及卫生陶器以代替价格昂贵的瓷器。

(2)炻器。炻器在我国古籍上称"石胎瓷",坯体致密,已完全烧结,这一点已很接近瓷器。但它还没有玻化,仍有 2%以下的吸水率,坯体不透明,有白色的,而多数允许在烧后呈现颜色,所以对原料纯度的要求不及瓷器那样高,原料取给容易。炻器具有很高的强度和良好的热稳定性,很适应于现代机械化洗涤,并能顺利地通过从冰箱到烤炉的温度急变,在国际市场上由于旅游业的发达和饮食的社会化,炻器比搪陶具有更大的销售量。

(3)瓷器。瓷器又可细分为半瓷器和瓷器。

①半瓷器。半瓷器的坯料接近于瓷器坯料,但烧后仍有 3%~5%的吸水率(真瓷器吸水率在 0.5%以下),所以它的使用性能不及瓷器,比精陶则要好些。

②瓷器。瓷器是陶瓷器发展的更高阶段。它的特征是坯体已完全烧结,完全玻化,因此很致密,对液体和气体都无渗透性,胎薄处呈半透明,断面呈贝壳状,以舌头去舔,感到光滑而不被粘住。瓷器按照性能和烧制温度的不同可分为硬质瓷、软质瓷、熔块瓷与骨灰瓷。其中,硬质瓷具有陶瓷器中最好的性能,用以制造高级日用器皿,如电瓷、化学瓷等。软质瓷机械强度不及硬质瓷,热稳定性也较低,但其透明度高,富于装饰性,所以多用于制造艺术陈设瓷。熔块瓷与骨灰瓷,它们的烧成温度与软质瓷相近,其优缺点也与软质瓷相似,应同属软质瓷的范围。这两类瓷

器由于生产中的难度较大(坯体的可塑性和干燥强度都很差,烧成时变形严重),成本较高,生产并不普遍。英国是骨灰瓷的著名产地,我国唐山也有骨灰瓷生产。

三类陶瓷的原料是从粗到精,坯体是从粗松多孔逐步到达致密,烧结、烧成温度也是逐渐从低至高。

12.2 釉面内墙砖

12.2.1 釉面内墙砖的概念

釉面内墙砖俗称瓷砖,是以难熔黏土为主要原料,再加入一定量非可塑性掺料和助熔剂,共同研磨成浆体,经榨泥、烘干成为含一定水分的坯料后,通过磨具压制成薄片坯体,再经烘干、素烧、施釉、釉烧等工序而制成的。因其面层施有一层釉料,故又称釉面砖。

12.2.2 釉面内墙砖的特点及应用

釉面砖的颜色和图案丰富,柔和典雅,朴实大方,表面光滑,并具有良好的耐极冷极热性("釉面内墙砖耐极冷极热性试验"按《建筑卫生陶瓷耐急冷急热性能试验方法》(GB2581—1981)的规定检验,具体试验过程可见本书试验十二)、防火性、耐腐蚀性、防潮性、不透水性和抗污染性及易洁性等优点,所以多用于厨房、浴室、卫生间等室内墙面和实验室、精密仪器车间及医院等台面的装饰装修。通常,釉面砖不宜用于室外,因釉面砖吸水率较高(国家规定其吸水率小于 21%),陶体吸水膨胀后,吸湿膨胀小的表层釉面处于张压力状态下,长期冻融会出现剥落掉皮现象,严重影响建筑物的饰面效果。

12.2.3 釉面内墙砖的外观质量

釉面砖按釉面颜色分为单色(包括白色)、花色和图案色三种。按正面形状分为正方形、长方形和异形配件砖三类。为增强与基层的黏结力,釉面砖的背面均有凹槽纹,背纹深度一般不小于 0.2mm。釉面砖的尺寸规格很多,常见的有 300mm×200mm×5mm、150mm×150mm×5mm、100mm×100mm×5mm 和 300mm×150mm×5mm 等。根据外观质量,釉面砖可分为优等品、一级品、合格品三个等级。

12.2.4 釉面内墙砖的主要技术性能

釉面砖的主要技术性能应符合《陶瓷砖》(GB/T4100—2006)的有关规定,其技术性能分必检性能、报告结果性能、根据陶瓷的使用情况决定是否进行检验性能三种情况。必检性能主要包括尺寸偏差、表面质量、吸水率(吸水率按 GB2579 的规定检验)、破坏强度、断裂模数、抗釉裂性、抗冻性、抗化学腐蚀性(釉面抗化学腐蚀性能按 GB/T13478 的规定检验)和抗污染性等。

12.2.5 釉面内墙砖的鉴别方法

釉面砖好坏的鉴别一般通过看、掂、听、拼、试五个步骤。

(1)看:主要是看釉面砖表面是否有黑点、气泡、针孔、裂纹、划痕、色斑缺边、缺角,查看底坯商标标记,正规厂家生产的产品底坯上都有清晰的产品商标标记。

(2)掂:就是掂分量,试釉面砖的手感,统一规格产品、质量好、密度高的釉面砖手感都比较沉;反之,质次的产品手感较轻。

(3)听:敲击釉面砖,通过听声音来鉴别砖的好坏。墙砖或者小规格釉面砖,一般是用一只手五指分开,托起釉面砖,另一只手敲击砖的面部,如果发出的声音有金属质感的,则砖的质量较好。

(4)拼:将相同规格型号的产品随意取出4片进行拼铺,检查砖的尺寸、平整度和直角度。

检查釉面砖的尺寸时,取出两片同样型号的产品置于水平面上,用两手的手尖部位来回地沿釉面砖的边缘部位滑动,如果在经过砖的接缝处时没有明显的滞手感觉,则说明釉面砖的尺寸较好。

检查釉面砖的平整度时,将2片或者4片相同型号的砖按照相同的纹路拼铺在平面上,用手在砖面上来回地滑动,如果经过砖的接缝部位时没有明显的高低感,则说明釉面砖的平整度好。

检查釉面砖的直角度时,取4片砖相同型号的釉面砖进行拼接,如果出现4片砖不能接缝紧密,总是一条或者两条接缝出现缝隙,则说明釉面砖的直角度不是特别好。

(5)试:这一步骤主要是针对地砖的防滑问题。在砖面上加水、不加水,然后再在上面踩试,看其是否防滑。

12.2.6 标志、包装、运输和贮存

1.标志

(1)每块釉面砖的背面应有清晰的商标。

(2)包装箱上应有制造厂名、产品名称、商标、规格尺寸、级别、色号、数量、易碎等标志。

2.包装

包装应按品种、规格尺寸、级别、色号分别包装。包装用纸箱,也可以用木箱,包装应牢固,箱子应捆紧。

3.运输和贮存

(1)搬运时应轻拿轻放,严禁摔扔。

(2)运贮和贮存时,应有防雨、防水、防潮、防冲击措施。

12.2.7 釉面内墙砖的铺贴方法

1.施工准备

(1)材料。水泥选用425号普通水泥或矿渣水泥,勾缝用325号以上的白水泥,砂浆骨料为中粗砂,含泥量不大于3%,掺合料为107胶。

(2)工具。抹灰用铁板、灰桶、电动切割机、木槌、2cm钢卷尺、靠尺等。

2.基础处理

(1)砖墙。将基体用水湿透后,用水泥∶砂为1∶3的水泥砂浆打底,用木抹子搓平,隔天浇水养护。

(2)砼墙(混凝土墙)。将水泥∶砂为1∶1的水泥砂浆(内掺20%的107胶,按每公斤水泥可毛化处理3m^{2}墙面)喷或甩到砼墙基体上,作“毛化处理”,待凝固后用水泥∶砂为1∶3的水泥砂浆打底,用木抹子搓平,隔天浇水养护。

(3)加气砼墙。用水湿润砼表面,刷一道聚合物水泥砂浆(内掺5%的107胶,按每公斤水泥可粉刷5m^{2}加气砼墙面),然后用107胶∶水泥∶砂为1∶3∶9的混合砂浆分层找平,隔天刷聚合物水泥砂浆,并抹水泥∶砂为1∶3的水泥砂浆打底,用木抹子搓平,隔天浇水养护。

3.釉面内墙砖的铺贴

(1)选砖。铺贴前要对内墙砖按图案、色彩进行分选,并对砖的大小、厚薄分选归类。

(2)预排。先在找平层上弹出水平和垂直线,从主立面向小面,从天棚阴角向下排线使拼缝均匀,在同上墙面的横竖排列不宜有一行以上的非整砖,非整砖行排列在次要部位或阴角处。

(3)铺贴。找平层养护期满,具有一定强度后,将釉面内墙砖的背面清理干净,浸入清水中两

小时以上，待表面晾干后备用，铺贴时将 1∶(2～2.5)的水泥砂浆(内掺 3%的 107 胶)均匀涂抹在砖的背面，厚度为 5～6mm，然后用手轻轻柔压至排出气泡，再用木槌微微敲击，使之密实，并用靠尺检查平整，缝格平直，阴阳角方正。

(4)勾缝。在砖铺贴 1～2 小时后，用竹片将缝勾 1～2mm 深，及时清理砖表面的砂浆，待验收合格后，用毛刷将糊状白水泥浆抹在缝格内，用竹片压缝，要求嵌缝饱满，砖面干净。

4. 施工中的注意事项

(1)铺贴第一层釉面砖应从房间内最低的地漏处或以水平线为准，自下而上，由墙柱角开始，待一面墙铺贴完成，验收合格后再进行嵌缝，等材料硬化后用棉纱等擦净或用草酸溶液刷洗，最后用清水冲洗干净。

(2)墙面的阴阳角、转角处均须拉垂直线兜方，用方尺和楔形塞尺检查，偏差值不大于 2mm。

(3)铺贴釉砖时，如遇突出的灯具、卫生设备的支承架、电器箱时，应用整砖套割吻合，不得用非整砖拼凑铺贴。

(4)铺贴釉面砖的水泥砂浆中，掺入水泥重量的 2%～3%的 107 胶，可使水泥的凝结时间延长，起到缓凝作用，砂浆有较好的和易性和保水性掺量过大，会降低砂浆的强度。

(5)当用木板或石膏板作隔离墙时，必须作相应的处理后才可铺贴内墙砖。

(6)在支撑柱和光滑的预制板上铺贴釉面内墙砖时必须进行凿毛、上铁网、打底等程序才可铺贴。

12.3 陶瓷外墙面砖

12.3.1 陶瓷外墙面砖的概念及特点

外墙面砖俗称无光面砖，是用难熔黏土压制成型后焙烧而成，用于建筑物外墙的陶质建筑装饰砖。

其特点是质地密实、釉面光亮、耐磨、防水(吸水率低，小于 4%)、耐腐和抗冻性好且维修费用低，一般用于装饰等级要求较高的工程，它不仅可以防止建筑物表面被大气侵蚀，而且可使立面美观，但不足之处是工效低、自重大。

12.3.2 陶瓷外墙面砖的分类

外墙面砖有施釉和不施釉之分。从外观上看，表面有光泽或无光泽，或表面光且平和表面粗糙，也就是具有不同的质感。外墙面砖的颜色有红、黄、褐等。常见的陶瓷外墙面砖有彩釉砖、无釉砖、毛面砖、锦砖(俗称“马赛克”)等。

12.3.3 陶瓷外墙面砖的主要技术指标

陶瓷外墙面砖的主要技术指标包括产品等级和规格、外观质量和物理力学性能等方面。

1. 产品等级和规格

陶瓷外墙面砖通常按表面质量和变形允许偏差分为优等品、一级品和合格品三个等级。陶瓷外墙面砖通常做成矩形，尺寸有 100mm×100mm×10mm 和 150mm×150mm×10mm 等。

2. 外观质量

陶瓷外墙面砖的外观质量主要包括表面缺陷、色差、平整度、边直度和直角度等。同时，在产品的侧面和背面不允许有妨碍黏结的明显附着釉及其他缺陷。尺寸偏差应符合标准的规定，且背纹深度一般不小于 0.5mm。

3. 物理力学性能

物理力学性能主要包括吸水率、耐急冷急热性、抗冻性、抗弯强度和耐化学腐蚀性特等五个方面。吸水率不宜大于6%，吸水率越小，抗变形能力和抗冻性越好，寒冷地区应选用吸水率较低的产品；耐急冷急热性是指经三次急冷急热循环不出现裂纹或炸裂；抗冻性要求外墙面砖经20次冻融循环不出现破裂、剥落和裂纹；抗弯强度平均值不低于24.5 MPa；耐化学腐蚀性根据耐腐蚀试验，分为AA、A、B、C、D五个等级。

12.4 陶瓷地面砖

陶瓷地面砖又称防潮砖或缸砖，有不上釉的也有上釉的，形状有正方形、六角形、八角形、叶片形等。地砖表面平整，质地坚硬，耐磨、耐压、耐酸碱、吸水率小；可擦洗，不脱色不变形；色釉丰富，色调均匀，可拼出各种图案。

地砖的表面质感可通过配料和制作工艺制成多种多样，如平面、麻面、毛面、磨面、抛光面、纹点面、仿花岗岩面、压花浮雕面、无光釉面、金属光泽面、防滑面和耐磨面等，且均可通过着色颜料制成各种色彩。常见的陶瓷地面砖有瓷质砖、彩釉砖、劈离砖、红地砖、锦砖、广场砖、阶梯砖等。

地砖的主要技术性能指标与外墙面砖基本相同，也包括产品等级和规格、外观质量和物理力学性能等方面。物理力学性能除与外墙面砖相同的五个方面外，还包括耐磨性，根据釉面出现可见磨损似的研磨转数，将地砖分为Ⅰ类(小于150r)、Ⅱ类(300～600r)、Ⅲ类(750～1 500r)、Ⅳ类(大于1 500r)等四个级别。

12.5 建筑琉璃制品

12.5.1 建筑琉璃制品的概念及特点

建筑琉璃制品是我国陶瓷宝库中的古老珍品，是以难熔黏土制坯成型后，经干燥、素烧、施釉、釉烧而制成的。琉璃制品的特点是质地坚硬、致密，表面光滑，不易沾污，坚实耐久，色彩绚丽，造型古朴，富有中国传统的民族特色。

12.5.2 建筑琉璃制品的类型及应用

琉璃制品是我国首创的建筑装饰材料，由于多用于园林建筑中，故有“园林陶瓷”之称。建筑琉璃制品可分三类，分别是瓦类(板瓦、滴水瓦、筒瓦、沟头)、脊类、饰件类(吻、博古、碧)。其产品有琉璃瓦、琉璃砖、琉璃兽以及琉璃花窗、栏杆等各种装饰制件，还有陈设用的建筑工艺品，如琉璃桌、绣墩、鱼缸、花盆、花瓶等。其中，琉璃瓦是我国用于古建筑的一种高级屋面材料，采用琉璃瓦屋盖的建筑，显得格外具有东方民族精神，富丽堂皇，光辉夺目，雄伟壮观。但琉璃瓦因价格昂贵，且自重大，故主要用于具有民族色彩的宫殿式房屋，以及少数纪念性建筑物上；此外，还常用以建造园林中的亭台楼阁，以增加园林的景色。

12.5.3 建筑琉璃制品的主要技术性能

建筑琉璃制品的主要技术性能包括：尺寸偏差、外观质量和物理性能等。根据外观质量，琉璃制品可分为优等品、一级品、合格品。其物理性能包括吸水率、抗冻性、弯曲破坏荷重、耐急冷急热性、光泽度等。

12.5.4 建筑琉璃制品的标志、包装、运输和贮存

1. 标志

产品包装应附出厂标签，标签上应注明生产厂家、地址、产品名称、级别等，并应有“小心转放”字样的标签。木箱包装的产品可在箱面写上以上内容。

2. 包装

(1)产品应按品种、规格、级别分别包装。

(2)产品可使用草绳、竹筐、纸箱、木箱或其他材料包装。包装应牢固、捆紧、保证运输时不会摇晃碰坏。木箱包装的箱内空隙应填填充减振材料。

(3)特殊产品可按用户需求包装。

3. 运输

搬运时应轻拿轻放，以防破损。

4. 贮存

包装后的产品应按品种、规格、级别分别整齐堆放，堆放在室外时需有防雨设施。

思考与练习

1. 釉面砖能否用于室外？为什么？
2. 釉面砖施工时有哪些注意事项？
3. 如何鉴别釉面内墙砖的质量？
4. 建筑陶瓷贮运时应注意哪些事项？

第13章 建筑玻璃

本章学习要求

1. 了解玻璃的品种及生产工艺
2. 熟悉各类装饰玻璃的性能特点及应用
3. 掌握各类工程中常用的建筑玻璃的主要技术要求及选用
4. 重点掌握建筑玻璃的基本性能及应用

建筑玻璃是现代建筑十分重要的室内外装饰材料之一。现代装饰技术的发展和人们对建筑物的功能和美观要求的不断提高,促使玻璃制品朝着多品种、多功能、绿色环保的方向发展。近年来,兼具装饰性与功能性的玻璃新品种的不断问世,为现代建筑设计提供了更加宽广的选择余地,使现代建筑中越来越多地采用玻璃门窗、玻璃幕墙和玻璃构件,以达到光控、温控、节能、降低噪声以及结构自重、美化环境等多种目的。

13.1 平板玻璃

平板玻璃是指未经其他加工的平板状玻璃制品,也称白片玻璃或净片玻璃,是建筑玻璃中生产量最大、使用最多的一种,主要用于门窗,起采光(可见光透射比为85%～90%)、围护、保温、隔声等作用,也是进一步加工成其他技术玻璃的基础材料。

平板玻璃的传统成型法是引上法,此法生产的玻璃质量不够理想,现代最先进的生产玻璃的方法是浮法工艺。浮法玻璃的最大特点是玻璃表面光滑平整,质地纯净洁白,无气泡,厚薄均匀,不变形。目前浮法玻璃产品已经完全代替了机械磨光玻璃,可直接将其用于高级建筑、交通车辆、制镜和各种加工的玻璃。

按不同的工艺,平板玻璃可分为普通平板玻璃和浮法玻璃。根据国家标准《普通平板玻璃》(GB4871—1995)和《浮法玻璃》(GB11614—1999)的规定,分类介绍如下:

13.1.1 普通平板玻璃

1. 产品分类

普通平板玻璃按厚度分为2mm、3mm、4mm、5mm四类。

(1)2mm厚度。长度为400～1 300mm,宽度为300～900mm。

(2)3mm厚度。长度为500～1 800mm,宽度为300～1 200mm。

(3)4mm厚度。长度为600～2 000mm,宽度为400～1 200mm。

(4)5mm厚度。长度为600～2 600mm,宽度为400～1 800mm。

按等级分为优等品、一等品、合格品三类。

2. 产品规格

玻璃应为矩形,长宽尺寸在按厚度分类的规格范围内以每隔50mm为一进位,长宽比不得大于2.5,其中2mm、3mm厚玻璃尺寸不得小于400mm×300mm,4mm、5mm厚玻璃不得小于600mm×400mm。

3. 技术要求

(1)厚度偏差应符合表13-1的规定。

表 13-1 普通平板玻璃厚度允许偏差(mm)

厚度	允许偏差	厚度	允许偏差
2	±0.20	4	±0.20
3	±0.20	5	±0.25

(2)尺寸偏差:长 1 500mm 以内(含 1 500mm)偏差不得超过±3mm,长超过 1 500mm 偏差不得超过±4mm。

(3)尺寸偏斜:长 1 000mm,不得超过±2mm。

(4)弯曲度不得超过 0.3%。

(5)边部凸出残缺部分不得超过 3mm,一片玻璃只许有一个缺角,沿原角等分线测量不得超过 5mm

(6)光线在透过平板玻璃时,一部分被玻璃表面反射,一部分被玻璃吸收,从而使透过的光线的强度降低。光线透过玻璃后的光通量与光线透过玻璃前的光通量之比,为玻璃的透射比。普通玻璃的可见光透射比不得低于表 13-2 规定。

表 13-2 普通玻璃的可见光透射比

玻璃厚度(mm)	2	3	4	5
可见光透射比(%)	88	87	86	84

(7)外观质量应符合表 13-3 的要求。

表 13-3 普通玻璃外观质量要求

缺陷种类	说明	优等品	一等品	合格品
波筋(包括波纹、棍子花)	不发生变形的最大入射角			
气泡	长度 1mm 以下	集中的不许有	集中的不许有	不限
	长度大于 1mm 的每平方米允许个数	≤6mm, 6	(1)≤8mm,8 (2)>8~10mm, 2	(1)≤10mm, 12 (2)>10~20mm, 2 (3)>20~25mm, 1
划伤	宽≤0.1mm,每平方米允许条数	长≤50mm,3	长≤100mm,5	不限
	宽>0.1mm,每平方米允许条数	不许有	宽≤0.4mm,长<100mm,1	宽≤0.8mm,长<100mm,3
砂粒	非破坏性的,直径 0.5~2mm,每平方米允许个数	不许有	3	8

续表 13－3

缺陷种类	说明	优等品	一等品	合格品
疙瘩	非破坏性的疙瘩波及范围直径不大于3mm，每平方米允许个数	不许有	1	3
划道	正面可以看到的每片玻璃允许条数	不许有	30mm 边部宽≤0.5mm，1	宽≤0.5mm，2
麻点	表现呈现的集中麻点	不许有	不许有	每平方米不超过 3 处
	稀疏的麻点	10	15	30

注：1. 集中气泡，麻点是指 100mm 直径圆面积内超过 6 个。

2. 砂粒的延续部分，入射 0°角能看出者当线道论。

(8)玻璃 15mm 边部，一等品、合格品允许有任何非破坏性缺陷。

(9)玻璃不允许有裂口存在。

(10)标准无规定的技术要求，由供需双方协商。

4. 部分项目检验方法

(1)厚度测定。厚度用符合 GB1216 规定的千分尺在玻璃板四边各取一点测量，厚度差均不得超过表 13－1 的规定。

(2)气泡、划伤、砂粒、疙瘩、麻点、线道检验。将玻璃按拉引方向垂直放置，与日光灯管平行并相距 600mm，观察者距玻璃 600mm，视线垂直玻璃观察，缺陷尺寸用符合 JB2546 规定的金属尺或放大 10～20 倍的读数显微镜测定。

(3)尺寸偏斜及缺角的测定。将直角尺放在玻璃上，使角顶点和一边分别与玻璃顶点和一边对齐，测量直角尺另一边 1m 处与玻璃板边的距离。缺角深度是沿角平分线从原角顶向内测量。

5. 运输与存放

运输时，箱头朝向车辆运动方向，应防止箱(架)倾倒滑动。运输和装卸时箱盖朝上不得倒放或斜放并需有防雨措施。

玻璃应在干燥通风的库房中存放，防止发霉。玻璃发霉后产生彩色花斑，大大降低了光线的透射率。

13.1.2 浮法玻璃

浮法工艺是现代最先进的平板玻璃生产方法，它具有产量高、质量好、品种多、规模大、生产效率高和经济效益好等优点，所以浮法玻璃生产技术发展得非常迅速。

浮法玻璃的最大特点是玻璃表面光滑平整、厚度均匀、不变形，目前已全部代替了机械磨光玻璃，占世界平板玻璃总产量的 75%以上，可直接用于建筑、交通车辆、制镜，也可作为各种深加工玻璃的基础材料。浮法生产的玻璃宽度可达 2.4～4.6m，能满足各种使用要求。

1. 产品分类

浮法玻璃按用途分为制镜级、汽车级、建筑级。浮法玻璃按厚度可分为 2mm、3mm、4mm、5mm、6mm、8mm、10mm、12mm、15mm、19mm 等 10 类。

2. 技术要求

(1)浮法玻璃应为正方形或长方形。其长度和宽度尺寸允许偏差应符合表 13－4 规定。

表 13－4 尺寸允许偏差(mm)

厚度		2mm,3mm,4mm	5mm,6mm	8mm,10mm	12mm,15mm	19mm
尺寸允许偏差	尺寸小于 3 000	±2	±2	+2,－3	±3	±5
	尺寸 3 000～5 000	—	±3	+3,－4	±4	±5

(2)浮法玻璃的厚度允许偏差应符合表 13－5 规定。同一片玻璃厚薄差,厚度 2mm、3mm 为 0.2mm;厚度 4mm、5mm、6mm、8mm、10mm 为 0.3mm。

表 13－5 厚度允许偏差(mm)

厚度	2mm,3mm,4mm,5mm,6mm	8mm,10mm	12mm	15mm	19mm
允许偏差	±0.2	±0.3	±0.4	±0.5	±1.0

(3)建筑浮法玻璃的外观质量应符合表 13－6 的规定。

(4)制镜级浮法玻璃厚度以 2、3、5、6mm 为主。

(5)浮法玻璃对角线不大于对角线平均长度的 0.2%。

(6)浮法玻璃弯曲度不应超过 0.2%

(7)对有特殊要求的浮法玻璃由供需双方商定。

表 13－6 建筑级浮法玻璃外观质量

缺陷种类	质量要求			
气泡	长度及个数允许范围			
	长度,L 0.5mm≤L≤1.5mm	长度,L 1.5mm<L≤3.0mm	长度,L 3.0mm<L≤5.0mm	长度,L L>5.0mm
	5.5×S,个	1.1×S,个	0.44×S,个	0,个
夹杂物	长度及个数允许范围			
	长度,L 0.5mm≤L≤1.0mm	长度,L 1.0mm<L≤2.0mm	长度,L 2.0mm<L≤3.0mm	长度,L L>3.0mm
	5.5×S,个	1.1×S,个	0.44×S,个	0,个
点状缺陷密集度	长度大于 1.5mm 的气泡和长度大于 1.0mm 的夹杂物:气泡与气泡、夹杂物与夹杂物或气泡与夹杂物的间距应大于 300mm			
线道	按表 13－3 检验,肉眼不应看见			
划伤	长度和宽度允许范围及条数			
	宽 0.5mm,长 60mm,3×S,条			
光学变形	入射角:2mm 为 40°;3mm 为 45°;4mm 以上为 50°			
表面裂纹	按表 13－3 检验,肉眼不应看见			
断面缺陷	爆边、凹凸、缺角等不应超过玻璃板的厚度			

注:S 为以平方米为单位的玻璃板面积,保留小数点后两位。气泡、夹杂物的个数及划伤条数允许范围为各系数与 S 相乘所得的数值,应按 GB/T8170 修约至整数。

13.2 装饰玻璃

装饰平板玻璃由于表面具有一定的颜色、图案和质感等,可满足建筑装饰对玻璃的不同要求。装饰平板玻璃的品种有磨砂/喷砂玻璃、雕花玻璃、彩色玻璃和光栅玻璃等。

13.2.1 磨砂喷砂玻璃

磨砂玻璃又称毛玻璃,是在普通平板玻璃上面进行打磨工艺处理,破坏玻璃表面对光线的镜面作用,使玻璃具有透光不透视的特点。用硅砂、金刚砂、刚玉粉等作研磨材料,加水研磨制成的称为磨砂玻璃;而喷砂玻璃是用 0.4～0.7MPa 的压缩空气或高压风机产生的高速气流将细砂喷射到玻璃表面上,使玻璃表面产生砂痕而制成的。

由于磨砂玻璃表面粗糙,使透过的光线产生漫反射,只有透光性而不透视,作为门窗玻璃可使室内光线柔和,没有刺目之感。这种玻璃主要用于有遮挡视线要求的装饰部位,如卫生间、浴室、办公室等需要隐秘和不受干扰的房间;也可用于室内隔断、黑板或室内灯箱的面层板作为灯箱透光片使用。作为办公室门窗玻璃使用时,应注意将毛面朝向室内。作为浴室、卫生间门窗玻璃使用时应使其毛面朝外,以免淋湿或沾水后透明。磨砂玻璃有工厂产品,也可在现场加工。

13.2.2 雕花玻璃

雕花玻璃是指用机械加工或化学腐蚀的工艺,在普通平板玻璃的表面上经涂漆、雕刻、围蜡与酸蚀、研磨加工出各种花形图案的一类玻璃。雕花玻璃一般是按业主或设计师的要求订制加工,它的常用厚度有 5mm、6mm、8mm、10mm 等,最大规格为 2 400mm×2 000mm。雕花玻璃的表面图案丰富、立体感较强,似浮雕一般,在室内灯光的照耀下,更是熠熠生辉,一般用于商场、宾馆、酒店、歌舞厅等商业和娱乐场所的隔断、屏风及吊顶等部位的装饰。

13.2.3 彩色玻璃

彩色玻璃又称有色玻璃。彩色玻璃按透明程度不同分为透明、半透明和不透明三种。

透明彩色玻璃是在普通平板玻璃的制作原料中加入了一定量的金属氧化物着色剂,使玻璃具有各种颜色,见表 13－7。透明彩色玻璃具有很强的装饰效果。根据加入的金属氧化物量的多少,玻璃表面的颜色深浅也会发生变化。

表 13－7 透明彩色玻璃常用的金属氧化物着色剂

颜色	黑色	深蓝色	浅蓝色	绿色	红色	乳白色	桃红色	黄色
氧化物	过量的锰、铁或铬	三氧化二钴	氧化铜	氧化铬或氧化铁	硒或镉	氟化钙或氟化钠	二氧化锰	硫化镉

半透明彩色玻璃是在玻璃原料中加入乳浊剂,经过热处理,不透明但透光,可以制成各种颜色的饰面砖或饰面板。

不透明彩色玻璃又称彩釉玻璃,它是在平板玻璃的表面喷、涂、刷无机或有机色釉,经过烧结、退火或钢化等热处理,使釉层与玻璃牢固结合,制成美丽色彩或图案的玻璃。它具有耐腐蚀、抗冲刷、易清洗、不退色、不掉色、图案精美等优良性能,有着独特的外观装饰效果。

彩色玻璃的尺寸一般不大于 1 500mm×1 000mm,厚度为 5～6mm。

总之,彩色玻璃的装饰性好,具有耐腐蚀、易清洁的特点。在建筑装饰中,彩色玻璃不仅有各种颜色,而且还可以用颜色不同的彩色玻璃拼成一定的图案花纹,以取得某种艺术效果。彩色玻璃主要用于建筑物的门窗、内外墙面上和对光线有色彩要求的建筑部位，如教堂的门窗和采光屋顶、幼儿园的活动室门窗等处。

13.2.4 光栅玻璃

光栅玻璃，俗称镭射玻璃。它是以玻璃为基材，经激光表面微刻处理形成的最新一代激光装饰材料，是应用现代高新技术激光全息变光原理，将摄影美术与雕塑的特点融为一体，通过布拉格条件，使普通玻璃在白光条件下出现五光十色的三维立体图像，美不胜收。

光栅玻璃采用电脑设计，镭射表面处理，根据不同需要可编入各种图形、色彩多种变换方式，在普通玻璃上形成物理衍射分光和全息光栅，玻璃表面晶莹剔透，形成不同立面、不同质感的透镜，加上玻璃本身的色彩及射入的光源，使无数小透镜形成多次棱镜折射，从而产生五彩缤纷的色彩。其景观亦真亦幻，不时出现各种颜色交相辉映，是国际上刚刚兴起的一种新型装饰玻璃，是高新技术与艺术的结晶。

光栅玻璃耐冲击性和防滑性能良好，耐腐蚀性能均优于大理石、马赛克、真空镀膜玻璃等，其使用寿命、全息光栅处于高稳定状态。

光栅玻璃适用于商场、宾馆、迪斯科厅、酒吧等场所的门面、墙面、柱面、地面、幕墙、隔断、屏风等的装饰，也可以用于招牌、高级喷泉及装饰画等，用于地面时，应选用钢化玻璃夹层光栅玻璃。

13.3 安全玻璃

普通玻璃在碎裂时产生尖锐的边角极易对人体造成伤害。安全玻璃被击碎时，其碎块不会伤人，并兼具有防盗、防火的功能。安全玻璃是相对于普通玻璃而言的，它与普通玻璃相比具有力学强度高、抗冲击能力好的特点。其主要品种有钢化玻璃、夹丝玻璃、夹层玻璃和钛化玻璃。根据生产时所用的玻璃基础材料不同，安全玻璃也可具有一定的装饰效果。

13.3.1 钢化玻璃

钢化玻璃又称强化玻璃，是将普通平板玻璃、磨光玻璃等加热到接近软化温度后，用空气、油类或溶盐等冷却介质使之骤冷制成的。钢化玻璃破碎时先出现网状裂纹，而后呈圆钝碎片碎碎。

1. 钢化玻璃的特性

相对普通平板玻璃来说，钢化玻璃具有以下特性：

(1)强度高。钢化玻璃的抗折强度约为同等厚度普通玻璃的 4～5 倍，它的抗冲击强度也高出普通玻璃约 3 倍。

(2)弹性好。钢化玻璃的弹性要比普通玻璃大得多，如一块尺寸为 1 200mm×350mm×6mm 的钢化玻璃在受力后可发生达 100mm 的弯曲挠度，并且在外力撤销后又能恢复原来的形状，而普通玻璃在挠度达到几毫米时就会产生破坏。

(3)热稳定性能好。当玻璃受到急冷急热变化时，玻璃的表面可能会产生一定的拉应力，但由于钢化玻璃的表面预加了一层压应力层，因而可以抵消掉一部分的拉应力作用，这样可使玻璃不发生炸裂，从而提高了玻璃的耐急冷急热性能。钢化玻璃能承受 204℃的温差变化。

(4)安全性高。钢化玻璃在破坏时，它的碎片一般没有尖锐的棱角，不易伤人，因而具有较好的安全性。

2. 钢化玻璃的技术性能

不同种类的钢化玻璃的技术性能必须符合以下规定：

(1)尺寸及偏差。平面钢化玻璃的长度、宽度由双方商定。其边长的允许偏差应符合规定，一边长度大于 3 000mm 的玻璃以及异型制品的尺寸偏差由供需双方商定。

(2)钢化玻璃的厚度允许偏差应符合表 13－8 的规定。

表 13－8　厚度及其允许偏差(mm)

名称	厚度	厚度允许偏差
钢化玻璃	4.0	±0.3
	5.0	
	6.0	
	8.0 10.0	±0.6
	12.0 15.0	±0.8
	19.0	±1.2

(3)磨边形状及质量由供需双方商定。

(4)钢化玻璃的外观质量必须符合表 13－9 的规定。

表 13－9　外观质量

缺陷名称	说明	允许缺陷数	
		优等品	合格品
爆边	每片玻璃每米边长上允许长度不超过 10mm,自玻璃边部向玻璃板表面延伸深度不超过 2mm,自板面向玻璃厚度延伸深度不超过厚度 1/3 的爆边	不允许	1个
划伤	宽度在 0.1mm 以下的轻微划伤,每平方米面积内允许存在条数	长≤50mm,4 条	长≤100mm,4 条
	宽度大于 0.1mm 的轻微划伤,每平方米面积内允许存在条数	宽 0.1～0.5mm,长≤50mm,1 条	宽 0.1～1mm,长≤100mm,4 条
夹钳印	夹钳中心与玻璃边缘的距离	玻璃厚度≤0.5mm,≤13mm	
		玻璃厚度>0.5mm,≤19mm	
结石、裂纹、缺角	均不允许存在		
波筋(光学变形)、气泡	优等品不得低于 GB11614 一等品的规定 合格品不得低于 GB4871 一等品的规定		

(5)孔径的大小和质量由供需双方商定,但一般不小于玻璃的厚度。

(6)平型钢化玻璃的弯曲度,弓形时应不超过 0.5%,波形时应不超过 0.3%。

(7)抗冲击性。取 6 块钢化玻璃试样进行试验,试样破坏数不超过 1 块为合格,多于或等于 3 块为不合格。破坏数为 2 块时,再取 6 块进行试验,6 块必须全部不被破坏才为合格。

(8)碎片状态。取 4 块钢化玻璃试样进行试验,每块试样在 50mm×50mm 区域内的碎片数必须超过 40 个,且允许有少量长条形碎片,其长度不超过 75mm,其端部不是刀状,延伸至玻璃边缘的长条形碎片与边缘形成的角不大于 45℃。

3. 钢化玻璃的应用

因为钢化玻璃具有较好的机械性能和热稳定性,所以在建筑工程、交通工具及其他领域内得到了广泛的应用。可用作高层建筑物的门窗、幕墙、隔墙、屏蔽、桌面玻璃、炉门上的观察窗、辐射式气体加热器、弧光灯用玻璃,以及汽车挡风,电视屏幕。

根据所用的玻璃基础材料不同,钢化玻璃可制成普通钢化玻璃、吸热钢化玻璃、彩色钢化玻璃、钢化中空玻璃等。

13.3.2 夹丝玻璃

夹丝玻璃也称防碎玻璃或钢丝玻璃。它是将经预热处理的钢丝或钢丝网在玻璃熔融状态时压入玻璃中间,经退火、切割而成。夹丝玻璃可以是压花的或磨光的,颜色可以制成无色透明或彩色的。

1. 夹丝玻璃的性能特点

(1)安全性。夹丝玻璃由于钢丝网的骨架作用,不但提高了玻璃的强度,而且遭受到冲击或温度骤变而破坏时碎片也不会飞散,避免了碎片对人的伤害。

(2)防火性。当火焰蔓延,夹丝玻璃受热炸裂时,由于金属丝网的作用,玻璃仍能保持固定,隔绝火焰,故又称防火玻璃。

根据国家行业标准 JC433—91 规定,夹丝玻璃的厚度分为 6mm、7mm、10mm,规格尺寸一般不小于 600mm×400mm,不大于 2 000mm×1 200mm。

2. 夹丝玻璃的应用

夹丝玻璃适用于:震动较大的工业厂房门门窗,屋面采光天窗,需要安全防火的仓库,图书馆门窗,公共建筑的阳台、走廊、防火门、楼梯间、电梯井等。

13.3.3 夹层玻璃

夹层玻璃是将柔软透明的聚乙烯醇缩丁醛树脂胶片夹在两片或多片玻璃原片之间,经过加热、加压与玻璃黏合在一起的平面或曲面的复合玻璃制品。夹层玻璃属于安全玻璃的一种。用于生产夹层玻璃的基础材料可以是普通平板玻璃、浮法玻璃、钢化玻璃、彩色玻璃、吸热玻璃或热反射玻璃等。夹层玻璃的层数有 2、3、5、7 层,最多可达 9 层;达 9 层时一般子弹不易穿透,成为防弹玻璃。

夹层玻璃按功能不同可分为彩色夹层玻璃、热反射夹层玻璃、钢化夹层玻璃、防火夹层玻璃和屏蔽夹层玻璃(胶合层中带有金属网)等。

1. 夹层玻璃的性能特点

夹层玻璃的透明度好,抗冲击性能要比一般平板玻璃高好几倍,用多层普通玻璃或钢化玻璃复合起来,可制成防弹玻璃。由于聚乙烯醇缩丁醛树脂胶片的黏合作用,玻璃即使破碎,碎片也不会飞扬伤人。通过采用不同的基础材料玻璃,夹层玻璃还可具有耐火、耐湿、耐寒、耐热等性能。

2. 夹层玻璃的应用

夹层玻璃有着较高的安全性，主要用作汽车和飞机的挡风玻璃、防弹玻璃以及银行、豪宅等有特殊安全要求的建筑门窗、隔墙、工业厂房的天窗和某些水下工程等。

13.3.4 钛化玻璃

钛化玻璃，亦称永不碎裂铁甲箔膜玻璃，是将钛金箔膜紧贴在某一种玻璃基材之上，使之结合成为一体的新型玻璃。不同的基材玻璃与不同的钛金箔膜，可组合成不同色泽、不同性能、不同规格的钛化玻璃。它具有抗碎能力强，防热及防紫外线性能好等特点。钛化玻璃常见的颜色有，无色透明、茶色、茶色反光、铜色反光等。

13.4 节能玻璃

传统的玻璃应用在建筑上主要是采光，随着建筑物门窗尺寸的加大，人们对门窗的保温隔热要求也相应地提高了。节能装饰型玻璃就是能够满足这种要求，集节能性和装饰性于一身。节能装饰型玻璃通常具有令人赏心悦目的外观色彩，而且还具有特殊的对光和热的吸收、投射和反射能力，用作建筑物的外墙窗玻璃或制作玻璃幕墙，可以起到显著的节能效果，现已被广泛地应用于各种高级建筑物之上。建筑上常用的节能玻璃有吸热玻璃、中空玻璃、玻璃空心砖和自洁净玻璃等。

13.4.1 吸热玻璃

吸热玻璃是一种能显著地吸收阳光中热作用较强的红外线、近红外线，而又保持良好的透明度的玻璃。吸热玻璃通常都带有一定的颜色，因而也称为着色吸热玻璃。着色吸热玻璃的制造一般有两种方法，一种是在普通玻璃中加入一定量的着色剂，着色剂通常为过渡金属氧化物（如氧化亚铁、氧化镍等），它们具有强烈吸收阳光中红外线辐射的能力，即吸热的能力；另一种是在玻璃的表面喷涂具有吸热和着色能力的氧化物薄膜（如氧化锡、氧化锑等）。吸热玻璃有蓝色、茶色、灰色、绿色、古铜色、粉红色、金黄色和青铜色等色泽。

1. 吸热玻璃的性能特点

(1)吸收太阳的辐射热。吸热玻璃主要是遮蔽辐射热，其颜色和厚度不同，对太阳的辐射热吸收程度也不同。一般来说，吸热玻璃只能通过大约60%的太阳辐射热，可明显降低夏季室内的温度。

(2)吸收太阳的可见光，减弱太阳光的强度。吸热玻璃比普通玻璃吸收的可见光要多得多。6mm厚古铜色吸热玻璃吸收太阳的可见光是同样厚度的普通玻璃的3倍。这一特点能使透过的阳光变得柔和，能有效地改善室内色泽。

(3)吸收太阳的紫外线。吸热玻璃能有效地防止紫外线对室内家具、日用器具、商品、档案资料与书籍等的照射引起的褪色和变质。

(4)具有一定的透明度，能清晰地观察室外景物。

(5)色泽经久不变，能增加建筑物的外形美观。

2. 吸热玻璃的用途

吸热玻璃在建筑装修工程中应用得比较广泛，凡既需采光又需隔热之处均可采用。采用不同颜色的吸热玻璃能合理利用太阳光，调节室内温度，节省空调费用，而且对建筑物的外表有很好的装饰效果。吸热玻璃一般多用作高档建筑物的门窗或玻璃幕墙，亦可用于商品陈列窗、计算机房及火车、汽车轮船的挡风玻璃，还可制成失层、中空玻璃等制品。

13.4.2 中空玻璃

随着社会经济的发展，建筑标准不断提高，建筑物开始采用大面窗户，使冬季采暖、夏季制冷所消耗的能量大大增加，因此在建筑上采用中空玻璃和有特殊性能的玻璃来降低能源的消耗成了普遍趋势。

1. 中空玻璃的结构

中空玻璃是用两片或多片平板玻璃用边框隔开，中间充以干燥的空气，四周边缘部分用胶结或焊接方法密封而成的，其中以胶结方法应用最为普遍。中空玻璃按玻璃层数划分，有双层和多层之分，一般多为双层结构。

制作中空玻璃的基础材料可以是浮法玻璃、平板普通玻璃、夹丝玻璃、钢化玻璃、热反射玻璃和着色玻璃、低辐射膜玻璃等。玻璃片厚度可为 3mm、4mm、5mm、6mm，充气层厚度为 6mm、9mm、12mm 三种尺寸，中空玻璃厚度为 12mm～42mm。中空玻璃的颜色有无色、绿色、茶色、蓝色、灰色、金色、棕色等。

2. 中空玻璃的性能特点

(1)光学性能。中空玻璃的光学性能取决于所用的玻璃基础材料，由于中空玻璃所选用的玻璃原片可具有不同的光学性能，因此制成的中空玻璃其可见光透过率、太阳能反射率、吸收率及色彩可在很大范围内变化，从而满足建筑设计和装饰工程的不同要求。中空玻璃的可见光透视范围为 10%～80%，光反射率为 25%～80%，总透过率为 25%～50%。

(2)热工性能。中空玻璃比单层玻璃具有更好的隔热性能。厚度 3～12mm 的无色透明玻璃，其传热系数为 6.5～5.9W/(m^2·K)，而以 6mm 厚玻璃为基础材料，玻璃间隔(即空气层厚度)为 6mm 和 9mm 的普通中空玻璃，其传热系数为 3.4～3.1W/(m^2·K)，大体相当于 100mm 厚普通混凝土的保温效果。

由双层热反射玻璃或低辐射玻璃制成的高性能中空玻璃，保温隔热性能更好，尤其适用于寒冷地区和需要保温隔热、降低采暖能耗的建筑物。

(3)露点。在室内一定的相对湿度下，当玻璃表面降低到某一温度时，会出现结露，直至结霜(0℃以下)，这一结露的温度叫做露点。玻璃结露后将严重地影响透视和采光，并引起其他一些不良效果。中空玻璃的露点很低，在通常情况下，中空玻璃接触室内高湿度空气的时候，玻璃表面温度较高，而外层玻璃虽然温度低，但接触的空气湿度也低，所以不会结露。

(4)隔声性能。中空玻璃具有较好的隔声性能，一般可使噪声下降 30～40dB，即能将街道汽车噪声降低到学校教室的安静程度。

(5)装饰性能。中空玻璃的装饰性主要取决于所采用的基础材料，不同的基础材料玻璃使制得的中空玻璃具有不同的装饰效果。

3. 中空玻璃的应用

中空玻璃主要用于需要采暖、空调、防止噪声、防止结露，以及需要无直射阳光和特殊光的建筑物，如宾馆、医院、住宅、商场、写字楼、恒温恒湿的实验室以及工厂的门窗、天窗和玻璃幕墙等，也广泛用于车船等交通工具。目前已研制出在两片玻璃板的真空间放置支撑物以承受大气压力的真空玻璃，其保温隔热性优于中空玻璃。

13.4.3 自洁净玻璃

自洁净玻璃是一种新型的生态环保型玻璃制品，从表面上看与普通玻璃并无差别，但是通过在普通玻璃表面镀上一层锐钛矿型纳米二氧化钛晶体的透明涂层后，玻璃在紫外线照射下会表现出光催化活性、光诱导超亲水性和杀菌的功能。通过光催化活性可以迅速将附着在玻璃表面的有机污物分解成无机物而实现自洁净，而光诱导超亲水性会使水的接触角在5℃以下而使玻璃表面不易挂住水珠，从而隔断油污与二氧化钛薄膜表面的直接接触，保持玻璃的自身洁净。

自洁净玻璃可应用于高档建筑的室内浴镜、卫生间整容镜、高层建筑物的幕墙、照明玻璃、汽车玻璃等。用自洁净玻璃制成的玻璃幕墙可长久保持清洁明亮、光彩照人，并大大减少保洁费用。

13.4.4 玻璃空心砖

玻璃空心砖是由两块压铸成凹形的玻璃经熔接或胶结而成的、中间带有干燥空气层的、正方形或矩形的玻璃空心砖块。它具有抗压强度高、保温隔热性能好、不结霜、隔音、防水、耐磨、不燃烧和透光不透视的特点。

玻璃空心砖有正方形、矩形和各种异型产品，它分为单腔和双腔两种。玻璃空心砖可以是平光的，也可以在里面或外面压有各种花纹，颜色可以是无色的，也可以是彩色的，以提高装饰性。它常有的规格尺寸有115mm×115mm×80mm、145mm×145mm×80mm、190mm×190mm×80mm、240mm×150mm×80mm、240mm×240mm×80mm等，其中190mm×190mm×80mm是常用规格。

玻璃空心砖可用于饭店、展览厅、商场、舞厅、宾馆等建筑中的透光墙壁、非承重内外隔墙、沐浴隔断、门厅通道等处。

13.5 微晶玻璃

微晶玻璃是20世纪70年代发展起来的多晶陶瓷新型材料，被科学家称为21世纪新型装饰材料，它兼有玻璃和陶瓷的优点，具有常规材料难以达到的物理性能。微晶玻璃采用一种与普通玻璃相近不同于陶瓷的制造工艺，特性与陶瓷迥然不同。它近似于硬化后不脆不碎的凝胶，是一种新的透明活不透明的无机材料，即所谓的结晶玻璃、玻璃陶瓷。

微晶玻璃比高碳钢硬、比铝轻，机械强度比普通玻璃大6倍多，耐磨性不亚于铸石，热稳定性好，有非常良好的电绝缘性能，不怕酸碱腐蚀，色彩丰富而均匀，无色差，光泽柔和晶莹，酷似天然石材，但化学稳定性、耐久性和光洁度都超过花岗石。它还具有高度的破裂安全感，即便强力冲击引起破裂，其破裂规律也和花岗石一样，只形成三岔裂纹，裂口迟钝不伤手。

现代建筑业的发展对高档装饰材料的需求量越来越大，要求也越来越高。微晶玻璃很好地克服了传统装饰材料比如大理石、花岗岩等耐侵蚀、抗风化能力差，易磨损，有放射性等缺点，被用于高档次的地铁、大楼、机场、车站、宾馆、大饭店等建筑物的装饰材料。

思考与练习

1. 平板玻璃有什么用途？分为哪几类？
2. 安全玻璃有哪些品种？
3. 钢化玻璃的特性有哪些？常用于哪些装饰部位？
4. 中空玻璃和吸热玻璃有何不同？
5. 微晶玻璃的特点有哪些？适用于什么环境？

第14章 金属装饰材料

本章学习要求

1. 了解各种建筑装饰用金属材料的定义、分类及其应用
2. 掌握各种建筑装饰用金属材料的特点、主要技术性能及选用原则
3. 能根据环境条件及建筑工程的具体要求，合理选用各种建筑装饰用金属材料

14.1 建筑装饰用钢材制品

建筑装饰工程中常用的钢材制品，主要有不锈钢钢板与钢管、彩色不锈钢板、彩色涂层钢板、彩色压型钢板、镀锌钢卷帘门板及轻钢龙骨等。

14.1.1 普通不锈钢

1. 不锈钢的特性及分类

不锈钢是指含铬(Cr)量在12%以上，具有优良耐腐蚀性能的合金钢。由于铬的性质比铁活泼，在不锈钢中，铬首先与环境中的氧化合，生成一层与钢材基体牢固结合的致密氧化膜层，称为钝化膜，以保护钢材不至锈蚀。铬的含量越高，钢的抗腐蚀性越好。除铬外，不锈钢中还含有镍(Ni)、锰 (Mn)、钛 (Ti)、硅 (Si)等合金元素，以改善不锈钢的性能。不锈钢膨胀系数大，约为碳钢的1.3～1.5倍，但热导率只有碳钢的1/3，故导热性较差。不锈钢的可焊性不及普通碳素钢，韧性及延展性较好，不锈钢经表面精加工后，可以获得光亮平滑的镜面效果，光反射比达90%以上，具有良好的装饰性。

不锈钢按化学成分可分为铬不锈钢、铬镍不锈钢及高锰低铬不锈钢等。按耐腐蚀特点的不同不锈钢可分为普通不锈钢、耐酸钢。普通不锈钢简称不锈钢，具有耐大气和水汽侵蚀的能力；耐酸钢除对大气及水汽有抗蚀能力外，还对某些化学侵蚀介质(如酸、碱、盐溶液)具有良好的抗腐蚀能力。

2. 不锈钢的牌号

不锈钢的牌号由三部分组成，分别为平均含碳量的千分数、合金元素种类、合金元素含量，其中当平均含碳量小于0.03%及0.08%，标注“00”或“0”，合金元素的含量以百分数表示，具体数字位于元素符号后面，如$0Cr_{13}$钢为平均含碳量小于或等于0.08%，合金元素铬的含量为13%的铬不锈钢。

3. 普通不锈钢板材及管材

不锈钢的主要特征是耐腐蚀性强，而光泽度是其另一重要特点，不锈钢经不同的表面加工，可形成不同的光洁程度，并按此划分不同的等级。高级别抛光不锈钢，具有镜面玻璃般的反射能力。建筑装饰工程可根据建筑功能要求和具体条件选用不锈钢，建筑装饰不锈钢制品主要有板材和管材，其中板材应用最为广泛。

用作装饰材料的不锈钢主要为薄钢板，厚度一般在0.2～2mm之间，其主要是借助钢板的表面特征，如镜面般的光亮平滑以及强烈的金属光泽等来达到装饰的目的；同时还可通过表面着色，制得褐、蓝、黄、红、绿等各种彩色不锈钢板材。这样既能保持不锈钢优异的耐蚀性能，又可进一步提高其装饰效果。

除装饰板材外，不锈钢装饰制品还可制成管材和型材，如不锈钢楼梯扶手、不锈钢自动门、转门、拉手、五金等。不锈钢装饰管材按截面可分为等径圆管和变径花形管；按壁厚可分为薄壁管(小于 2mm)和厚壁管(大于 4mm)；按表面光泽度可分为抛光管、亚光管和浮雕管。新型不锈钢管在一些大型建筑中得到成功应用，如鸭嘴形扁圆管材应用于楼梯扶手，取得了动态、个性及高雅、华贵的装饰效果。近年在高层建筑玻璃幕墙中使用的不锈钢龙骨，其刚度较铝合金龙骨高，因而具有更强的抗风压性和安全性。不锈钢装饰广泛用于宾馆、商店等公共设施的柱面、栏杆、扶手装饰，也大量用作小型五金装饰件及建筑雕塑。

14.1.2 彩色不锈钢板

彩色不锈钢板是由普通不锈钢板经加工后制成的不锈钢装饰板。其颜色有蓝、灰、紫、红、青、绿、橙、褐、金黄及茶色等多种。采用不锈钢板装饰墙面，坚固耐用，美观新颖，具有强烈的时代感。

彩色不锈钢板具有很强的耐腐蚀性，耐盐雾腐蚀性能超过一般的不锈钢，其力学性能、耐磨和耐刻划性能好。彩色面层经久不退色、色泽随光照角度不同会产生色调变幻的特点，而且色彩能耐 200℃的高温，其可加工性很好，即使弯曲 90°彩色面层也不会损坏。

彩色不锈钢板可作厅堂墙板、天花板、电梯厢板、车厢板、顶棚板以及建筑装潢、广告牌等装饰之用，也可用作高级建筑的其他局部装饰。

14.1.3 彩色涂层钢板

彩色涂层钢板，可分为有机涂层、无机涂层和复合涂层三种，以有机涂层钢板发展最快。有机涂层钢板是以冷轧钢板或镀锌钢板的卷板为基板，经过刷磨、除油、磷化、钝化等表面处理后，施涂多层有机涂料并经烘烤而成的装饰板材。有机涂层可以配制种不同色彩和花纹，具有优异的装饰性，涂着力强，可长期保持新颖的色泽，并且加工能好，可进行切割、弯曲、钻孔、铆接等。

常用的有机涂料有聚氯乙烯（PVC）、环氧树脂、聚酯、聚丙烯酸酯、酚醛树脂等。其中以环氧树脂的耐酸、碱、盐腐蚀能力最强，黏结力和抗水蒸气渗透能力最优。彩色涂层钢板的断面结构如图 14-1 所示。

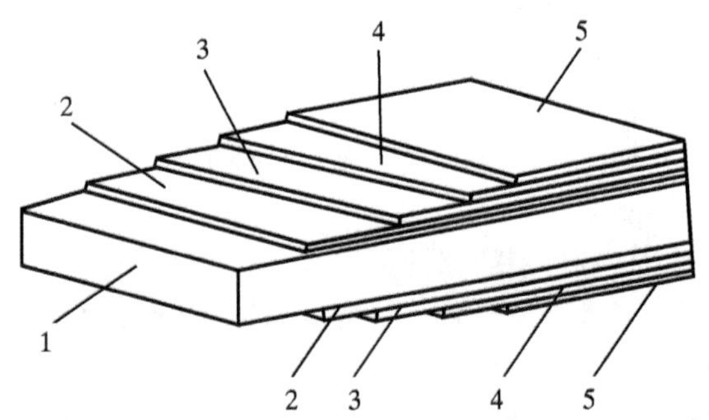

图 14-1 彩色涂层钢板的断面结构示意图

1—冷轧板；2—镀锌层；3—化学转化层；4—初涂层；5—精涂层

彩色涂层钢板的长度一般为 500～4 000mm，宽度 700～1 550mm，厚度 0.3～2.0mm。彩色涂层钢板的表面不允许有气泡、划伤、漏涂、颜色不均等有害于使用的缺陷。彩色涂层钢板的性能应符合 GB/T12754—2006 的规定。

在建筑装饰工程中彩色涂层钢板可用做外墙板、屋面板、护壁板，也可用作防水汽渗透板、排气管道、通风管道、耐腐蚀管道和电气设备罩等。这样既可以提高装饰效果，又能延长建筑的使用寿命，同时还可降低建筑物的自重。

14.1.4 彩色涂层压型钢板

彩色压型钢板是以镀锌钢板为基材，经轧制成型并涂覆各种耐腐蚀涂层与彩色烤漆而制成的轻型围护结构材料，具有质量轻、抗震性好、耐久性强、色彩鲜艳、易于加工、施工方便等优点。彩色压型钢板适用于工业与民用及公共建筑的屋盖、墙板及墙壁装贴等，特别适用于大跨度厂房、库房、活动房屋顶和墙板等处。

国家标准《建筑用压型钢板》(GB/TI2755—2008)规定压型板表面不允许有用 10 倍放大镜所观察到的裂纹存在,不得有涂层脱落以及影响使用性能的擦伤。彩色涂层钢板的技术性能要求如表 14-1 所示。

表 14-1 彩色涂层钢板的技术性能

<table>
<tr><th colspan="2">板材种类</th><th rowspan="2">涂层厚度(μm)</th><th colspan="3">60°光泽度(%)</th><th rowspan="2">铅笔硬度</th><th colspan="2">弯曲</th><th colspan="2">反向冲击/J</th><th rowspan="2">耐盐雾(h)</th></tr>
<tr><th>用途</th><th>涂料种类</th><th>高</th><th>中</th><th>低</th><th>厚度不大于 0.8mm 180°T</th><th>厚度大于 0.8mm</th><th>厚度不大于 0.8mm</th><th>厚度大于 0.8mm</th></tr>
<tr><td rowspan="4">建筑外用</td><td>外用聚酯</td><td rowspan="3">≥20</td><td rowspan="3">>70</td><td rowspan="9">40～70</td><td rowspan="8"><40</td><td rowspan="3">≥HB</td><td>≤8</td><td rowspan="8">90°</td><td>≥6</td><td>≥9</td><td>≥500</td></tr>
<tr><td>硅改性聚酯</td><td rowspan="2">≤10</td><td colspan="2" rowspan="2">≥4</td><td>≥750</td></tr>
<tr><td>外用丙烯酸</td><td>≥500</td></tr>
<tr><td>塑料溶胶</td><td>≥100</td><td>—</td><td>—</td><td>0</td><td colspan="2">≥9</td><td>≥1 000</td></tr>
<tr><td rowspan="4">建筑内用</td><td>内用聚酯</td><td rowspan="2">≥20</td><td rowspan="2">>70</td><td rowspan="2">≥HB</td><td rowspan="2">≤8</td><td>≥6</td><td>≥9</td><td rowspan="2">≥250</td></tr>
<tr><td>内用丙烯酸</td><td colspan="2">≥4</td></tr>
<tr><td>有机溶胶</td><td>≥30</td><td>—</td><td>—</td><td>≤2</td><td colspan="2" rowspan="2">≥9</td><td>≥500</td></tr>
<tr><td>塑料溶胶</td><td>≥100</td><td>—</td><td>—</td><td>0</td><td>≥1 000</td></tr>
<tr><td>家用电器</td><td>内用聚酯</td><td>≥20</td><td>>70</td><td>—</td><td>≥HB</td><td>≤4</td><td>—</td><td>≥6</td><td>—</td><td>≥200</td></tr>
</table>

彩色涂层压型钢板具有轻质高强、美观耐用、抗震性能好、施工简便等特点,可代替石棉瓦、玻璃钢瓦及普通屋面材料,适用于工业和民用建筑的屋面板、墙板和楼层板等。

14.2 建筑用铝合金

铝为银白色,属于有色金属。随着炼铝技术的提高,目前铝及铝合金已成为广泛应用的金属材料,铝合金在建筑装饰工程中的应用也越来越多。

14.2.1 铝及其特性

铝在自然界中以化合物状态存在,炼铝的主要原料是铝矾土。铝的冶炼是从铝矿石中提炼出三氧化二铝(Al_2O_3),然后通过电解得到金属铝,并通过提纯,分离出杂质,再制成铝锭。

铝属于有色金属中的轻金属,密度为 2 700kg/m^3,是各类轻结构的基本材料之一;铝的熔点较低,为 660°C;铝呈银白色,反射能力很强,因此常用来制造反射镜、冷气设备的屋顶等;铝有很强的导电性和导热性,仅次于铜,因而也被广泛用来制造导电材料、导热材料和蒸煮器具等;铝在空气中,其表面易生成一层氧化铝薄膜,起保护作用,使铝具有一定的耐腐蚀性。铝的电极电位较低,如与电极电位高的金属接触并且有电解质(水、汽等)存在时,会形成微电池而很快受到腐蚀。因此在使用或保管时要避免与电极电位高的金属接触,以免产生化学腐蚀。用于铝合金门窗等铝制品的连接件,应当用不锈钢件。铝具有良好的塑性,易加工成板、管、线及箔等;铝的强度和硬度较低,常用冷压法加工成制品。铝在低温环境中塑性、韧性及强度不下降,因此铝常作为低温材料用于航空航天工程及制造冷冻良品的储运设备等。

14.2.2 铝合金及其特性

纯铝的强度较低,为提高其实用价值。常在铝中加大适量的铜(Cu)、镁(Mg)、硅(Si)、锰(Mn)、锌(Zn)等组成铝合金,如铝—锰合金、铝—铜合金、铝—铜—镁系硬铝合金、铝—锌—镁—铜系超硬铝合金等。铝合金既提高了铝的强度和硬度,同时又保持了铝的轻质、耐腐蚀、易加工等优良性能。在建筑工程领域,它不仅可用作建筑装饰装修材料,而且可以作为结构材料使用。铝合金的主要缺点是弹性模量小(约为钢的 1/3)、刚度和承受弯曲的能力较小、热膨胀系数较大、耐热性低。铝合金与碳素钢的性能比较见表 14-2。

表 14-2 铝合金与碳素钢的性能比较

项目		铝合金	碳素钢
密度 ρ(kg/m^3)		2 700~2 900	7 850
弹性模量 E(MPa)		$(6.3-8.0)\times10^4$	$(2.1-2.2)\times10^5$
屈服强度 σ_s(MPa)		210~500	210~600
抗拉强度 σ_b(MPa)		380~550	320~800
比强度(kPa·m^3/kg)	σ_s/ρ	73~190	27~77
	σ_b/ρ	140~220	41~98

铝合金的种类很多,根据加工工艺,铝合金可分为铸造铝合金和变形铝合金两大类。铸造铝合金主要用于铸造,建筑上使用的铝合金主要为变形铝合金。

变形铝合金又分为热处理非强化和热处理可强化两类。热处理非强化型铝合金又称为防锈铝合金(牌号 LF),主要有铝镁(Al-Mg)合金和铝锰(Al-Mn)合金。前者广泛用于民用五金、罩壳以及建筑中用作受力不大的门窗和铝合金幕墙板;后者主要用于建筑物的外墙饰面和屋面板材。热处理强化型铝合金的种类很多,常用的有硬铝合金(LY)、超硬铝合金(LC)、锻铝合金(LD)等。硬铝合金主要用于制造各种尺寸的半成品如薄板、管材、线材、型材、触压件等。超硬铝合金(Al-Zn-Mg-Cu 合金)主要用于制造要求质量轻但承载力大的重要构件,如飞机大梁、起落架等。建筑装饰用铝合金主要是锻铝合金（Al－Mg－Si 合金），其中的 LD31 具有中等强度，冲击韧性高，热塑性极好，可以高速挤压成结构复杂、薄壁、中空的各种型材或锻造成结构复杂的锻件。LD31 的焊接性能和耐蚀性优良，加工后表面十分光洁，并且容易着色，是 Al－Mg－Si 系合金中应用最为广泛的合金品种，主要用于制造铝合金门窗型材、货架、柜台、金属幕墙板等。

14.2.3 铝合金的表面处理

为了提高铝合金的性能，常对其进行表面处理。表面处理的目的有两个：一是为了进一步提高铝合金耐腐蚀、耐磨等性能，因为铝合金表面自然氧化膜薄（一般小于 0.1μm）且软，在较强的腐蚀介质作用下，不能起到有效的保护作用；二是在提高氧化膜厚度的基础上进行着色处理，获得各种颜色的膜层，提高铝合金表面的装饰效果。

铝合金表面处理的方法主要有阳极氧化处理和表面着色处理两种。

1. 阳极氧化处理

阳极氧化处理就是通过控制氧化条件和工艺参数，使铝合金制品表面形成比自然氧化膜厚得多的人工氧化膜层（可达 5～25μm）。铝合金经阳极氧化处理后，表面膜层为多孔状，容易吸附有害物质，使铝合金制品表面易被腐蚀或污染，故在使用前还需对其表面进行封孔处理，从而提高氧化膜的防污染性和耐腐蚀性。光滑、致密的膜层也为进一步着色创造了条件。

2. 表面着色处理

经过阳极氧化处理的铝合金再进行表面着色处理，可以在保证铝合金使用性能完好的基础上增加其装饰性。铝合金的表面着色是通过控制铝材中不同合金元素的种类和含量及热处理条件来实现的。不同铝合金由于所含合金成分及其含量不同，所形成的膜层颜色也不相同。目前建筑装饰中常用的铝合金色彩有茶褐色、紫线色、金黄色、浅青铜色、银白色等。常用的铝合金着色方法有自然着色法和电解着色法。自然着色法是铝材在特定的电解液和电解条件下，被阳极氧化的同时又能着色；电解着色法是对常规硫酸液中生成的氧化膜进一步电解，使电解液所含的金属阳离子沉积到氧化膜孔底而着色。

14.3 建筑装饰铝合金制品

铝合金具有高强、高硬、轻质、耐腐蚀、易加工等优良性能，近年来，在装饰工程领域的应用越来越广泛。铝合金装饰制品包括铝合金门窗、铝合金百页窗帘、铝合金装饰板、铝箔、镁铝饰板、镁铝曲板、铝合金吊顶材料、铝合金栏杆、扶手、屏幕以及格栅等。

14.3.1 铝合金装饰板

铝合金装饰板属于现代较为流行的建筑装饰材料，具有质量轻、不燃烧、耐久性好、施工方便、装饰效果好、防火、防潮等优点，适用于公共建筑的内外墙面和柱面的装饰。近年来在装饰工程中用得较多的铝合金装饰板有以下几种。

1. 铝合金花纹板

铝合金花纹板是采用防锈铝合金坯料，用具有一定花纹的轧辊轧制而成，铝合金花纹板的花纹美观大方，筋高适中，防滑、防腐蚀性能好，不易磨损，便于清洗。铝合金花纹板通过表面处理可获得各种颜色，且板材平整，裁剪尺寸精确，便于安装，因而广泛应用于现代建筑的墙面装饰以及楼梯踏步等处。

2. 铝合金浅花纹板

铝合金浅花纹板是我国特有的建筑装饰制品，其花纹精巧别致、色泽美观大方。铝合金浅花纹板除了具有普通铝合金共有的优点外，其刚度提高了 20%，抗污垢、抗划伤、抗擦伤能力均有所提高。铝合金浅花纹板的立体图案和美丽的色彩，更能给建筑物增加美感。铝合金花纹板与浅花纹板的规格和技术性能见表 14-3 所示。

表 14-3　铝合金花纹板、浅花纹板的规格和技术性能(GB/T 3618—2006)

品种	规格/mm			技术性能
	长	宽	厚度	
铝合金花纹板	2 000～10 000	1 000～1 600	1.5～7.0	抗拉强度:40～120 MPa 伸长率:3%～15%
铝质浅花纹板	1 500～2 000	150～400	0.2～1.5	抗拉强度:75～185 MPa 伸长率:2%～40% 对白光反射率:75%～90% 热反射率:85%～95%

3. 铝合金压型板

铝合金压型板是用毛坯材料经机械轧辊轧制而成的，板型有波纹形和瓦楞形，如图 14-2 所示。铝合金压型板具有质量轻、外形美观、耐腐蚀、耐久性好、安装容易、表面光亮可反射太阳光等优点。铝合金压型板通过表面处理可得到各种色彩，是目前广泛应用的一种新型建筑装饰材料，主要用于屋面和外墙。

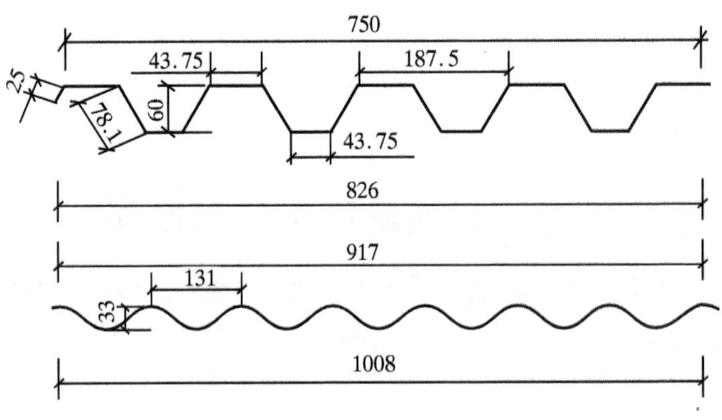

图 14-2　铝合金压型板板型

4. 铝合金穿孔板

铝合金穿孔板是用各种铝合金平板经机械穿孔而成。孔型根据需要有圆孔、方孔、长圆孔、长方孔、三角孔、大小组合孔等。铝合金穿孔板既突出了板材质轻、耐高温、耐腐蚀、防火、防潮、防震、化学稳定性好等特点，又可将孔形处理成一定的图案，立体感强，装饰效果好。当铝合金穿孔板内部放置吸声材料后可以解决建筑中吸声的问题，是一种降噪兼装饰双重功能的理想材料。铝合金穿孔板可用于宾馆、饭店、影剧院、播音室等公共建筑和高级民用建筑中以改善音质条件，也可用于各类噪声大的车间、厂房等建筑的天棚或内墙饰面。

14.3.2 铝合金门窗

铝合金门窗是以铝合金建筑型材制作的门窗，是目前世界上使用最为广泛的新型建筑节能门窗之一。与其他种类门窗相比，铝合金门窗具有轻质、高强、密封性能好、使用中变形小、美观、耐久性能好，使用维修方便并且便于工业化生产等一系列优点，故发展迅速，应用日渐普遍。

1. 铝合金门窗的分类及型号

按照开闭形式，铝合金门可区分为折叠门(Z)、平开门(P)、推拉门(T)、地弹簧门(DH)、平开下悬门(PX)等类型，当固定部分与平开门或推拉门组合时为平开门或推拉门。同时定义百叶门符号为 Y、纱扇门符号为 S。

按照性能，铝合金门可分为普通型、隔声型和保温型三类。规定撞击性能、垂直荷载强度、启闭力和反复启闭性能作为普通型铝合金门的必需项目；隔声型门则要在普通型要求的基础上，增加气密性能和空气声隔声性能两项作为必需项目；保温型门则要增加气密性能和保温性能两项作为必需项目，其他作为选择项目。用于外推拉门、外平开门，抗风压、水密、气密性能为必选项目。

铝合金门的型号由门型、规格、性能标记代号组成。当抗风压、水密、气密、保温、隔声、采光等性能和纱扇无要求时不填写（图 14－3）。

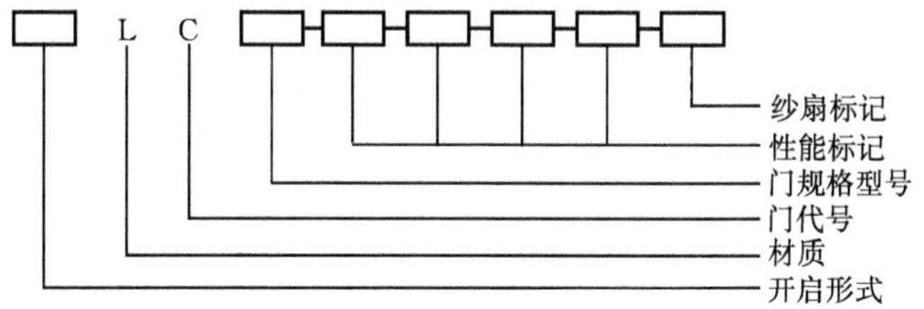

图 14－3 铝合金门的标记方法

如铝合金平开门，规格型号为 1524，抗风压性能为 2.0 kPa，水密性能为 150 Pa，气密性能 1.5m^3/(m・h)，保温性能 3.5 W/(m^2・K)，隔声性能 30dB，采光性能 0.40 带纱扇门。标记为 PLM1524－$P_3$2.0－ΔPl50－q_1(或 q_1)1.5－K3.0－R_w30－Tr0.40－S。

2. 铝合金门窗的性能

铝合金门窗在出厂前需经过严格的性能试验，达到规定的性能指标后才能安装使用。铝合金门窗通常要进行以下主要性能的检验：

(1)抗风压性能。测定铝合金门窗的抗风压性能，是以在压力箱内进行压缩空气加压试验时所加风压的等级来表示，单位为 Pa。一般性能的铝合金窗可达 2～2.5kPa，表 14－4 为铝合金门和铝合金窗的抗风压性能分级。

表 14－4 铝合金门、铝合金窗的抗风性能分级(GB/T8478 GB/T8479—2003)

分级	1	2	3	4	5
指标值(kPa)	$1.0 \leq p_3 < 1.5$	$1.5 \leq p_3 < 2.0$	$2.0 \leq p_3 < 2.5$	$2.5 \leq p_3 < 3.0$	$3.0 \leq p_3 < 3.5$
分级	6	7	8	*	
指标值(kPa)	$3.5 \leq p_3 < 4.0$	$4.0 \leq p_3 < 4.5$	$4.5 \leq p_3 < 5.0$	$p_3 \geq 5.0$	

注：* 表示用 $p_3 \geq 5.0$kPa 的具体数值取代分级代号。

(2)气密性能。铝合金窗在压力试验箱内,使窗的前后形成一定的压力差,用单位缝长空气渗透量和单位面积空气渗透量来表示窗的气密性,单位分别为 $m^3/(m \cdot h)$和 $m^3/(m^2 \cdot h)$。一般性能的铝合金窗前后压力差为 10Pa 时,气密性可达 $8m^3/(m^2 \cdot h)$。高密封性能铝合金窗可达 $2m^3/(m^2 \cdot h)$,表 14-5 为铝合金窗的气密性能分级。

表 14-5　铝合金窗的气密性能分级(GB/T8479-2003)

分级	3	4	5
单位缝长指标值 $q_1[m^3/(m \cdot h)]$	$2.5 \geqslant q_1 > 1.5$	$1.5 \geqslant q_1 > 0.5$	$q_1 \leqslant 0.5$
单位面积指标值 $q_2[m^3/(m^2 \cdot h)]$	$7.5 \geqslant q_2 > 4.5$	$4.5 \geqslant q_2 > 1.5$	$q_2 \leqslant 1.5$

(3)水密性能。铝合金窗在压力试验箱内,对窗的外侧施加周期为 3~5s 的正弦波脉冲压力,同时对窗外一侧以每分钟每平方米 2L 或 3L 的速度对整个试件均匀地淋水,同时向表面吹脉冲风压,在室内一侧不应有可见的渗漏水现象,水密性以试验时施加的脉冲风平均压力表示。一般性能铝合金窗为 350Pa,抗台风的高性能窗可达 700Pa,表 14-6 为铝合金门、铝合金窗的水密性能分级。

表 14-6　铝合金门、铝合金窗的水密性能分级(GB/T8478　GB/T8479—2003)

分级	1	2	3	4	5	*
指标值(Pa)	$100 \leqslant \Delta p < 150$	$150 \leqslant \Delta p < 250$	$250 \leqslant \Delta p < 350$	$350 \leqslant \Delta p < 500$	$500 \leqslant \Delta p < 700$	$\Delta p \geqslant 700$

注:* 表示用≥700Pa 的具体数值取代分级代号,适合于热带风暴和台风袭击地区的建筑。

(4)启闭力。当装好玻璃后,窗扇打开或关闭所需外力应在 50N 以下,且门反复启闭不少于 10 万次,窗反复启闭不少于 1 万次,启闭无异常,使用无障碍。

(5)空气声隔声性能。在响声试验室内,对铝合金窗的响声透过损失进行试验可以发现,当声频达到一定值后,铝合金窗的响声透过损失趋于恒定,用这种方法能测定出隔声性能的等级曲线。有隔声要求的铝合金窗,响声透过损失可达 25dB,即响声透过铝合金窗后声级可降低 25dB。高隔声性能的铝合金窗,响声透过可降低 30~45dB。表 14-7 为铝合金门、铝合金窗的空气声隔声性能分级。

表 14-7　铝合金门、铝合金窗的空气声隔声性能分级(GB/T8478　GB/T8479—2003)

分级	2	3	4	5	6
指标值(dB)	$25 \leqslant r_W < 30$	$30 \leqslant r_W < 35$	$35 \leqslant r_W < 40$	$40 \leqslant r_W < 45$	$r_W \geqslant 45$

(6)保温性能。通常用窗的传热系数即在稳定的传热条件下,外窗两侧空气温差为 1K,单位时间内,用通过单位面积的传热量值来表示隔热性能,单位为 $W/(m^2 \cdot K)$。按外窗的传热系数值将保温性能分成十级。表 14-8 为铝合金门、铝合金窗的保温性能分级。铝合金门窗保温隔热性能较差,即使有隔热断桥的铝型材同时配置 Low-E 玻璃的门窗也不能满足三步节能的保温隔热要求,故表面喷塑或经其他表面处理的性能更加优越的复合铝合金门窗的新品种已开始愈来愈广泛地得到应用。

表 14-8 铝合金门、铝合金窗的保温性能分级(GB/T8478 GB/T8479—2003)

分级	5	6	7	8	9	10
指标值 W/(m²·K)	4.0>K≥3.5	3.5>K≥3.0	3.0>K≥2.5	2.5>K≥2.0	2.0>K≥1.5	K≤1.5

铝合金门的原材料要求符合国家现行有关标准的规定。门的外观质量,要求产品表面不应有铝屑、毛刺、油污或其他污迹。连接处不应有外溢的胶黏剂。表面平整,没有明显的色差、凹凸不平、划伤、擦伤、碰伤等缺陷。尺寸允许偏差按表 14-9 的规定。

表 14-9 铝合金门的尺寸允许偏差(单位:mm)

项目	尺寸范围	偏差值
门框槽口高度、宽度	≤2 000	±2.0
	>2 000	±3.0
门框槽口对边尺寸之差	≤2 000	≤2.0
	>2 000	≤3.0
门框对角线尺寸之差	≤3 000	≤3.0
	>3 000	≤4.0
门框与门扇搭接宽度		±2.0
同一平面高低差		≤0.3
装配间隙		≤0.2

14.3.3 铝塑复合板

铝塑复合板又称铝塑板,是以塑料为芯材,外贴铝板的三层复合板,并在表面施加装饰性或保护涂层。塑料芯材多为聚乙烯(PE)或聚氯乙烯(PVC)等,经一系列复合工艺加工而成,多为铝—塑—铝三层板(如图 14-4 所示)。

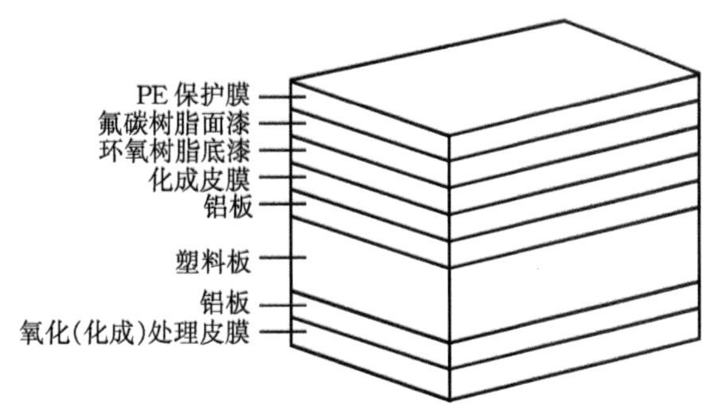

图 14-4 铝塑板层面构造示意图

塑铝装饰板具有质轻、比强度高、耐气候性和耐腐蚀性优良、施工方便、易于清洁保养等特点。芯板采用优质聚乙烯塑料制成,具备良好的隔热、防震功能。塑铝装饰板外形平整美观,可用作建筑物的幕墙饰面材料,可用于立柱、电梯、内墙等处,亦可用作顶棚、拱肩板、挑口板和广告牌等处的装饰。铝塑板表面可以着各种颜色涂料,具有很强的装饰性,因此是一种新型的高档墙体材料和装饰材料。可用于外墙装饰,也可用于室内装饰。与传统的建筑材料相比,铝塑板不仅具有墙体材料的功能，而且具有装饰材料的功能。铝塑板质轻、高强、隔声、防火、防水、耐候、耐腐蚀、易清洗、不变色、易安装施工，并且颜色多样，目前已有银白、瓷白、糯黄、金黄、粉红、银灰等10多个品种，具有美观豪华的装饰效果。在相同刚性条件下，其面密度明显较铝板、不锈钢板等常用装饰板材低，因此深得设计师和广大用户的青睐，在外墙装饰方面，有逐步取代玻璃幕墙之势。

14.3.4 铝蜂窝复合材料

铝蜂窝复合材料是以铝合金蜂窝为芯板，以金属铝板或铝合金板为上下面层，以特殊工艺将面层与芯板用航空结构胶黏剂进行严密胶合而成的一类复合板材。其面板防护层多采用氟碳(KYNAR5OO—PVDF)喷涂装饰。随着建筑技术水平的提高和新型建材行业的发展，该类材料现已逐步应用于建筑装饰领域。铝蜂窝金属幕墙板的构造形式如图 14-5 所示。

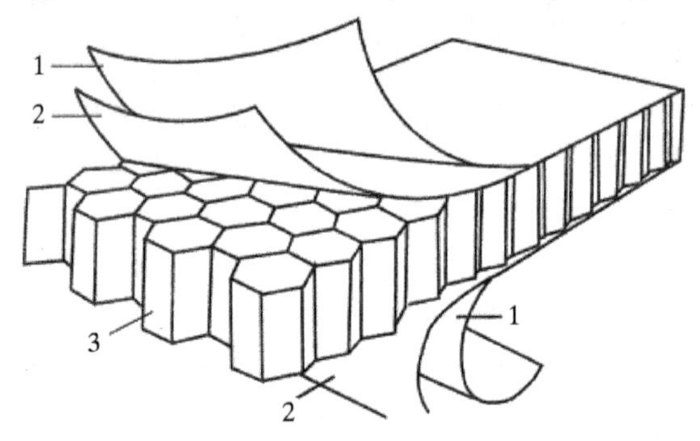

图 14-5　铝蜂窝金属幕墙板构造示意图

1—铝合金面板；2—胶膜；3—铝蜂窝芯板

铝蜂窝金属幕墙板是目前高层、超高层建筑所使用的最新型外墙材料。它具有质量轻、强度高、刚性好，幕墙板表面平整光滑、无波纹状扭曲变形等特点；幕墙板外表面喷涂氟碳树脂漆，可耐酸雨、盐雾及紫外线照射；表面色泽可随意选择，装饰效果和使用性能极佳，使用寿命在20年以上。除适用于建筑物幕墙外，铝蜂窝复合板材还用于室内外墙面装修、屋面、包箱、隔间等处，亦可用作室内装潢，展示框架、广告牌、指示牌、防静电板、隧道壁板及车船外壳、机器外壳和工作台面等的轻型高强度材料。

14.4 建筑装饰铜制品

铜及铜合金材料是人类最早应用的金属材料。铜材是一种高档装饰材料，在古建筑装饰中，多用于宫廷、寺庙、纪念性建筑以及商店招牌等。在现代建筑中，铜及铜合金装饰材料用于高级宾馆、商厦等高档装修，可使建筑物显得光彩夺目、富丽堂皇。

铜及其合金还有许多优异的综合性能：对大气、海水、土壤以及许多化学介质有很强的耐蚀性；用在结构上刚柔并济，富有弹性，耐摩擦、抗磨损；外观多彩，古朴典雅。因此铜为人们所钟爱。纯铜强度不高，具有优异的导电，导热性能。因此被广泛用于电力、电气、电信和电子行业以及各种换热场合。铜的耐蚀性能优于普通钢材，在碱性气氛中优于铝。因此，铜材被用于方面：建筑屋面板、雨水管、上下水管道、管件；化工和医药容器、反应釜、纸浆滤网；舰船设备、螺旋桨、生活和消防管网；冲制各类硬币(耐蚀耐磨性)、装饰、奖牌、奖杯、雕塑和工艺品(耐蚀性和色泽典雅)等。铜的塑性变形能力强(抗拉强度为 220 MPa、疲劳强度为 70 MPa、断裂韧性在室温时为

$80\sim140J/cm^2$)，可以在冷、热状态下进行各种压力加工成形，如挤压、轧制、拉伸、冲压、模锻，易加工成形。

铜和铜合金作为建筑和建筑装饰材料历史久远。常用的铜合金为黄铜和青铜。黄铜是以铜、锌为主要合金元素的铜合金。铜的颜色随含锌量的增加由黄红色变为淡黄色，其力学性能比纯铜高。铜合金价格比纯铜低，也不易锈蚀，易于加工制成各种建筑五金、建筑配件等。以铜和锡作为主要成分，以及含有其他合金元素的合金统称为青铜。

黄铜包括普通黄铜(铜—锌二元合金)和复杂黄铜(铜—锌中加有其他组元的多元合金)两类。主要的商业复杂黄铜有铅黄铜、铝黄铜、铁黄铜、锰黄铜、锡黄铜、硅黄铜和镍黄铜等。黄铜具有良好的力学性能、工艺性能和耐蚀性，耐磨性能，且价格比纯铜便宜。因此是铜合金中用途最为广泛的材料。为进一步改善普通黄铜的力学性能和提高耐腐蚀性能。可再加入 Pb、Mn、Sn、Al 等合金元素即可制成复杂黄铜。如加入铅可改善普通黄铜的切削加工性却提高耐磨性；加入铝可提高强度、硬度、耐腐蚀性能等。普通黄铜的牌号用“H”加数字表示，数字代表平均含铜量。含锌量不标出；复杂黄铜则在“H”后标注主加元素的化学符号，并在其后表明铜及合金元素含量的百分数；如是铸造黄铜，则牌号前还应加“Z”字。

随着科学技术的发展，铜合金的加工技术已由传统的铸造铜合金向变形铜合金发展。对铜合金的应用开发也由最初的铸造铜合金逐步向变形铜合金拓展延伸。从古代的简单铸造器皿(爵、盅、鼎)、钱币、装饰品(包括佛像)到锻打兵器（如剑)生产、生活用品，再到各种轧制、挤压、拉伸、冲压等变形加工产品，变形铜合金的开发领域越来越广阔，应用量越来越大。如今90%的铜资源是以变形材料而被人类消费的。

铜合金经挤出或压制可制成不同断面形状的型材，包括空心型材和实心型材。同铝合金型材一样，铜合金型材也可用于门窗的制作。以铜合金型材做骨架，以吸热玻璃、热反射玻璃、中空玻璃等为立面形成的玻璃幕墙，一改传统外墙的单一面貌，可使建筑物乃至城市生辉。另外，利用铜合金板材制成铜合金压型板应用于建筑物外墙装饰，同样使建筑物金碧辉煌、光亮耐久。

铜合金装饰制品的另一特点是其具有金色感，常替代稀有的、价值昂贵的金在建筑装饰中作为点缀使用。

在现代建筑装饰中，铜材仍是一种集古朴和华贵于一身的高档装饰材料，可用于宾馆、饭店、机关等建筑中的楼梯扶手、栏杆、防滑条。有的西方建筑用铜色柱，可使建筑物光彩照人、美观雅致、光亮耐久，并烘托出华丽、高雅的氛围。除此之外，还可用于制作外墙板、各种装饰配件、把手、门锁、纱窗。在卫生器具、五金配件方面，如各种铜管、浴缸龙头、坐便器开关、淋浴器配件以及各种灯具、家具用铜合金件等。

铜合金的另一应用是铜粉(俗称“金粉”)，是一种由铜合金制成的金色颜料。铜粉的主要成分为铜及少量的锌、铝、锡等金属。铜粉可常用于调制装饰涂料，可代替“贴金”。

铜和铜合金材料中，艺术用铜合金是一类非常重要的特殊铜合金材料。我国是最早使用艺术铜合金的国家。早在殷商时代，就大量使用锡青铜制作各种装饰性很强、艺术价值极高的器皿、雕塑。用铜合金制作的艺术品，或古朴庄重或华丽典雅，历来深受人们的青睐。随着合金设计、熔铸加工、仿古做旧、表面处理等相关技术的进步，艺术铜合金材料有了很大的发展。

艺术用铜合金是指用于仿古制造鼎、镜、鼓、香炉、佛像、雕塑等艺术品、装饰品和乐器、兵器或钱币等的铜合金。与普通铜合金不同的是，它们对色泽、耐蚀性、磨削加工性或音质、响度有特殊要求。与其他铜合金一样，艺术用铜合金按工艺可分为铸造铜合金和变形铜合金两大类；按合金成分，则可分为紫铜、黄铜、青铜和白铜。

紫铜具有古铜色，朴实、大方、庄严，韧性好。焊接性能优良，多用作雕塑、人物雕像。黄铜有华贵艳丽的金黄色，常用作饰品，富丽堂皇，高贵典雅。青铜具有青靛色，耐蚀性好，用作器皿，稳重耐久。而白铜则具有银白色光泽，多用作餐具、乐器、纪念品，显得高洁清新。

艺术用紫铜主要有二号铜（T2）、三号铜（T3）和磷脱氧铜（TP2）三种，常用作铸造小型雕像、景泰蓝和镶嵌装饰品的胎坯、钱币和器皿。紫铜板可作铜版画、大型浮雕等。

艺术黄铜色如黄金，常作金箔和金粉的替代品，得到了广泛使用。变形普通黄铜以薄板、箔、管、线的形态用于艺术品。含锌20%的艺术用铸造黄铜经研磨会显现出美丽的晶粒，在艺术品加工中称此工艺为“点金”。

青铜具有高的强度、硬度、耐热性和良好的导电性，现代工业中广泛应用于汽车、机械、电子行业。青铜种类很多，除做高强导电材料、弹性导电材料、高强耐热材料、高强耐磨材料外，还大量用于艺术造型中。

艺术青铜中最主要的是铸造锡青铜。艺术青铜的锡含量一般小于20%，锡含量过多，则导致着色困难。青铜含5%Sn以下，易于着色。锡青铜结晶温度范围宽，易产生疏松。锡青铜耐蚀性优良，表面生成SnO_2薄膜，能起很好的保护作用。

锡青铜用途广泛，可用来制作佛像、钟、镜、鼓等制品。像用锡青铜锡含量一般不超过10%；钟用锡青铜锡含量一般在13%～25%之间。

铝青铜与锡青铜相比有更多的优点：材料表面有一层可以自愈的Al_2O_3保护膜，在大气和海洋环境中有很高的耐蚀性能；强度高、抗冲击，而且价格便宜。常温下铝在铜中的极限溶解度为9.4%，合金中Al含量超过固溶极限后会出现γ相，它硬而脆，且会在565°C以下温度发生缓冷脆裂，导致铸件裂纹，而加入Mn、Fe、Pb、Ni可以抑制这种现象。

近年来，艺术铜合金中的现代仿金材料（亦称亚金合金）有重要发展，主要是在铝青铜中添加少量锌、镍、锡和稀有元素，充分利用铝青铜的耐蚀、抗冲击性，进一步改进铝青铜的色泽和加工性能，降低成本。其中“18合金”颇为著名。“18合金”添加有铟（In），色泽酷似18K黄金，并有极高的耐蚀性、优良的冷热加工性能和焊接性能，成为巨型佛像、城市纪念性雕塑的首选材料。

艺术用白铜系Cu-Ni系合金，一般含5%～30%Ni，色泽为银白色，光泽艳丽。含20%左右的白铜常用来制造钱币和奖杯、奖牌，是白银的理想替代品。这些合金硬度较高，刻印时磨耗少，易于加工。加锌白铜最接近银色，具有很好的加工性能和耐蚀性，是选制餐具、乐器和装饰品的理想材料。

思考与练习

1. 建筑装饰中的金属材料主要有哪些？
2. 不锈钢与普通钢材相比，有哪些特点？不锈钢主要用于哪些方面？
3. 什么是彩色涂层钢板、简述其特性及应用。
4. 简述建筑装饰用钢材的主要品种与应用。
5. 简述铝合金装饰材料的特点与用途。
6. 铝合金为什么要进行表面处理？表面处理的方法有哪些？
7. 铝合金装饰板有哪些种类？各有何特点？主要应用在哪些方面？
8. 简述铝合金门窗的技术性能与应用。
9. 简述铜和铜合金装饰材料的特点与应用。

附录　建筑材料试验

试验一　建筑材料的基本性质试验

一、密度试验

材料的密度是指材料在绝对密实状态下，单位体积的质量。

1. 仪器设备

仪器设备包括李氏瓶（见附图 1）、筛子（孔径 0.2mm）、天平（称量为 1 000g，精度为 0.01g）、温度计、烘箱、干燥器、量筒等。

2. 试验步骤

（1）将试样破碎研磨并全部通过 0.2mm 孔筛，再放入 105℃～110℃的烘箱中，烘至恒重，然后在干燥器内冷却至室温。

（2）将不与试样起反应的液体注入李氏瓶中，使液体至突颈下 0～1mL 刻度线范围内，记下刻度数，将李氏瓶放入盛水的容器中，在实验过程中水温控制在（20±0.5）℃。待瓶内液体温度与水温相同后，读李氏瓶内液体凹液面的刻度值为 U_1（精确至 0.1ml，以下同）

（3）用天平秤取 60～90g 试样，记为 m_1，用小勺和漏斗小心地将试样徐徐送入李氏瓶中（下料速度不得超过瓶内液体浸没试样的速度，以免阻塞），直至液面上升至 20mL 刻度左右为止。再称剩余的试样质量 m_2，算出装入瓶内的试样质量 m（两次称量值 m_1、m_2 之差）。

（4）转动李氏瓶使液体中的气泡排出，再将李氏瓶放入盛水的破璃容器中，待液体温度与水温一致后，读出凹液面的刻度值 U_2。根据前后两次液面读数算出液面上升的体积 V（cm^3），即为瓶内试样所占的体积。

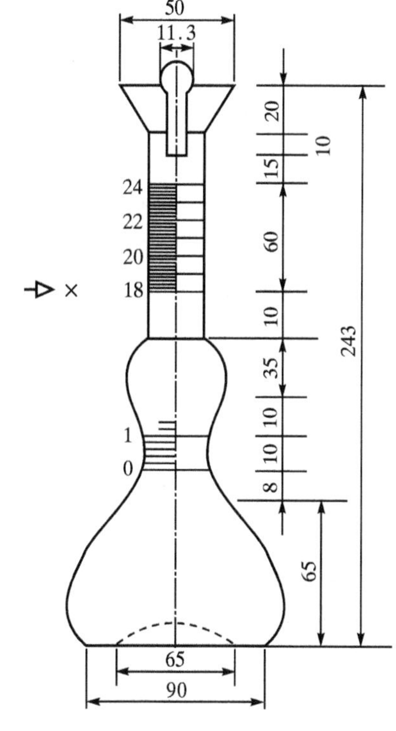

附图 1　李氏瓶

3. 结果计算

（1）按下式计算试样密度 ρ（精确至 0.01g/cm^3）

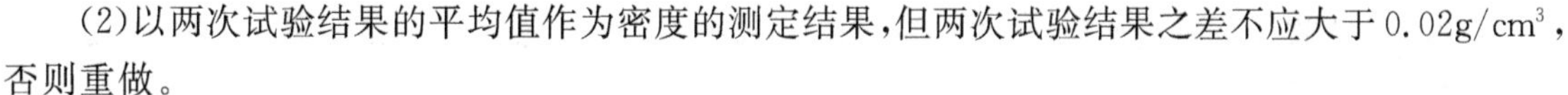

$$\rho=\frac{m_1-m_2}{V_2-V_1}$$

（2）以两次试验结果的平均值作为密度的测定结果，但两次试验结果之差不应大于 0.02g/cm^3，否则重做。

二、表观密度试验

表观密度是材料在自然状态下单位体积的质量。（以烧结普通砖为试剂件）

1. 仪器设备

仪器设备包括游标卡尺（精度 0.1mm）、天平（精度为 0.1g）、烘箱、干燥器等。

2. 试验步骤

(1)将规则形状的试件放入105℃～110℃的烘箱中烘干至恒温，取出后放入干燥器中，冷却至室温并用天平称量出试件的质量m(g)。

(2)用游标卡尺量出试件尺寸(每边测量上、中、下三处，取其算术平均值)，并计算出体积V_0(cm³)。

3. 结果计算

(1)按下式计算材料的表观密度$\rho_0=\dfrac{m}{V_0}\times 1000(\mathrm{kg/cm^3})$。

(2)以五次试验结果的平均值作为最后测定结果，精确至10kg/cm³。

三、堆积密度试验

堆积密度是指散粒状材料在自然堆积状态下单位体积的质量。

1. 仪器设备

仪器设备包括标准容器、标准漏斗、天平(感量0.1g)、台秤、烘箱、钢尺、干燥器等。

2. 试验步骤

(1)将试样放入温度为105℃～110℃的烘箱中烘干至恒重，再放入干燥器中冷却至室温。

(2)称标准容器的质量m_1(kg)。

(3)用标准漏斗将试样徐徐装入标准容器(漏斗出料口距标准容器口不应超过5cm)，直至试样装满并超出标准容器筒口。

(4)用钢尺将多余的试样沿容器口中心线向两个相反方向刮平，称其质量m_2(kg)。

3. 结果计算

(1)按下式计算试样的堆积密度。

$$\rho_0'=\frac{m_2-m_1}{V_0'}$$

式中：m_1——标准容器的质量，kg；

m_2——标准容器和试样的总质量，kg；

V_0'——标准容器的容积，m³。

(2)以两次结果的算术平均值作为最终的测定结果。

四、吸水率试验

材料的吸水率是指材料吸水饱和时的吸水量占干燥材料的质量和体积之比。

1. 仪器设备

仪器设备包括天平、烘箱、干燥箱、游标卡尺等。

2. 试验步骤

(1)将试样置于不超过100℃的烘箱中，烘干至恒重，再放到干燥器中冷却至室温，称其质量m(g)。

(2)将试件放入金属盆或玻璃盆中，在盆底部放些垫条(避免试件与盆底紧贴)，试件之间应留1～2cm的间隔。

(3)加水至试件高度的1/3处，过21h后再加水至高度的2/3处，再过24h加满水，并放置24h。这样逐次加水的目的在于使试件空隙中空气逐渐逸出。

(4)取出试件，抹去表面水分，称其质量m_b(g)，用排水法测试件的体积V_0(cm³)。

(5)为了检查试件是否吸水饱和，可将试件再浸入水中至高度的2/3处，过24h重新称量，两次质量之差不超过 1%。

3. 结果计算

(1)按下式计算试件吸水率。

质量吸水率：
$$W_m=\frac{m_b-m}{m}\times 100\%$$

体积吸水率：
$$W_v=\frac{m_b-m}{V_0}\times 100\%$$

式中：m——试件干燥质量,(g)；

m_b——试件吸水饱和质量,(g)。

(2)以三个试件吸水率的算术平均值作为测定结果。

试验二　水泥试验

通过实训操作练习,掌握水泥主要技术性质的检验方法、仪器使用、操作技能及其数量的确定方法。

一、水泥试验的一般规定

(1)编号和取样。取样不同水泥品种,其取样规定不同,对硅酸盐水泥、普通水泥、矿渣水泥、火山灰水泥、粉煤灰水泥的取样规定是:水泥出厂前按同品种、同标号编号和取样。袋装水泥和散装水泥应分别进行编号和取样。每一编号作为一取样单位。水泥出厂编号按水泥厂生产能力规定:

120 万 t 以上,不超过 1 200 t 为一编号;

60 万 t 以上～120 万 t,不超过 1 000 t 为一编号;

30 万 t 以上～60 万 t,不超过 600 t 为一编号;

10 万 t 以上～30 万 t,不超过 400 t 为一编号;

4 万 t～10 万 t,不超过 200 t 为一编号;

4 万 t 以下,不超过 100 t 和 3d 的产量为一编号。

取样应有代表性,可连续取,也可从 20 个以上不同部位取等量试样,总量至少 12kg。

(2)对试验材料的要求。试样应充分拌匀,通过 0.9mm 方孔筛,并记录筛余百分数及其性质。试验室用水必须是洁净的淡水。水泥试样、标准砂、拌和用水及试模的温度应与试验室温度相同。

(3)养护与试验条件。试验室温度应为(20±2)℃,相对湿度大于 50%。养护箱温度为(20±1)℃,相对湿度应大于 90%。

二、水泥细度检验

筛析法测定水泥细度是用 80μm 的方孔筛对水泥试样进行筛析,用筛网上所得筛余物的质量占原始质量的百分数来表示水泥样品的细度。试验分负压筛法及水筛法,在没有负压筛和水筛的情况下,允许用手工干筛法测定。

1. 主要仪器设备

(1)负压筛法仪器设备:负压筛析仪(由筛座、负压筛、负压源及收尘器组成,筛析仪负压可调范围为 4 000～6 000 Pa);天平最大称量为 100g,分度值不大于 0.05g。

(2)水筛法仪器设备:试验筛(由圆形筛框和筛网组成,筛孔为 80 μm 方孔);水筛架和喷头;天平最大称量为 100g,分度值不大于 0.05g。

(3)手工干筛法仪器设备:试验筛(由圆形筛框和筛网组成,筛孔为 80 μm 方孔);水筛架和喷头;天平最大称量为 100g,分度值不大于 0.05g。

2. 试验方法

(1)负压筛法。

①将负压筛放在筛座上,盖上筛盖,接通电源,检查控制系统,调节负压至 4 000~6 000Pa 范围内。

②称取试样 25g(w),置于洁净的负压筛中,盖上筛盖,放在筛座上,开动筛析仪连续筛析 2min,在此期间,如有试样附着在筛盖上,可轻轻敲击,使试样落下。筛毕后用天平称量筛余物质量(Rs),精确至 0.01g。

③当工作负压小于 4 000 Pa 时,应清理吸尘器内水泥,使负压恢复正常。

(2)水筛法。

①筛析试验前,应检查水中无泥、砂,调整好水压及水筛架位置,使其能正常运转。喷头底面和筛网之间距离为 35~75mm。

②称取试样 50g(w),置于洁净的水筛中,立即用淡水冲洗至大部分细粉通过后,放在水筛架上,用水压为(0.02~0.05)MPa 的喷头连续冲洗 3min。筛毕,用少量水把筛余物冲至蒸发皿中,等水泥颗粒全部沉淀后,小心倒出清水,烘干并用天平称量筛余物质量(Rs),精确至 0.01g。

(3)手工干筛法。

①称取水泥试样 50g(w),倒入干筛内。

②用一只手执筛往复摇动,另一只手轻轻拍打,拍打速度每分钟约 120 次,每 40 次向同一方向转动 60°,使试样均匀分布在筛网上,直至每分钟通过的试样量不超过 0.05g 为止。称取筛余物质量(Rs),精确至 0.01g。

3. 试验结果

水泥试样筛余百分数按下式计算:

$$F = \frac{R_s}{W} \times 100\%$$

式中:F——水泥试样筛余百分数(%);

R_s——水泥筛余物的质量(g);

W——水泥试样的质量(g)。

计算结果精确至 0.1%。

负压筛法与水筛法或手工干筛法测定的结果发生争议时,以负压筛法为准。

三、水泥标准稠度用水量、凝结时间、安定性测定

1. 主要仪器设备

(1)水泥净浆搅拌机。搅拌叶片转速为 90 r/min,搅拌锅内径为 130mm,深为 95mm。锅底、锅壁与搅拌翅的间隙为 0.2~0.5mm。

(2)水泥净浆标准稠度与凝结时间测定仪。滑动部分的总质量为(300±2)g;金属空心试锥,锥底直径为 40mm,高为 50mm(附图 2);装净浆用的锥模,上口内径为 60mm,锥高为 75mm(附图 3)。

(3)沸煮箱。沸煮箱的有效容积约为 410mm×240mm×310mm,篦板结构应不影响试验结果,篦板与加热器之间的距离大于 50mm。箱的内层由不易锈蚀的金属材料制成。能在(30±5)min 内将箱内试验用水由室温升至沸腾并可保持沸腾状态 3h 以上,整个试验过程中不需补充水量。

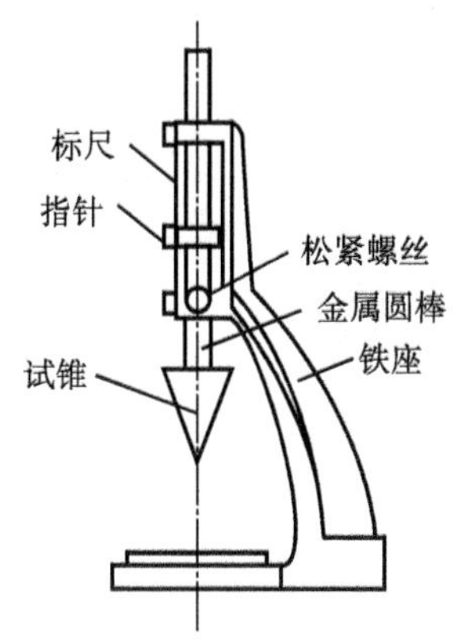

附图 2　标准稠度及凝结时间测定仪

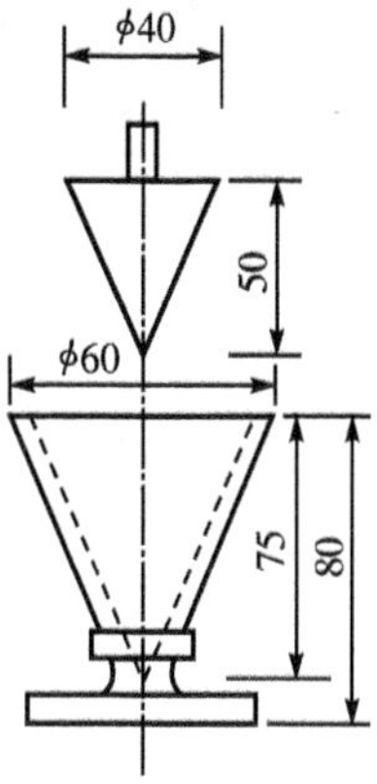

附图 3　试锥及锥模(单位:mm)

(4)雷氏夹。雷氏夹由铜质材料制成,见附图 4。当一根指针的根部先悬挂在一根金属丝或尼龙丝上,另一根指针的根部再挂上 300g 质量的砝码时,两根指针的针尖距离增加应在(17.5±2.5)mm 范围以内,即 $2x=(17.5\pm2.5)$mm,当去掉砝码后针尖的距离能恢复至挂砝码前的状态。雷氏夹受力示意图如附图 5 所示。

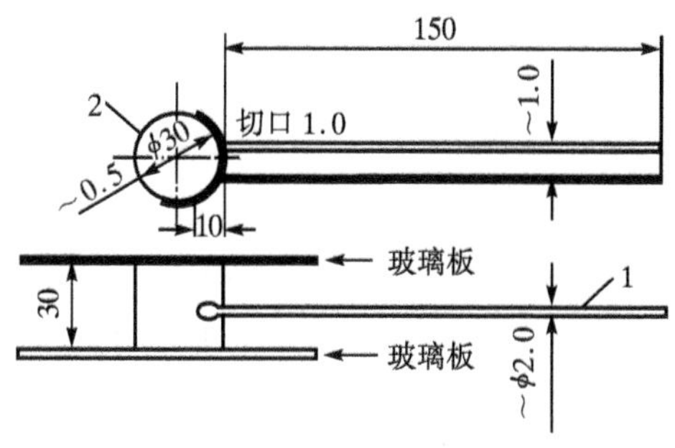

附图 4　雷氏夹(单位:mm)

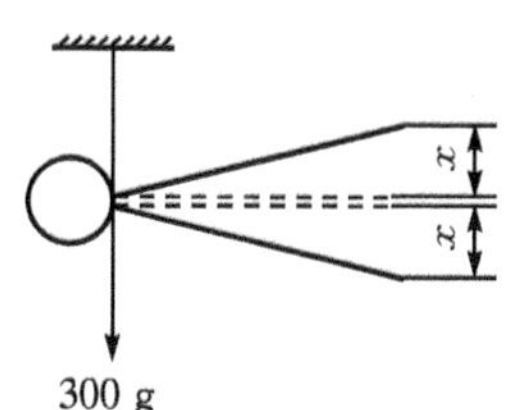

附图 5　雷氏夹受力示意图

(5)量水器。量水器的最小刻度为 0.1ml,精度为 1 %。

(6)天平。天平能准确称量至 1g。

(7)湿气养护箱。湿气养护箱应能使温度控制在(20±3)℃,湿度大于 90%。

(8)雷氏夹膨胀值测定仪。见附图 6,雷氏夹膨胀值测定仪的标尺最小刻度为 1mm。

2. 试样及用水

(1)水泥试样应充分拌匀,通过 0.9mm 方孔筛并记录筛余物情况,但要防止过筛时混进其他水泥。

(2)试验用水必须是洁净的淡水,如有争议时也可用蒸馏水。

3. 试验室温湿度

(1)试验室的温度为 17℃～25℃,相对湿度大于 50%。

(2)水泥试样、拌和水、仪器和用具的温度应与试验室一致。

4. 标准稠度用水量测定

(1)标准稠度用水量。标准稠度用水量测定可用调整水量法和不变水量法。

(2)水泥净浆的拌制。搅拌锅、搅拌叶片用湿棉布擦过,将称好的 500g 水泥试样倒入搅拌锅内。拌和时先将锅放到搅拌机锅座上,升至搅拌位置,开动机器,同时徐徐加入拌和水,慢速搅拌

120s,停拌 15s,接着快速搅拌 120s 后停机。

采用调整水量法时拌和水量按经验加水,采用不变水量法时拌和水量为 142.5ml。

(3)标准稠度测定。

① 调整水量法:采用调整水量法时拌和水量按经验加水,然后拌制水泥净浆。拌和结束后,立即将拌好的净浆装入锥模内,用小刀插捣,振动数次,刮去多余净浆;抹平后迅速放到试锥下面固定的位置上,将试锥降至净浆表面拧紧螺丝,然后突然放松,让试锥自由沉入净浆中,到试锥停止下沉时记录试锥下沉深度。整个操作应在搅拌后 1.5min 内完成。用水泥净浆标准稠度与凝结时间测定仪进行测定试锥下沉深度,以试锥下沉深度(28±2)mm 时的净浆为标准稠度净浆。其拌和水量为该水泥的标准稠度用水量(P),按水泥质量的百分比计。如下沉深度超出范围,须另称试样,调整水量,重新试验,直至达到(28±2)mm 时为止。

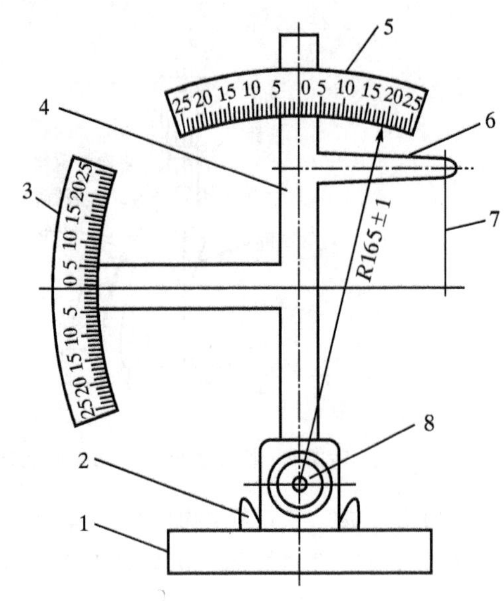

附图 6 雷氏夹膨胀值测量仪

1—底座;2—模子座;3—测弹性标尺;4—立柱;5—测膨胀值标尺;6—悬臂;7—悬丝;8—弹簧顶扭

② 不变水量法:采用不变水量法时拌和水量为 142.5ml。然后拌制水泥净浆。拌和结束后,立即将拌好的净浆装入锥模内,用小刀插捣,振动数次,刮去多余净浆;抹平后迅速放到试锥下面固定的位置上,将试锥降至净浆表面拧紧螺丝,然后突然放松,让试锥自由沉入净浆中,到试锥停止下沉时记录试锥下沉深度。整个操作应在搅拌后 1.5min 内完成。用水泥净浆标准稠度与凝结时间测定仪进行测定试锥下沉深度,根据测得的试锥下沉深度 S(mm)按下式(或仪器上对应的标尺)计算得到标准稠度用水量 P(%)。

$$P=33.4\sim0.185S$$

5. 水泥净浆凝结时间的测定

(1)测定凝结时间时,仪器下端应改装为试针,装净浆用的试模采用圆模,见附图 7。

(2)凝结时间的测定可以用人工测定,也可用自动凝结时间测定仪测定,两者有矛盾时,以人工测定为准。

(3)测定前的准备工作:将圆模放在玻璃板上,在内侧稍稍涂上一层机油,调整凝结时间测定仪的试针接触玻璃板时,指针应对准标尺零点。

(4)试件的准备:以标准稠度用水量加水,并按水泥标准稠度试验中净浆拌和的方法,拌成标准稠度水泥净浆。立即一次装入圆模,振动数次后刮平,然后放入湿气养护箱内。记录开始加水的时间作为凝结时间的起始时间。

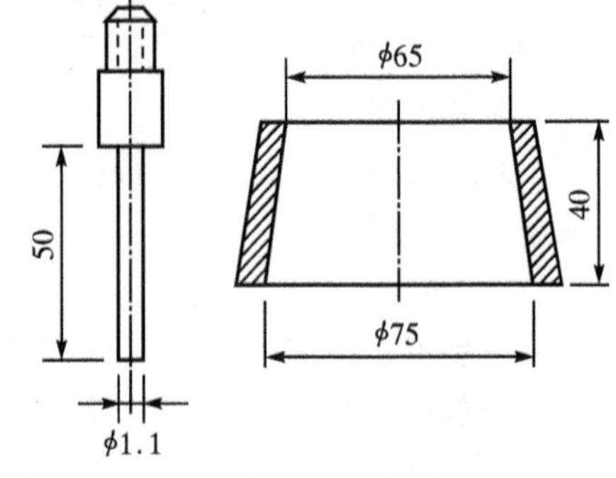

附图 7 试针及圆模(单位:mm)

(5)凝结时间的测定。试件在湿气养护箱中养护至加水后 30min 时进行第一次测定。

测定时,从湿气养护箱中取出圆模放到试针下,使试针与净浆面接触,拧紧螺丝 1~2 s 后突然放松，试针垂直自由沉入净浆，观察试针停止下沉时的指针读数。当试针沉至距底板 2～3mm 时，即水泥达到初凝状态；当下沉不超过 0.5～1mm 时为水泥达到终凝状态。由加水至初凝、终凝状态的时间分别为该水泥的初凝时间和终凝时间，用小时(h)和分(min)表示。测定时应注意，在最初测定的操作时，应轻轻扶持金属棒，使其徐徐下降以防试针撞弯，但结果以自由下落为准；在整个测试过程中，试针贯入位置至少应距圆模内壁 10mm。临近初凝时，每隔 5min 测定一次，临近终凝时，每隔 15min 测定一次，到达初凝或终凝状态时应立即重复测一次，当两次结论相同时才能定为到达初凝或终凝状态。每次测定不得让试针落入原针孔，每次测试完毕须将试针擦净并将圆模放回湿气养护箱内，整个测定过程中要防止圆模受振。

6. 安定性的测定

(1)安定性的测定方法。测定方法可以用试饼法也可用雷氏法，有争议时以雷氏法为准。试饼法是观察水泥净浆试饼沸煮后的外形变化来检验水泥的体积安定性。雷氏法是测定水泥净浆在雷氏夹中沸煮后的膨胀值。

(2)测定前的准备工作。若采用雷氏法时，每个雷氏夹需配备质量约 75～80g 的玻璃板两块；若采用试饼法时，一个样品需准备两块约 100mm×100mm 的玻璃板。每种方法每个试样需成型两个试件。凡与水泥净浆接触的玻璃板和雷氏夹表面都要稍稍涂上一层油。

(3)水泥标准稠度净浆的制备。以标准稠度用水量加水，按前述方法制成标准稠度水泥净浆。

(4)试饼法。

①将制好的净浆取出一部分分成两等份，使之成球形，放在预先准备好的玻璃板上，轻轻振动玻璃板并用湿布擦过的小刀由边缘向中间抹动，做成直径 70～80mm、中心厚约 10mm、边缘渐薄、表面光滑的试饼，接着将试饼放入湿气养护箱内养护(24±2)h。

②调整好沸煮箱内的水位，使其能保证在整个沸煮过程中都没过试件，不需中途添补试验用水，同时又保证能在(30±5)min 内升温至沸腾。

③养护结束后，脱去玻璃板，取下试饼。检查试饼是否完整(如已开裂翘曲要检查原因，确认无外因时，该试饼已属不合格，不必沸煮)，在试饼无缺陷情况下，将试饼放在沸煮箱的水中篦板上，然后在(30±5)min 内加热至沸，并恒沸 3h±5min。

④ 沸煮结束即放掉箱中热水，打开箱盖，待箱体冷却至室温，取出试件进行判别。目测试饼未发现裂缝，用直尺检查也没有弯曲的试饼为安定性合格，反之为不合格。当两个试饼判别结果有矛盾时，该水泥的安定性为不合格。

(5)雷氏法。

①将预先制备好的雷氏夹放在已稍擦油的玻璃板上，并立刻将已制备好的标准稠度净浆装满试模，另一只手用宽约 10mm 的小刀插捣 15 次左右然后抹平，盖上稍涂油的玻璃板，接着立刻将试模移至湿气养护箱内养护(24±2)h。②调整好沸煮箱内的水位，使其能保证在整个沸煮过程中都没过试件，不需中途添补试验用水，同时又保证能在(30±5)min 内升温至沸腾。

③养护结束后，脱去玻璃板，取下雷氏夹。先测量试件指针尖端间的距离 A，精确到 0.5mm，接着将试件放入水中篦板上，指针朝上，试件之间互不交叉，然后在(30±5)min 内加热至沸，并恒沸 3h±5min。

④沸煮结束即放掉箱中热水，打开箱盖，待箱体冷却至室温，取出试件进行判别。测量试件指针尖端间的距离 C，记录至小数点后一位，当两个试件煮后增加距离(C±A)的平均值不大于 5mm 时，即认为该水泥安定性合格。当两个试件的(C±A)值相差超过 4mm 时，应用同一样品

立即重做一次试验。

四、水泥胶砂强度检验方法(ISO法)(GB/T17671—1999)

1. 范围

抗压强度测定的结果与ISO679结果等同,如用标准规定的代用标准砂和振实台,当代用结果有异议时以基准方法为准。

本标准适用于硅酸盐水泥、普通硅酸盐水泥、矿渣硅酸盐水泥、粉煤灰硅酸盐水泥、复合硅酸盐水泥、石灰石硅酸盐水泥的抗折与抗压强度的检验。其他水泥采用本标准时必须研究本标准规定的适用性。

2. 方法概要

本方法采用40mm×40mm×160mm棱柱体试体的水泥抗压强度或抗折强度测定。

试体由按质量计的一份水泥、三份中国ISO标准砂,用0.5的水灰比拌制的一组塑性胶砂制成。在我国,ISO标准砂的水泥抗压强度结果必须与ISO基准砂的相一致。

胶砂用行星搅拌机搅拌,在振实台上成型,也可使用频率为2 800～3 000r/min,振幅为0.75mm的振动台成型。

试体连模一起在湿气中养护24h,然后脱模在水中养护至强度试验。

到试验龄期时将试体从水中取出,先进行抗折强度试验,折断后每截再进行抗压强度试验。

3. 实验室和仪器

(1)实验室。

①试体成型实验室的温度应保持在(20±2)℃,相对湿度不低于50%。

②试体带模养护的养护箱或雾室温度保持在(20±1)℃,相对湿度不低于90%。

③试体养护池水温度应在(20±1)℃范围内。

④实验室空气温度和相对湿度及养护池水温在工作期间每天至少记录一次。

⑤养护箱或雾室的温度与相对湿度至少每4h记录一次,在自动控制的情况下记录次数可酌减至一天记录两次。在温度给定范围内,控制所设定的温度应在此范围中。

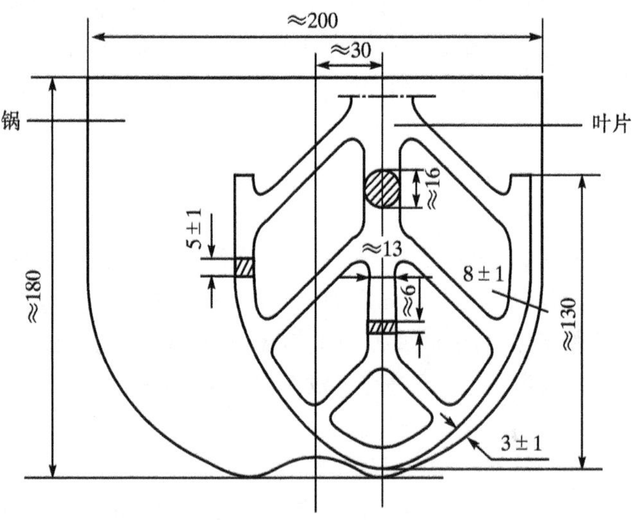

附图8　搅拌锅及搅拌叶片(单位:mm)

(2)设备。

①试验筛金属丝网试验筛应符合GB/T6003的要求。

②搅拌机属行星式,应符合JC/T681的要求,搅拌锅及搅拌叶片见附图8。

(3)试模由三个水平的模槽组成,可同时成型三条截面为40mm×40mm×160mm的棱柱体试体,其材质和制造要求应符合JC/T726的要求,见附图9。

成型操作时,应在试模上加一个壁高20mm的金属模套,当从上往下看时,模套壁与模型内

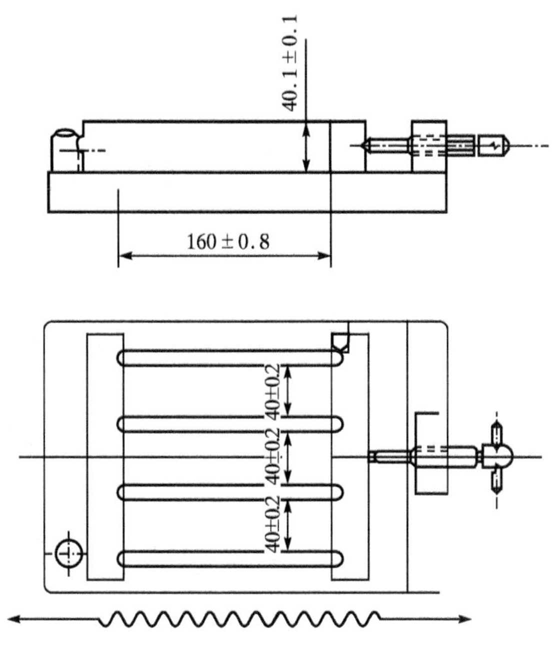

附图 9 水泥胶砂试模(单位:mm)

壁应该重叠,超出内壁不应大于 1mm。为了控制料层厚度和刮平胶砂,应备有播料器和金属刮平直尺,见附图 10。

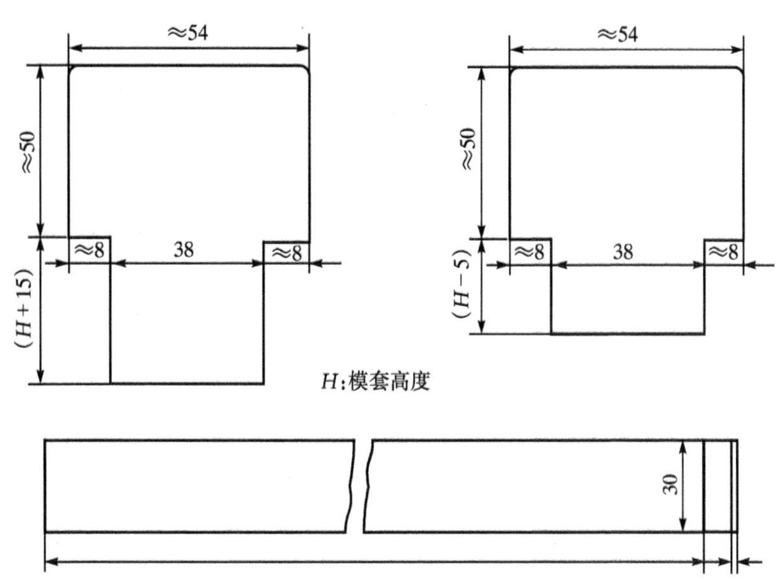

附图 10 典型的播料器和金属刮平尺(单位:mm)

(4)振实台应符合 JC/T682 的要求,见附图 11。振实台应安装在高度约 400mm 的混凝土基座上。

(5)抗折强度试验应符合 JC/T742 的要求。试件在夹具中受力状态见附图 12 所示。

抗折强度也可用抗压强度试验机来测定,此时应使用符合上述规定的夹具。

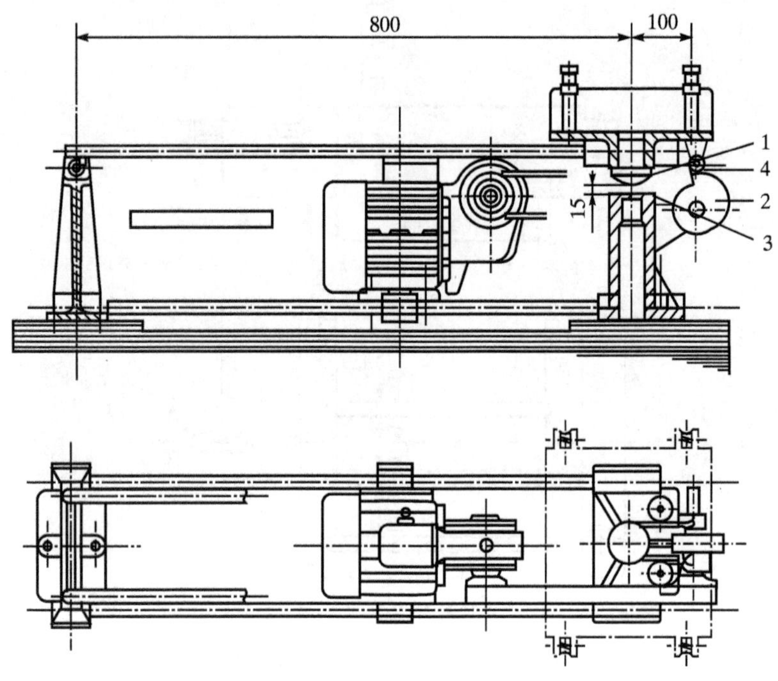

附图 11 水泥胶砂振实台(单位:mm)

1—突出;2—凸轮;3—止动器;4—随动轮

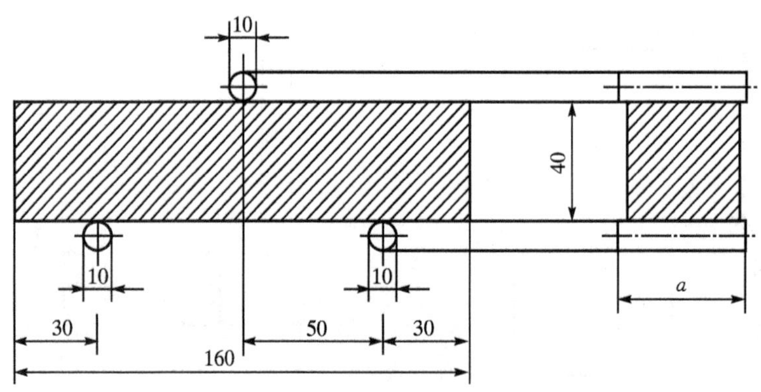

附图 12 抗折强度测定加荷图(单位:mm)

(6)抗压强度试验机在较大的 4/5 量程范围内使用时记录的荷载应有±1%的精度,并具有按(2 400±200)N/s 速率加荷的能力。

试验机压板应由维氏硬度不低于 HV 600 的硬质钢制成,最好为碳化钨,厚度不小于10mm,宽度为(40±0.1)mm,长不小于 40mm。当试验机没有球座,或球座不灵活或直径大于120mm时,应采用抗压夹具。试验机的最大荷载以 200~300kN 为佳。

(7)抗压强度试验机用夹具。夹具应符合 ITC/T683 的要求,受压面积为 40mm×40mm,见附图 13。

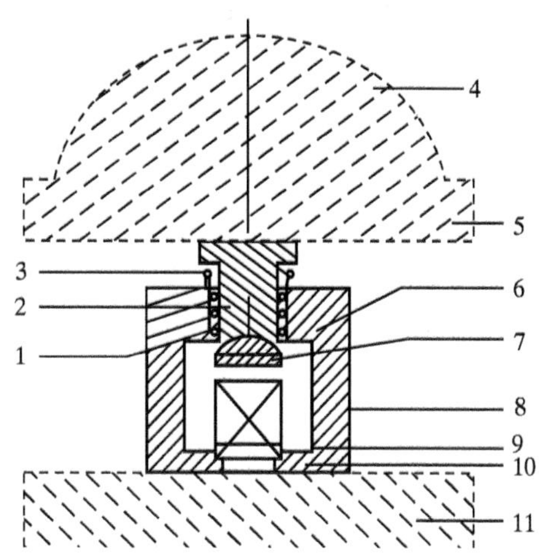

附图 13 水泥胶砂抗压强度试验夹具

1—滚珠轴承；2—滑板；3—复位弹簧；4—压力机球坐；5—压力机上压板；6—夹具球座；7—夹具上压板；8—试体；9—底板；10—夹具下压板；11—压力机下压板

4. 胶砂的组成

(1)砂。

①ISO 基准砂是由德国标准砂公司制备的 SiO_2 含量不低于 98%的天然的圆形硅质砂组成，其颗粒分布在附表 1 规定的范围内。

附表 1 ISO 基准砂颗粒分布

方孔边长(mm)	累计筛余(%)	方孔边长(mm)	累计筛余(%)	方孔边长(mm)	累计筛余(%)
2.0	0	1.0	33±5	0.16	87±5
1.6	7±5	0.5	67±5	0.08	99±1

砂的湿含量是在 105℃～110℃下用代表性砂样烘干 2h 的质量损失来测定，以干基的质量百分数表示，应小于 0.2%。

②中国 ISO 标准砂完全符合 ISO 基准砂颗粒分布和湿含量的规定。

中国 ISO 标准砂可以单级分包装，也可各级预配合以(1 350±5)g 的量用塑料袋混合包装，但所用塑料袋材料不得影响强度试验结果。

(2)水泥。当试验水泥从取样至试验要保持 24h 以上时，应把它贮存在基本装满和气密的容器里，这个容器应不与水泥起反应。

(3)水。仲裁试验或其他重要试验用蒸馏水，其他试验可用饮用水。

5. 胶砂的制备

(1)配合比。胶砂的质量配合比应为一份水泥、三份标准砂和半份水(水灰比为 0.5)。一锅胶砂成三条试体，每锅材料需要量见附表 2。

附表 2　每锅胶砂的材料数量　单位:g

水泥品种	水泥	标准砂	水
硅酸盐水泥	(450±2)	(1350±5)	(225±1)
普通硅酸盐水泥			
矿渣硅酸盐水泥			
粉煤灰硅酸盐水泥			
复合硅酸盐水泥			
石灰石硅酸盐水泥			

(2)配料。水泥、砂、水或试验用具的温度与试验室相同,称量用的天平精度应为±1g。当用自动滴管加 225ml 水时,滴管精度应达到±1ml。

(3)搅拌。每锅胶砂用搅拌机进行机械搅拌。先使搅拌机处于待工作状态,然后按以下程序进行操作。

①把水加入锅里,再加水泥,把锅放在固定架上,上升至固定位置。

②然后立即开动机器,低速搅拌 30 s 后,在第二个 30 s 开始的同时均匀地将砂子加入。当各级砂分装时,从最粗粒级开始,依次将所需的每级砂量加完,把机器转至高速再拌 30 s。

③停拌 90 s,在第 1 个 15 s 内用一胶皮刮具将叶片和锅壁上的胶砂刮入锅中间。在高速下继续搅拌 60 s。各个搅拌阶段,时间误差应在±1 s 以内。

6. 试件制备

(1)尺寸。尺寸应是 40mm×40mm×160mm 的棱柱体。

(2)成型。

①用振实台成型胶砂制备后立即进行成型,将空试模和模套固定在振实台上,用一个适当的勺子直接从搅拌锅里将胶砂分两层装入试模,装第一层时,每个槽里约放 300g 胶砂,用大播料器垂直架在模套顶部,沿每个模槽来回一次将料层播平,接着振实 60 次。再装入第二层胶砂,用小播料器播平,再振实 60 次。移走模套,从振实台上取下试模,用一金属直尺以近似 90°的角度架在试模模顶的一端,然后沿试模长度方向以横向锯割动作慢慢向另一端移动,一次将超过试模部分的胶砂刮去,并用同一直尺以近乎水平的情况下将试体表面抹平。在试模上作标记或加字条标明试件编号和试件相对于振实台的位置。

②用振动台成型。当使用代用的振动台成型时,在搅拌胶砂的同时,将试模和下料漏斗卡紧在振动台的中心。将搅拌好的全部胶砂均匀地装入下料漏斗中,开动振动台,胶砂通过漏斗流入试模。振动 5~120s 后停车。振动完毕,取下试模,用刮平尺以“振实台成型”中规定的手法刮去其高出试模的胶砂并抹平,接着在试模上作标记或加字条标明试件编号。

7. 试件的养护

(1)脱模前的处理和养护。去掉留在模子四周的胶砂,立即将做好标记的试模放入雾室或湿箱的架子上养护,湿空气应能与试模各边接触。养护时不应将试模放在其他试模上,一直养护到规定的脱模时间取出脱模。脱模前对试件编号或做其他标记。两个龄期以上的试件,在编号时应将同一试模中的三条试件分在两个以上的龄期内。

(2)脱模。脱模应非常小心。对于 24h 龄期的,应在破型试验前 20min 内脱模。对于 24h

以上龄期的，应在成型后 20～24h 之间脱模。

(3)水中养护。将做好标记的试件立即水平或竖直放在(20±1)℃水中养护，水平放置时刮平面应朝上。试件放在不易腐烂的篦子上，并彼此间保持一定的间距，以让水与试件的六个面接触，养护期间试件之间的间隔或试件上表面的水深不得小于 5mm。每个养护池只养护同类型的水泥试件。最初用自来水装满养护池，随后随时加水保持适当的恒定水位，不允许在养护期间全部换水。除 24h 龄期或延迟至 48h 脱模的试件外，任何到龄期的试件应在试验(破型)前15min 从水中取出，然后揩去试件表面沉积物，并用湿布覆盖至试验为止。

(4)强度试验试件的龄期。试体龄期是从水泥加水搅拌开始试验时算起。不同龄期强度试验在下列时间里进行：24h±15min，48h±30min，72h±45min，7d±2h，>28d±8h。

8. 试验程序

(1)程序。先测定抗折强度，然后在折断的棱柱体上进行抗压强度试验，受压面是试件成型时的两个侧面，面积为 40mm×40mm。当不需要抗折强度数值时，抗折强度试验可以省去。但抗压强度试验应在不使试件受有害应力情况下折断的两截棱柱体上进行。

(2)抗折强度测定。将试件一个侧面放在试验机支撑圆柱上，试件长轴垂直于支撑圆柱，通过加荷圆柱以(50±10)N/s 的速率均匀地将荷载垂直地加在棱柱体相对侧面上，直至折断。保持两个半截棱柱体处于潮湿状态直至抗压试验。抗折强度按下式计算：

$$f_t = \frac{1.5F_fL}{b^3}$$

式中：F_f——折断时施加于棱柱体中部的荷载 (N)；

L——支撑圆柱之间的距离 (mm)取为 100mm；

B——棱柱体正方形截面的边长(mm)取为 40mm。

结果评定：取三个测值的平均计算抗折强度；若三个测值中有一个与平均值的相对误差大于±10%时，则取剩余两个测值的平均计算抗折强度，计算至 0.1 MPa。

(3)抗压强度测定。抗压强度试验用规定的仪器，在半截棱柱体的侧面上进行。半截棱柱体中心与压力机压板受压中心差应在±0.5mm 内，棱柱体露在压板外的部分约有 10mm。在整个加荷过程中以(2 400±200)N/s 的速率均匀地加荷直至破坏。抗压强度按下式计算：

$$f_c = \frac{F_c}{A}$$

式中：F_c ——破坏时的最大荷载 (N)；

A——受压部分面积 (mm^2) (为 40mm×40mm=1 600mm^2)。

结果评定：取六个测值的平均计算抗压强度；若六个测值中有一个与平均值的相对误差大于±10%时，则取剩余五个测值的平均计算抗压强度，若五个测值中再有超出它们平均值的相对误差±10%时，则此组结果作废。结果计算至 0.1 MPa。

试验三　混凝土用骨料试验

一、取样方法

1. 砂、石的取样

同产地、同规格分批验收。用大型工具运输的，以 400m^3 或 600t 为一批。用小型工具运输的以 200m^3 或 300t 为一验收批。不足上述数量者为一批。

在料堆上取样时，取样前先将取样部位表层铲除，然后从不同部位抽取大致等量的砂 8 份（石 15 份）；从皮带运输机上取样时，应在皮带运输机机尾的出料处用接料器定时抽取砂 4 份（石 8 份）。

2. 样品的缩分

（1）用分料器（砂）：将样品在潮湿状态下拌合均匀，然后通过分料器，取接料斗中的其中一份再次通过分料器，重复上述过程，直至把样品缩分到试验所需量为止。

（2）人工四分法：将所取样品置于平板上，拌合均匀，堆成厚度约为 20mm 的圆饼（砂）或锥体（石），然后沿互相垂直的两条直径分为大致相等的四份，取其中对角线的两份重新拌匀，重复进行，直至把样品缩分到试验所需量为止。

二、砂的筛分析试验

1. 试验目的

通过试验测定砂的颗粒级配，计算砂的细度模数，评定砂的粗细程度；掌握 GB/T14684—2001《建筑用砂》的测试方法，正确使用所用仪器与设备，并熟悉其性能。

2. 主要仪器设备

（1）标准筛——方孔，孔径为 9.5mm、4.75mm、2.36mm、1.18mm、600μm、300μm、150μm 并附有筛底和筛盖；

（2）天平——称量为 1 000g，精度为 1g；

（3）鼓风烘箱——温度控制在（105±5）℃；

（4）摇筛机。

（5）浅盘、毛刷等。

3. 试样制备

按规定取样，用四分法分取不少于 4 400g 试样，并将试样缩分至 1 100g，放在烘箱中于（105±5）℃下烘干至恒量，待冷却至室温后，筛除大于 9.5mm 的颗粒（并算出其筛余百分率），分为大致相等的两份备用。

4. 试验步骤

（1）准确称取试样 500g，精确到 1g。

（2）将标准筛按孔径由大到小的顺序叠放，加底盘后，将称好的试样倒入最上层的 4.75mm 筛内，加盖后置于摇筛机上，摇约 10min。

（3）将套筛自摇筛机上取下，按筛孔大小顺序再逐个用手筛，筛至每分钟通过量小于试样总量 0.1%为止。通过的颗粒并入下一号筛中，并和下一号筛中的试样一起过筛，按这样的顺序进行，直至各号筛全部筛完为止。

（4）称取各号筛上的筛余量，试样在各号筛上的筛余量不得超过 200g，否则应将筛余试样分成两份，再进行筛分，并以两次筛余量之和作为该号的筛余量。

5. 试验结果计算与评定

（1）计算分计筛余百分率：各号筛上的筛余量与试样总量相比，精确至 0.1%。

（2）计算累计筛余百分率：每号筛上的筛余百分率加上该号筛以上各筛余百分率之和，精确至 0.1%。筛分后，若各号筛的筛余量与筛底的量之和同原试样质量之差超过 1%时，须重新试验。

（3）砂的细度模数按下式计算，精确至 0.1。

$$M_x = \frac{(A_2 + A_3 + A_4 + A_5 + A_6) - 5A_1}{100 - A_1}$$

式中：M_x——细度模数；

A_1、A_2…A_6——分别为4.75,2.36,1.18,0.60,0.30,0.15mm筛的累计筛余百分率。

(4)累计筛余百分率取两次试验结果的算术平均值，精确至1%。细度模数取两次试验结果的算术平均值，精确至0.1；如两次试验的细度模数之差超过0.2时，须重新试验。

三、砂的表观密度测定试验

1. 试验目的

通过试验测定砂的表观密度，为计算砂的空隙率和混凝土配合比设计提供依据。掌握GB/T14684—2001《建筑用砂》的测试方法，正确使用所用仪器与设备，并熟悉其性能。

2. 主要仪器设备

(1)容量瓶——500mL；

(2)天平——称量为1 000g，精度为1g；

(3)鼓风烘箱——温度控制在(105±5)℃；

(4)干燥器、料勺、温度计算。

3. 试验制备

试样按规定取样，并将试样缩分至660g，放在烘箱中于(105±5)℃下烘干至恒量，待冷至室温后，分成大致相等的两份备用。

4. 试验步骤

(1)称取上述试样300g，装入容量瓶，注入冷开水至接近500mL的刻度处，用手旋转摇动容量瓶，使砂样充分摇动，排除气泡，塞紧瓶盖，静置24h，然后用滴管小心加水至容量瓶颈刻500mL刻度线处，塞紧瓶塞，擦干瓶外水分，称其质量，精确至1g。

(2)将瓶内水和试样全部倒出，洗净容量瓶，再向瓶内注水至瓶颈500mL刻度线处，擦干瓶外水分，称其质量，精确至1g。试验时试验室温度应在20℃～25℃。

5. 试验结果计算与评定

(1)砂的表观密度按下式计算，精确至10kg/m³。

$$\rho_1 = \left(\frac{G_0}{G_0 + G_2 - G_1}\right) \times \rho_{水}$$

式中：ρ_0——砂的表观密度，kg/m³；

$\rho_{水}$——水的密度，1 000kg/m³；

F_0——烘干试样的质量，g；

G_1——试样、水及容量瓶的总质量，g；

G_2——水及容量瓶的总质量，g。

(2)表观密度取两次试验结果的算术平均值，精确至10kg/m³；如两次试验结果之差大于20kg/m³，须重新试验。

四、砂的堆积密度测定试验

1. 试验目的

通过试验测定砂的堆积密度，为混凝土配合比设计和估计运输工具的数量或存放堆场的面积等提供依据。掌握GB/T14684—2001《建筑用砂》的测试方法，正确使用所用仪器与设备。

2. 主要仪器设备

(1)鼓风烘箱——温度控制在(105±5)℃;

(2)容量筒——金属圆柱形,容积为 1 L;

(3)天平——称量为 10kg,精度为 1g;

(4)标准漏斗;

(5)直尺、浅盘、毛刷等。

3. 试样制备

按规定取样,用搪瓷盘装取试样约 3 L,置于温度为(105±5)℃的烘箱中烘干至恒量,待冷却至室温后,筛除大于 4.75mm 的颗粒,分成大致相等的两份备用。

4. 试验步骤

(1)松散堆积密度的测定。

①称取容量筒的质量(G_2)及测定容量筒的体积(V);将容量筒置于漏斗下面,使漏斗对正中心。

②取一份试样,用漏斗或料勺,从容量筒中心上方 50mm 处慢慢装入,等装满并超过筒口后。

③用钢尺或直尺沿筒口中心线向两个相反方向刮平(试验过程应防止触动容量瓶),称出试样与容量筒的总质量 G_1,精确至 1g。

(2)紧密堆积密度的测定。

①称取量筒的质量(G_2)及测定容量筒的体积(V)。

②取试样一份分两次装入容量筒。

③装完第一层后,在筒底垫一根直径为 10mm 的圆钢,按住容量筒,左右交替击地面 25 次。

④然后装入第二层,装满后用同样的方法进行颠实(但所垫放圆钢的方向与第一层的方向垂直)。

⑤再加试样直至超过筒口,然后用钢尺或直尺沿中心线向两个相反的方向刮平,称出试样与容量筒的总质量(G_1),精确至 0.1g。

(3)称出容量筒的质量,精确至 1g。

5. 试验结果计算与评定

(1)砂的松散或紧密堆积密度按下式计算,精确至 10kg/m³。

$$\rho_1 = \frac{G_1 - G_2}{V}$$

式中:ρ_2——砂的松散或紧密堆积密度,kg/m³;

G_1——试样与容量筒总质量,g;

G_2——容量筒的质量,g;

V——容量筒的容积,L。

(2)堆积密度取两次试验结果的算术平均值,精确至 10kg/m³。

五、石子的筛分析试验

1. 试验目的

通过筛分试验测定碎石或卵石的颗粒级配,以便于选择优质粗集料,达到节约水泥和改善混凝土性能的目的;掌握 GB/T14685—2001《建筑用碎石、卵石》的测试方法,正确使用所用仪器与设备,并熟悉其性能。

2. 主要仪器设备

(1)方孔筛——孔径为2.36mm、4.75mm、9.50mm、16.0mm、19.0mm、26.5mm、31.5mm、37.5mm、53.0mm、63.0mm、75.0mm、及90.0mm的筛各一个,并附有筛底和筛盖。

(2)鼓风烘箱——能使温度控制在(105±5)℃。

(3)摇筛机。

(4)台称——称量为10kg,精度为10g。

(5)浅盘、烘箱等。

3. 试样制备

按规定取样,用四分法缩取不少于附表3的试样数量,经烘干或风干后备用。

附表3 粗集料筛分试验取样规定

最大粒径(mm)	9.5	16.0	19.0	26.5	31.5	37.5	63.0	75.0
最少试样质量(Kg)	1.9	3.2	3.8	5.0	6.3	7.5	12.6	16.0

4. 试验步骤

(1)称取按附表3的规定质量的试样一份,精确到1g。将试样倒入按孔径大小从上到下组合的套筛上。

(2)将套筛放在摇筛机上,摇10min;取下套筛,按筛孔大小顺序再逐个进行手筛,筛至每分钟通过量小于试样总量的0.1%为止。通过的颗粒并入下一个筛,并和下一号筛中的试样一起过筛,直至各号筛全部筛完。当筛余颗粒的粒径大于19mm,在筛分过程中允许用手指拨动颗粒。

(3)称出各号筛的筛余量,精确至1g。

筛分后,如所有筛余量与筛底的试样之和与原试样总量相差超过1%,则须重新试验。

5. 试验结果计算与评定

(1)计算分计筛余百分率(各筛上的筛余量占试样总量的百分率),精确至0.1%。

(2)计算各号筛上的累计筛余百分率(该号筛的分计筛余百分率与该号筛以上各分计筛余百分率之和),精确至0.1%。

(3)根据各号筛的累计筛余百分率,评定该试样的颗粒级配。粗集料各号筛上的累计筛余百分率应满足国家规范规定的粗集料颗粒级配的范围要求。

六、石子的表观密度测定试验

1. 试验目的

通过试验测定石子的表观密度,为评定石子质量和混凝土配合比设计提供依据;石子的表观密度可以反映骨料的坚实、耐久程度,因此是一项重要的技术指标。应掌握GB/T14684—2001《建筑用碎石、卵石》的测试方法,正确使用所用仪器与设备,并熟悉其性能。

石子的表观密度测定方法有液体比重天平法和广口瓶法。

2. 主要仪器设备

(1)液体比重天平法。

①鼓风烘箱——温度控制在(105±5)℃;

②吊篮;

③台秤；

④方孔筛——孔径为 4.75mm；

⑤盛水容器(有溢水孔)；

⑥温度计、浅盘、毛巾等。

(2)广口瓶法。

①广口瓶——1 000mL，磨口；

②天平——称量为 2 000g，精度为 1g；

③方孔筛、鼓风烘箱、浅盘、温度计、毛巾等。

3. 试样制备

按规定取样，用四分法缩分至不少于附表 4 规定的数量，经烘干或风干后筛除小于 4.75mm 的颗粒，洗刷干净后，分为大致相等的两份备用。

附表 4　粗集料表观密度试验所需试样数量

最大粒径(mm)	＜26.5	31.5	37.5	63.0	75.0
最少试样质量(kg)	2.0	3.0	4.0	6.0	6.0

4. 试验步骤

(1)液体比重天平法。

①取试样一份装入吊篮，并浸入盛有水的容器中，液面至少高出试样表面 50mm。浸水 24h 后，移放到称量用的盛水容器内，然后上下升降吊篮以排除气泡(试样不得露出水面)。吊篮每升降一次约 1 s，升降高度为 30～50mm。

②测定水温后(吊篮应全浸在水中)，准确称出吊篮及试样在水中的质量，精确至 5g，称量盛水容器中水面的高度由容器的溢水孔控制。

③提起吊篮，将试样倒入浅盘，置于烘箱中烘干至恒重，冷却至室温，称出其质量，精确至 5g。

④称出吊篮在同样温度水中的质量，精确至 5g。称量时盛水容器内水面的高度由容器的溢水孔控制。

注：试验时各项称量可以在 15℃～25℃范围内进行，但从试样加水静止的 2h 起至试验结束，其温度变化不得超过 2℃。

(2)广口瓶法。

①将试样浸水 24h，然后装入广口瓶(倾斜放置)中，注入清水，摇晃广口瓶以排除气泡。

②向瓶内加水至凸出瓶口边缘，然后用玻璃片迅速滑行，滑行中应紧贴瓶口水面。擦干瓶外水分，称取试样、水、广口瓶及玻璃片的总质量，精确至 1g。

③将广口瓶中试样倒入浅盘，然后在(105±5)℃的烘箱中烘干至恒重，冷却至室温后称其质量，精确至 1g。

④将广口瓶洗净，重新注入饮用水，并用玻璃片紧贴瓶口水面，擦干瓶外水分，称取水、广口瓶及玻璃片总质量，精确至 1g。

注：此法为简易法，不宜用于石子的最大粒径大于 37.5mm 的情况。

5. 试验结果计算与评定

(1)石子的表观密度按下式计算，精确至 $10kg/m^3$。

$$\rho_0 = \left(\frac{G_0}{G_0 + G_2 - G_1}\right) \times \rho_{水}$$

式中：ρ_0——石子的表观密度，(kg/m^3)；

$\rho_{水}$——水的密度，取 1 000 (kg/m^3)；

G_0——烘干试样的质量，(g)；

G_1——吊篮及试样在水中的质量，(g)；

G_2——吊篮在水中的质量，(g)。

(2)表观密度取两次试验结果的算术平均值，精确至 10kg/m^3；如两次试验结果之差大于 20kg/m^3，须重新试验。对材质不均匀的试样，如两次试验结果之差大于 20kg/m^3，可取 4 次试验结果的算术平均值。

七、石子的堆积密度测定试验

1. 试验目的

石子的堆积密度的大小是粗骨料级配优劣和空隙多少的重要标志，而且是进行混凝土配合比设计的必要资料，或用以估计运输工具的数量及存放堆场面积等。通过试验应掌握 GB/T14684—2001《建筑用碎石、卵石》的测试方法，正确使用所用仪器与设备，并熟悉其性能。

2. 主要仪器设备

(1)台秤——称量 10kg，精度为 10g；

(2)磅秤——称量 50kg 或 100kg，精度为 50g；

(3)容量筒；

(4)垫棒、直尺等。

3. 试样制备

按规定取样，烘干或风干后，拌匀并把试样分为大致相等的两份备用。

4. 试验步骤

(1)松散堆积密度的测定。

①称取容量筒的质量(G_2)及测定容量筒的体积(V)。

②取试样一份，用取样铲从容量筒口中心上方 50mm 处，让试样自由落下，当容量筒上部试样呈锥体并向四周溢满时，停止加料。

③除去凸出容量筒表面的颗粒，以适当的颗粒填入凹陷处，使凹凸部分的体积大致相等。称出试样和容量筒的总质量(G_1)，精确至 10g。

(2)紧密堆积密度的测定。

①称取容量筒的质量(G_2)及测定容量筒的体积(V)。

②将容量桶置于坚实的平地上，取试样一份，用取样铲将试样分三次自距容量桶上口50mm 高度处装入桶中，每装完一层后，在桶底放一根垫棒，将桶按住，左右交替颠击地面 25 次。

③将三层试样装填完毕后，再加试样直至超过桶口，用钢尺或直尺沿桶口边缘刮去高出的试样，并用适合的颗粒填平凹处，使表面凸起部分与凹陷部分的体积大致相等。

④称出试样和容量筒的总质量(G_2)，精确至 10g。

5. 试验结果计算与评定

(1)石子的松散或紧密堆积密度按下式计算，精确至 10kg/m^3。

$$\rho_1 = \frac{G_1 - G_2}{V}$$

式中：ρ_1——石子的松散或紧密堆积密度，(kg/m^3)；

G_1——试样与容量筒总质量，(g)；

G_2——容量筒的质量，(g)；

V——容量筒的容积，L。

(2)堆积密度取两次试验结果的算术平均值，精确至10kg/m^3。

八、石子的压碎指标测定试验

1. 试验目的

通过测定碎石或卵石抵抗压碎的能力，以间接地推测其相应的强度，评定石子的质量。通过试验应掌握GB/T14684—2001《建筑用碎石、卵石》的测试方法，正确使用所用仪器与设备，并熟悉其性能。

2. 主要仪器设备

(1)压力试验机。

(2)压碎值测定仪。

(3)方孔筛。

(4)天平。

(5)台秤。

(6)垫棒等。

3. 试样制备

按规定取样，风干后筛除大于19mm及小于9.5mm的颗粒，并去除针片状颗粒，拌匀后分成大致相等的三份备用(每份3 000g)。

4. 试验步骤

(1)置圆模于底盘上，取试样1份，分两层装入模内，每装完一层试样后，一手按住模子，一手将底盘放在圆钢上震颤摆动，左右交替颠击地面各25次，两层颠实后，平整模内试样表面，盖上压头。

(2)将装有试样的模子置于压力机上，开动压力试验机，按1kN/s的速度均匀加荷200kN并稳荷5 s，然后卸荷，取下受压圆模，倒出试样，用孔径2.36mm的筛筛除被压碎的细粒，称取留在筛上的试样质量，精确至1g。

5. 结果计算与评定

(1)压碎指标值按下式计算，精确至0.1%。

$$Q_e = \frac{G_1 - G_2}{G_1} \times 100\%$$

式中：Q_e——压碎指标值，(%)；

G_1——试样的质量，(g)；

G_2——压碎试验后筛余的试样质量，(g)。

(2)压碎指标值取三次试验结果的算术平均值，精确至1%。

试验四　砂浆试验

本试验相关内容摘取自中华人民共和国行业标准《建筑砂浆基本性能试验方法标准》JGJ/T

70—2009。

一、一般规定

1. 取样

(1)建筑砂浆试验用料应从同一盘砂浆或同一车砂浆中取出,取样量不应少于试验所需量的4倍。

(2)当施工中取样进行砂浆试验时,砂浆取样方法应按相应的施工验收规范执行,并宜在现场搅拌点或预拌砂浆卸料点的至少3个不同部位及时取样。对于现场取得的试样,试验前应人工搅拌均匀。

(3)从取样完毕到开始进行各项性能试验,不宜超过15min。

2. 试样制备

(1)在实验室制备砂浆试样时,所用材料应提前24h运入室内。拌合时,实验室的温度应保持在(20±5)℃。当需要模拟施工条件下所用的砂浆时,所用原材料的温度宜与施工现场保持一致。

(2)试验所用原材料应与现场使用材料一致。砂应通过公称粒径为4.75mm的筛。

(3)在实验室拌制砂浆时,材料用量应以质量计。水泥、外加剂、掺合料等的称量精度应为±0.5%;细骨料的称量精度应为±1%。

(4)在实验室搅拌砂浆时应采用机械搅拌,搅拌机应符合《试验用砂浆搅拌机》JG/T3033的规定,搅拌的用量宜为搅拌机容量的30%~70%,搅拌时间不应少于120s。掺有掺合料和外加剂的砂浆,其搅拌时间不应少于180s。

3. 试验记录

试验记录应包括下列内容:①取样日期和时间;②工程名称、部位;③砂浆品种、砂浆技术要求;④试验依据;⑤取样方法;⑥试样编号;⑦试样数量;⑧环境温度;⑨试验室温度和湿度;⑩原材料品种、规格、产地及性能指标;⑪砂浆配合比和每盘砂浆的材料用量;⑫仪器设备名称、编号及有效期;⑬试验单位、地点;⑭取样人员、试验人员、复核人员。

二、稠度试验

本方法适用于确定砂浆配合比或施工过程中控制砂浆的稠度。

1. 试验原理

通过测定一定重量的锥体自由沉入砂浆中的深度,用来反映砂浆抵抗阻力的大小。

2. 试验目的

通过稠度的测定,便于施工过程中控制砂浆稠度,达到控制用水量的目的;同时,为确定配合比,合理选择稠度及确定满足施工要求的流动性提供依据。

3. 试验仪器

稠度试验应使用下列仪器:

(1)砂浆稠度测定仪:见附图14所示,由试锥、盛样容器和支座三部分组成。试锥由钢材或铜材制成,试锥高度

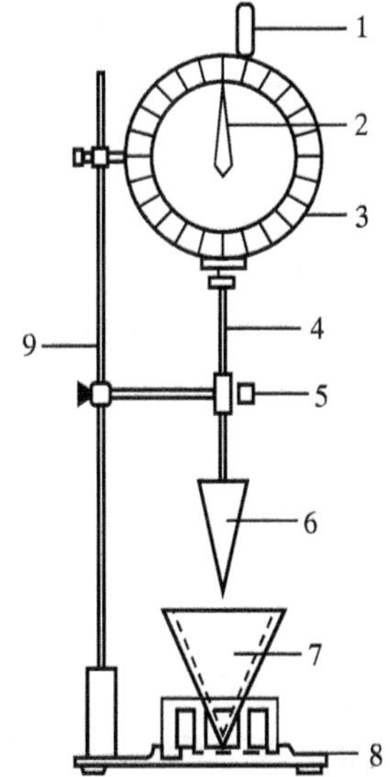

附图14 砂浆稠度测定仪

1—齿条测杆;2—指针;3—刻度盘;4—滑杆;5—制动螺丝;6—试锥;7—盛浆容器;8—底座;9—支架

为 145mm，锥底直径为 75mm，试锥连同滑杆的重量应为(300±2)g；盛浆容器由钢板制成，筒高为 180mm，锥底内径为 150mm；支座分底座、支架及刻度显示三个部分，由铸铁、钢或其他金属制成；

(2)钢制捣棒：直径 10mm，长 350mm，端部磨圆。

(3)秒表。

4.试验步骤

稠度试验应按下列步骤进行：

(1)应先采用少量润滑油轻擦滑杆，再将滑杆上多余的油用吸油纸擦净，使滑杆能自由滑动；

(2)应先采用湿布擦净盛浆容器和试锥表面，再将砂浆拌合物一次装入容器；砂浆表面宜低于容器口 10mm，用捣棒自容器中心向边缘均匀地插捣 25 次，然后轻轻地将容器摇动或敲击 5～6下，使砂浆表面平整，随后将容器置于稠度测定仪的底座上。

(3)拧开制动螺丝，向下移动滑杆，当试锥尖端与砂浆表面刚接触时，应拧紧制动螺丝，使齿条侧杆下端刚接触滑杆上端，并将指针对准零点上。

(4)拧开制动螺丝，同时计时间，10s 时立即拧紧螺丝，将齿条测杆下端接触滑杆上端，从刻度盘上读出下沉深度(精确至 1mm)，即为砂浆的稠度值。

(5)盛装容器内的砂浆，只允许测定一次稠度，重复测定时，应重新取样测定。

5.试验结果评定

稠度试验结果应按下列要求确定：

(1)同盘砂浆应取两次试验结果的算术平均值作为测定值，并应精确至 1mm。

(2)当两次试验值之差大于 10mm 时，应重新取样测定。

三、分层度试验

本方法适用于测定砂浆拌合物的分层度，以确定在运输及停放时砂浆拌合物的稳定性。

1.试验原理

通过测定相隔一定时间后砂浆沉入度的损失，用以反映砂浆失水程度及内部组成的稳定性。

2.试验目的

通过分层度的测定，评定砂浆的保水性。

3.试验仪器

分层度试验应使用下列仪器：

(1)砂浆分层度测定仪：如附图 15 所示。应由钢板制成，内径应为 150mm，上节高度应为 200mm，下节带底净高应为 100mm，上、下层连接处应加宽 3～5mm，并应设有橡胶垫圈。

(2)振动台：振幅应为(0.5±0.05)mm，频率应为(50±3)Hz。

(3)砂浆稠度仪、木锤等。

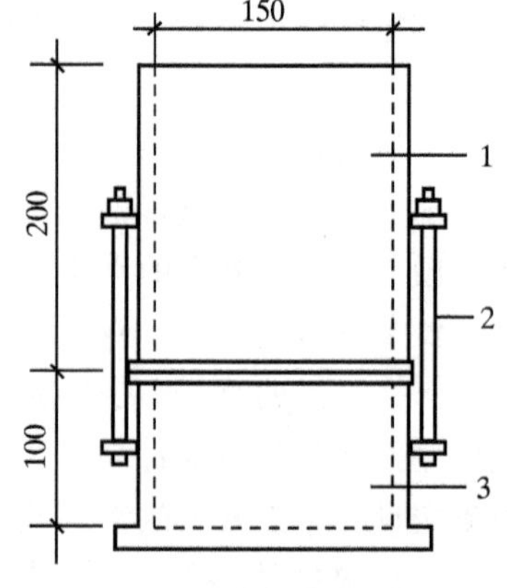

附图 15 砂浆分层度测定仪

1—无底圆筒；2—连接螺栓；3—有底圆筒

4.试验步骤

砂浆分层度的测定可采用标准法和快速法。当发生争议时，应以标准法的测定结果为准。两种方法分别如下：

(1)标准法。标准法测定分层度应按下列步骤进行：

①应先按标准规定的方法测定砂浆拌合物的稠度。

②应将砂浆拌合物一次装入分层度筒内，待装满后，用木锤

在分层度筒周围距离大致相等的四个不同部位轻轻敲击 1～2 下；当砂浆沉落到低于筒口，应随时添加，然后刮去多余的砂浆并用抹刀抹平。

③静止 30min 后，去掉上节 200mm 砂浆，然后将剩余的 100mm 砂浆倒在拌合锅内拌 2min，再按稠度试验规定的方法测其稠度。前后测得的稠度之差即为该砂浆的分层度值(mm)。

(2)快速法。快速法测定分层度应按下列步骤进行：

①先按稠度试验规定方法测定砂浆拌合物的稠度。

②应将分层度筒预先固定在振动台上，砂浆一次装入分层度筒内，振动 20s。

③去掉上节 200mm 砂浆，剩余 100mm 砂浆倒出放在拌合锅内拌 2min，再按稠度试验规定的方法测其稠度。前后测得的稠度之差即为该砂浆的分层度值(mm)。

5. 试验结果评定

分层度试验结果应按下列要求确定：

(1)应取两次试验结果的算术平均值作为该砂浆的分层度值，精确至 1mm。

(2)当两次分层度试验值之差大于 10mm，应重新取样测定。

四、砂浆立方体抗压强度试验

本方法适用于测定砂浆立方体的抗压强度。

1. 试验原理

将各项指标均符合要求的砂浆拌合物按规定成型，制成标准的立方体试件，经过标准方法养护后，测定其抗压破坏荷载，以评定其抗压强度。

2. 试验目的

通过砂浆试件抗压强度的测定，检验砂浆的强度指标，校核砂浆配合比是否满足强度指标要求，并确定砂浆强度等级。

3. 试验仪器

抗压强度试验应使用下列仪器设备：

(1)试模：应为 70.7mm×70.7mm×70.7mm 的带底试模，应符合现行行业标准《混凝土试模》JG237 的规定选择，应具有足够的刚度并拆装方便。试模的内表面应机械加工，其不平度应为每 100mm 不超过 0.05mm，组装后各相邻面的不垂直度不应超过±0.5°。

(2)钢制捣棒：直径为 10mm，长为 350mm，端部应磨圆。

(3)压力试验机：精度应为 1%，试件破坏荷载应不小于压力机量程的 20%，且不应大于全量程的 80%。

(4)垫板：试验机上、下压板及试件之间可垫以钢垫板，垫板的尺寸应大于试件的承压面，其不平度应为每 100mm 不超过 0.02mm。

(5)振动台：空载中台面的垂直振幅应为 0.5±0.05mm，空载频率应为 50±3Hz，空载台面振幅均匀度不大于 10%，一次试验应至少能固定三个试模。

4. 试件制作及养护

立方体抗压强度试件的制作及养护应按下列步骤进行：

(1)采用立方体试件，每组试件应为 3 个。

(2)应采用黄油等密封材料涂抹试模的外接缝，试模内应涂刷薄层机油或隔离剂。应将拌制好的砂浆一次性装满砂浆试模，成型方法根据稠度而定。当稠度大于 50mm 时，宜采用人工插捣成型；当稠度不大于 50mm 时，宜采用振动台振实成型。

①人工插捣：应采用捣棒均匀地由边缘向中心按螺旋方式插捣 25 次，插捣过程中当砂浆沉

落低于试模口时，应随时添加砂浆，可用油灰刀插捣数次，并用手将试模一边抬高 5～10mm 各振动 5 次，砂浆应高出试模顶面 6～8mm。

②机械振动：将砂浆一次装满试模，放置到振动台上，振动时试模不得跳动，振动 5～10s 或持续到表面泛浆为止，不得过振。

(3)应待表面水分稍干后，再将高出试模部分的砂浆沿试模顶面刮去并抹平。

(4)试件制作后应在温度为(20±5)℃的环境下静置(24±2)h，对试件进行编号、拆模。当气温较低时，或者凝结时间大于 24h 的砂浆，可适当延长时间，但不应超过 2d。试件拆模后应立即放入温度为(20±2)℃，相对湿度为 90%以上的标准养护室中养护。养护期间，试件彼此间隔不得小于 10mm，混合砂浆、湿拌砂浆试件上面应覆盖，防止有水滴在试件上。

(5)从搅拌加水开始计时，标准养护龄期应为 28d，也可根据相关标准要求增加 7d 或 14d。

5. 抗压强度测定

砂浆立方体试件抗压强度试验应按下列步骤进行：

(1)试件从养护地点取出后应及时进行试验。试验前应将试件表面擦拭干净，测量尺寸并检查其外观，并应计算试件的承压面积。当实测尺寸与公称尺寸之差不超过 1mm 时，可按照公称尺寸进行计算。

(2)将试件安放在试验机的下压板或下垫板上，试件的承压面应与成型时的顶面垂直，试件中心应与试验机下压板或下垫板中心对准。开动试验机，当上压板与试件或上垫板接近时，调整球座，使接触面均衡受压。承压试验应连续而均匀地加荷，加荷速度应为 0.25～1.5kN/s；砂浆强度不大于 2.5 MPa 时，宜取下限。当试件接近破坏而开始迅速变形时，停止调整试验机油门，直至试件破坏，然后记录破坏荷载。

6. 试验数据处理

砂浆立方体抗压强度应按下式计算：

$$f_{m,cu} = K\frac{N_u}{A}$$

式中：$f_{m,cu}$——砂浆立方体试件抗压强度(MPa)，应精确至 0.1 MPa；

N_u——试件破坏荷载(N)；

A——试件承压面积(mm^2)；

K——换算系数，取 1.35。

7. 试验结果评定

立方体抗压强度试验的试验结果应按下列要求确定：

(1)应以三个试件测值的算术平均值作为该组试件的砂浆立方体试件抗压强度平均值(f_2)，精确至 0.1 MPa。

(2)当三个测值的最大值或最小值中有一个与中间值的差值超过中间值的 15%时，应把最大值及最小值一并舍去，取中间值作为该组试件的抗压强度值。

(3)当两个测值与中间值的差值均超过中间值的 15%时，该组试验结果应为无效。

五、其他试验

建筑砂浆其他试验还包括密度试验、保水性试验、凝结时间试验、拉伸黏结强度试验、抗冻性能试验、收缩试验、含气量试验、吸水率试验、抗渗性能试验、静力受压弹性模量试验等内容，在此不予列举，请读者自行参考中华人民共和国行业标准《建筑砂浆基本性能试验方法标准》JGJ/T 70—2009。

实验五 混凝土试验

一、一般规定

1. 取样

(1)同一组混凝土拌合物的取样应从同一盘混凝土或同一车混凝土中取样。取样量应多于试验所需量的1.5倍,且宜不小于20L。

(2)混凝土拌合物的取样应具有代表性,宜采用多次采样的方法。一般在同一盘混凝土或同一车混凝土中的约1/4处、1/7处和3/4处之间分别取样,从第一次取样到最后一次取样不宜超过15min,然后人工搅拌均匀。

(3)从取样完毕到开始做各项性能试验不宜超过5min。

2. 试样的制备

(1)在实验室制备混凝土拌合物时,拌合时实验室的温度应保持在(20±5)℃,所用材料的温度应与实验室温度应保持一致。需要模拟施工条件下所用的混凝土时,所用原材料的温度宜与施工现场保持一致。

(2)在实验室拌合混凝土时,材料用量应以质量计。称量精度:骨料为±1%;水、水泥、掺合料、外加剂均为±0.5%。

(3)混凝土拌合物的制备应符合《普通混凝土配合比设计规程》JGJ55中的有关规定。

(4)从试样制备完毕到开始做各项性能试验不宜超过5min。

3. 试验记录

取样记录应包括下列内容:①取样日期和时间;②工程名称、结构部位;③混凝土强度等级;④取样方法;⑤试样编号;⑥试样数量;⑦环境温度及取样的混凝土温度。

在试验室制备混凝土拌合物时,除应记录以上内容外,还应记录下列内容:①试验室温度;②各种原材料品种、规格、产地及性能指标;③混凝土配合比和每盘混凝土的材料用量。

二、坍落度与坍落扩展度试验

该试验方法适用于骨料最大粒径不大于40mm、坍落度不小于10mm的混凝土拌合物稠度测定。

1. 试验目的

检验新拌流动性混凝土能否满足和易性的要求。

2. 试验仪器

坍落度与坍落扩展度试验所用的混凝土坍落度仪应符合《混凝土坍落度仪》JG3021中有关技术要求的规定。

3. 试验步骤

坍落度与坍落扩展度试验应按下列步骤进行:

(1)湿润坍落度筒及底板,在坍落度筒内壁和底板上应无明水。底板应放置在坚实水平面上,并把筒放在底板中心,然后用脚踩住二边的脚踏板,坍落度筒在装料时应保持固定的位置。

(2)把按要求取得的混凝土试样用小铲分三层均匀地装入筒内,使捣实后每层高度为筒高的1/3左右,每层用捣棒插捣25次。插捣应沿螺旋方向由外向中心进行,各次插捣应在截面上均匀分布。插捣筒边混凝土时,捣棒可以稍稍倾斜。插捣底层时,捣棒应贯穿整个深度,插捣第二层和顶层时,捣棒应插透本层至下一层的表面;浇灌顶层时,混凝土应灌到高出筒口。插捣过程中，如混凝土沉落到低于筒口，则应随时添加。顶层插捣完后，刮去多余的混凝土，并用抹刀抹平。

(3)清除筒边底板上的混凝土后，垂直平稳地提起坍落度筒。坍落度筒的提离过程应在5～10 s内完成；从开始装料到提坍落度筒的整个过程应不间断地进行，并应在150 s内完成。

(4)提起坍落度筒后，测量筒高与坍落后混凝土试体最高点之间的高度差，即为该混凝土拌合物的坍落度值；坍落度筒提离后，如混凝土发生崩坍或一边剪坏现象，则应重新取样另行测定；如第二次试验仍出现上述现象，则表示该混凝土和易性不好，应予记录备查。

(5)观察坍落后的混凝土试体的黏聚性及保水性。黏聚性的检查方法是用捣棒在已坍落的混凝土锥体侧面轻轻敲打，此时如果锥体逐渐下沉，则表示黏聚性良好；如果锥体倒塌、部分崩裂或出现离析现象，则表示黏聚性不好。保水性以混凝土拌合物稀浆析出的程度来评定，坍落度筒提起后如有较多的稀浆从底部析出，锥体部分的混凝土也因失浆而骨料外露，则表明此混凝土拌合物的保水性能不好；如坍落度筒提起后无稀浆或仅有少量稀浆自底部析出，则表示此混凝土拌合物保水性良好。

(6)当混凝土拌合物的坍落度大于220mm时，用钢尺测量混凝土扩展后最终的最大直径和最小直径，在这两个直径之差小于50mm的条件下，用其算术平均值作为坍落扩展度值；否则，此次试验无效。

如果发现粗骨料在中央集堆或边缘有水泥浆析出，表示此混凝土拌合物抗离析性不好，应予记录。

(7)试验结果。混凝土拌合物坍落度和坍落扩展度值以毫米为单位，测量精确至1mm，结果表达修约至5mm。

混凝土拌合物稠度试验报告内容除应包括本标准总则规定的一般性内容外，尚应报告混凝土拌合物坍落度值或坍落扩展度值。

三、维勃稠度试验

本方法适用于骨料最大粒径不大于40mm，维勃稠度在5～30 s之间的混凝土拌合物稠度测定。坍落度不大于50mm或干硬性混凝土和维勃稠度大于30 s的特干硬性混凝土拌合物的稠度可采用《普通混凝土拌合物性能试验方法标准》GB/T50080—2002附录A增实因数法来测定。

1. 试验目的

检验新拌流动性混凝土能否满足和易性的要求。

2. 试验仪器

维勃稠度试验所用维勃稠度仪应符合《维勃稠度仪》JG3043中技术要求的规定。

3. 试验步骤

维勃稠度试验应按下列步骤进行：

(1)维勃稠度仪应放置在坚实水平面上，用湿布把容器、坍落度筒、喂料斗内壁及其他用具润湿。

(2)将喂料斗提到坍落度筒上方扣紧，校正容器位置，使其中心与喂料中心重合，然后拧紧固定螺丝。

(3)把按要求取样或制作的混凝土拌合物试样用小铲分三层经喂料斗均匀地装入筒内，装料及插捣的方法与坍落度试验装料方法的规定相同。

(4)把喂料斗转离，垂直地提起坍落度筒，此时应注意不使混凝土试体产生横向的扭动。

(5)把透明圆盘转到混凝土圆台体顶面，放松测杆螺钉降，下圆盘使其轻轻接触到混凝土顶面。

(6)拧紧定位螺钉,并检查测杆螺钉是否已经完全放松。

(7)在开启振动台的同时用秒表计时,当振动到透明圆盘的底面被水泥浆布满的瞬间停止计时,并关闭振动台。

4. 试验结果

由秒表读出时间即为该混凝土拌合物的维勃稠度值,精确至 1s。

混凝土拌合物稠度试验报告内容除应包括本标准总则规定的一般性内容外,尚应报告混凝土拌合物维勃稠度值。

四、表观密度试验

本方法适用于测定混凝土拌合物捣实后的单位体积质量(即表观密度)。

1. 试验目的

测定混凝土拌合物的表观密度,调整混凝土配合比中各材料的用量。

2. 试验仪器

混凝土拌合物表观密度试验所用的仪器设备应符合下列规定:

(1)容量筒:金属制成的圆筒,两旁装有提手。对骨料最大粒径不大于 40mm 的拌合物采用容积为 5L 的容量筒,其内径与内高均为(186±2)mm,筒壁厚为 3mm;骨料最大粒径大于 40mm 时,容量筒的内径与内高均应大于骨料最大粒径的 4 倍。容量筒上缘及内壁应光滑平整,顶面与底面应平行并与圆柱体的轴垂直。

容量筒容积应予以标定,标定方法可采用一块能覆盖住容量筒顶面的玻璃板,先称出玻璃板和空桶的质量,然后向容量筒中灌入清水,当水接近上日时,一边不断加水,一边把玻璃板沿筒口徐徐推入盖严,应注意使玻璃板下不带入任何气泡;然后擦净玻璃板面及筒壁外的水分,将容量筒连同玻璃板放在台秤上称其质量;两次质量之差(kg)即为容量筒的容积 L。

(2)台秤:称量 50kg,精度为 50g。

(3)振动台:应符合《混凝土试验室用振动台》JG/T3020 中技术要求的规定。

(4)捣棒:应符合《混凝土坍落度仪》JG3021 中有关技术要求的规定。

3. 试验步骤

混凝土拌合物表观密度试验应按以下步骤进行:

(1)用湿布把容量筒内外擦干净,称出容量筒质量,精确至 50g。

(2)混凝土的装料及捣实方法应根据拌合物的稠度而定。坍落度不大于 70mm 的混凝土,用振动台振实为宜;大于 70mm 的用捣棒捣实为宜。采用捣棒捣实时,应根据容量筒的大小决定分层与插捣次数:用 5L 容量筒时,混凝土拌合物应分两层装入,每层的插捣次数应为 25 次;用大于 5L 的容量筒时,每层混凝土的高度不应大于 100mm,每层插捣次数应按每 10 000mm^2 截面不小于 12 次计算。各次插捣应由边缘向中心均匀地插捣,插捣底层时捣棒应贯穿整个深度,插捣第二层时,捣棒应插透本层至下一层的表面;每一层捣完后用橡皮锤轻轻沿容器外壁敲打 5～10 次,进行振实,直至拌合物表面插捣孔消失并不见大气泡为止。

采用振动台振实时,应一次将混凝土拌合物灌到高出容量筒口。装料时可用捣棒稍加插捣,振动过程中如混凝土低于筒口,应随时添加混凝土,振动直至表面出浆为止。

(3)用刮尺将筒口多余的混凝土拌合物刮去,表面如有凹陷应填平;将容量筒外壁擦净,称出混凝土试样与容量筒总质量,精确至 50g。

(4)试验结果。

混凝土拌合物表观密度的计算应按下式计算：

$$\gamma_h = \frac{W_2 - W_1}{V} \times 1\ 000$$

式中：γ_h——表观密度(kg/m^3)；

W_1——容量筒质量(kg)；

W_2——容量筒和试样总质量(kg)；

V——容量筒容积(L)。

试验结果的计算精确至 10kg/m^3。

混凝土拌合物表观密度试验报告内容除应包括本标准总则规定的一般性内容外，还应包括以下内容：容量筒质量和容积；容量筒和混凝土试样总质量；混凝土拌合物的表观密度。

五、其他试验

1. 试件尺寸形状和公差

(1)试件尺寸。试件的尺寸应根据混凝土中骨料的最大粒径按附表 5 选定。

附表 5 混凝土试件尺寸选用表

试件横截面尺寸(mm)	骨料最大粒径(mm)	
	劈裂抗拉强度试验	其他试验
100×100	20	31.5
150×150	40	40
200×200	—	60

注：骨料最大粒径指的是符合《普通混凝土用碎石或卵石质量标准及检验方法》JGJ53—92 中规定的圆孔筛的孔径。

为保证试件的尺寸，试件应采用符合本标准规定的试模制作。

(2)试件形状。抗压强度和劈裂抗拉强度试件应符合下列规定：

①边长为 150mm 的立方体试件是标准试件。

②边长为 100mm 和 200mm 的立方体试件是非标准试件。

③在特殊情况下，可采用 ϕ150mm×300mm 的圆柱体标准试件或 ϕ100mm×200mm 和 ϕ200mm×400mm 的圆柱体非标准试件。

(3)尺寸公差。

①试件的承压面的平面度公差不得超过 0.000 5d(d 为边长)。

②试件的相邻面间的夹角应为 90°，其公差不得超过 0.5°。

③试件各边长、直径和高的尺寸的公差不得超过 1mm。

2. 试验设备

(1)试模。试模应符合《混凝土试模》JG3019 中技术要求的规定；应定期对试模进行自检，自检周期宜为三个月。

(2)振动台。振动台应符合《混凝土试验室用振动台》JG/T3020 中技术要求的规定；应具有有效期内的计量检定证书。

(3)压力试验机。

①压力试验机除应符合《液压式压力试验机》GB/T3722 及《试验机通用技术要求》GB/T2611 中技术要求外，其测量精度为±1%，试件破坏荷载应大于压力机全量程的 20%且小于压

力机全量程的80%。

②应具有加荷速度指示装置或加荷速度控制装置,并应能均匀、连续地加荷。

③应具有有效期内的计量检定证书。

(4)钢垫板。

①钢垫板的平面尺寸应不小于试件的承压面积,厚度应不小于25mm。

②钢垫板应机械加工,承压面的平面度公差为0.04mm;表面硬度不小于55HRC,硬化层厚度约为5mm。

(5)其他量具及器具。

①量程大于600mm,分度值为1mm的钢板尺。

②量程大于200mm,分度值为0.02mm的卡尺。

③符合《混凝土坍落度仪》JG3020中规定的直径16mm、长600mm、端部呈半球形的捣棒。

3. 试件制作和养护

(1)试件的制作。

①试件制作规定。混凝土试件的制作应符合下列规定:

a. 成型前,应检查试模尺寸并符合本标准中的有关规定;试模内表面应涂一薄层矿物油或其他不与混凝土发生反应的脱模剂。

b. 在试验室拌制混凝土时,其材料用量应以质量计,称量的精度:水泥、掺合料、水和外加剂为±0.5%,骨料为±1%。

c. 取样或试验室拌制的混凝土,应在拌制后最短的时间内成型,一般不宜超过15min。

d. 根据混凝土拌合物的稠度确定混凝土成型方法,坍落度不大于70mm的混凝土,宜用振动振实;大于70mm的,宜用捣棒人工捣实;检验现浇混凝土或预制构件的混凝土试件,成型方法宜与实际采用的方法相同。

(2)试件制作步骤。混凝土试件制作过程应按下列步骤进行:

①取样或拌制好的混凝土拌合物,应至少用铁锨再来回拌合三次。

②按上述规定选择成型方法成型。

a. 用振动台振实制作试件应按下述方法进行:将混凝土拌合物一次装入试模,装料时应用抹刀沿各试模壁插捣并使混凝土拌合物高出试模口;试模应附着或固定在符合要求的振动台上,振动时试模不得有任何跳动,振动应持续到表面出浆为止,不得过振。

b. 用人工插捣制作试件应按下述方法进行:

混凝土拌合物应分两层装入模内,每层的装料厚度大致相等。

插捣应按螺旋方向从边缘向中心均匀进行。在插捣底层混凝土时,捣棒应达到试模底部;插捣上层时,捣棒应贯穿上层后插入下层。插捣时,捣棒应保持垂直,不得倾斜。然后,应用抹刀沿试模内壁插拔数次。

每层插捣次数按在10 000mm^2截面积内不得少于12次。

插捣后应用橡皮锤轻轻敲击试模四周,直至插捣棒留下的空洞消失为止。

c. 用插入式振捣棒振实制作试件应按下述方法进行:

将混凝土拌合物一次装入试模,装料时应用抹刀沿各试模壁插捣,并使混凝土拌合物高出试模口。

宜用直径为ϕ25mm的插入式振捣棒,插入试模振捣时,振捣棒距试模底板10～20mm,且不得触及试模底板。振动应持续到表面出浆为止,且应避免过振,以防止混凝土离析;一般振捣时间为20s，振捣棒拔出时要缓慢，拔出后不得留有孔洞。

c.刮除试模上口多余的混凝土，待混凝土临近初凝时用抹刀抹平。

(2)试件的养护。

①试件成型后，应立即用不透水的薄膜覆盖表面。

②采用标准养护的试件，应在温度为的环境中静置一昼夜至二昼夜，然后编号、拆模。拆模后应立即放入温度为(20±2)℃，相对湿度为95%以上的标准养护室中养护，或在温度为(20±2)℃的不流动$Ca(OH)_2$的饱和溶液中养护。标准养护室内的试件应放在支架上，彼此间隔10～20mm，试件表面应保持潮湿，并不得被水直接冲淋。

③同条件养护试件的拆模时间可与实际构件的拆模时间相同，拆模后，试件仍需保持同条件养护。

④标准养护龄期为28d(从搅拌加水开始计时)。

(3)试验制作和养护记录。试件制作和养护的试验记录内容应符合本标准总则关于"试件制作单位提供的内容"条款的规定。

4.抗压强度试验

本方法适用于测定混凝土立方体试件的抗压强度，圆柱体试件的抗压强度试验见《普通混凝土力学性能试验方法标准》(GB/T50081—2002)。

(1)试验目的。测定混凝土强度，检验混凝土所采用的水灰比是否合适，作为调整水灰比的依据；或者检验现场施工的混凝土是否达到强度的要求，以控制混凝土施工质量。

(2)试验仪器。试验采用的试验设备应符合下列规定。

①混凝土试件的尺寸应符合本标准中的有关规定。

②混凝土立方体抗压强度试验所采用压力试验机，应符合本标准中的规定。

③混凝土强度等级时，试件周围应设防崩裂网罩。当压力试验机上、下压板不符合本标准规定时，压力试验机上、下压板与试件之间应各垫以符合本标准要求的钢垫板。

(3)试验步骤。立方体抗压强度试验步骤应按下列方法进行：

①试件从养护地点取出后，应及时进行试验，将试件表面与上下承压板面擦干净。

②将试件安放在试验机的下压板或垫板上，试件的承压面应与成型时的顶面垂直。试件的中心应与试验机下压板中心对准，开动试验机，当上压板与试件或钢垫板接近时，调整球座，使接触均衡。

③在试验过程中应连续均匀地加荷，混凝土强度等级<C30，加荷速度取每秒钟0.3～0.5 MPa；混凝土强度等级≥C30且<C60时，取每秒钟0.5～0.8 MPa；混凝土强度等级≥C60时，取每秒钟0.8～1.0MPa。

④当试件接近破坏开始急剧变形时，应停止调整试验机油门，直至破坏。然后，记录破坏荷载。

(4)试验结果。立方体抗压强度试验结果计算及确定按下列方法进行：

①混凝土立方体抗压强度计算。混凝土立方体抗压强度应按下式计算：

$$f_{cc}=\frac{F}{A}$$

式中：f_{cc}——混凝土立方体试件抗压强度(MPa)；

F——试件破坏荷载(N)；

A——试件承压面积(mm^2)。

混凝土立方体抗压强度计算应精确至 0.1MPa。

②混凝土立方体抗压强度确定。混凝土立方体抗压强度值的确定应符合下列规定：

a. 三个试件测值的算术平均值作为该组试件的强度值(精确至 0.1MPa)。

b. 三个测值中的最大值或最小值中如有一个与中间值的差值超过中间值的 15%时，则把最大及最小值一并舍除，取中间值作为该组试件的抗压强度值。

c. 如最大值和最小值与中间值的差均超过中间值的 15%，则该组试件的试验结果无效。

③其他规定。

a. 混凝土强度等级＜C60 时，用非标准试件测得的强度值均应乘以尺寸换算系数，其值为：对 200mm×200mm×200mm 试件为 1.05；对 100mm×100mm×100mm 试件为 0.95。当混凝土强度等级≥C60 时，宜采用标准试件；使用非标准试件时，尺寸换算系数应由试验确定。

b. 混凝土立方体抗压强度试验报告内容除应满足本标准规定的一般性要求外，还应报告实测的混凝土立方体抗压强度值。

试验六 烧结普通砖抗压强度试验

一、取样、试样制备

1. 取样

验收检验砖样的抽取应在供方堆场上，由供需双方人员会同进行。强度等级实验抽取砖样 10 块。

2. 试样制备

(1)将砖样切断或锯成两个半截砖，断开的半截砖长不得小于 100mm，如附图 16 所示。如果不足 100mm，应另取备用试样补足。

(2)在试样制备平台上，将已断开的半截砖放入室温的净水中浸 10～20min 后取出，并以断口相反方向叠放，两者中间抹以厚度不超过 5mm 稠度适宜的水泥净浆(用强度等级为 32.5 或 42.5 级的普通硅酸盐水泥调制)，上下两面用厚度不超过 3mm 的同种水泥浆抹平。制成的试件上下两面须相互平行，并垂直于侧面。如附图 17 所示。

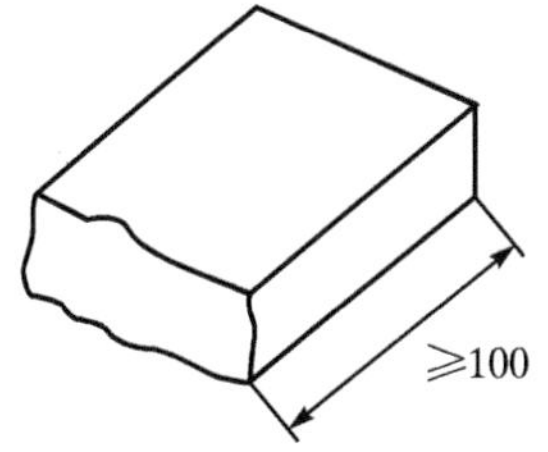

附图 16 半截砖尺寸要求

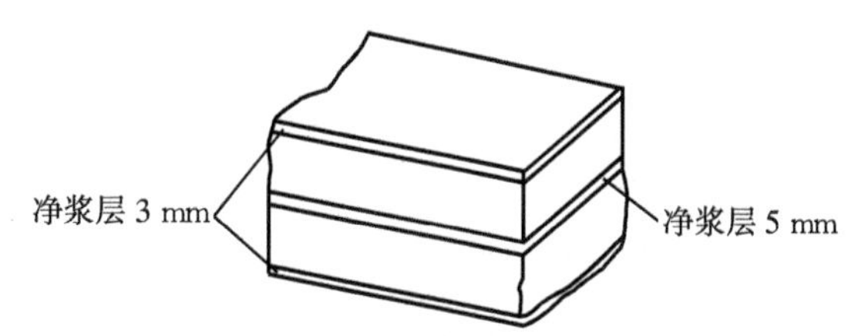

附图 17 砖抗压试件示意图

二、主要仪器设备

(1)材料实验机：实验机的示值误差不大于±1%，其下加压板应为球绞支座，预期最大破坏荷载应在量程的 20%～80%之间。

(2)抗压试件制备平台：试件制备平台必须平整水平，可用金属或其他材料制作。

(3)水平尺：规格为 250～300mm。

(4)钢直尺：分度值为 1mm。

三、实验步骤

(1)测量每个试件连接面或受压面的长、宽尺寸各两个，分别取其平均值，精确至1mm。

(2)分别将10块试件平放在加压板的中央，垂直于受压面加荷，应均匀平稳，不得发生冲击或振动。加荷速度为(5±0.5)kN/s，直至试件破坏为止，分别记录最大破坏荷载F(单位为N)。

四、实验结果评定

(1)按照以下公式分别计算10块砖的抗压强度值，精确至0.1MPa。

$$f_{mc}=\frac{F}{LB}$$

式中：f_{mc}——抗压强度(MPa)；

F——最大破坏荷载(N)；

L——受压面(连接面)的长度(mm)；

B——受压面(连接面)的宽度(mm)。

(2)按以下公式计算10块砖强度变异系数、抗压强度的平均值和标准值。

$$\delta=\frac{s}{\overline{f}_{mc}}$$

$$\overline{f}_{mc}=\sum_{i=1}^{10}f_{mc,i}$$

$$s=\sqrt{\frac{1}{9}\sum_{i=1}^{10}(f_{mc,i}-\overline{f}_{mc})^2}$$

式中：δ——砖强度变异系数，精确至0.01MPa；

$\overline{f}_{mc}$——10块砖抗压强度的平均值，精确至0.1MPa；

s——10块砖抗压强度的标准差，精确至0.01MPa；

$f_{mc,i}$——分别为10块砖的抗压强度值($i=1\sim10$)，精确至0.1MPa。

(3)强度等级评定。

①平均值—标准值方法评定。当变异系数$\delta\leqslant0.21$时，按实际测定的砖抗压强度平均值和强度标准值，根据标准中强度等级规定的指标(见附表6)，评定砖的强度等级。

样本量$n=10$时的强度标准值按下式计算：

$$f_k=-1.8s$$

式中：f_k——10块砖抗压强度的标准值，精确至0.1MPa。

②平均值—最小值方法评定。当变异系数$\delta>0.21$时，按抗压强度平均值、单块最小值评定砖的强度等级(见附表6)。单块抗压强度最小值精确至0.1MPa。

附表6 烧结普通砖的强度等级 (单位：MPa)

强度等级	抗压强度平均值$\overline{f}\geqslant$	$\delta\leqslant0.21$	$\delta>0.21$
		强度标准值$f_K\geqslant$	单块最小抗压强度值f_{min}
MU30	30.0	22.0	25.0
MU25	25.0	18.0	22.0
MU20	20.0	14.0	16.0
MU15	15.0	10.0	12.0
MU10	10.0	6.5	7.5

试验七 石灰试验

通过实训操作练习，掌握建筑生石灰主要技术性质的检验方法、仪器使用、操作技能及其数量的确定方法。

一、 建筑生石灰检测的一般规定

1. 出厂检验

建筑生石灰由生产厂的质检部门批量进行出厂检验。检验项目为技术要求全项。

批量检验：日产量 200 t 以上，每批量不大于 200 t；日产量不足 200 t，每批量不大于 100 t；日产量不足 100 t，每批量不大于日产量。

取样：按上述规定的批量取样，从整批物料的不同部位选取。取样点不少于 25 个，每点的取样量不少于 2kg，缩分至 4kg 装入密封容器内。

2. 复检

用户对产品质量发生异议时，可以复检以上全部项目，取样方法相同，由质量监督部门指定单位检验。

二、产浆量和未消化残渣含量检验

1. 仪器设备

(1)圆孔筛：孔径 5mm，20mm 各一只。

(2)生石灰浆渣测定仪(如附图 18 所示)。

(3)玻璃量筒：500mL。

(4)天平：称量 1 000g，分度值 1g。

(5)搪瓷盘：200mm×300mm。

(6)钢板尺：300mm。

(7)烘箱：最高温度 200℃。

(8)保温套。

附图 18 生石灰浆渣测定仪

2. 试样制备

将 4kg 试样破碎全部通过 20mm 圆孔筛，其中小于 5mm 以下粒度的试样量不大于 30%，混均，备用，生石灰粉样混均即可。

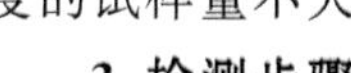

3. 检测步骤

称取已制备好的生石灰试样 1kg 倒入装有 2 500mL，(20±5℃)清水的筛筒(筛筒置于外筒内)。盖上盖，静置消化 20min，用圆木棒连续搅动 2min，继续静置消化 40min，再搅动 2min。提起筛筒用清水冲洗筛筒内残渣，至水流不浑浊(冲洗用清水仍倒入筛筒内，水总体积控制在 3 000mL)，将渣移入搪瓷盘(或蒸发皿)内，在 100℃～105℃烘箱中，烘干至恒重，冷却至室温后用 5mm 圆孔筛筛分。称量筛余物，计算未消化残渣含量。浆体静置 24h 后，用钢板尺量出浆体高度(外筒内总高度减去筒口至浆面的高度)。

4. 结果处理

按下式计算未消化残渣量：

$$W = \frac{m'}{m} \times 100\%$$

式中：W——未消化残渣含量，(%)；

m'——未消化残渣质量,(g);

m——试样质量,(g)。

按下式计算产浆量:

$$Q=\frac{R^2\pi H}{1\times10^6}$$

式中:Q——产浆量,(L/kg);

R——浆筒内筒半径,(mm);

H——浆体高度,(mm)。

计算结果精确至0.01。

三、CaO和MgO含量的测定

用EDTA标准溶液滴定法检测。

四、质量评定

所检测项目的技术指标全部达到JC/T479—1992技术要求中的相应等级时,判定为该等级;其中有一项指标低于合格品的要求时,判定为不合格。

试验八 沥青材料试验

一、 沥青针入度试验

1.试验目的

沥青针入度是在规定温度(25℃)和规定时间(5 s)内,附加一定重量的标准针(100g)垂直贯入沥青试样中的深度,1/10mm为一度。用它来表征沥青材料的性质并作为控制施工质量的依据。

2.主要仪器设备

(1)针入度仪:凡能保证针和针连杆在无明显摩擦下垂直运动,并能保证指示针贯入度深度准确至0.01mm的仪器均可使用。它的组成部分有拉杆、刻度盘、按钮、针连杆组合件,总质量为(100±0.05)g,调节试样高度的升降操作机件,调节针入度仪水平的螺旋,可自由转动调节距离的悬臂。

当为自动针入度仪时,其基本要求相同,但应附有对计时装置的校正检验方法,以经常校验。

(2)标准针:由硬化回火的不锈钢制成(附图19),洛氏硬度HRC 54~60,针及针杆总质量(2.5±0.05)g,针杆上打印有号码标志,应对针妥善保管,防止碰撞针尖,使用过程中应当经常检验,并附有计量部门的检验单。

(3)盛样皿:金属制的圆柱形平底容器。小盛样皿的内径55mm,深35mm(适用于针入度小于200);大盛样皿的内径70mm,深45mm(适用于针入度200~350);对针入度大于350的试样需使用特殊盛样皿,其深度不小于60mm,试样体积不少于125mL。

(4)恒温水浴:容量不少于10 L,控温精度为±0.1℃。水中应备有一带孔的搁板(台),位于水面下不少于100mm,距水浴底不少于50mm处。

(5)平底玻璃皿:容量不少于1 L,深度不少于80mm。内设有一不锈钢三脚支架,能使盛样皿稳定。

(6)温度计:0℃~5℃,分度0.1℃。

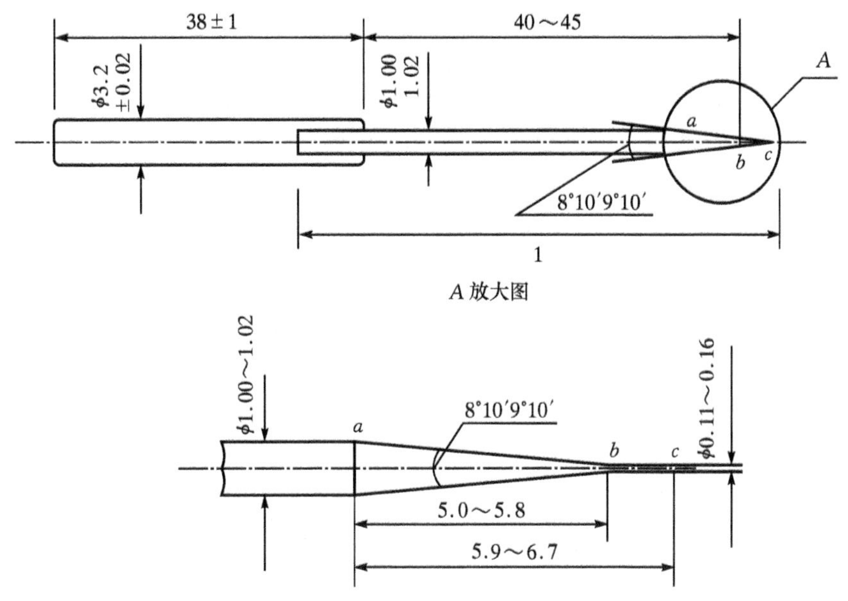

附图 19　针入度标准针(尺寸单位:mm)

(7)盛样皿盖:平板玻璃,直径不小于盛样皿开口尺寸。

(8)其他:秒表、三氯乙烯、电炉或砂浴、石棉网、金属锅或瓷把坩埚铁夹等。

3. 试验步骤

(1)将试样放在放有石棉垫的炉具上缓慢加热,时间不超过 30min,用玻璃棒轻轻搅拌,防止局部过热。加热脱水温度,石油沥青不超过软化点以上 100℃,煤沥青不超过软化点以上 50℃。沥青脱水后通过 0.6mm 滤筛过筛。

(2)试样注入盛样皿中,高度应超过预计针入度值 10mm,盖上盛样皿盖,防止落入灰尘。在 15℃～30℃室温中冷却 1～1.5h(小盛样皿)、1.5～2h(大盛样皿),或者 2～2.5h(特殊盛样皿)后,再移入保持规定试验温度±0.1℃的恒温水浴中恒温 1～1.5h(小盛样皿)、1.5～2h(大盛样皿)或者 2～2.5h(特殊盛样皿)。

(3)调整针入度仪使之水平。检查针连杆和导轨应无明显摩擦,用三氯乙烯清洗标准针并擦干,将标准针插入针连杆后用螺钉固紧。

(4)取出恒温后的试件,将试件移入平底玻璃皿中的三脚架上,平底玻璃皿中水温应保持在(25±1)℃范围。试样表面以上的水层深度不少于 10mm。

(5)将平底玻璃皿置于针入度仪平台上,慢慢放下针连杆,仔细观察,使针尖恰好与试样表面接触。拉下刻度盘拉杆使与针连杆顶端轻轻接触,调节刻度盘指针指示为零。

(6)开动秒表,在指针正指 5 s 的瞬间,用手紧压按钮,使标准针自动下落贯入试样,经过规定时间 5 s,停压按钮使针停止下落,拉下刻度盘拉杆与针连杆顶端接触,读取刻度盘指针的读数,即为针入度,精确至 0.5(1/10mm)。当采用自动针入度仪测定时,计时与标准针落下贯入试样同时开始,至 5 s 时自动停止。

(7)每次试验后,应换一根干净标准针或将标准针取下,用蘸有三氯乙烯溶剂的棉花或布擦净,再用于棉花或布擦干。将盛有试样皿的平底玻璃皿放入恒温水浴,使平底玻璃皿中水温保持试验温度。测针入度大于 200 的沥青试样时,至少用 3 支标准针,每次试验后将针留在试样中,直至3次平行试验完成后，才能将标准针取出。

4.结果评定

(1)同一试样进行3次平行试验，结果的最大值和最小值应在允许偏差范围内，以3次结果的平均值作为针入度试验结果。取至整数作为针入度试验结果，以0.1mm为单位。

当试验结果小于50(0.1mm)时，重复性试验精度的允许差为2(0.1mm)。再现性试验精度的允许差为4(0.1mm)(见附表6)。当试验结果等于或大于50(0.1mm)时，重复性试验精度的允许差为平均值的4%，再现性试验精度的允许差为平均值的8%。

附表6　沥青针入度试验精度要求

针入度(0.1mm)	允许偏差(0.1mm)
0～49	2
50～149	4
150～249	6
250～350	10
>350	14

(2)试验完成后按要求填写实训报告。

5.试验中注意的问题

(1)根据沥青的标号选择盛样皿，试样深度应大于预计穿入深度10mm，不同的盛样皿其在恒温水浴中的恒温时间不同。

(2)测定针入度时，水温应当控制在(25±1)℃范围内，试样表面以上的水层高度不小于10mm。

(3)测定时针尖应刚好与试样表面接触，必要时用放置在合适位置的光源反射来观察。使活杆与针连杆顶端相接触，调节针入度刻度盘使指针为零。

(4)在3次重复测定时，各测定点之间及测定点与试样皿边缘之间的距离不应小于10mm。

(5)3次平行试验结果的最大值与最小值应在规定的允许差值范围内，若超过规定差值时试验应重做。

二、　沥青延度试验

1.试验目的

沥青延度是规定形状(∞字形)的试样在规定温度条件下以规定拉伸速度拉至断开时的长度，以cm表示。本方法适用于测定道路石油沥青的延度。

沥青延度通常采用的试验温度为25℃、15℃、10℃或5℃，拉伸速度为(5±0.25)cm/min。当低温采用(1±0.05)cm/min拉伸速度时，应在报告中注明。

2.主要仪器设备

(1)延度仪：将试件浸没于水中，能保持规定的试验温度及按照规定拉伸速度拉伸试件(附图20)，在试验时无明显振动的延度仪均可使用。

(2)延度试模：黄铜制成，由试模底板、2个端模和2个侧模组成，延度试模可从试模底板上取下，如附图21所示。

(3)恒温水浴：容量不少于10 L，控温精度为±0.1℃，水浴中设有带孔搁架，搁架距底不少于50mm，试件浸入水中的深度不小于100mm。

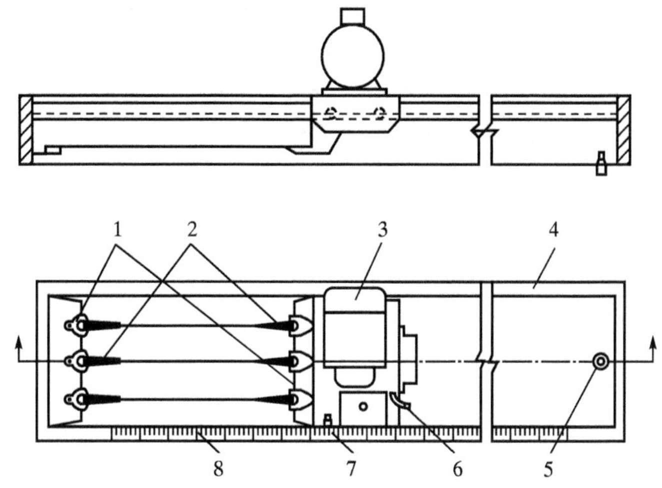

附图 20 延度仪(尺寸单位:mm)

1—试模;2—试样;3—电机;4—水槽;5—泄水孔;6—开关柄;7—指针;8—标尺

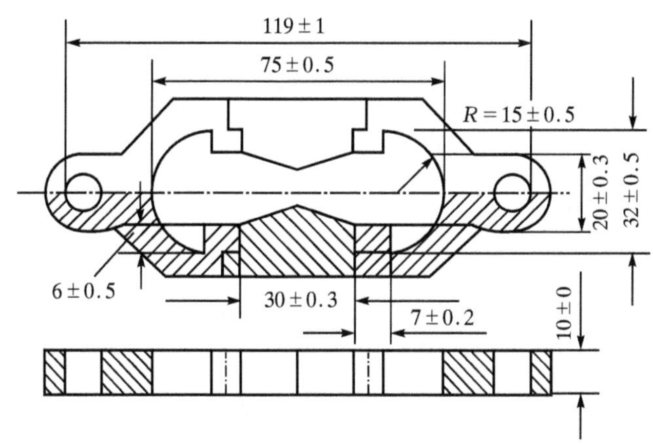

附图 21 延度试模(尺寸单位:mm)

(4)甘油滑石粉隔离剂(甘油与滑石粉的质量比为 2∶1)。

(5)其他:酒精灯、平刮刀、温度计、石棉网、食盐、酒精。

3. 试验步骤

(1)用滑石粉和适量甘油拌和均匀,制成 2∶1 的甘油滑石粉隔离剂。将隔离剂涂于清洁干燥的试模底板和两个侧模的内侧表面。涂好后将试模在试模底板上装妥,拧紧螺钉固定。

(2)将加热脱水的沥青试样,通过 0.6mm 筛过滤,将试样仔细从试模的一端至另一端往返数次缓缓注入模中,略高出试模,注模时应勿使气泡混入。

(3)将试件移入防尘罩中,在室温条件下冷却 30～40min,然后置于规定试验温度的恒温水浴中,保温 30min 后取出试件。用热刀刮除高出试模的沥青,使沥青面与试模面齐平。刮除方法应自试模的中间刮向两端,表面应刮得平滑。刮完后,将试模连同底板再浸入规定试验温度的水浴中保温 1～1.5h。

(4)向延度仪水槽注水,控制温度的准确度为 0.1℃,并检查延度仪的运转情况。

(5)将保温后的试件连同底板移入延度仪的水槽中。将盛有试样的试模从底板上取下。并取下侧模。将试模两端的孔分别套在滑板及槽端固定板的金属柱上，水面距试件表面不小于25mm。

(6)开动延度仪，拉伸速度为(5±0.25)cm/min，并注意观察试样的延伸情况。在试验过程中，水温应始终保持在试验温度规定范围内，仪器不得有振动，水面不得有晃动。在试验中，如发现沥青浮于水面或沥青沉入槽底，应在水中加入酒精或食盐，调整水的密度至与试样接近后重新试验。

(7)试样拉断后，读取指针所指标尺上的读数，以cm表示，即为沥青的延度。在正常情况下，拉断时实际断面接近于零。如不能得到这种结果，应在报告中注明。

4. 试验结果与数据整理

同一试样，每次平行试验不少于3个。如3个测定结果均大于100m，试验结果记作大于100cm。如3个测定结果中，有1个以上的测定值小于100cm时，若最大值或最小值与平均值之差满足重复性试验精度要求，取3个测定结果的平均值的整数为延度试验结果。若最大值或最小值之差不符合重复性试验精度要求时，试验应重新进行。

当试验结果小于100cm时，重复性试验精度的允许差为平均值的20%，再现性试验精度的允许差为平均值的30%。

5. 填写试验报告

试验完成后填写如附表7所示的实训报告。

6. 试验中注意的问题

(1)按照规定方法制作延度试件，应当满足试件在空气中冷却和在水浴中保温的时间。

(2)检查延度仪拉伸速度是否符合要求，移动滑板是否能使指针对准标尺零点，水槽中水温是否符合规定温度。

(3)拉伸过程中水面应距试件表面不小于25mm，如发现沥青丝浮于水面则应在水中加入酒精，若发现沥青丝沉入槽底则应在水中加入食盐，调整水的密度至与试样的密度接近后再进行测定。

(4)试样在断裂时的实际断面应为零，若得不到该结果则应在报告中注明在此条件下无测定结果。

(5)3个平行试验结果的最大值与最小值之差应当满足重复性试验精度的要求。

附表7 沥青延度试验实训报告

日期____ 班级____ 组别____ 姓名____ 学号____

试验题目							试验成绩
试验目的							
主要仪器							
试验步骤							
样品编号	试验温度(℃)	试验速度(cm/min)	延度				拉伸情况描述
			试件1	试件2	试件3	平均值	
①	②	③	④	⑤	⑥	⑦	⑧
1							
2							
3							
试验总结							

三、沥青软化点试验

1. 试验目的

沥青的软化点试样在规定尺寸的金属环内，上置规定尺寸和重量的钢球，放于水(5℃)或甘油(32.5℃)中，以(5±0.5)℃/min速度加热，至钢球下沉达到规定距离(25.4cm)时的温度，以℃表示，它在一定程度上表示沥青的温度稳定性。

2. 实验仪器及设备

(1)软化点试验仪：如附图22所示，它由下列部件组成：

钢球：直径为9.53mm，质量为(3.5±0.05)g。

试样环：黄铜或不锈钢等制成，形状尺寸见附图23。

钢球定位环：黄铜或不锈钢制成，形状尺寸如附图24所示。

金属支架：由两个主杆和三层平行的金属板组成(见附图25)。上层为一圆盘，中间有一圆孔，用以插放温度计。中层板上有两个孔，各放置金属环，中间有一小孔可支持温度计的测温端部。一侧立杆距环上面51mm处刻有水高标记。

耐热玻璃烧杯：容量800～1 000mL，直径不小于86mm，高不小于120mm。

(2)温度计：0～80℃，分度0.5℃。

(3)装有温度调节器的电炉或其他加热炉具。

(4)样底板：金属板或玻璃板。

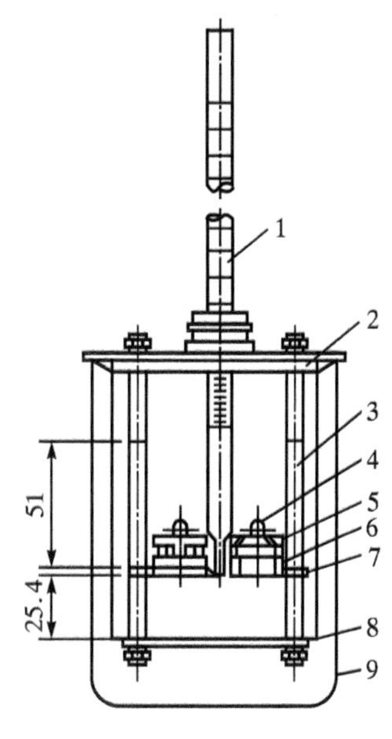

附图22 软化点试验仪

1—温度计；2—盖板；3—立杆；4—钢球；5—钢球定位环；6—金属球；7—中层板；8—下底板；9—烧杯

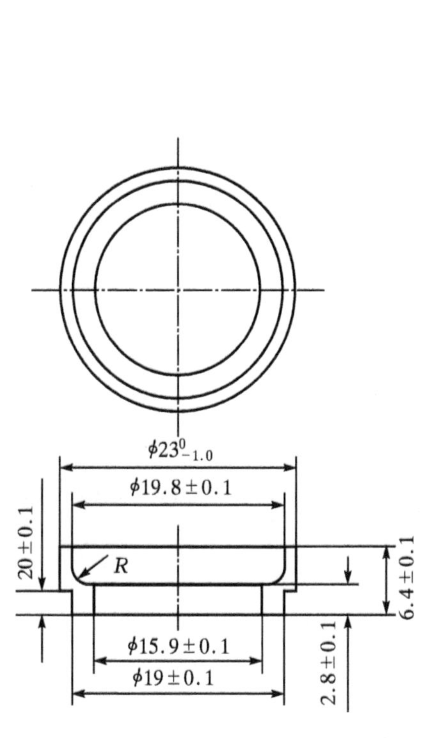

附图23 试样环(尺寸单位：mm)

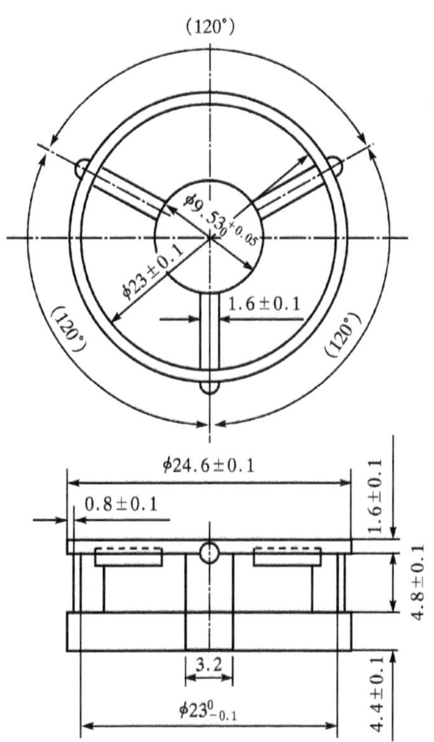

附图24 钢球定位环(尺寸单位：mm)

(5)其他:环夹(见附图 26)、恒温水槽、平直刮刀、金属锅、石棉网、坩埚、蒸馏水、甘油滑石粉、隔离剂等。

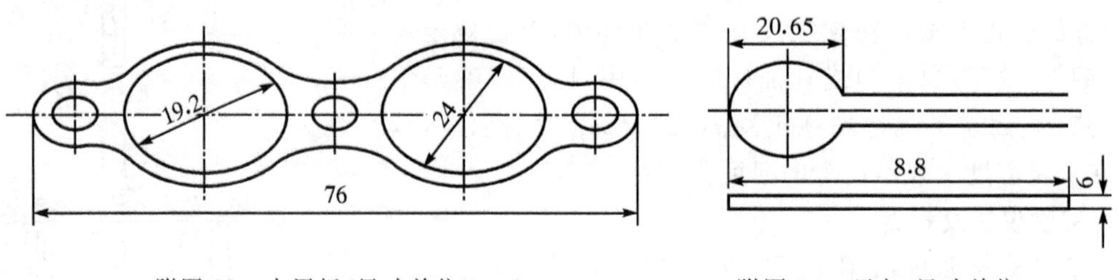

附图 25　中层板(尺寸单位:mm)　　附图 26　环夹(尺寸单位:mm)

3. 试验步骤

准备工作为:将沥青加热脱水,用 0.6mm 筛过滤,将试样环置于涂有甘油滑石粉隔离剂的玻璃板上,用备好的沥青试样缓缓注入试样环内,一直到略高出环面为止。将试样移入防尘罩内,在室温条件下冷却 30min 后取出。用环夹夹着试样环,再用热刀刮除环面上的试样,使之与环面齐平。然后擦去粘在环壁上的沥青。

(1)当软化点在 80℃以下时。

①将装有试样的试样环连同底板置于装有(5±0.5)℃保温槽冷水中,同时将金属支架,钢球,钢球定位环等置于相同水槽中,保温至少 15min。

②烧杯内注入新煮沸并冷却至 5℃的蒸馏水,水面略低于立杆上的水深标记。

③从保温水槽中取出盛有试样的试样环放置在支架中层板的圆孔中,套上定位环,环上放置 3.5g 重钢球。将整个环架放入烧杯中,调整水面到深度标记,并保持水温为(5±0.5)℃。插上温度计,温度计端部测温头底部应与试样环下面齐平。注意环架上任何部分不得附有气泡。

④上述工作结束后立即加热,使杯中水温在 3min 内调节到每分钟上升(5±0.5)℃。在加热过程中如果温度上升速度超出此范围时应重作试验。试样受热软化逐渐下坠,直到试样与下层底板表面接触时,读取温度即为软化点,精确至 0.5℃。

(2)当软化点在 80℃以上时。

①烧杯内注入预先加热到(32±1)℃的甘油,其液面略低于立杆上的深度标记。

②从保温槽中取出装有试样的试样环放入烧杯内,加甘油至标记处,加热 3min 后维持每分钟上升(5±0.5)℃,加热到试样坠至与下层底板接触,读取温度即为软化点,精确至 1℃。

4. 试验结果与数据整理

同一试样平行试验两次,当两次测定值的差值符合重复性试验精度要求时,取其平均值作为软化点试验结果,准确至 0.5℃。

当试样软化点小于 80℃,重复性试验精度的允许差为 1℃,再现性试验允许差为 4℃。

当试样软化点等于或大于 80℃,重复性试验精度的允许差为 2℃,再现性试验精度的允许差为 8℃。

5. 填写试验报告

试验完成后按要求填写如附表 8 所示的实训报告。

附表 8 沥青软化点试验实训报告

日期____ 班级____ 组别____ 姓名____ 学号____

试验题目						试验成绩
试验目的						
主要仪器						
试验步骤						
试样编号				试验来源		
试验名称				试样用途		
试验次数	加热方式	起始温度(℃)	温度上升速度(℃)	软化温度(℃)	平均软化点(℃)	备注
①	②	③	④	⑤	⑥	⑦
1						
2						
试验总结						

6. 试验中应注意的问题

(1)按照规定方法制作延度试件,应当满足试件在空气中冷却和在水浴中保温的时间。

(2)估计软化点在 80℃以下时,试验采用新煮沸并冷却至 5℃的蒸馏水作为起始温度测定软化点;当估计软化点在 80℃以上时,试验采用(32±1)℃的甘油作为起始温度测定软化点。

(3)环架放入烧杯后,烧杯中的蒸馏水或甘油应加至环架深度标记处,环架上任何部分均不得有气泡。

(4)加热 3min 内调节到使液体维持每分钟上升(5±0.5)℃,在整个测定过程中如果温度上升速度超出此范围时应重作试验。

(5)两次平行试验测定值的差值应当符合重复性试验的精度。

试验九 钢筋试验

一、钢筋的验收及取样方法

(1)钢筋混凝土用热轧钢筋,同一牌号、同一炉罐号、同一规格组成的钢筋应分批检查和验收,每批重量不大于 60 t。超过 60 t 的部分,每增加 40 t(或不足 40 t 的余数),增加一个拉伸试样和一个弯曲试验试样。

(2)钢筋应有出厂证明或试验报告单。钢筋进场时应首先进行外观质量检查,然后抽取试样,进行拉伸试验和冷弯试验。如两个项目中有一个项目不合格,则该批钢筋为不合格。

(3)钢筋在使用过程中若有脆断、焊接性能不良或机械性能显著不正常时,还应进行化学成分分析。

(4)验收取样时,应从每批钢筋中任取两根截取拉伸试样,任取两根截取冷弯试样。在拉伸试验的试件中,若有一根试件的屈服点、抗拉强度和伸长率三个指标中有一个达不到标准中的规定值,应取双倍钢筋进行复验,若仍有一根试件的指标达不到标准要求,则判拉力试验项目不合格。若钢筋在冷弯试验中,有一根试件不符合标准要求,同样再抽取双倍数量的钢筋试件进行复验,若仍有一根试件不符合要求,则冷弯试验项目不合格。

(5)钢筋拉伸及冷弯使用的试样不允许进行车削加工。实验应在10℃～35℃的温度下进行,否则应在试验记录和报告中注明。

二、钢筋拉伸试验

1. 试验目的

通过钢筋的拉伸试验,测定钢筋的屈服点、抗拉强度和伸长率,评定钢筋的强度等级。

2. 仪器设备

仪器设备包括万能材料试验机(示值误差不大于1%)、游标卡尺(精度为0.1mm)等。

3. 试件的制作

(1)拉伸试验用钢筋试件不得进行切削加工(见附图27)。

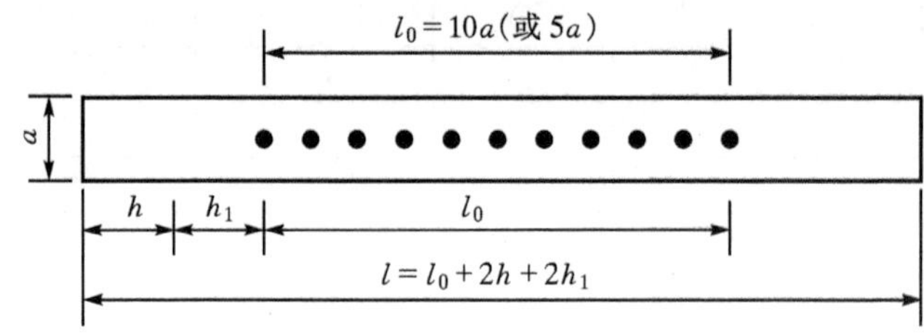

附图27　钢筋拉伸试件

a—直径;l_0—标距长度;h_1—(0.5～1)a;h—夹头长度

(2)在试件表面,选用小冲点、细划线或有颜色的记号做出两个或一系列等分格的标记,以表明标距长度,测量标距长度l_0(精确至0.1mm)。

4. 试验步骤

(1)调整试验机测力度盘的指针,对准零点,拨动副指针与主指针重叠。

(2)将试件固定在试验机的夹具内,开动试验机进行拉伸。拉伸速度为:屈服前,应力增加速度按附表9规定,并保持试验机控制器固定于这一速率位置上,直至该性能测出为止;测定抗拉强度时,平行长度的应变速率不应超过0.008/s。

附表9　应力速率

材料弹性模量(MPa)	应力速率$(N/mm^2)\cdot s^{-1}$	
	最小	最大
$<$150 000	2	20
$\geqslant$150 000	6	60

(3)钢筋在拉伸过程中,测力度盘指针停止转动时的恒定荷载,或第一次回转时的最小荷载,即为屈服荷载F_b(N)。钢筋屈服之后继续施加荷载,直至试件拉断,读出最大荷载F_b(N)。

(4)测量试件拉断后的标距长度l_1。将已拉断的试件两端在断裂处对齐,尽量使其轴线位于同一条直线上。如拉断处距离邻近标距端点大于$l_0/3$时,可用游标卡尺直接量出两端点间的距离l_1;如拉断处距离邻近标距端点小于或等于$l_0/3$时,可按下述移位法确定l_1:在长段上自断点O起,取等于短段格数得B点,接着再取等于长段所余格数(偶数)之半得C点;或者取所余格数(奇数)减1与加1之半,得C与C_1点。则移位后的l_1分别为AO+OB+2BC或AO+OB+BC

＋BC1(见附图 28)。

5. 结果评定

(1)钢筋的屈服强度和抗拉强度按下式计算：

$$R_{el}=\frac{F_s}{A} \qquad R_m=\frac{F_b}{A}$$

式中 R_{el}、R_m——分别为钢筋的屈服和抗拉强度(MPa)；

F_s、F_b——分别为钢筋的屈服荷载和最大荷载(N)；

A——试件的公称横截面积(mm^2)。

当 R_{el} 或 R_m 大于 1 000MPa 时，修约至 10MPa；当 R_{el} 或 R_m 为 200～1 000MPa 时，修约至 5MPa；当 R_{el} 或 R_m 小于或等于 200MPa 时，修约至 1MPa，小数点后数字按“四舍六入五单双法”处理。

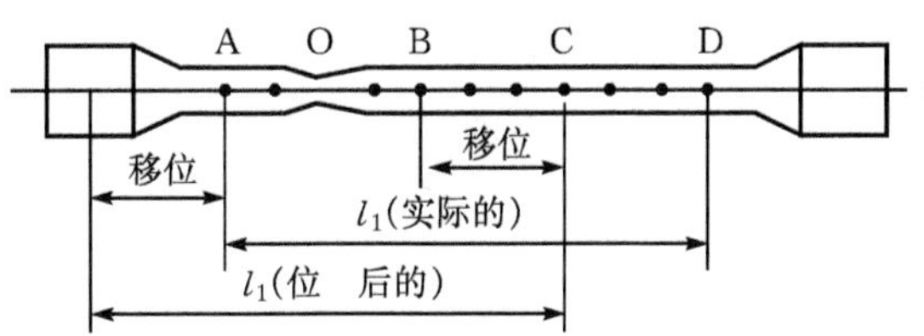

(a) 长段所余格数为偶数

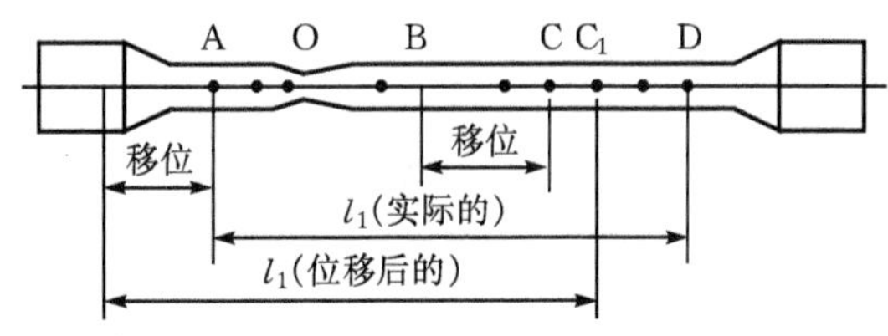

(b) 长段所余格为奇数

附图 28 伸长率断后标距部分长度用位移法确定 l_1

(2)钢筋的伸长率 A_{10} 或 A_5 按下式计算：

$$A_{10}(A_5)=\frac{l_1-l_0}{l_0}\times 100\%$$

式中：A_{10} 或 A_5——分别为 $l_0=10d$ 或 $l_0=5d$ 时的伸长率(精确至 1%)；

L_0——原标距长度 5a 或 10a(mm)；

L_1——试件拉断后直接量出或按移位法的标距长度(mm，精确至 0.1mm)。

如试件拉断处位于标距之外，则断后伸长率无效，则实验结果无效，应重做实验。

三、钢筋的冷弯试验

1. 试验目的

通过冷弯试验，对钢筋塑性进行严格检验，也间接测定钢筋内部的缺陷及可焊性。

2. 仪器设备

仪器设备包括万能材料试验机、具有一定弯心直径的冷弯压头等。

3. 试验步骤

(1)冷弯试样长度按下式确定：

$$L=5a+150(\text{mm}) \ (a\ \text{为试件原始直径})$$

(2)调整两支辊间距离 $L=(d+3a)\pm 0.5a$，此距离在试验期间保持不变(见附图 29)。d 为弯心直径。

(3)将试件放置于两支辊上，试件轴线与弯曲压头轴线垂直，弯曲压头在两支座之间的中点处对试件连续施加力使其弯曲，直至达到规定的弯曲角度。

试件弯曲至两臂直接接触的试验，应首先将试件初步弯曲(弯曲角度尽可能大)，然后将其置于两平行压板之间，连续施加力压其两端使进一步弯曲，直至两臂直接接触。

4. 结果评定

在常温下，在规定的弯心直径和弯曲角度下对钢筋进行弯曲，检测两根弯曲钢筋的外表面，若无裂纹、断裂或起层，即判定钢筋的冷弯合格，否则冷弯不合格。

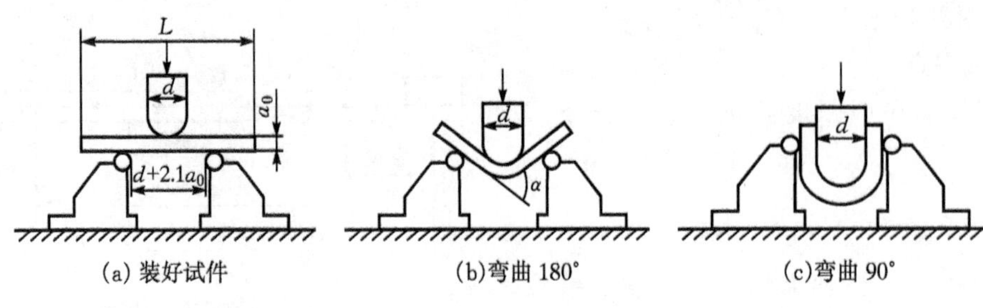

附图 29　钢筋冷弯试验图

试验十　建筑装饰材料白度试验

建筑装饰材料的白度，系指以洁白的陶瓷为标准白板对特定波长的单色光的绝对反射比为基准，以相应波长测得试样表面的绝对反射比，以百分数表示。

一、仪器设备

(1)白度仪。光学几何条件可采用垂直/漫射(0/D)、漫射/垂直(D/0)、45°/垂直(45/0)和垂直/45°(0/45)中的任何一种。仪器稳定性应达到开机 30min 后 0.5h 读数漂移不大于 0.5。

(2)标准白板。陶瓷标准白板用于测定白色带光泽陶瓷试样的白度，应置于干燥器中避光保存。

(3)工作白板。用标准白板定期标定。

二、具体步骤

1. 试样的制作

(1)表面均匀平整的材料，随机抽取 3 块作为实验试件。

(2)被测试样表面存在着无法改善的不均匀不平整现象，应在每块试样上进行多部位、多角度的重复测试，然后取其平均值。

(3)对粉末样品，应将其装入粉末皿中，用表面光洁平整的玻璃板将表面压平，方可实验。

2. 仪器的预调

按说明书对白度仪进行预热和调校，用标准白板调校仪器至规定的量值。

3. 测试

按下列公式计算试样白度 W(%)

$$W=B457$$

式中：B457——光色绝对反射比，(%)。

试样白度取 3 块试样的白度算术平均值，精确至 0.1。

同一实验室的白度允许绝对误差为 0.5，不同实验室的白度允许绝对误差为 1.0。

试验十一　饰面石材的光泽度试验

一、方法概要

规定天然饰面石材(花岗岩、大理石)抛光的板材镜面光泽度的测试。

在规定的几何条件下，试样镜面光泽度是其镜面反射光通量与相同条件下标准黑玻璃镜面反射光通量之比乘以100。

二、试验目的

(1)了解光泽度的定义及测定意义;

(2)掌握通过光泽度计测量光泽度的原理和测试技术;

(3)了解各种材料的测试要求和测量结果的处理方法。

三、仪器设备

1.光电光泽计

(1)光电系统应满足C光源及视觉函数V的要求。

(2)光泽计光束孔径为$\phi30$,在60度几何条件下,光束条件见附表10。

附表10 光电光泽计的光学条件

孔径	测量平面内(度)	垂直于测量平面(度)
光源	0.75±0.25	3.00
接收器	4.40±0.10	11.70±0.20

2.光泽度标准板

标准板分高光泽标准板和低光泽工作标准板两种。

(1)高光泽标准板:表面应平整经抛光的其折射率为1.567的黑玻璃,规定60度几何条件镜面光泽度为100,经授权的计量单位定标。

(2)低光泽标准板:陶瓷板,光泽值经授权的计量单位定标。

四、试样取样方法

随机抽取5块表面抛光的板材,试样尺寸为300mm×300mm,同一品种、等级、规格的板材以100m²为一批,不足100m²的按单一工程部位为一批,从抽取的板材中取5块进行试验。

五、试验具体步骤

(1)仪器校正:打开光源预热,将仪器开口置于高光泽标准板中央,并将仪器的读数调整到标准黑玻璃的定标值。再测定低光泽标准板,如读数与定标值相差在一个单位之内,则准备好仪器。

(2)用无毛的布或镜头试样表面,按光泽计操作说明测每块板材的光泽度,测试位置与点数如附图30所示。

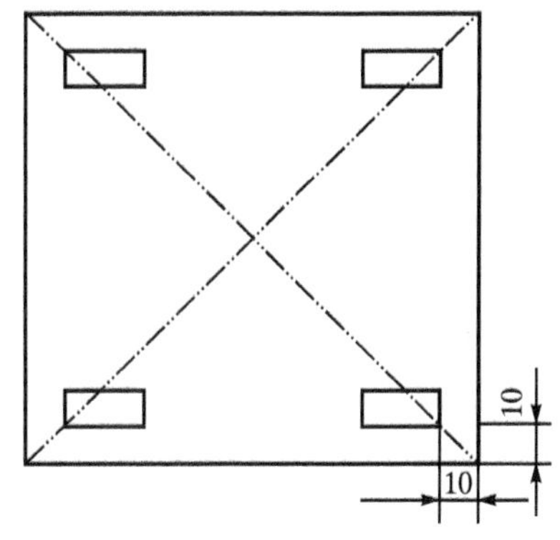

附图30 光泽度测点布置

六、试验结果分析

计算每块板材的光泽度的算术平均值,然后取5块板材光泽度的算术平均值作为试验结果。

试验十二 釉面内墙砖的耐急冷急热试验

一、试验目的

釉面内墙砖的耐急冷急热性是指釉面砖承受温度急剧变化而不出现裂纹的能力。本试验用于检验釉面砖的耐急冷急热性能,以此判断釉面砖的质量是否合格。

二、主要仪器设备

主要仪器设备为电热干燥箱(约200℃)、试样架(如附图31所示)、温度计、水槽、红墨水。

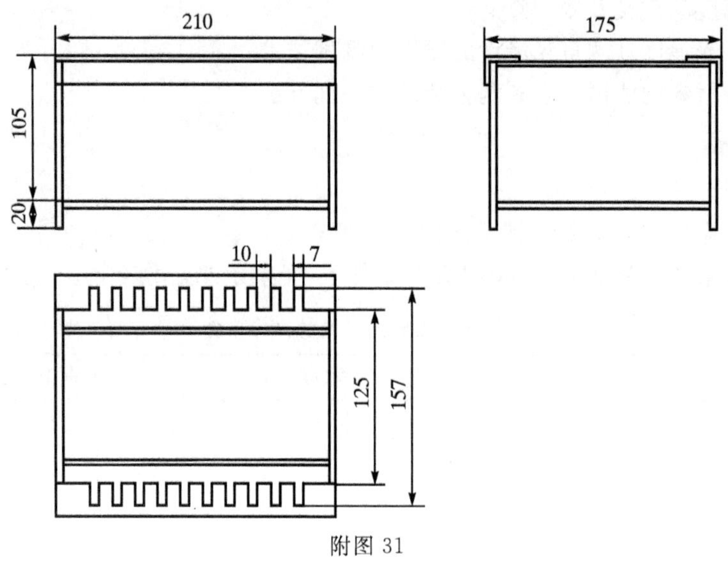

附图 31

注:材料用 L25×25mm ϕ6 圆钢

三、试验方法与步骤

1. 试验方法

采用烘箱法,温度为(130±2)℃。

2. 试验步骤

(1)测量冷水温度。

(2)将10块釉面砖擦拭干净,放在试样架上。

(3)把放有试样的架子放入预先加热到温度比冷水温度高(130±2)℃的烘箱中,关上烘箱门。在2分钟内,使烘箱重新达到这一温度,在这个温度下保持15分钟。

(4)打开烘箱,把放有试样的架子取出,立即放入装有流动冷水的水槽中。冷却5分钟,取出试样。

(5)逐片在釉面上涂红墨水,目视检查有无破损、裂纹或釉面剥离现象。

四、试验结果评定

通过观察试验结果,如有破损、裂纹或釉面剥离现象,则说明该批釉面砖的耐急冷急热性能不良,质量不合格。

试验十三　釉面陶瓷墙地砖的耐磨性试验

一、方法概要及取样方法

将一定量的磨料置于陶瓷砖釉面上,使磨料在釉面上研磨,目测比较被磨试样与未磨试样釉面的差别。

每$50m^2$为一个验收批,不足$50m^2$时,按一个检验批处理。从验收批中抽取试样16块,其中8块为试样,另8块为对比试样。一般试样为边长100～200mm的矩形砖,若样品过大可切割，若小于 100mm×100mm 可将其样品黏合在合适的支撑材料上，接触处的边部效应可忽略不计。

二、仪器设备

(1)耐磨试验仪：由钢壳、电机传动装置、水平支撑转盘和转数控
制装置组成。水平支撑转盘的盘径为 700mm，转速为(300±15)r/min。水平转盘上有 9 个样品夹具(亦可少于 9 个)，样品夹具中心距转盘中心 240mm，相邻两样品夹具之间的距离相等，水平转盘运动时，有 22.5mm 的偏心距(e)，使试样作直径为 45mm 的圆周运动。

(2)样品夹具：是镶有橡胶密封圈的金属夹具，夹具内径为 83mm，提供约 $54cm^2$ 的试验面积。

(3)磨球：直径为 5，3，2，1mm 的钢球。

(4)研磨材料：80 号白刚玉、蒸馏水或去离子水。

(5)标准筛、玻璃烧杯、照度计(能测 $300L_x$×照度)、观察箱。

三、试验步骤

(1)按附表 11 配置每块试样所需研磨材料。

(2)将试样擦干净用夹具夹紧，在夹具上方孔中加入按上表配制的研磨材料，盖好盖子，开动试验机。

(3)在试验转数分别为 150，300，450，600，750，900，1 200，1 500 转时，各取出 1 块试样。

(4)用 10%的盐酸溶液擦洗取下试样的表面后，用清水洗净，在(110±5)℃的烘箱中烘 1h。

(5)将烘干后的试样按规则放入观察箱内，在 300Lx 照度下用眼睛通过观察孔对比未经磨损和经不同转数研磨后砖釉面的差别。

(6)试验结束后，将磨球倒入筛内，用清水冲洗，然后放入烧杯中，再用甲醇或无水乙醇洗净，烘干后保存。

(7)试验用磨球的使用次数不得超过 200 次。

四、试验结果

依据釉面出现磨损痕迹时的研磨转数，将釉面砖分为四类，见附表 12。

附表 11 每块试样所需的研磨材料

研磨材料	规格(mm)	重量(g)
钢球	Φ5	70.00±0.50
	Φ3	52.50±0.50
	Φ2	43.75±0.10
	Φ1	0.75±0.10
白刚玉	80 号	3
蒸馏水或去离子水	200ml	

附表 12

可见磨损下的转数	分类
150	Ⅰ
300，450，600	Ⅱ
750，900，1 200，1 500	Ⅲ
>1500	Ⅳ

参考文献

[1] 张松榆,刘祥顺. 建筑材料质量检测与评定[M]. 武汉:武汉理工大学出版社，2007.

[2] 曹亚玲，建筑材料[M]. 北京:化学工业出版社，2010.

[3] 李文利，建筑材料[M].北京:中国建材工业出版社，2004.

[4] 李坚利，周惠群. 水泥生产工艺[M]. 武汉:武汉理工大学出版社，2008.

[5] 袁润章. 胶凝材料学[M]. 武汉:武汉理工大学出版社，1996.

[6] 张健. 建筑材料与检测[M]. 2 版. 北京:化学工业出版社，2009.

[7] 魏鸿汉. 建筑装饰材料[M]. 北京:机械工业出版社，2009.

[8] 闻荣土. 建筑装饰装修材料与应用[M]. 北京:机械工业出版社，2008.

[9] 姜继圣，张云莲，王洪芳. 新型建筑材料[M]. 北京:化学工业出版社，2009.

[10] 中国标准出版社第五编辑室. 建筑材料标准汇编(装饰装修材料)[M]. 北京:中国标准出版社，2010.

[11] 建筑材料工业技术监督研究中心. 建筑材料标准汇编(水泥)[M]. 4 版. 北京:中国标准出版社，2008.

[12] 黄伟典.建筑材料[M].北京:中国电力出版社,2007.

[13] 王秀花.建筑材料[M].北京:机械工业出版社,2006.

[14] 申淑荣,冯翔.建筑材料[M].北京:冶金工业出版社,2010.

[15] 刘祥顺. 建筑材料[M].北京:中国建筑工业出版社,2007.

[16] 邱忠良. 建筑材料[M].北京: 高等教育出版社,2006.

[17] 范文昭. 建筑材料[M].武汉:武汉工业大学出版社,1997.

[18] 蔡丽朋. 建筑材料[M].北京:化学工业出版社,2005.

[19] 卢经样. 建筑材料[M].北京:清华大学出版社,2006.

[20] 刘炯宇. 建筑工程材料[M].重庆:重庆大学出版社,2006.

[21] 彭小芹. 土木工程材料[M].重庆:重庆大学出版社,2007.

[22] 薄尊彦，李惠平. 新型建筑材料性能与应用[M].北京:中国环境科学出版社,2006.

[23] 姜波,张文彦.建筑材料试验[M].西安:西安地图出版社,2005.

[24] 冯乃谦.实用混凝土大全[M].北京:科学出版社,2001.

[25] 高琼英.建筑材料[M].武汉:武汉理工大学出版社,2005.

[26] 蒋荣.工程材料[M].北京:中国铁道出版社,2008.

[27] 许家保.建筑材料学[M].广州:华南工学院出版社,1986.

[28] 吴玉荣.现代建筑材料手册[M].长沙:湖南科学技术出版社,1993.

[29] 魏鸿汉.建筑材料[M].北京:中国建筑工业出版社，2009.

[30] 刘学应.建筑材料[M].北京:机械工业出版社，2007.

[31] 魏鸿汉.建筑材料[M].北京:中央广播电视大学出版社，2009.

[32] 王秀花.建筑材料[M].北京:机械工业出版社,2006.

[33] 焦宝祥.土木工程材料[M].北京:高等教育出版社,2009.
[34] 陈志源,李启令.土木工程材料[M].武汉:武汉理工大学出版社,2003.
[35] 徐文远.建筑材料[M].武汉:华中科技大学出版社,2008.
[36] GB1499.1—2008 钢筋混凝土用钢,第1部分:热轧光圆钢筋[S].北京:中国标准出版社,2008.
[37] GB1499.2—2007 钢筋混凝土用钢,第2部分:热轧带肋钢筋[S].北京:中国标准出版社,2008.
[38] GB/706—2008 热轧型钢[S].北京:中国标准出版社,2009.
[39] 高琼英.建筑材料[M].武汉:武汉工业大学出版社,2002.
[40] 邱忠良.建筑材料[M].北京:中国建筑工业出版社,2000.
[41] 赵方冉.土木工程材料[M].上海:同济大学出版社,2004.
[42] 刘祥顺.建筑材料[M].北京:中国建筑工业出版社,2001.

图书在版编目(CIP)数据

建筑材料/孙晓丽,李永怀主编.—西安:西安交通大学出版社,2012.2(2018.1 重印)
ISBN 978-7-5605-3948-5

Ⅰ.①建… Ⅱ.①孙… ②李… Ⅲ.①建筑材料-高等职业教育-教材 Ⅳ.①TU5

中国版本图书馆 CIP 数据核字(2011)第 101038 号

书　　名　建筑材料
主　　编　孙晓丽　李永怀
责任编辑　祝翠华

出版发行　西安交通大学出版社
（西安市兴庆南路 10 号　邮政编码 710049）
网　　址　http://www.xjtupress.com
电　　话　(029)82668357　82667874(发行中心)
(029)82668315(总编办)
传　　真　(029)82668280
印　　刷　虎彩印艺股份有限公司

开　　本　787mm×1092mm　1/16　**印张**　19.125　**字数**　463 千字
版次印次　2012 年 2 月第 1 版　2018 年 1 月第 4 次印刷
书　　号　ISBN 978-7-5605-3948-5
定　　价　34.80 元

读者购书、书店添货、如发现印装质量问题,请与本社发行中心联系、调换。
订购热线:(029)82665248　(029)82665249
投稿热线:(029)82668133
读者信箱:xj_rwjg@126.com